U0392271

敏捷测试

以持续测试促进持续交付

朱少民　李　洁◎著

人民邮电出版社

北　京

图书在版编目（CIP）数据

敏捷测试：以持续测试促进持续交付 / 朱少民，李
洁著. -- 北京：人民邮电出版社，2021.8（2024.5重印）
ISBN 978-7-115-56098-8

Ⅰ. ①敏… Ⅱ. ①朱… ②李… Ⅲ. ①软件开发—程
序测试 Ⅳ. ①TP311.55

中国版本图书馆CIP数据核字(2021)第041830号

内 容 提 要

　　互联网产品的快速迭代，让敏捷开发在各个领域都得到了广泛应用。同时，也加快了敏捷测试在各家企业落地生根的进程。

　　本书由测试领域老兵联合10余位测试专家对敏捷测试的实践经验汇总、整理而成。本书分为10章和4个附录，从敏捷开发和敏捷测试基础、人的因素、敏捷测试基础设施、分析与计划、设计与执行、测试右移、收尾与改进、展望等角度入手，几乎涵盖实现高效敏捷测试所需的各个方面的知识，详细介绍测试思维、测试流程、测试基础设施和一系列的优秀实践，对提高测试效率进而提升产品交付质量具有重大的指导意义。

　　本书理论知识与实践操作深度结合，辅以思维导图、延伸阅读等模块，深入浅出，尤其适合有一定测试实践经验的软件质量保障和测试人员，以及想要较为深入了解敏捷测试的专业人士阅读参考。

◆ 著　　　　　　朱少民　李　洁
　　责任编辑　郭　媛
　　责任印制　王　郁　焦志炜

◆ 人民邮电出版社出版发行　　北京市丰台区成寿寺路 11 号
　　邮编　100164　电子邮件　315@ptpress.com.cn
　　网址　https://www.ptpress.com.cn
　　北京天宇星印刷厂印刷

◆ 开本：800×1000　1/16
　　印张：31.25　　　　　　　　2021 年 8 月第 1 版
　　字数：658 千字　　　　　　2024 年 5 月北京第 7 次印刷

定价：129.90 元
读者服务热线：(010)81055410　印装质量热线：(010)81055316
反盗版热线：(010)81055315
广告经营许可证：京东市监广登字 20170147 号

对本书的赞誉

朱少民老师是国内测试领域的先行者，是敏捷测试的研究者和探索者，更是敏捷测试的实践者和推广者。这本书基于深入的研究与思考给出了敏捷测试的详细定义，认为持续测试是敏捷测试的实质，也是敏捷开发中真正需要的测试，并强调了思维模式转变在有效敏捷测试中的重要作用。这本书从人员 / 组织与技术基础设施两个方面建立了成功敏捷测试的基本保障，进而以测试左移与敏捷测试天然一致性、测试的分析与计划、测试的设计与执行，以及从敏捷到DevOps 的测试右移等若干主题为主线，给出了敏捷测试落地实施的一套完整的实践方法。这本书既能从概念和思维模式上给予指导，又提供了系统的方法论和完整的实践支持，相信能给大家带来帮助。此外，阅读这本书，也解决了我多年纠结的一个问题——既不能单纯"形而上"，又要避免陷于"术"。道、法、术、器兼备融合，才能真正做好一项开拓性的工作。

——陈晟，软通动力信息技术（集团）股份有限公司副总裁

目前全社会都在加速数字化转型，任何数字化产品都要求生产速度快而且质量高，数字化产品质量的把控已经不是测试团队单纯根据传统测试方法能够完成的。对于如何应对数字化转型过程中软件测试的挑战，敏捷测试是一个很好的解决方案。这本书将教给你几乎所有需要了解的关于敏捷测试的知识。最让我深有感触的是，它强调了"敏捷不只是方法，还是人和组织文化"。

——付可，Poly 博诣全球研发副总裁

这本书从敏捷测试的定义入手，从人员及组织文化、思维方式、工作流程、基础设施、人员职责与培养等多角度阐述了敏捷测试如何落地，为传统测试向敏捷测试的转型指明了方向。鉴于作者的研究背景，这本书语言更为严谨，逻辑清晰，论证严密，既有深入思考，又可以用来实践的具体建议，是一本非常好的敏捷测试实践指导手册。无论你是软件测试的管理者，还是初入行业的新人，这本书都值得细细品读。

——李怀根，广发银行研发中心总经理

不同于传统的测试相关的图书，这本书从测试人员的角度阐述了如何在实际场景中落地"敏捷测试"，并提出一整套解决方案来保障产品质量与工程效能，有助于读者进行学习和应用。

——邓月堂，腾讯微信测试中心总监

DevOps 的精髓在于"持续"。相比持续集成、持续部署等已广泛落地的技术，持续测试在国内才刚刚兴起。这本新书的出版正当其时，它不仅阐明敏捷测试之"道"，也能在"术"的层面指导软件测试从业人员落地测试左移和测试右移，是一本不可多得的好书。

——阮志敏，飞致云创始人兼 CEO

任何时候我们开始讨论测试，总会有各种分歧和争论，与之相伴的是整个行业的困惑。测试的行为和角色在快速变化和模糊不确定的时代中演变。

测试是一种活动，而不是一个阶段；测试是覆盖全生命周期的，既要左移，又要右移；质量是内建的，而不是通过检查获得的；测试是属于团队的，而不是一种个人行为。

是否称之为敏捷并不重要，这一切都只是在回归软件开发的本源，回归测试这一活动的初心，回归测试本该有的样子。

朱少民老师在业界耕耘多年，有资深的行业背景、严谨的学术态度，勤于思考和写作，乐于学习与分享，是我极为佩服与敬重的一位师长。这本书体现了他对测试这一领域的专注和热情。希望广大读者可以享受测试，享受它给你带来的启发和乐趣。

——姚冬，华为云应用平台部首席技术布道师
中国 DevOps 社区核心组织者
IDCF 社区联合发起人

2020 年注定是不平凡的一年，也许会成为新一轮数字化转型浪潮的起点。在《敏捷宣言》诞生近 20 年、DevOps 运动风靡全球 10 多年之后的今天，如何在保证质量的前提下快速交付有效的产品价值依然是摆在很多企业面前的难题。交付速度可以是变量，追求越来越快，而交付质量和安全性是必须力保的常量，测试已经成为很多企业敏捷交付过程中最大的瓶颈。这本书有别于市场上其他讨论测试实践的书，它在数字化时代的大背景下从敏捷的视角来谈测试，系统地阐述了敏捷测试的理念、原则、方法、实践和工具如何落地，既有整体方法框架，又有大量落地实践和从真实案例总结出来的经验。更难能可贵的是，作者希望能"授之以渔"，即让读者不仅能学习如何做敏捷测试，还能体会如何在敏捷测试中，培养出敏捷测试的思维，打开更广阔的专业视野。这本书的编排非常用心，每章开头通过思维导图进行引导，每章结尾有延伸阅读，非常有指导性和实践价值。我将本书推荐给测试领域和对测试感兴趣的朋友。

——张乐，京东 DevOps 与研发效能技术总监、首席架构师

我是从互联网企业成长起来的测试人。传统软件以年为单位制定、迭代规划，而互联网时代，期待更快速、更灵活的模式。大量研发组织正在或即将从传统转型至敏捷，在理念、方法、技术和团队等方面都面临着迭代升级。这本书作者从事和观察这个领域多年，具备丰富的理论与实操经验，他的新书能提供有价值的参考，值得一读。

——钱承君，哔哩哔哩测试中心负责人

"这是一个最好的时代，这是一个最坏的时代。"这是写于 158 年前的经典名句，放在今天来看，依旧不过时。软件测试的理念在敏捷开发模式的冲击下正发生着天翻地覆的底层逻辑变化，如果不能系统地掌握高效敏捷测试的理论体系与方法，就很难在瞬息万变的 VUCA 时代立足，而这本书可以带你进入敏捷测试殿堂，非常值得你仔细阅读。

——茹炳晟，腾讯技术工程事业群基础架构部 T4 级专家
腾讯研究院特约研究员
畅销书《测试工程师全栈技术进阶与实践》作者

敏捷测试是 DevOps 时代最佳质量工程解决方案，已经"火"了许多年，但目前为止仍有不少同行对它处于不甚了解的状态。

这本书作者学识渊博，尤其是对敏捷测试这一新领域钻研多年，这本书是他的厚积薄发之作。这本书讲透了敏捷测试的道、法、术、器，是业内先验者凝练的经验总结，相信读者看完后一定能够刷新认知、升级技能，并且受用终身。

——殷柱伟，腾讯 WeTest 产品总监

随着移动化、云化和智能化技术的飞速发展，敏捷测试也面临着新的挑战。如何升级你的敏捷测试解决方案？敏捷测试中引入了哪些新的方法、技术和工具？如何做到持续测试来支撑持续交付？相信读者可以从这本书中逐一找到想要的答案。这本书既有关于敏捷测试体系化的道、法、术、器的阐述，又有丰富的业界优秀实践案例。

——金晖（定源），阿里巴巴淘系技术部高级测试开发专家

能够快速适应市场需求的变化，根据需求调整开发的内容和进度是每一个互联网公司努力追求的目标。在这种情况下，敏捷开发模式以高速迭代、频繁交付、灵活适应需求变化等特点，在各个工程领域得到了广泛应用。随着敏捷开发的发展，软件测试工程师也面临着更多的挑战。

这本书针对"敏捷"娓娓道来：开篇回顾了敏捷开发的原则、方法及其框架技术；接下来对敏捷测试涉及的测试方法、测试流程、测试技术、测试工具和最佳实践等进行了深入且细致的阐述；最后，把敏捷测试这一实践性很强的技术提到一个新的高度，对提高测试效率进而提升产品交付质量具有重大的指导意义。

——陈洋，小米 IoT 开发者平台测试中心总监

当"黑天鹅"事件越来越多地发生在我们的身边时，如何适应变化，并且在快速变化中持续交付高质量产品，成为当下研发团队的核心目标。而在高频的持续交付下如何保证产品的高

质量，如何让测试团队从瀑布模式转化为与团队共担的敏捷模式，形成质量内建，这本书从敏捷发展历史到理念，再到工具，给出了全局性指导，是落地敏捷测试的一本佳作。

——云层，TestOps 测试运维开拓者，《敏捷测试实战指南》作者

随着敏捷开发的广泛应用，敏捷测试也逐渐受到广泛关注，并引得"百家争鸣"。这本书是作者多年的经验总结，从敏捷测试的理论基础到实践操作，系统地介绍了敏捷测试的各个方面，是一本很好的学习敏捷测试的参考书。

——刘冉，ThoughtWorks 首席测试与质量咨询师

当前国内敏捷领域测试相关的著作非常少，这本书作为补充，系统地介绍了敏捷测试的体系，不仅有完善的理论，还包括了丰富的实践和案例，非常值得读者仔细阅读。

——陈晓鹏，德勤管理咨询（上海）有限公司系统集成业务线测试负责人

敏捷测试并不是一个新概念。我拜读这本新书，至今意犹未尽。这本书实际上是一本介绍在当今开发高速迭代的情况下软件测试策略的书。这本书融会了敏捷的方方面面，并基于实际问题提出了具体建议，恰如其分地融合了新的观点与技术，对软件团队及管理者关于软件质量构建具有重要的指导意义。

——耿晓倩，Splunk 公司总部测试开发总监

这是一本将近年来领域内最新的理论与实践相结合的不可多得的好书！随着敏捷和DevOps 的兴起，软件测试的方法、工具和从业人员都面临着巨大的挑战。一方面，这本书更加体系化地梳理并构建了敏捷测试的理论基础；另一方面，这本书以深入浅出的方式介绍了在实际工程中如何应用理论与工具落地敏捷测试，给软件测试工程师和管理者提供了敏捷环境下具体可行的指导办法。它将带您开启敏捷测试的探索之旅！

——陈飞，独立敏捷教练、质量教练

作为最早在国内推进敏捷测试的践行者之一，作者将自己多年关于敏捷测试的心得体会汇聚于此。这本书循序渐进地为读者厘清一整条敏捷测试脉络，同时将业界公司实际使用的工具、框架、方案完整地以图文、代码的方式呈现，实操性极强。对于想要了解敏捷测试，并希望从中获益的个人或正从传统模式转型敏捷模式的团队，这本书十分值得认真阅读。读者可以跟随全书的主脉络及每章结尾处的延伸阅读构建出适用于自身和团队的敏捷测试图谱。

——张宏博，字节跳动资深测试开发工程师

让敏捷测试成为数字化基础能力

数字化浪潮正一浪高过一浪地袭来，处于核心的软件开发持续高速演进，让我们这些从业者倍感焦虑。对软件开发行业的领导者来说，至关重要的一点是在高速发展的过程中逐步深化认知，提炼出变化中不变的东西，既帮助当下的从业者拨开迷雾，又能够让后继者少走弯路。对比很多领域，软件行业实则很缺乏这样的积淀，也缺乏类似这本书从专业视角所做的系统性总结。

对于软件测试工作一直存在着两个极端：一个极端源自于硬件生产迁移过来的专人专用，测试就是测试人员的责任的做法；另一个极端是软件开发不需要测试，开发人员必须是"多面手"的不切实际的想法。产生这些误解的背后原因，正是这本书作者希望通过"敏捷测试"去澄清的。

在帮助组织推行敏捷开发的十多年时间里，测试一直是个"老大难"领域，《敏捷宣言》的倡议在测试领域是典型的知易行难，大家都知道沟通和协作的重要性，但一谈到最后的问题责任认定，每个角色都希望把测试的烦恼留给别人。于是经常出现开发人员抱怨测试人员不给力，测试人员抱怨开发人员不按时完成的情况。而这些问题往往被宏观的理念所忽视，从持续集成到 DevOps，测试方面的敏捷可能仅仅是一笔带过，"质量内建，人人测试"好似面向对象编程一样，已经是普适性能力。当然，事实并非如此，这本书的目录就可以帮助大家体会到这样一个系统性工程的复杂性。

这本书作者对于"高效敏捷测试"的总结实际上是对于一个组织软件研发质量保障体系的剖析。面对云和智能技术的普及，很多敏捷测试理念的落地必然会有更多的选项，实施的门槛也会逐步降低。现在我们面临的最大的挑战仍然是思想观念的转变，这也是我钦佩这本书作者之一朱少民老师之处。朱少民老师能够通过自己在敏捷测试领域的专业能力和热诚，影响一个又一个的组织和企业，让正确的敏捷测试思想为更多的团队所接受，与此同时，他还在不断地关注和吸纳更多的前沿技术。

最后，我相信这本书的出版仅仅是我们讨论敏捷测试如何更加高效地在组织落地的开始，也会推动这个领域的持续碰撞和总结。随着数字化的深入，敏捷测试会成为很多数字化业务的关注重点。让我们一起踏上这本书提倡的敏捷测试之旅吧！

肖然
ThoughtWorks 创新总监
中国敏捷教练企业联盟秘书长
2020 年 12 月

持续适应与优化助力高效
敏捷测试落地

我认识朱少民老师是在 2019 年召开的一个关于 DevOps 的交流大会上。当时，他做了一场题为"业务驱动的 DevOps 智能闭环"的演讲，这个题目对于我这个还在 IT 企业内部大规模推进 DevOps 的人来说，还是有点超前的。在那次大会期间，朱少民老师现场签售《全程软件测试（第 3 版）》这本书，我毫不犹豫地买了下来。虽然我当时在测试领域涉足不深，但同样对他渊博的知识产生敬佩之情。后来，我与朱少民老师在复旦大学彭鑫老师牵头主办的"智能化软件开发沙龙"的访谈中有过多次交流。2020 年，我受朱少民老师邀请，担任 QECon 大会 DevOps 分会场的出品人。

朱少民老师的这本新书旨在实现软件持续交付，并且更有效地推进 DevOps 的实施。乔梁老师有句名言：流程和工具持续优化所能达到的最高境界就是让开发者成为瓶颈。而要达到这个"终极目标"，以及学会如何解决"测试瓶颈"的问题，读者也许可以从这本书中找到一些思路。这本书在每章开始用思维导图的方式概述本章内容，每章的结尾处有小结和延伸阅读，帮助读者思考。这本书一开始从测试四象限入手，总结了当前流行的分层测试框架，并结合最新的思维方式和流程，提出新的敏捷测试四象限；接着，就是解决人的"思想"问题，只有了解影响变革的本质——人的思想问题，才能更好地使用后续章节所提到的工具和基础设施。

我们在刚进行敏捷试点的时候，吕毅老师给我们进行 Scrum 培训，其中给我留下深刻印象的是"候鸟迁徙"的例子：它们持续在做"适应和调整"。在 VUCA 时代，如何更好地适应变化，是企业实现数字化转型的重要能力。虽然这是一本关于测试的书，但是其实它是从测试如何更好地适应新的端到端研发流程的角度进行阐述的。为了更好地进行敏捷测试，不但要对业界当前流行的基础设施技术、容器技术、微服务架构、各类 DevOps 实践和工具进行了解，而且要进一步左移，了解产品需求分析和价值分析的工具，了解 TDD（测试驱动开发），领域驱动开发和设计，以及实例化需求等实践和方法。另外，为了应对微服务架构给测试带来的挑战，实现低风险的部署，支持持续的灰度发布，敏捷测试也要右移，通过在线的方式进行高效的验证测试。如果你关注过 Gartner 的报告，一定听说过技术成熟度曲线（或者称为"炒作"曲线），在 2020 年发布的 Agile 和 DevOps 技术成熟度曲线中，测试自治（autonomous testing）、持续质量（continuous quality）、混沌工程（chaos engineering）和性能工程（performance engineering）都出现在技术成熟度曲线的"创新触发区"。如果你正在寻找关于这些实践的落地方法，可以参考朱少民老师写的这本书。

"想，都是问题；做，才有答案"，这是招商银行田惠宇行长在我行进行 Fintech 战略转型时所说的一句话。其实，在实现高效的敏捷测试时，也是一样：在推行 DevOps 和持续交付的过程中，J 形曲线（"烟斗"曲线）——迎来小波峰后就会因为测试的原因掉入大波谷——是绕不过的"坎"。最后，希望这本书能为读者找到行动的方向和带来指引。

陈展文

招商银行总行信息技术部 DevOps 推广负责人、资深专家

2020 年 12 月

前　言

写作本书的缘由

20 年前,《敏捷宣言》发布,正式宣告敏捷开发模式诞生,但敏捷开发模式在国内被采纳的时间相对比较迟。2006 年 6 月,首届"敏捷中国"开发者大会在北京召开。腾讯、华为等一些头部企业,从 2007 年开始敏捷试点。而"敏捷测试"的提出和应用则更晚一些,2009 年,国外出版了第一本关于敏捷测试的书,然而敏捷测试的正式定义直到 2017 年才给出(根据国际敏捷联盟官方网站的记录)。

2010 年,笔者在《程序员》杂志上发表过一篇文章《敏捷测试的方法和实践》。2011 年,笔者又在这本杂志上发表了文章《敏捷测试的思考和新发展》,谈到"在 BDD(行为驱动开发)、ATDD(验收测试驱动开发)和 TDD(测试驱动开发)最根本的、共同的思想基础上,构成一个全新的、更完善的敏捷测试框架"。此后,笔者陆续写了不少文章,如《究竟什么是敏捷测试》《如何不让测试成为敏捷的绊脚石》等。至于敏捷测试相关话题的文章就更多了,涉及自动化测试、探索式测试和 DevOps 等。如果读者有兴趣,那么可以去笔者的公众号"软件质量报道"里阅读。

笔者是国内最早开始思考软件测试如何适应开发敏捷化并且一直坚持下来的那批人之一,也正是基于坚持,在不平凡的 2020 年,逆行而上,在拉勾教育开设了"高效敏捷测试"专栏,经过 4 个多月的努力,圆满实现阶段性目标。在此专栏的基础上,笔者又重新整理,丰富内容,形成本书。

敏捷测试的发展

这些年,敏捷开发在国内已经流行起来,敏捷测试也有了较大进步,加上 DevOps(development 和 operation 的组合词,是一组过程、方法与系统的统称)的兴起,进一步推动了测试左移(测试前移)和测试右移(在线测试)的发展。例如,大家开始重视软件的持续构建(continuous build,CB)和测试自动化,大量使用体现敏捷测试思想的开源工具,开始探索通过软件测试平台提供各种测试服务。

有些公司开始在流程上明确要求在设计、编程前要明确用户故事(user story,US)的验收标准，即开始推行 ATDD；有些大型金融机构开始推行 BDD，开始使用自带 BDD 的自动化测试框架；有些团队更加关注探索式测试；在有些团队中，测试人员和开发人员更加融合，在一个看板上一起讨论测试任务。

这些均说明敏捷测试的思想和方法是经得起时间考验的，也说明测试同行在探索和推广敏捷测试方面确实取得了一定的成效。

但有很多人对于敏捷测试的理解依然不够准确。2013 年，笔者在 InfoQ（极客邦科技旗下的全球社区网站）上发表了《究竟什么是敏捷测试》这篇文章，认真探讨了敏捷测试的内涵。如今 8 年过去了，这种情况依然没有明显改善，这导致基于敏捷的测试实践往往形似而神不似，更糟糕的是，根据 2019 年的相关调查数据显示，软件测试已经成为敏捷交付的最大瓶颈。导致这样的局面的主要问题有：

- 对测试重视不够，持续交付（continuous delivery，CD）倒逼持续测试，但无法做到持续测试；
- 面对软件开发新模式缺乏应对策略，甚至连基于风险的测试策略都没有很好地进行实施；
- 测试和开发协同工作不力，开发对自动化测试的支持力度不够，导致自动化测试代价比较高；
- 热衷于招聘测试开发人员、重复造轮子，自动化测试成效比较低，测试效率也偏低；
- 热衷于技术，但缺乏对测试自身的思考，真正的测试能力没有显著提升；
- 企业质量文化没有形成，缺陷预防做得不够，甚至质量管理的基础配置都已"年久失修"。

看到这些问题，以及敏捷中的测试处在比较糟糕的境地，笔者心里非常着急。这是笔者开设专栏、写书的一个重要原因。

敏捷测试是否为伪命题

如果敏捷团队成为自组织的特性团队，团队对质量测试负责，开发人员也热衷于测试工作，或者说，测试是每个研发人员的日常工作中的一部分，就没有独立的测试，开发和测试彻底融合，敏捷测试就是一个伪命题。

但是现实不是这样的，即使今天又前进了一步，从敏捷走向 DevOps，许多开发人员依旧缺乏质量意识，不能构建高质量的设计和代码，也不能很好地完成单元测试、集成测试等工作，甚至单元测试相较十几年前没有什么改善，他们更不乐意去做系统测试、业务验收测试，测试还是由一些专门的测试人员来做。在这种环境下，敏捷测试就不是一个伪命题。

正如前面所说，软件测试已经成为敏捷交付过程中的最大瓶颈。如果不打破这个瓶颈，就不可能实现敏捷、DevOps 最主要的目标——持续交付。笔者写这本书，就是为了帮助读者所在的团队实现这一目标。要实现这一目标，就是要做到持续测试。于是笔者最近一段时间一直强调"敏捷测试就等于持续测试"。如果做不到持续测试，就做不到持续交付，也就做不到敏捷和 DevOps；如果做到了持续测试，那么任何时候都可以启动测试，任何时候都可以完成必要的测试，比如两周是一个迭代周期，那两周也能完成所有必要的测试。只有做到持续测试，才能支撑持续交付，才能跟上不断出现的市场变化的速度，才能满足这样的市场环境中的用户。

敏捷测试不但是持续测试，拥有《敏捷宣言》所倡导的价值观，遵守敏捷开发的原则，而且也包括一套软件测试的解决方案，包括测试思维、测试流程、测试基础设施和一系列的优秀实践等，最大限度地实现高效测试，持续改进。

写本书的其他原因

敏捷测试发展到今天，有很多成功的经验，也有一些失败的教训。现在是一个信息爆炸的时代，网络上关于敏捷测试的信息很多，各种观点都有：有的缺乏系统透彻的阐述；有的"鱼目混珠"；有的甚至觉得敏捷测试是个筐，什么好东西都想往里装。因此想分辨什么是真正有效的敏捷测试就变得更加困难。

关于敏捷测试，市面上已有两本书《敏捷软件测试：测试人员与敏捷团队的实践指南》《深入敏捷测试：整个敏捷团队的学习之旅》（Lisa Crispin 和 Janet Gregory 合著），但是看过这两本书的一些读者反映，在对内容的理解上还是比较模糊，难以获得真正可以落地实施的敏捷测试解决方案。本书可以帮助读者重新认知敏捷测试，帮助读者显著提升个人的测试能力，力求将敏捷测试真正落地实践，助持续交付一臂之力，扫除其前进路上的障碍。

本书内容安排和阅读指导

敏捷测试涉及很多内容，它是一套适合或顺应敏捷开发的解决方案，包含测试思维、测试人员 / 组织、测试技术、测试方法、测试流程和工具等方面。本书会系统地阐述这些内容，以业界优秀实践为基础，将真实案例贯穿全书，做到理论和实践相结合。本书也力求以直观、简洁的方式呈现敏捷测试的具体操作流程，尽可能引入有效的测试新方法、新技术和新工具，包括智能的测试技术、基于容器的测试环境部署等。本书不但给读者讲解敏捷测试如何做，而且还讲解为什么这样做，帮助读者拓展测试视野，进一步练好测试的基本功，重构测试技能，构建良好的敏捷思维，使读者终身受用。

本书共 10 章，第 1 章内容作为铺垫，重温敏捷的价值观和开发原则，了解不同而具体的敏捷开发框架。如果读者已熟练掌握敏捷开发方法，那么可以跳过这一章，直接从第 2 章开始阅读。建议读者认真阅读和仔细体会第 2 章的内容，因为这一章是基础，在"道、法、术、器"中，"道"排在最前面，比原则、方法、技术和工具都重要。

接下来的第 3 章和第 4 章也是为后续学习打基础。因为人的因素以及组织文化的构建对于敏捷测试的成功起到决定作用，很多表面上看起来是技术层面的问题，其实本质上是人的问题。因此，在进入敏捷测试的具体操作的讲解之前，我们必须先谈谈人员和组织文化。第 3 章主要讨论敏捷开发中测试的职责由谁承担、如何承担，以及是否要设置专职的测试人员。如果设置专职的测试人员，那么该如何操作；如果没有设置，那么又该如何操作。第 3 章还讨论了团队如何转型、学习型团队如何构建，以及不同角色之间如何协作，即使读者不从事敏捷测试，这些内容也是非常有价值的，只是在敏捷测试中其更具有价值，因为敏捷更强调学习、协作和成长等。第 4 章讨论了敏捷测试的基础设施，包括如何应用虚拟机技术、容器技术等搭建测试环境，这一切就是为了更好地支持自动化测试、自动部署，以及与持续集成 / 持续交付（CI/CD）的集成等，这些是技术基础。读者会看到敏捷测试在持续集成、持续交付，以及 DevOps 的实施过程中无处不在。

接下来，本书用 5 章的篇幅（第 5 章~第 9 章）详细介绍如何落地高效敏捷测试，从测试左移（包括需求评审、设计评审和彻底的测试左移 ATDD 等）、测试计划、测试分析与设计、测试执行到收尾的完整过程。这个过程的前提就是敏捷开发模式，需求是采用用户故事来描述而且变更相对频繁，迭代也是很快的，测试很有挑战性，因此这部分内容侧重于介绍如何应对这些挑战。

- 有什么好的测试策略？
- 如何更高效地开展自动化测试？
- 如何将探索式测试和自动化测试有机结合起来？
- 选择哪些合适的测试工具？

通过这部分内容，读者会了解很多优秀的敏捷测试策略、方法和技术实践等。

本书的最后一章是对敏捷测试未来的展望，通过介绍人工智能及大数据测试方法、敏捷测试工具的未来发展趋势，让大家了解敏捷测试的未来。实现彻底的持续测试是敏捷测试的终极目标，这一章介绍了实现持续测试的思路和框架。

每章开头均有思维导图来引导读者学习，每章结尾均有延伸阅读，可以触发读者新的思考，以扩展本书内容，打破本书的局限性，让读者收获更多。

如今，成为一个敏捷测试工程师是大势所趋，更是优秀职场人的自我驱动。通过本书的阅读，读者会有如下收获：

- 真正了解什么是敏捷测试，更好地融入敏捷开发环境中，可以与业务、产品、开发等相关人员进行更融洽的沟通与协作；

- 了解敏捷测试的具体操作，更快、更有效地完成测试的分析、设计和执行，做到事半功倍，今后的测试工作会变得更轻松。

如果读者是研发部门经理或项目经理，那么将获得更多的收益，包括提升对敏捷测试全局的理解，清楚下面的操作和管理：

- 如何完成从传统测试向敏捷测试的转型，包括敏捷文化的建立；

- 如何构建一个有效的敏捷测试体系，包括有效的测试流程、稳定而高效的基础设施或自动化测试平台；

- 如何指导团队、工程师开展测试工作，极大地提升测试效率，做到持续测试，满足持续交付的要求；

- 如何协调不同团队和不同岗位的沟通和协作，帮助整个团队提升研发质量和效率。

希望读者能够喜欢本书。让我们一起开启这段敏捷测试之旅，开创辉煌的未来！

致　谢

首先感谢拉勾教育提供良好的合作机会，让"高效敏捷测试"专栏如期推出，之后成了本书内容的坚实基础；感谢异步社区对本书出版的重视，以及提供的资源支持，更要感谢人民邮电出版社信息技术分社社长陈冀康和本书编辑郭媛的辛勤付出。

感谢家人和朋友的支持，感谢相关测试专家提供的一些素材和案例，这其中就有 Poly 博诣公司的王海强帮忙完成了本书附录 A 的内容。

特别感谢 ThoughtWorks 创新总监、中国敏捷教练企业联盟秘书长肖然和招商银行总行信息技术部 DevOps 推广负责人、资深专家陈展文两位老师从百忙之中抽出宝贵时间为本书写序。感谢各位 IT 同人为本书写推荐词，他们是：

- 陈晟，软通动力信息技术（集团）股份有限公司副总裁；

- 付可，Poly 博诣全球研发副总裁；

- 李怀根，广发银行研发中心总经理；

- 邓月堂，腾讯微信测试中心总监；

- 阮志敏，飞致云创始人兼 CEO；

- 姚冬，华为云应用平台部首席技术布道师；

- 张乐，京东 DevOps 与研发效能技术总监、首席架构师；

- 钱承君，哔哩哔哩测试中心负责人；

- 茹炳晟，腾讯技术工程事业群基础架构部 T4 级专家、腾讯研究院特约研究员；

- 殷柱伟，腾讯 WeTest 产品总监；

- 金晖（定源），阿里巴巴淘系技术部高级测试开发专家；

- 陈洋，小米 IoT 开发者平台测试中心总监；

- 云层，TestOps 测试运维开拓者；

- 刘冉，ThoughtWorks 首席测试与质量咨询师；

- 陈晓鹏，德勤管理咨询（上海）有限公司系统集成业务线测试负责人；

- 耿晓倩，Splunk 公司总部测试开发总监；

- 陈飞，独立敏捷教练、质量教练；

- 张宏博，字节跳动资深测试开发工程师。

资源与支持

本书由异步社区出品，社区（https://www.epubit.com/）为读者提供相关资源和后续服务。

配套资源

本书提供彩图文件，如要获得此配套资源，请在异步社区本书页面中点击 [配套资源]，跳转到下载界面，按提示进行操作即可。

提交错误信息

作者和编辑尽最大努力来确保书中内容的准确性，但难免会存在疏漏。欢迎读者将发现的问题反馈给我们，帮助我们提升图书的质量。

当读者发现错误时，请登录异步社区，按书名搜索，进入本书页面，单击"提交勘误"，输入错误信息，单击"提交"按钮即可（见下图）。本书的作者和编辑会对读者提交的错误信息进行审核，确认并接受后，读者将获赠异步社区的 100 积分。积分可用于在异步社区兑换优惠券、样书或奖品。

扫码关注本书

扫描下方二维码，读者将会在异步社区微信服务号中看到本书信息及相关的服务提示。

与我们联系

我们的联系邮箱是 contact@epubit.com.cn。

如果读者对本书有任何疑问或建议，请读者发邮件给我们，并请在邮件标题中注明本书书名，以便我们更高效地做出反馈。

如果读者有兴趣出版图书、录制教学视频，或者参与图书翻译、技术审校等工作，可以发邮件给我们；有意出版图书的作者也可以到异步社区在线提交投稿（直接访问 www.epubit.com/selfpublish/submission 即可）。

如果读者所在的学校、培训机构或企业，想批量购买本书或异步社区出版的其他图书，也可以发邮件给我们。

如果读者在网上发现有针对异步社区出品图书的各种形式的盗版行为，包括对图书全部或部分内容的非授权传播，请读者将怀疑有侵权行为的链接发邮件给我们。读者的这一举动是对作者权益的保护，也是我们持续为读者提供有价值的内容的动力之源。

关于异步社区和异步图书

"异步社区" 是人民邮电出版社旗下 IT 专业图书社区，致力于出版精品 IT 技术图书和相关学习产品，为作译者提供优质出版服务。异步社区创办于 2015 年 8 月，提供大量精品 IT 技术图书和电子书，以及高品质技术文章和视频课程。更多详情请访问异步社区官网 https://www.epubit.com。

"异步图书" 是由异步社区编辑团队策划出版的精品 IT 专业图书的品牌，依托于人民邮电出版社近 40 年的计算机图书出版积累和专业编辑团队，相关图书在封面上印有异步图书的 LOGO。异步图书的出版领域包括软件开发、大数据、AI、测试、前端、网络技术等。

异步社区　　　　　　　　微信服务号

目　录

第1章 铺垫：敏捷开发价值观、原则与实践

导读

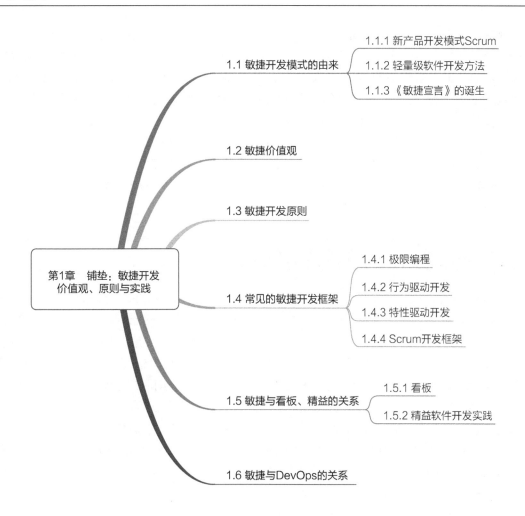

第1章 铺垫：敏捷开发价值观、原则与实践

- 1.1 敏捷开发模式的由来
  - 1.1.1 新产品开发模式Scrum
  - 1.1.2 轻量级软件开发方法
  - 1.1.3 《敏捷宣言》的诞生
- 1.2 敏捷价值观
- 1.3 敏捷开发原则
- 1.4 常见的敏捷开发框架
  - 1.4.1 极限编程
  - 1.4.2 行为驱动开发
  - 1.4.3 特性驱动开发
  - 1.4.4 Scrum开发框架
- 1.5 敏捷与看板、精益的关系
  - 1.5.1 看板
  - 1.5.2 精益软件开发实践
- 1.6 敏捷与DevOps的关系

有什么开发，就有什么测试，传统开发之下就是传统测试，敏捷开发之下就应该推行敏捷测试。在讨论敏捷测试之前，必须先了解敏捷开发模式，否则理解敏捷测试会很困难，因此有必要用一章的篇幅来进行铺垫。虽然用一章的篇幅不能详细介绍敏捷开发模式的具体操作、实践和工具等，但还是能讲清楚敏捷开发模式的由来、敏捷价值观、开发原则、开发框架，以及敏捷看板、精益和 DevOps 的关系等内容。

随着开源运动（open source community，OSC）、互联网、软件即服务（software as a service，SaaS）等不断发展，其对软件工程、软件研发模式的演变产生越来越深刻的影响，从而促进软件工程不断创新、变革和发展，以适应新形势下的软件的开发、运行和维护的需求。敏捷开发模式、DevOps 应运而生，并逐渐流行起来，并与云计算平台、容器技术等融合，构成了今天的软件开发环境。

敏捷开发是一种思想或方法论，就是通过不断迭代开发和增量发布，最终交付符合用户价值的产品。如何用敏捷的思想来指导软件开发？现在有很多具体的敏捷开发框架、流程或模式，如 Scrum、极限编程、行为驱动开发、功能驱动开发和精益软件开发（lean software development）等。它们的具体名称、理念、过程、术语都不尽相同，相对于"非敏捷"，更强调程序员团队与业务专家之间的紧密协作、面对面的沟通（认为比书面的文档更有效）、频繁交付新的软件版本、紧凑而自我组织型的团队、能够很好地适应需求变化的代码编写和团队组织方法，也更注重软件开发中人的作用。但无论采用哪种具体的敏捷开发模式，都应该符合《敏捷宣言》的思想，遵守敏捷开发的原则。我们需要按照《敏捷宣言》和敏捷开发原则来判断某种开发活动和实践是否是敏捷开发。

1.1　敏捷开发模式的由来

敏捷开发模式可以追溯到 1620 年，英国哲学家弗朗西斯·培根发表了他的代表作之———《新工具》，如图 1-1 所示。《新工具》是对亚里士多德《工具论》的批判继承，全书分为两卷，第一卷着重批判经院哲学的观点，主张人应该是自然的解释者，只有认识并发现了自然的规律，才能征服自然；第二卷论述了归纳方法，为归纳逻辑奠定了基础。培根认为单纯的感觉甚至某些实验所能告诉人们的信息中有太多偶然性的因素，而且之前形式逻辑中的枚举归纳依赖于对已知事例的一一列举，其结论建立在已知的少数事例上，因此他在《新工具》中主张合理的归纳应该以大量的事实为基础，而且是一种循序渐进的研究过程。这样的科学方法可以写成"假设—实验—评估"或理解为"计划—做—检查"（plan-do-check）。直到 300 多年后，即 1939 年，贝尔实验室的统计学家沃特·休哈特依据这样的科学方法，将"统计控制"下的生产描述为"规范—生产—检验"（specification-production-inspection）这样的 3 步过程，借助统计分析的帮助，不断对产品和过程进行改善。之后，休哈特的学生、现代质量控制之父威廉·爱德华兹·戴明将这个过程修改为著名的**戴明环**，即 PDSA（plan-do-study-act，计划—做—学习—处理）环。根据戴明的说法，日本参与者在 20 世纪 50 年代又进一步将 PDSA 改为今天大家熟悉的 PDCA（plan-do-check-act，计划—做—检查—处理），用于质量管理、业务流程等持续改进，并得到广泛应用。因此，敏捷方式更合理的追溯时间是 20 世纪 20～50 年代，看作 PDCA 思想的延伸，将 PDCA 用于软件开发过程中，如图 1-2 所示。

图1-1　弗朗西斯·培根的《新工具》

其间，丰田公司聘请戴明培训公司中数百名经理，并在他的经验之上创立了著名的丰田生产体系——精益生产，按订单生产，减少库存，尽力避免各种生产环节产生的浪费，并持续改进产品质量。精益思想，包括其实践 + 看板，对敏捷开发又产生了较大影响，或者说，精益思想已逐渐融入敏捷并发之中。

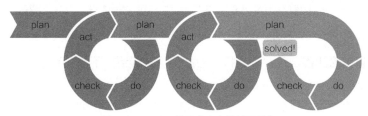

图1-2　PDCA循环（来自维基百科）

1.1.1　新产品开发模式 Scrum

在敏捷开发中，目前比较流行的是 Scrum 开发模式，而 Scrum 可以追溯到 1986 年。在那一年，日本一桥大学教授、享有世界"知识运动之父"美誉的竹内弘高、野中郁次郎在 1986 年 1 月出版的《哈佛商业评论》发表了一篇文章《一种崭新的新产品开发游戏》（"The New New Product Development Game"），首次提到新产品开发应该是"橄榄球"（即 Scrum 开发模式），团队试图作为一个整体完成所有任务，将球传来传去，而不应该是传统的"接力赛"方式—序列式的开发（即"瀑布模型"开发模式）。他们是在通过研究那些比竞争者更快发布新产品的公司（如富士施乐的复印机、本田的摩托车引擎、佳能的照相机等）后而提出这种 Scrum 开发模式。这种整体方法有 6 个特点：内建不稳定、自组织团队、重叠开发阶段、多样化学习、微妙的控制和学习的组织内转移。

1）**内建不稳定**。高层管理者往往只是指明战略方向，制定极具挑战性的目标，这种挑战性目标会传递压力给团队，而高层管理人员给予项目团队极大的自由（新产品概念、具体工作计划等则由项目团队自行决定、完成），团队反而能体会到这种不稳定性，更能激发团队的斗志。

2）**自组织团队**。像一家初创公司一样运营，具有三大特征：自治、自我超越和交流成长，能够自行运作，承担主动性和风险，自己制定计划和进度表，突破原来的惯性思维，每天都在渐进地改进、完善，不断提升。

3）**重叠开发阶段**。不像传统的序列式开发模式，开发的各阶段重叠，使得团队始终保持信息通道畅通，增强了合作意识，获得了更高的效率和更大的灵活性，更能适应变化，提高了对市场的敏感度。

4）**多样化学习**。表现在两个方面：跨越多个层次（个人、团体和企业）、多个专业（不同领域）的学习。个人层面的学习有多种方式，例如，将在公司 15% 的时间用于追求个人的"梦想"，利用同伴的压力来培养个人的学习能力，团队可以开展集体读书打卡活动，等等。多职能的学习，则鼓励员工通过学习积累自己工作领域之外的经验，掌握非本职工作之外的能力。员工通过这些多样化的学习方式来培养主动性和学习能力，并使自己跟上最新的发展。

5）**微妙的控制**。虽然项目团队大部分是靠自己管理，避免那种严格的控制，但并不是不受控制，而是强调"自我控制""通过来自同事的压力来控制"和"爱的控制"，如鼓励工程师听取客户和经销商的意见，监测团队动态变化，必要时增加或剔除成员等。

6）**学习的组织内转移**。定期开展将学习的知识转移给接下来的新产品开发项目或组织的活动，例如将关键人员分配给随后的项目，通过"渗透"进行知识转移。而且，知识也可通过将项目活动作为标准实践，在组织中传播，甚至将成功的经验制度化。

除自组织团队、多样化学习以外，文章还强调"产品开发过程是在一个精心挑选的多学科团队的持续互动中产生的，团队成员从头到尾都在一起工作"，因此这篇文章经常被认为是 Scrum 开发框架的灵感来源。

1994 年 6 月，贝尔实验室（Bell Labs）软件产品研发部成员詹姆斯·考帕里安在佛罗里达州奥兰多举行的第 5 届 Borland 国际年会上发表了一篇论文《Borland 软件工艺：流程、质量和生产力的新视角》（"Borland Software Craftsmanship：A New Look at Process,Quality and Productivity"），这篇文章主张研发团队每天开一个短的会议，这样能显著提高团队效率。杰夫·萨瑟兰从上面两篇文章获得了灵感，创建了一种新的软件开发方法——Scrum。作为 Scrum 开发方式的实验，完成了 Easel 公司一项极具挑战性的产品开发任务，而且做到了程序缺陷较之前版本少很多、没有超出预算等。随后，杰夫·萨瑟兰和他的同事肯·施瓦伯对 Scrum 方法进行了进一步研究，并在奥斯汀举办的 ACM OOPSLA（面向对象编程系统、语言以及应用程序）1995 年年会上联合发表了一篇论文，正式发布了 Scrum 开发框架。此后的几年，他们将 Scrum 的实践经验以及业界的优秀实践进行融合，形成今天业界熟知的 Scrum。

1.1.2　轻量级软件开发方法

在 Scrum 提出之前，1991 年 IBM 请阿利斯泰尔·科伯恩开发面向对象项目的方法论时，他为此进行广泛的调研，认为不存在一种适合所有开发流程的、规模相同的团队，而是分为不同规模的团队，从而逐步构建起一系列的水晶（crystal）开发模式，包括透明水晶方法论（crystal clear）、黄色水晶方法论（crystal yellow）、橙色水晶方法论（crystal orange），以及红色水晶方法论（crystal red）。水晶开发模式以绩效为先，强调经常交付，流程虽然重要，但是次要的，并聚焦开发人员，沟通与协作（渗选式交流），以及反思改进，提倡与专家用户建立方便的联系，配有自动测试、配置管理和经常集成功能的技术环境。

之后各种轻量级开发方法如雨后春笋般涌现出来，如图 1-3 所示，却引来它们之间谁对谁错、谁好谁坏的争论，而且争论越来越激烈。

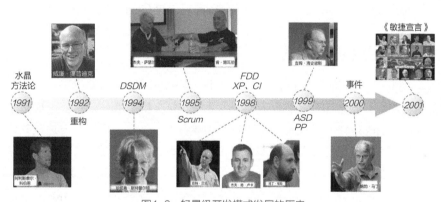

图1-3　轻量级开发模式发展的历史

1992 年，威廉·奥普迪克发表了论文《面向对象框架之重构》（"Refactoring Object-Oriented Frameworks"），对"重构"进行了全面的论述。

1994 年，珍妮弗·斯特普尔顿提出动态系统开发方法（dynamic systems development method，DSDM），强调发布周期相对固定，功能特性动态调整。

1995 年，肯·施瓦伯和杰夫·萨瑟兰在 OOPSLA 大会上联合发布了 Scrum 开发框架。

1996 年，马丁·福勒、肯特·贝克等人将极限编程（eXtreme Programming，XP）方法第一次引入 C3 项目。

1998 年，关于极限编程的第一篇文章《走向极限编程的克莱斯勒公司》（"Chrysler Goes to 'Extremes'"）发表，描述了一些极限编程实践。

1998 年，杰夫·德·卢卡等人正式提出特性驱动开发（feature-driven development，FDD）方法。

1998 年，持续集成（continuous integration）和每日站会（daily standup）被列入极限编程的核心实践中。

1999 年，福勒出版了《重构：改善既有代码的设计》。"重构"实践在此之前的几年已经被纳入极限编程，但因这本书才得以推广。

1999 年，贝克出版了《解析极限编程：拥抱变化》。

1999 年，安德鲁 · 亨特等出版了《注重实效的程序员》（The Pragmatic Programmer）。

1999 年，吉姆 · 海史密斯提出自适应软件开发（adaptive software development，ASD），着眼于人员协作和团队自我组织，自我思考和学习。

2000 年，福勒的文章《持续集成》（"Continuous Integration"）发表。

2000 年，ThoughtWorks 开源了第一个持续集成工具 CruiseControl。

1.1.3 《敏捷宣言》的诞生

2000 年 9 月，来自芝加哥的鲍勃 · 马丁发了一封电子邮件，提倡召开一次会议，解决当时争论的关于轻量级开发方法的各种问题。马丁希望 2001 年 1 月～ 2 月在芝加哥举行一场小型（两天）会议，目的是让所有轻量级开发方法领导者进入一个"房间"—达成共识。他认为这些人都应该被邀请，并且他也有兴趣知道还应该联系谁。他为此建立了一个维基站点，讨论会议主题和会议地点。有人反对"轻量级"这个词，而反对更激烈的是会议地点芝加哥。

2001 年 2 月 11 日～ 13 日，17 位不同的轻量级开发方法（如 Scrum、极限编程、自适应软件开发、特性驱动开发、动态系统开发等）"掌门人"在美国犹他州雪鸟（Snowbird）滑雪胜地聚会，试图找到这些开发方法的共同点，就实质性问题达成共识。虽然与会者不能在具体方法上达成一致，但是他们为共同拥有的方法论取了一个名字：敏捷（"Agile"来源于《敏捷竞争者和虚拟组织：给客户更多的策略》（Agile Competitors and Virtual Organizations: Strategies for Enriching the Customer），并发布了《敏捷宣言》（全称《敏捷软件开发宣言》）。

> 我们一直在实践中探寻更好的软件开发方法，身体力行的同时也帮助他人。由此我们建立了如下价值观：
> 　　1）个体和互动高于流程和工具；
> 　　2）工作的软件高于详尽的文档；
> 　　3）客户合作高于合同谈判；
> 　　4）响应变化高于遵循计划。
> 　　也就是说，尽管右项有其价值，我们更重视左项的价值。

在《敏捷宣言》发布后，敏捷思想快速传播，不少公司开始尝试敏捷开发模式。我们可以这样说，所有符合《敏捷宣言》所阐述的价值观及其背后的 12 项原则的开发框架，都可以认为是敏捷开发模式。

1.2 敏捷价值观

《敏捷宣言》代表了价值观。传统研发模式对人不够信任，强调流程的作用，通过流程来减少，甚至杜绝问题的发生。敏捷开发模式以人为本，认为人是决定的因素，研发人员及其构成的团队更具价值，团队决定了研发的质量和效率，团队对质量负责；并且相信团队，鼓励团队内部成员之间的协作、团队之间的协作，并由团队来确定该做什么、如何去实现，包括任务估算、进度安排。因此，在敏捷开发模式中，每一个研发人员及其协作的价值高于流程和工具的价值。

我们都清楚，软件研发要交付的是开发的产品或服务，而不是软件过程文档。如果过程文档写得很漂亮，但交付的软件漏洞百出，或者用户不能很好地使用软件，就是本末倒置，没有正确认识软件研发的本质。因此，敏捷开发强调我们交付出去的软件的价值胜于文档的价值。

软件产品或服务是为了提供给客户使用或者解决客户的问题，客户清楚这个软件是否能够解决他们的问题或者符合他们的使用习惯。即使我们有良好的用户思维，可以从用户的角度思考问题、设想客户的需求、设计软件、写代码、做测试等，但研发人员终究不能完全代表客户（用户），于是我们要和客户合作，经常和他们交流，听取他们的反馈，这样才能打造出符合他们需求的软件，给客户带来更大的价值，让客户获得更好的体验。因此，我们应该认可客户合作的价值胜于合同谈判的价值。如果客户确实不能和研发人员在一起开发，那么业务人员、产品负责人应该代表客户，与研发人员在一起工作，分析和定义需求，按价值大小决定待开发的功能特性的优先级等。

市场驱动业务，业务驱动研发。当今是一个快节奏的时代，市场瞬息万变，业务需求的变化也很快，那么我们的研发不能拒绝这种变化，拒绝需求变更，而应该拥抱这种快速的需求变化，从架构、代码、流程等各个方面进行变革，从而能够适应市场的挑战，满足用户的需求。这就是敏捷所强调的"响应变化高于遵循计划"。

敏捷还有其他一些价值观，如开放、勇气、尊重、承诺、反馈和简单等。敏捷拥抱变化，这种变化不仅体现在用户需求的变化，还包括技术的变化、工程实践的变化、流程的变化，甚至一切上下文的变化。作为敏捷的践行者，不能墨守成规，也不能拘泥于某一种特定的形式，而是应该拥有开放的精神，敢于尝试新的技术、新的实践，主动求变，也就是需要有勇气去进行新的尝试，不怕犯错，一旦犯错，能认识到错误并通过反思来审视错误，于是勇气还体现在快速迭代、不断反思上。

因为以人为本，所以要信任研发人员，尊重他们的意见和决定，由团队进行估算和制定计划。而之前的传统开发模式，通常是上级制定的、被动安排的，在这种情况下，许多承诺是违心的，承诺缺乏意义。而在敏捷开发模式下，研发人员得到尊重，团队是自我管理的团队，同样得到足够的尊重，承诺是建立在团队自身所做出的估算和计划之上的，自然有决心和能力兑现承诺。

敏捷推崇快速迭代、持续交付，一方面是为了拥抱需求的变化，更好地满足业务或用户的需求，另一方面，也是为了快速得到用户的反馈。如果软件开发方向有偏差，那么及时调整，少走弯路，即使没有偏差，也可以更快地改进产品，提升用户体验，也就是说，持续交付达到持续反馈、持续改进。

简单，有利于快速构建和重构。在敏捷开发中，需求、架构、代码等力求简单，这样可以更好地支持快速迭代、快速交付。

1.3   敏捷开发原则

敏捷运动并非反对方法论，事实上，敏捷倡导者倒是希望恢复"方法论"这个词的可信度，恢复平衡，接受建模。敏捷倡导者接受文档，但不是数百页从未维护过且很少使用的大部分文档。敏捷倡导者也会制定计划，但在日新月异的环境中认识到了规划的局限性。

《敏捷宣言》只是呈现了其价值观，但对具体实施缺少实质的指导意义，有些制定《敏捷宣言》的参会人员还玩笑说：《敏捷宣言》是"糊涂"声明。人们对敏捷方法论的兴趣，有时也伴随着巨大的批评。因此，在《敏捷宣言》发布之后的几个月，参会人员一起努力，制定了《敏捷宣言》背后的 12 项原则，帮助我们以更灵活的方式思考软件开发方法和组织。

为了更好地体现《敏捷宣言》所阐述的价值观，这里简单介绍《敏捷宣言》背后所蕴含的12 条原则。

1）我们最重要的目标是通过持续不断地快速交付有价值的软件使客户满意。

2）欣然面对需求变化，即使在开发后期也一样。为了客户的竞争优势，敏捷过程掌控变化。

3）经常地交付可工作的软件，相隔几星期或一两个月，倾向于采取较短的周期。

4）业务人员和开发人员必须相互合作，项目中的每一天都不例外。

5）激发个体的斗志，以他们为核心搭建项目。提供所需的环境和支援，辅以信任，从而达成目标。

6）不论团队内外，传递信息效果最好、效率最高的方式是面对面交谈。

7）可工作的软件是进度的首要度量标准。

8）敏捷过程倡导可持续开发。责任人、开发人员和用户要能够共同维持其步调稳定、延续。

9）坚持不懈地追求技术卓越和良好设计，敏捷能力由此增强。

10）以简洁为本，它是极力减少不必要工作量的艺术。

11）最好的架构、需求和设计出自自组织团队。

12）团队定期地反思如何能提高成效，并依此调整自身的举止表现。

1.4　常见的敏捷开发框架

敏捷可以看作方法论，更多体现在上面的价值观、开发原则上，而具体落地实施，则需要依赖可操作的、具体的开发模式，即我们熟知的极限编程、行为驱动开发、特性驱动开发和Scrum等。下面分别对它们进行简单介绍。

1.4.1　极限编程

极限编程（eXtreme Programming，XP）是一种软件工程方法学，是敏捷软件开发中最富有成效的几种方法学之一，基本思想是"沟通、简单、反馈、勇气"。如同其他敏捷方法学，极限编程和传统方法学的本质的不同在于它更强调可适应性而不是可预测性。极限编程的支持者认为软件需求的不断变化是很自然的现象，是软件项目开发中不可避免的、应该被欣然接受的现象；与传统的在项目初始阶段定义好所有需求再费尽心思地控制变化的方法相比，有能力在项目周期的任何阶段去适应变化，将是更加现实、有效的方法。一般认为极限编程对于少于12人的小团队很有用。然而，极限编程在一些超过100人的开发小组中也获得了成功。这就说明极限编程不是不能够推广到更大的团队，而是很少有更大的团队尝试它。

极限编程项目一开始就是收集用户故事（user story，US），用户故事由用户编写，是一段与技术无关的文本，其目的在于提供一些特殊场景的详细描述，而不是用来估计系统的复杂性。用户故事的所有细节必须在它实现之前得到客户的确认。紧接着就是制定发布计划。发布计划确定在系统的哪个发布版本中有哪些用户故事需要实现。每个发布版本都要经过好几次迭代，每次迭代实现一些用户故事，如图1-4所示。一次迭代包括如下阶段。

1）计划：选择要实现的用户故事及其要明确的细节。

2）编码：实现用户故事。

3）测试：至少每个类都要有相应的单元测试。

4）验收测试：用来验证交付的软件是否满足用户需求。如果测试成功，那么新功能开发完成；如果失败，则进入下一个迭代，直至验收测试通过。

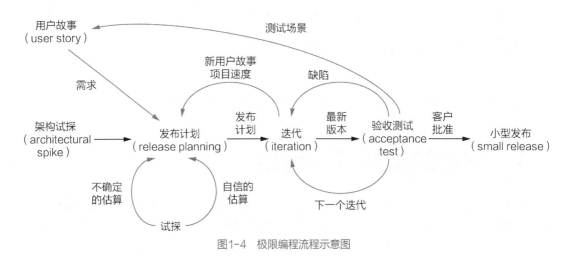

图1-4　极限编程流程示意图

1. 极限编程的优秀实践

相对于 Scrum，极限编程更贴近软件开发，有 12 项优秀实践，如表 1-1 所示，其中核心的实践是结对编程、测试驱动开发、代码重构、持续集成、代码规范和代码集体所有等。

表1-1　极限编程推荐的软件研发实践

编程实践	简单设计、代码规范、测试驱动开发、代码重构、结对编程
团队实践	代码集体所有、持续集成、系统隐喻、可持续的节奏
过程实践	现场客户（用户）、计划博弈、小型发布（快速发布）

1）**简单设计**。代码的设计只需要满足当前功能的要求，尽可能简单，不多也不少。传统的软件开发理念强调设计先行，在编程之前构建一个完善的、详细的设计框架，其前提是需求稳定。而极限编程拥抱需求变化，认为需求是会经常变化的，因此设计不能一蹴而就，而是一个持续进行的过程。简单设计应满足以下几个原则。

- 成功执行所有的测试。

- 不包含重复的代码。
- 向所有的开发人员清晰地描述编码及其内在关系。
- 尽可能包含最少的类与方法。

简单的代码更易于工作，简单设计包括系统架构设计，简单的架构有利于设计的重构。

2）**代码规范**（code standard）更好地保证代码的可读性，有利于代码的重构和维护，而且通过有效的、一致的代码规范来进行沟通，可以尽可能地减少不必要的文档，因为维护文档和产品的一致性是非常困难的一件事情。这里有双重含义。

- 通过建立统一的代码规范，加强开发人员之间的沟通，同时为代码走查提供了一定的标准。
- 减少项目开发过程中的文档，极限编程认为代码是最好的文档。

当然，不可能用代码代替所有的文档，只是尽量消除不必要的文档，因为与规范的文档相比，代码的可读性低。

3）**测试驱动开发**（test-driven development，TDD）与传统开发（开发在前、测试在后）完全不同，强调测试在前、开发在后，即在写产品代码之前先写测试用例（测试脚本），再运行测试用例通过，最后写产品代码让测试通过。代码只有通过测试的时候才被认为完成了。整个软件系统用一种周期化的、实时的、被预先编好的自动化测试方式来保证代码正常运行，这也是彻底的单元测试。

4）**代码重构**（code refactoring）是指在不改变系统行为的前提下，重新调整，优化系统的内部结构以减少复杂性，消除冗余，提高系统的灵活性和性能。在极限编程中，强调代码重构的作用，是对"简单设计"的补充，改善既有设计，但不是代替设计。重构也是迭代过程所必需的、经常性的活动，特别是在功能实现前后或各个迭代周期的前后。

5）**结对编程**（pair programming）是指两个（在技能上相当或接近的）开发人员以交替方式共同完成软件的某个功能或组件的代码，即某程序员在写代码的同时，另一个程序员在旁边观察（代码评审），确保代码的正确性与可读性，并以1～3小时的间隔相互交换工作。结对编程可以看作互为评审（peer review）这种实践的最彻底的体现，更能比较彻底地提高代码质量，效率也有可能得到提升。在具体实施时，一些关键的程序代码可以按结对编程方式进行，而其他大部分代码仍可以按传统方式进行，但可以适当加强代码走查和互为评审的力度，如持续代码评审——团队每天留半小时进行代码评审。

6）**持续集成**（continuous integration，CI）提倡每日构建一个以上的版本，并通过版本的验证，包括自动构建、自动部署和自动测试。持续集成已成为软件研发中非常普遍的一种优秀实践，能够提高代码重构的成功率和代码的质量（即极大地减少回归缺陷），也可以使团队保持一个较高的开发速度。

7）**系统隐喻**（system metaphor）。与传统软件工程不同的是，极限编程不需要事先进行详细的设计，而是依据可参照和比较的类和设计模式，通过系统隐喻来描述系统如何运作、以何种方式将新的功能加入系统中，在迭代周期中不断地细化架构。对于大型系统，系统架构设计是至关重要的，前期需要一个准备阶段完成这项工作。

8）**可持续的节奏**。团队只有持久才有获胜的希望，把项目看作马拉松长跑，而不是全速短跑。极限编程提倡健康工作、快乐工作，如实施每周 40 小时工作制，反对加班，高效地构建高质量的代码。

9）**代码集体所有**（collective ownership）。开发团队的每个成员都有更改代码的权利，所有的人对全部代码负责，没有程序员对任何一个特定的模块或技术单独负责。这样，程序员不会被限制在特定的专业领域，整个团队的能力、灵活性和稳定性等都得到增强。有时我们也需要认真考虑代码存取权限（代码知识产权保护）、代码有序管理等问题。

10）**现场客户**（用户）。从理论上要求在整个软件开发过程中，客户一直和研发团队在一起，参与需求的分析、定义和优先级排序（调整），确定验收标准和产品评审，而且能随时回答团队的问题。团队也可以及时、主动地向客户介绍开发状态、演示（半）产品，及时获取客户的反馈。若实施起来有些困难，那么可以采用有效的远程沟通方式，包括电话会议、远程网络会议等，或者让用户代表——产品经理或业务人员等扮演用户角色。

11）**小型发布**（快速发布）。快速发布是指每次发布的周期要短（2～3周），每次发布的特性要少，从而容易估计每个迭代周期的进度，便于工作量和风险的控制，及时处理用户的反馈。若要做到快速发布，就需要测试驱动开发、代码重构、持续集成等实践的支撑。

12）**计划博弈**（planning game）要求结合项目进展和技术情况，确定下一阶段开发与发布的系统范围。但随着项目的进展，计划会进行适当调整，一成不变的计划是不存在的。因此，项目团队需要根据项目实际进展情况、需求变更、风险等及时进行项目评估，再根据资源、进度、质量状态、需求优先级等因素来调整或优化项目计划。还有一些具体做法，如项目团队每天举行简短的例会，反思昨天的工作，了解研发过程中的困难，确定当天的主要任务（每日计划）。

2. 极限编程的特点

1）**快速反馈**。当反馈能做到及时、迅速时，将发挥极大的作用。开始接触一个事件和对这一事件做出反馈之间的时间，一般被用来掌握新情况以及做出修改。与传统开发方法不同，与客户发生接触是反复出现的。客户能够清楚地洞察开发中系统的状况，能够在整个开发过程中及时给出反馈意见，并且在需要的时候能够掌控系统的开发方向。

2）**假设简单**。认为任何问题都可以简单的方式解决。传统的系统开发方法要考虑未来的变化，要考虑代码的可重用性。极限编程拒绝这样做。

3）**增量变化**。极限编程的提倡者总是说：罗马城不是一天建成的。一次就想进行一个大的改造是不可能的。极限编程采用增量变化的原则。例如，可能每3个星期发布一个包含小变化的新版本。这样一小步一小步前进的方式，使得整个开发进度以及正在开发的系统更为可控。

4）**包容变化**。可以肯定的是，不确定因素总是存在的。"包容变化"这一原则就是强调不要对变化采取反抗的态度，而应该包容它们。例如，在一次阶段性会议中，客户提出了一些看起来戏剧性的需求变更。作为程序员，必须包容这些变化，并且拟定计划使得下一个阶段的产品能够满足新的需求。

1.4.2 行为驱动开发

在敏捷开发中，一般推荐以用户故事来描述需求。

> As a [角色]（作为一个用户角色）
> I want to [功能]（我要做什么事）
> So that[利益]（达到什么目的）

例如，下面是用户故事的一个具体例子。

> 我作为账户持有人
> 我想从 ATM 提取现金
> 这样就可以在银行关门后取到钱

虽然相对特性，用户故事粒度比较细，描述了不同用户角色的不同行为，一个特性包含若干个用户故事，但即使对某个角色的某个特定用户行为，其场景不一样，行为还是有较大差别。例如上面那个用户故事，账户持有人的账户被冻结、账户中金额不足、ATM 没有现钞等，其结果不一样。因此，仅仅是靠用户故事的描述，需求缺乏可测试性，最好在开发（设计、编码）前明确每个用户的验收标准，这就引出了"行为驱动开发"。

行为驱动开发（behavior-driven development，BDD）是一种敏捷开发的技术，可以看作验收测试驱动开发（acceptance test-driven development，ATDD）的延伸，在软件设计、编程前用场景来定义用户故事的验收标准，通过场景来澄清需求。ATDD 只是强调在开发前要先明确每个用户的验收标准。

BDD 的根基是一种"通用语言"。这种通用语言同时被客户和开发者用来定义系统的行为。由于客户和开发者使用同一种"语言"来描述同一个系统，因此可以最大程度地避免因表达不一致而带来的问题。表达不一致是软件开发中常见的问题，由此造成的结果就是开发人员最终做出来的东西不是客户期望的。使用通用语言，客户和开发者可以一起定义系统的行为，从而做出符合客户需求的设计。但如果仅有设计，而没有验证的手段，就无法检验我们的实现是不是符合设计。因此，BDD 还是要和测试结合在一起，用系统行为的定义来验证实现代码。

行为书写格式
故事标题（描述故事的单行文字） As a[角色] I want to[功能] So that[利益] （用一系列的场景来定义验证标准） 场景标题（描述场景的单行文字） Given[前提条件] And[更多的条件]... When[事件] Then[结果] And[其他结果]...
行为实例
故事：账户持有人提取现金 As a[账户持有人] I want to[从ATM提取现金] So that[可以在银行关门后取到钱] 场景：账户有足够的资金 Given[账户余额为100] And[有效的银行卡] And[提款机有足够的现金] When[账户持有人要求取款20] Then[提款机应该分发20] And[账户余额应该为80] And[应该退还银行卡]

BDD 的实践还包括：

- 确立不同利益相关者要实现的远景目标；
- 使用特性注入方法绘制出达到这些目标所需要的特性；
- 通过由外而内的软件开发方法，把涉及的利益相关者融入实现的过程中；

- 使用例子来描述应用程序的行为或代码的每个单元；

- 通过自动运行这些例子，提供快速反馈，进行回归测试；

- 使用"应当"（should）来描述软件的行为，以帮助阐明代码的职责，以及回答对该软件的功能性的质疑；

- 使用"确保"（ensure）来描述软件的职责，以把代码本身的效用从其他单元（element）代码带来的边际效用中区分出来；

- 使用"模拟"（mock）作为还未编写的相关代码模块的"替身"。

1.4.3　特性驱动开发

特性驱动开发（feature-driven development，FDD）是由彼得·科德、杰夫·德·卢卡、埃里克·勒菲弗共同开发的一套针对中小型软件开发项目的开发模式。

FDD 是一个模型驱动的快速迭代开发过程，它强调的是简化、实用、易于被开发团队接受，适用于需求经常变动的项目。简单地说，FDD 是一个以架构（architecture）为中心的，采用短迭代期，特性（feature）驱动的开发过程。它首先对整个项目建立一个全局的模型轮廓，然后通过两周一次的基于特性设计（design by feature）、基于特性构建（build by feature）的迭代完成项目开发。此处的"特性"是指"用户眼中最小的、有用的特性、功能"，它是可理解的、可度量的，并且可以在有限的时间内（两个星期）实现。由于在 FDD 中采用了短周期迭代的方式，最小化的特性划分法，因此可以对项目的开发进程精确且及时地进行监控。

在 FDD 中，将开发过程划分为如下 4 个阶段，如图 1-5 所示。

（1）开发一个全局的模型

在有经验的组件 / 对象建模专家（首席架构师）指导下，业务领域需求人员与开发人员一起协调工作，业务领域需求人员提供一个初始的、具有一定高度的、可以覆盖整个系统和业务场景的介绍，业务领域需求人员和开发人员会依此产生初始的模型，然后组成单独小组，进入详细讨论阶段，将模型轮廓描绘出来，最后丰富之前产生的初始模型。

（2）建立特性列表

当初始模型产生以后，就开始构建特性列表（feature list），体现为下面的形式。

```
<action>the<result><by|for|of|to>a(n)<object>
```

上述的形式就是动作、主体、结果的关系，每个动作行为发生都是围绕一个对象为主体的。建立特性列表就是将这些特性进行分类、合并和整理，如功能需求中有用户注册、用户修改注册资料和用户登录等功能，那么输入特性列表中之后就可能是围绕对象模型用户（user）的新增、修改、删除及查询等功能。

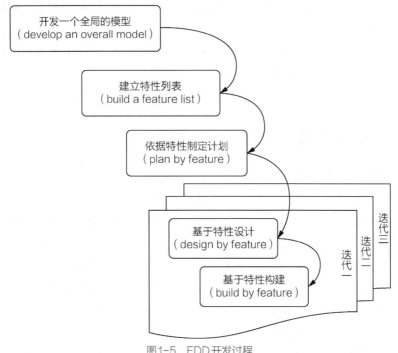

图1-5   FDD开发过程

（3）依据特性制定计划

这步的工作就是将这些特性进行排序和计划，然后分配给相应的程序员组。

（4）依据特性进行设计和构建

程序员组针对自己的特性列表按迭代进行设计和构建。

每次迭代的内容如下。

- 工作包的启动会议：详细描述被包括的特性。

- 设计：创建必需的类、方法及相关文档。

- 设计评审：对提供的设计进行评审，接受或者拒绝。

- 开发：实现并进行单元测试。

- 代码评审会：执行代码同级评审。

- 发布会：将已实现的特性进行集成。

1.4.4　Scrum开发框架

在敏捷开发模型中，现在比较流行的是 Scrum。Scrum（源于：英式橄榄球运动）将软件开发团队比拟成橄榄球队，有明确的最高目标，熟悉开发流程中所需具备的最佳典范与技术，具有高度自主权、高度自我管理意识，紧密地进行沟通与合作，以高度弹性的方式面对各种挑战，确保每天、每个阶段都向着目标明确地进行推进。

Scrum 开发流程通常以 2 ~ 4 周（或者更短的一段时间）为一个阶段，以客户提供新产品的需求规格开始，开发团队与客户于每一个阶段开始时按优先级挑选应该完成的部分，开发团队必须尽力在这个阶段交付成果。团队每天用 15 分钟开会检查每个成员的进度与计划，了解所遇到的困难并设法解决。

Scrum 是一种迭代式增量软件开发过程，包括一系列实践和预定义角色的过程骨架。其流程如图 1-6 所示。

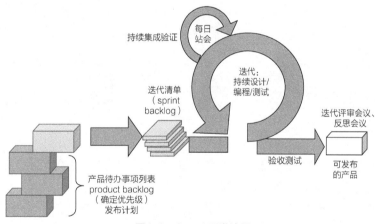

图1-6　Scrum 开发流程

1.　五大价值观

1）承诺（commitment）：鼓励承诺，并授予承诺者实现承诺的权力。

2）专注（focus）：集中精力做好工作，关注并完成承诺。

3）公开（openness）：Scrum 提倡公开、透明，无论是计划会议、平时工作、每日站会，还是最后的总结反思，都需要大家公开信息，以确保大家及时地了解工作进度，如有问题及时采取行动来解决。

4）尊重（respect）：团队是由不同个体组成的，成员之间相互尊重是很有必要的。

5）勇气（courage）：有勇气对任务进行承诺，采取行动完成任务。

2. 3种角色

1）产品负责人（product owner）：负责维护产品需求的人，代表利益相关者的利益。

2）Scrum Master：其为 Scrum 过程负责的人，确保 Scrum 的正确使用并使得 Scrum 的收益最大化，负责解决一些阻碍项目进展的问题。

3）开发人员（developer）：Scrum 团队中致力于创建每个迭代可用增量的研发人员。

按照对开发过程的参与情况，Scrum 还定义了其他一些角色，这些角色被分为两组，即"猪"组和"鸡"组。这个分组的方法来自于一个关于猪和鸡合伙开餐馆的笑话，如图 1-7 所示。

图1-7　猪和鸡合伙开餐馆的笑话

一天，一头猪和一只鸡在路上散步。鸡对猪说："我们合伙开一家餐馆怎么样？"猪回头看了一下鸡说："好主意，那你准备给餐馆起什么名字呢？"鸡想了想说："叫'火腿和鸡蛋'怎么样？""那可不行"，猪说，"我把自己全搭进去了，而你只是参与而已。"

1）"猪"的角色。猪是在 Scrum 过程中全心投入项目的各种角色，在项目中承担实际工作，他们有些像这个笑话里的猪。产品负责人、Scrum Master 和开发团队都是猪的角色。

2）"鸡"的角色。鸡并不是实际 Scrum 过程的一部分，是利益相关者，必须考虑他们。敏捷方法的一个重要方面是使得利益相关者参与到过程中的实践，如参与迭代的评审和计划，并提供反馈。用户（客户）、供应商、经理等对项目有影响，但又不实际参与项目的角色都是"鸡"组成员。

3. 3个工件

1）产品待办事项列表（product backlog）：按照优先级排序的产品待办事项。

2）迭代待办事项列表（sprint backlog）：要在迭代中完成的任务清单。

3）迭代燃尽图（burndown chart）：在迭代长度上显示所有剩余工作时间（逐日递减）的图，因整体上总是递减而得名。新的 Scrum 指南将迭代定义为"工件"。

4. 5个活动

1）迭代计划会（sprint planning meeting）：在每个迭代之初，由产品负责人讲解需求，并由开发团队进行估算的计划会议。

2）每日站会（daily standup）：团队每天进行沟通的内部短会，因一般只有 15 分钟且站立进行而得名。

3）评审会（review meeting）：迭代结束前向产品负责人演示并接受评价的会议。

4）反思会（retrospective meeting）：迭代结束后召开的关于自我持续改进的会议。

5）迭代（sprint）：一个时间周期（通常为 2 周～ 1 个月），开发团队会在此期间完成所承诺的一组需求项的开发。

Scrum 模型的一个显著特点就是能够尽快地响应变化。于是，随着软件复杂度的增加，Scrum 模型的项目成功的可能性相比传统模型要高一些，如图 1-8 所示。

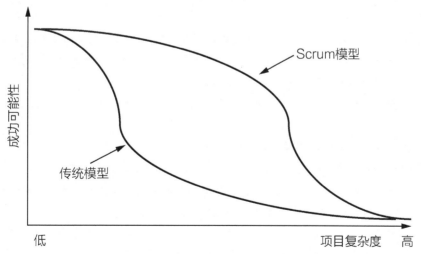

图1-8 Scrum模型和传统模型的成功可能性对比

Scrum 使我们能在最短时间内关注最高的商业价值。它使我们能够迅速、不断地检验可用软件，以此来确定是立即进行发布还是通过下一个迭代来完善。

1.5   敏捷与看板、精益的关系

与此同时，麻省理工学院（MIT）的詹姆斯·P. 沃麦克等几位教授在研究日本的生产体系（特别是丰田生产体系）之后，提炼、总结了丰田公司的生产方式和多年实践，出版了《改变世界的机器：精益生产之道》，精益生产的概念开始为世人所认知和效仿。这里借用了"精益"来描述改善效率的这套体系，包括消除浪费（muda）、减少波动（mura）和降低负荷（muri）。后来，玛丽·波彭代克和汤姆·波彭代克将传统的精益生产原则应用于软件开发，并在敏捷开发会议上进行了多次演讲，从而让敏捷开发社区逐渐接受了"精益软件开发"这个概念。

知识点：丰田模式

为了帮助读者更好地理解敏捷开发模式，下面介绍丰田模式的关键原则和要素。

丰田模式的关键原则归纳如下。

1）建立看板体系（kanban system），改变传统由前端经营者主导生产数量的方式，重视后端顾客需求，即按"逆向"思维方式去控制生产数量。

2）强调实时存货（just in time），在必要的时候，生产必要的量。

3）标准作业彻底化，对生产每个活动、内容、顺序、时间控制和结果等所有工作细节都制定了严格的规范。

4）排除浪费，即排除生产现场的各种不正常与不必要的工作或动作而造成的时间和人力的浪费。

5）重复问 5 次为什么，透过现象看本质，以严谨的态度打造完善的生产任务流程。

6）生产平衡化，即"取量均值性"，目的是将需求与供应达成平衡，降低库存与生产浪费。

7）充分运用"活人和活空间"，即鼓励员工都成为"多能工"以创造最高价值。

8）养成自动化习惯，对不符合条件的东西进行自动监视管理，包括对人操作不规范的自动监控。

9）弹性改变生产方式，来解决现场生产问题。

为了实现这些原则，丰田模式需要 4 个要素（4P）构成完整的丰田体系。

1）长期理念（philosophy）：这就需要建立学习型和高效的组织，绝不松懈地坚持质量，以适应环境的变迁，能够长期为顾客及社会创造与提升价值。

2）正确的流程（process）：流程是以低成本、稳定与高效地达成最佳质量的关键。

3）借助员工与合作伙伴（people and partner）的发展，为组织创造价值。因为人是决定因素，所以要尊重员工的智慧和能力，并不断激励他们，以便他们做得更好。

4）持续解决根本问题（problem）是学习型组织的驱动力：学习型组织强调持续学习，而持续学习的核心在于辨识问题的根源，并预防问题的发生，持续改进。

与精益生产原则的概念相近，精益软件开发可以总结为如下 7 条原则。

1）尊重一线人员。工作在一线的人最了解实际情况，特别是智力劳动活动，如软件开发人员熟知自己所用的工具、流程和规则，更清楚现状、风险和将要发生什么，能制定更好的应对措施，更有能力提出正确的改进意见。

2）消除浪费。任何不能为客户增加价值的行为即是浪费，如不明确的需求、不必要的功能、被废弃的代码、缺陷、等待处理、低效的内部沟通、某个开发环节的延迟、过度的管理等。为了消除浪费，必须以价值流来识别浪费，并指出浪费的根源并消除它，识别和消除浪费的过程是持续不断的。

3）增强学习。软件开发是持续学习的过程，从而能够面对各种挑战。最佳的改善软件开发环境的做法之一是增强学习，如：

- 代码完成后马上进行测试可以避免缺陷的累积；
- 通过给最终客户演示产品快速收集用户的反馈来明确用户的需求；
- 使用短周期的迭代（含重构和集成测试）可以加速学习过程。

4）尽量延迟决定。直到能够基于事实而非不确定的假定和预测来做出决定，因为软件开发中存在许多不确定性，包括需求、设计和工作量估算等。系统越复杂越能够容纳变化，使我们有空间可以推迟一些关键的决定。

5）构建质量。质量不是检验出来的，而是在整个开发过程中构建出来的（即慢慢形成的）。如果在开发的各个阶段（需求、设计、编程等）都能保证产出物的质量，就能以最低的成本达到产品的质量目标，即最大程度地减少浪费。

6）快速交付。只有将产品交付给用户，才产生价值。交付越快，进入市场越早，客户就能更早地使用产品，使产品尽早产生价值。

7）整体优化。局部的优化若不能带来整体的改善，将是没有价值的。

1.5.1　看板

看板（kanban）源自精益生产，成为精益软件开发的一种实践或工具，正如丰田生产方式之父大野耐一所说："丰田生产方式的两大支柱是'准时化'和'自働化'，看板是运营这一系统的工具。"看板可以看作一种可视化卡片，随时呈现生产工序中组件流动状态，从而改善协作、优化管理，显著提高交付速度，更有效地控制生产过程，减少浪费。

准时化的操作过程如图 1-9 所示。在需要时，后道工序通过看板向前道工序发出信号——请求一定数量的输入，前道工序只有得到看板发来的请求后，才按需生产，这将带来生产库存

[也称为"在制品"（work in progress，WIP）] 的降低，甚至实现生产过程零库存，从而达到降低生产成本的目的。看板信号由下游向上游传递，拉动上游的生产活动，使产品向下游流动。拉动的源头是最下游的客户价值，也就是客户订单或需求。

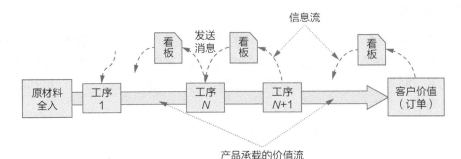

图1-9　看板传递信息、拉动价值流的过程

降低库存还能暴露生产系统中的问题。湖水中的岩石是一个经典的隐喻，水位代表库存多少，岩石代表问题。水位高，岩石就会被隐藏，即库存多时，设备故障、质量不达标、停工等待、瓶颈过载等问题都会被掩盖，如图 1-10 左侧所示。没有了临时库存的缓冲，就会出现"水落石出"的局面——上述问题就会暴露出来。暴露问题是解决问题的先决条件，让问题不断暴露并解决，这样就能持续提升生产率和质量。

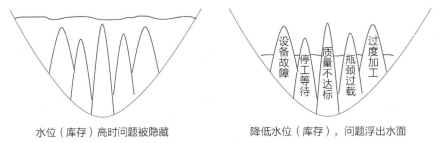

图1-10　湖水岩石效应

丰田生产方式的自働化的重点不在于"自动流动"，而在于"自动阻止流动"（auto-no-mation），是指出现问题时（如某个环节有次品），机器能够自动感知异常，并立刻停机。这相当于把人的智慧赋予了机器，因此用"働"而非"动"。传统的自动生产线，不能感知异常状态，继续生产次品，造成较大的浪费。丰田生产方式的自働化把质量内建于每一个生产环节，出现异常时，杜绝继续产出次品，并且不把次品输入下一环节。这是"内建质量"（build in quality），而不是让质量依赖于最后的检测环节。因为立刻停机，所以需要马上解决问题或逼着问题被快速解决，从而形成"停止并修正"（stop and fix）的企业文化，构建企业持续改进的坚实基础。

1.5.2 精益软件开发实践

精益生产在丰田取得成功，但软件开发和制造业差别很大，例如软件比较抽象、需求具有很大的不确定性、每一个开发的任务都不相同等，因此无法照搬精益生产的实践，我们需要从软件开发自身特点出发，发展一套精益软件开发的实践体系，其中为此做出杰出贡献的有玛丽·波彭代克、唐·G. 赖纳特森和大卫·J. 安德森等人，其中赖纳特森致力于揭示产品开发流的本质，并提出相匹配的原则方法，在其著作《产品开发流程的原理：第二代精益产品开发》（*The Principles of Product Development Flow: Second Generation Lean Product Development*）中提炼了精益产品开发的175条原则。安德森最早在软件开发中应用看板实践，并不断完善软件开发的看板实践，在其著作《看板方法：科技企业渐进变革成功之道》中详细介绍了看板的价值、原则和 5 个核心实践。

下面介绍一下这 5 个核心实践。

1. 可视化价值（工作）流

软件产品（包括阶段性产品）不是实实在在的物体，而是抽象的信息，为了有利于管理，必须让这些信息可见，即把可视化价值流作为精益软件开发的基础实践，先让价值和价值流具体可见，再进行管理和优化。如图 1-11 所示是看板开发方法中的一个典型可视化案例，被称为看板墙（kanban wall）。图中的每个卡片代表一个价值项，如功能需求、缺陷、技术概念验证等，它们所在的列表示其所处的阶段。这些价值项，每经过一个阶段（图中的列）都会产生新信息，价值得以增加。例如，需求经过分析阶段，注入了新信息，价值更高。价值流是价值项从左至右的流动过程，是信息产出过程，也是价值增加的过程。

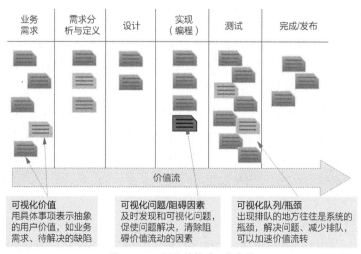

图1-11 可视化价值（工作）流

价值流动可能会被阻碍。例如，编码因对第3方接口错误而无法进展；测试因环境没准备好而停滞。标识阻碍因素并推动其解决，促进价值流动。最终限制整个开发的价值流动的地方就是某些开发环节——瓶颈，于是解决这类瓶颈问题也是改善价值流动的主要任务。发现看板墙上的瓶颈并不困难，找到最长的队列就可以了，如图1-11中的"测试"列。这与我们平常所见到的"道路越拥堵，排队的车就越多"是一样的道理。

2．显式化流程规则

显式化流程规则是指明确定义和沟通团队所遵循的流程规则，如团队协作规则、需求评审规则等。价值项的"流转规则"是看板开发方法中典型的流程规则——定义了一个价值项从某个阶段进入下一阶段所必须满足的要求（类似流程中常用的入口/出口准则），如从敏捷需求分析进入实施阶段的流程规则，可能包括：

1）绘制了明确的业务流程图；

2）为每个用户故事定义了验收标准；

3）定义了不同组件之间的接口或数据结构；

4）所有定义的内容通过了评审。

流程规则的显式化让质量内建于各个阶段——这与精益生产中内建质量的思想是一致的，而且可以基于规则进行持续改进。没有显式化的规则作为依据，讨论改进就没有基础，而变得主观和随意。改进的结果通常是进一步完善显式化的规则，正如传统软件开发中，也强调"先定义流程，再持续改进流程"。

3．限制在制品数量

限制在制品（WIP）数量是看板开发方法的核心机制。如图1-12所示，各个阶段下的数字标识了该阶段允许的WIP数量上限。在WIP数量小于上限时，才可以从上一环节拉入新的工作，如需求分析与定义、设计阶段WIP数量分别是3、2，小于上限（4），因此可以拉入新的工作。如果WIP数量达到上限，如测试阶段WIP数量是6，达到了上限，就不允许拉入新工作。

限制WIP数量形成一个更有效的拉动机制，减少了价值项在阶段间的排队等待，缩短了软件交付的时间，加速了价值流动。同时，限制WIP数量，让湖水岩石效应产生作用，更快地暴露问题，推进团队解决问题，提升研发效能。

4．度量和管理流动

快速、顺畅的价值流动是看板开发方法的目标，以带来稳定和可预测的价值交付能力，以及快速的价值产出和快速反馈,确保具有很强的业务竞争力。度量为改善价值流动和客户反馈提供客观的数据,其中累积流量图是常用的一种度量方法,如图 1-13 所示,虚线是累积已经开始的价值项(如用户故事)数量,实线是累积完成价值项的数量,实线的斜率反映的是价值交付的速率,即每周可交付的价值项数量。两条曲线的垂直距离表示某个时刻已经开始但未完成的价值项数量,即这个时刻的 WIP 数量。两条曲线的水平距离表示功能从开始到完成的周期,它是价值流动效率的一个重要衡量。

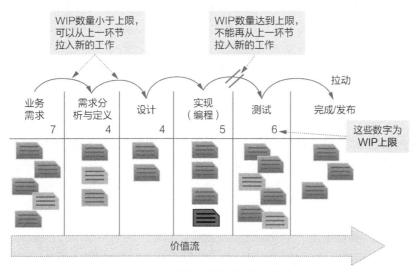

图1-12　限制在制品(WIP)数量

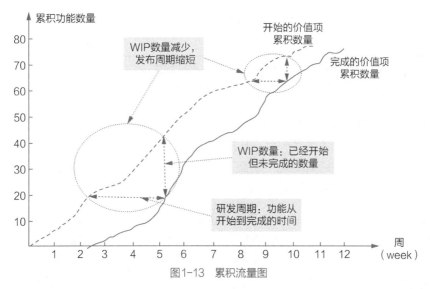

图1-13　累积流量图

累积流量是一种不错的价值流度量方法,但要看某个时刻(某周)WIP 具体数量时,还不够方便，这时也可以 WIP 数量或系统流量（每周交付价值的数量）的实时曲线、直方图等方式来描述，更能准确地呈现 WIP 数量或交付周期的变化趋势。

5. 协同改进

应用可视化、限制 WIP 数量和价值流度量，能够暴露产品开发中的问题和瓶颈。但发现问题还不够，重要的是如何解决问题。为了更好地解决问题，团队协作是必需的。例如，图 1-12 展示了测试阶段 WIP 数量达到上限，不能从上游"实现"拉入更多的工作。这样，实现阶段已完成的工作无法进入下游"测试"环节，实现阶段的 WIP 数量很快也会达到上限，也无法开展新的工作。要改变这种状态，开发人员就必须关注下游的问题，并做出反应，如提高代码质量或向测试人员提供帮助。开发人员和测试人员的协作使价值流动更加顺畅。通过拉动机制，看板暴露了限制价值流动的瓶颈，并激发团队协作，改善价值流动，最终提升端到端的价值流转，实现产品开发的目标。

很多时候解决瓶颈问题的方案在别处，例如上面所讨论的，解决测试的瓶颈最有效的办法之一是提高上游的代码质量，即瓶颈之前环节的输出质量，调整职责分配，甚至重新设计价值流。为了彻底解决问题，我们需要系统性地分析问题和解决问题，如采用运筹学、排队理论等科学方法来解决问题。

最后总结一下，看板不是一个开发框架或流程，而是一种引导改革的方法或实践，需要结合企业的实际情况来实施，包括流程的可视化、设定合适的 WIP 数量上限并辅以度量，通过上述拉动机制来暴露问题，并借助团队协作解决问题，持续改进，不断优化相关的流程、WIP 数量上限的值，获得高效、顺畅的产品开发价值流。

1.6　敏捷与 DevOps 的关系

DevOps 可以看作敏捷的延伸，将敏捷思想延伸到运维，从覆盖软件研发周期延伸到覆盖整个软件生命周期。敏捷侧重消除产品、开发与测试之间的隔阂，让研发人员与测试人员、用户更好地融合与协作，加速持续集成、持续交付的过程。DevOps 则推倒整个研发与运维之间的一堵墙，让研发和运维贯通，更彻底地实现可靠的持续交付。

在软件研发项目中，从一开始就考虑软件部署和运维的需求，在系统架构设计阶段将系统运维的需求融入，甚至完成系统部署的逻辑设计和物理设计，并开发运维工具。软件部署之后，研发部门也给予大力支持，而且需要进行部署验证（PQA），以客户需求为中心，运维和研发是贯通的、协作的，没有在两个部门之间形成一座高高的隔离墙，这基本就是 DevOps

（Development 和 Operations 的组合）。DevOps 代表一种文化、运动或实践，旨在促进软件交付和基础设施变更中软件开发人员（Dev）和 IT 运维技术人员（Ops）之间的合作和沟通，使软件发布更加快捷和可靠，真正做到持续交付、持续运维。

虽然 DevOps 这个概念现在还没有标准的定义，但我们可以追溯一下其发展过程（2009 ~ 2017 年），列出几个相对明确又有所不同的定义，从而能够比较全面地了解 DevOps 的内涵。

- 2009 年：DevOps 是一组过程、方法与系统的统称，用于促进开发、技术运营和质量保证（quality assurance，QA）部门之间的沟通、协作与整合。
- 2011 年：快速响应业务和客户的需求，通过行为科学改善 IT 各部门之间的沟通，使软件交付能够适应业务快速变化的需求。
- 2015 年：DevOps 强调沟通、协作、集成、自动化和度量，以帮助组织快速开发软件产品，并提高操作性能和质量保证；强调自动化软件交付和基础设施变更的过程，以建立一种文化和环境，通过构建、测试和发布软件等方法，可以快速、频繁、更可靠地发布软件。
- 2016 年：DevOps 的目标是建立流水线式的、准时化的业务流程，以获得最大化业务成果，如增加销售量和利润率，提高业务速度，减少运营成本。
- 2017 年：一个软件工程实践，旨在统一软件开发（Dev）和软件操作（Ops），与业务目标紧密结合，在软件构建、集成、测试、发布到部署和基础设施管理中大力提倡自动化和监控。DevOps 的目标是缩短开发周期，增加部署频率，更可靠地进行发布。

简单地说，DevOps 是敏捷开发的自然延伸，从研发周期向右扩展到部署、运维，由持续构建、持续集成扩展到持续部署、持续运维，真正做到持续交付（continuous delivery，CD）。DevOps 不但打通研发的"需求、开发与测试"各个环节，而且打通"研发"与"运维"。DevOps 适合"软件即服务"（SaaS）或"平台即服务"（PaaS）这样的应用领域，其显著的特征如下。

1）打通用户、项目管理办公室、需求、设计、开发、测试、运维等各上下游部门或不同角色。

2）打通业务、架构、代码、测试、部署、监控、安全、性能等各领域工具链。

DevOps 在软件构建、集成、测试、发布到部署和基础设施管理中大力提倡自动化和监控，形成软件研发完整的生态。这很大程度上依赖于工具，在 DevOps 上现在已形成完整的工具链。

图 1-14 相对简单地展示了 DevOps 工具链，包含了常见的 5 类工具（构建、测试、工件管理、部署和评估），而相对完整的 DevOps 工具链，需要覆盖 14 类工具，按交付过程列出如下。

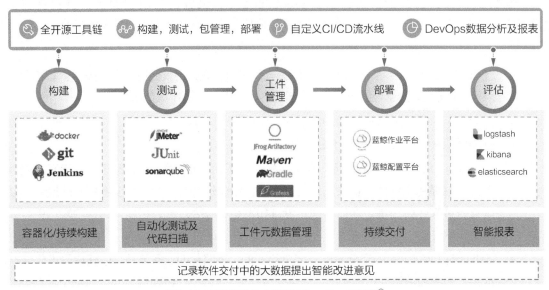

图 1-14　贯穿软件生命周期的 DevOps 工具链①

1）编码 / 版本控制：维护和控制源代码库中的变更。

2）协作开发：在线评审工具和在线会议平台等。

3）构建：版本控制、代码合并和构建状态。

4）持续集成：完成自动构建、部署和测试等调度。

5）测试：自动化测试开发与执行、生成测试报告等。

6）打包：二进制仓库和 Docker 镜像仓库。

7）部署：完成在服务器（集群）上自动部署软件包。

8）容器：容器是轻量级的虚拟化组件，它以隔离的方式运行应用负载。它们运行自己的进程、文件系统和网络栈，这些资源都是由运行在硬件上的操作系统所虚拟化出来的。

9）发布：变更管理、发布审核和自动发布。

10）编排：当考虑微服务、面向服务的架构、融合式基础设施、虚拟化和资源准备时，计

---

① 马致杰的"一站式软件交付：世界五百强企业中的 DevOps 转型之道"演讲材料。

算系统之间的协作和集成就称为编排。通过利用已定义的自动化价值流，编排保证了业务需求是和团队的基础设施资源相匹配的。

11）配置管理：基础设施配置和管理，维护硬件和软件最新、细节的记录，包括版本、需求、网络地址、设计和运维信息。

12）监视：性能监视和用户行为反馈。

13）警告与分析工具：根据事先设定的"警戒线"发出警告，日志分析、大数据分析等。

14）应用服务器、数据库、云平台等维护工具。

本章小结

本章是为后续各章的学习而做的铺垫。首先让读者了解敏捷开发模式的由来，从而帮助读者更好地理解敏捷开发的价值观和原则。只记住《敏捷宣言》和 12 项原则是不够的，要理解其产生背后的真正原因，包括当今软件开发所面临的挑战。市场驱动业务，业务驱动研发。急剧的市场竞争和快速的市场变化都驱动软件研发的变革，以做到持续交付。持续交付是敏捷开发的核心诉求，无论是极限编程、BDD、FDD，还是 Scrum，都是为了实现这一诉求，包括采用一些优秀实践，如全功能的特性团队、ATDD、持续集成和 DevOps 工具链等。

延伸阅读

关于敏捷的资料和图书有很多，于是我们可以从为什么会产生敏捷这个问题出发来加强学习，如阅读《敏捷整洁之道：回归本源》。

虽然现在流行采用 Scrum 开发模式，但它缺少软件研发的优秀实践，而极限编程是真正基于软件开发特点而构建的开发模式，更有利于我们理解敏捷开发，因此可以阅读极限编程相关的文章和图书，特别推荐去了解一下马丁·福勒、肯特·贝克等人如何将极限编程方法第一次引入 C3 项目，相关资料包括贝克编写的《解析极限编程：拥抱变化》《测试驱动开发：实践与模式解析》，以及福勒的个人网站和他编写的《规划极限编程》（*Planning Extreme Programming*）一书。

只了解敏捷还不够，还需要了解精益软件开发、DevOps。关于精益软件开发，可以阅读《精益开发实战：用看板管理大型项目》或《精益开发与看板方法》。而关于 DevOps，可以阅读《凤凰项目：一个 IT 运维的传奇故事》和《DevOps 实践指南》。

最后补充一点关于极限编程实践的内容，贝克在 1999 年出版了《解析极限编程：拥抱变化》，此书的第 2 版在 2004 年出版，在原来的基础上做了一些修改和扩展，并给出 13 项基本实践和 11 项扩展实践，如表 1-2 所示。不过比较而言，最初的 12 项实践还是更为人们所接受。

表1-2 基本实践与扩展实践

基本实践	扩展实践
<ul><li>坐在一起</li><li>全功能/完整团队</li><li>信息工作空间</li><li>充满活力地工作</li><li>结对编程</li><li>故事</li><li>周循环</li><li>季度循环</li><li>松弛</li><li>10分钟构建</li><li>持续集成</li><li>测试在前的编程</li><li>增量设计</li></ul>	<ul><li>真实客户参与</li><li>增量部署</li><li>团队连续性</li><li>收缩团队</li><li>根源分析</li><li>共享代码</li><li>代码和测试</li><li>单一代码库</li><li>每日部署</li><li>协商范围的合同</li><li>依用付费</li></ul>

第 2 章　基础：敏捷测试之道

导读

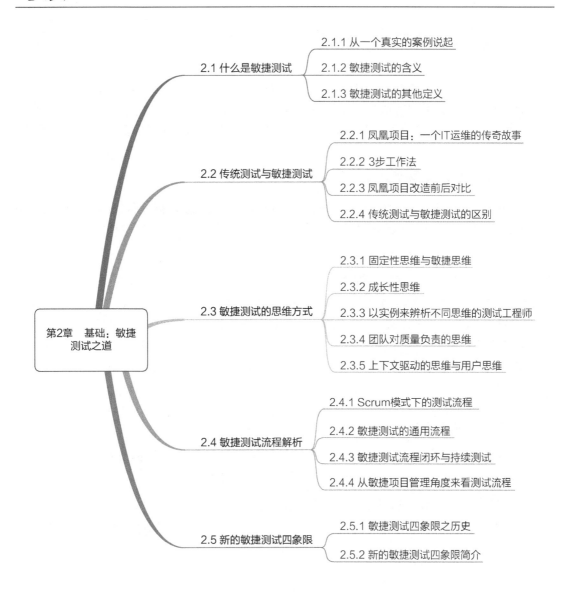

- 2.1 什么是敏捷测试
  - 2.1.1 从一个真实的案例说起
  - 2.1.2 敏捷测试的含义
  - 2.1.3 敏捷测试的其他定义

- 2.2 传统测试与敏捷测试
  - 2.2.1 凤凰项目：一个IT运维的传奇故事
  - 2.2.2 3步工作法
  - 2.2.3 凤凰项目改造前后对比
  - 2.2.4 传统测试与敏捷测试的区别

- 第2章　基础：敏捷测试之道
  - 2.3 敏捷测试的思维方式
    - 2.3.1 固定性思维与敏捷思维
    - 2.3.2 成长性思维
    - 2.3.3 以实例来辨析不同思维的测试工程师
    - 2.3.4 团队对质量负责的思维
    - 2.3.5 上下文驱动的思维与用户思维

  - 2.4 敏捷测试流程解析
    - 2.4.1 Scrum模式下的测试流程
    - 2.4.2 敏捷测试的通用流程
    - 2.4.3 敏捷测试流程闭环与持续测试
    - 2.4.4 从敏捷项目管理角度来看测试流程

  - 2.5 新的敏捷测试四象限
    - 2.5.1 敏捷测试四象限之历史
    - 2.5.2 新的敏捷测试四象限简介

相比 10 年前，现在更多的人在了解或实践敏捷测试，但不得不说的是，目前大多数人对于敏捷以及敏捷测试的理解依然不准确，不知道如何有效地实施敏捷测试。相比敏捷开发来说，敏捷测试的理论体系总结起步较晚，举个例子，到 2017 年才有人给敏捷测试下了一个定义。这使得研发团队对什么是敏捷测试、如何做好敏捷测试缺乏理论指导。

敏捷测试本身涉及很多东西，包含人员、组织、技术、方法、流程和工具等多个方面。道家传承中强调"道、法、术、器"，这代表了对事务理解和掌握的不同层次。同样，理解敏捷测试也要从更高层次出发，理解敏捷测试的本质、原则和思维方式。

2.1　什么是敏捷测试

上一章介绍了《敏捷宣言》和 12 项敏捷开发原则。在回答"什么是敏捷测试"之前，先来介绍一个案例，读者可以通过这个案例来观察一下其中哪些符合敏捷价值观，哪些又违反了敏捷开发原则。本书笔者会通过这个案例的详细分析来回答"什么是敏捷测试"。

2.1.1　从一个真实的案例说起

这个案例来自一家外企在中国的研发中心，这家公司的产品主要是基于 Android 系统的智能终端。故事发生在 2013 年，这家公司的研发部门在这一年开始了一系列面向敏捷测试转型的尝试。

首先向读者介绍一下公司背景，该公司的研发部门下辖 4 个开发部门和一个庞大的测试部门，其中，负责各种工具开发的团队也隶属于测试部门。开发人员和测试人员比例几乎是 1∶1，开发部门的职责是按照负责的功能模块划分的，而测试部门负责软件系统级别的所有测试，包括功能测试、性能测试、安全测试、可靠性测试和兼容性测试等。除系统稳定性测试方面实现了基于 Monkey Runner 的自动化测试以外，其他的系统测试基本以手工测试为主。当时采用的是传统的瀑布式开发模式，即 V 模型，代码编写和产品测试被明确地分成了两个阶段，如图 2-1 所示。

1. 持续集成的尝试

这里用到的工具包括：分布式的代码版本控制工具 Git，代码审查工具 Gerrit，持续集成工具 Jenkins。在此基础上，开发部门已经实现了代码的自动构建。

研发团队希望达到的目标是代码提交后完成自动构建、自动部署和自动化测试，并且自动生成测试报告。在实施过程中，工具链没有问题，自动构建和自动部署也没有问题，问题就出在自动化测试上。

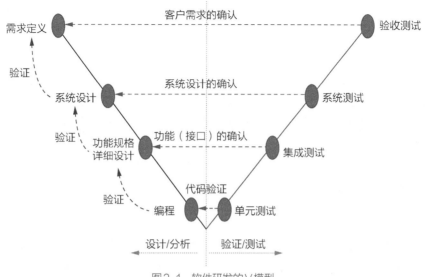

图2-1 软件研发的V模型

一个产品的功能测试用例大概是 1000 个，但是能转化为自动化脚本并且放在集成环境里执行的用例在很长时间内只有 100 多个，只实现了版本验证测试，即我们通常所说的"冒烟测试"。这意味着，当开发人员提交代码，触发的自动化测试达到的覆盖率非常有限，即使这个集成环境能够支持持续验证，所有人还是觉得它很多余。

2. 测试前移和组织架构的尝试

当时，对测试前移的定义是在软件编码阶段就进行测试，而不是等到开发结束以后才开始测试。简单地说，就是边开发边测试，期望通过这个方式缩短产品开发周期。

（1）第 1 阶段

开发部门按照 Scrum 团队重新进行划分，按照 3 ：1 的比例招聘了测试工程师。因为开发团队一开始没想明白自己到底需要什么样的测试人员，所以招来的基本上是手工测试工程师，看不懂代码的居多。这些测试工程师在 Scrum 团队里的主要工作包括：手工测试、一遍遍按照开发的要求复现 bug（指软件程序的漏洞或缺陷）、给开发人员"打杂"，比如给终端更新一个新版本、寻找开发过程想要验证的硬件型号等。而在开发早期，产品硬件不到位或者软件集成到一起不工作时，黑盒的手工测试则没法进行。

（2）第 2 阶段

管理者本来希望通过敏捷模式可以减少测试人员的数量，但事与愿违，测试部门专门负责系统测试的人员并没有减少，反而在开发部门内部又多了几十名测试人员。出现上述问题的原因在于这两拨人用的测试方式差不多，测试可以开始的时间也差不多，人多了，无非体现在报的 bug 数量多了，测试部门看重的是需求的覆盖率，要执行的测试用例还是那么多，人数自然减不下来。

因此，在一次人员改组中，管理者宣布所有的测试人员集中到测试部门，要求测试部门减掉相应数量的测试外包人员。Scrum 团队可以向测试部门申请测试资源，按开发人员和测试人员 3：1 的比例在功能开发阶段配备。这样测试部门能够了解 Scrum 团队的测试范围，在系统测试阶段就可以减少重复测试。改组之后，人数倒是减下来了，但是仍然以手工测试为主，因为组织架构的变更，开发人员和测试人员经常因为谁对开发阶段的测试说了算而争论不休，开发和测试变得更加泾渭分明，两拨人之间的关系也更紧张了。

（3）第 3 阶段

经过一段时间的运行，发现这样沟通的成本很大，开发阶段的测试确实应该是 Scrum 团队自己来安排，因此测试团队主动提出把 Scrum 团队里的测试人员转回开发部门。一个良好的转变是：每个 Scrum 团队开始由一名资深测试工程师担任测试负责人，负责制定测试策略和测试计划，以及协调 Scrum 团队与系统测试团队之间的测试安排。开发部门也开始对 Scrum 团队里的测试工程师进行开发能力的培养，希望测试人员能够做更多的白盒测试和自动化测试。

3. 单元测试的尝试

一开始单元测试的覆盖率几乎是 0，开发人员只负责编写代码和修复测试人员提交的缺陷。由于持续集成和测试前移的不成功，因此大家认为开发部门应该要求开发人员做单元测试，以代码覆盖率衡量单元测试的结果。开发人员也答应做，但是整整一年未见成效，原因是：忙，没有单元测试的经验和技能。

4. 测试能力更新的尝试

测试部门也逐渐意识到自动化的重要性，特别是在组织学习了《Google 软件测试之道：像 Google 一样进行软件测试》之后。但当时测试部门只有 5% 的工程师负责自动化测试。经过层层申请，公司同意采取末位淘汰制替换 10% 的手工测试工程师。通过内部转岗、外部招聘，以及员工培训等多种方式，在一年之后，自动化测试工程师的比例终于达到了 25%。团队开始搭建统一的自动化测试框架。自动化测试在 API（application-programming interface，应用程序编程接口）和 UI（user interface，用户界面）测试的覆盖率终于得到明显提高，但是在整体需求覆盖率上也没有超过 30%，而且单元测试的缺失依然是硬伤。没有开发人员的参与，测试自动化总是在 UI 层"折腾"，当然是事倍功半。

从这个例子可以看出，这家公司的研发部门在从传统测试转型到敏捷测试的过程中，并不清楚什么是真正的敏捷测试，而是摸着石头过河，不断尝试，每走一步都很艰难，而且走了不少弯路，最后还没有到达敏捷测试的彼岸，更别指望产品的质量和测试的效率能得到显著提升。

2.1.2　敏捷测试的含义

究竟什么是敏捷测试呢？可以肯定地说，"敏捷测试"既不是一种测试方法，又不是一种测试方式，而是为了适应敏捷开发而特别设计的一套完整的软件测试解决方案。这个解决方案应该能够支持持续交付，涵盖所需的、正确的价值观、思维方式、测试流程，一系列优秀的测试实践和更合适的测试环境，以及自动化测试框架和工具。敏捷测试可以采用目前已有的各种测试方式，与传统测试相比，侧重点有所不同，主要的差别是价值观、思维方式、流程和实践等。

敏捷测试应该具有《敏捷宣言》所倡导的价值观，为此我们可以按照《敏捷宣言》的格式，写出如下的"敏捷测试宣言"：

- 与开发协作测试胜于测试分工与测试工具；
- 可运行的测试脚本胜于写在纸上的测试用例；
- 从客户角度来理解测试需求胜于从已定义的需求来判定测试结果；
- 基于上下文及时调整测试策略胜于遵守测试计划。

敏捷测试强调"与开发协作""自动化测试""客户思维"和"动态的测试策略调整"。

那我们回过头来再看看上面的案例，至少第1、2条，他们没有做到，测试人员没有得到足够的重视和尊重，开发和测试的协作也不够，并且：

- 有一段时间还存在独立的测试部门，开发和测试变得更加泾渭分明，两拨人之间的关系也更紧张；
- 没有开发人员的参与，测试总是在 UI 层"折腾"，事倍功半；
- 触发的自动化测试达到的覆盖率非常有限；

······

在转型初期，没有加强相关测试人员的培训，甚至不知道敏捷模式对测试人员的要求，招聘进来的测试人员不合格。在执行过程中，缺乏测试策略，没有强调从客户的需求出发和动态地调整测试策略。

敏捷开发还有 12 项原则，上面案例中的团队有没有针对性地去对照着做呢？虽然敏捷开发的 12 项原则似乎没有谈到测试，但测试是整个软件研发的一部分，自然也要遵守这些原则，适应敏捷开发的基本要求，例如：

- 如何支撑或协助开发部门持续不断、尽早地交付有价值的软件；

- 如何拥抱变化，即欣然面对需求变化，即使在开发后期也一样；

……

只有遵守这些原则，才能获得顺应敏捷开发的正确方式，也只有采用敏捷开发的优秀实践，如 TDD，并与开发紧密协作，测试才不会成为敏捷开发的"绊脚石"。

基于敏捷开发的 12 项原则，笔者制定了下列 8 项敏捷测试原则：

1）**尽早和持续地开展测试；**

2）**基于风险的测试策略是必需的；**

3）**测试计划、设计和执行力求简单；**

4）**能及时完成对软件质量的全面评估；**

5）**软件本身是测试研究和分析的主要对象；**

6）**在满足所要求的质量后，测试进行得越快越好；**

7）**对测试技术精益求精；**

8）**不断反思，持续优化测试流程与设计。**

上述原则在后面介绍的敏捷测试流程、实践中将会逐步体现，到时再详细讲解。后续还会继续讨论敏捷测试的特点、敏捷测试思维方式和敏捷测试流程等。读者在看完后面的内容之后再来回顾上面的案例和敏捷测试原则，相信可以更彻底地理解什么是敏捷测试。

2.1.3　敏捷测试的其他定义

敏捷联盟（Agile Alliance）官方网站上的"敏捷实践编年史"（"Agile Practices Timeline"）中提到敏捷测试的定义发生在 2017 年，如图 2-2 所示。该定义出自《敏捷软件测试：测试人员与敏捷团队的实践指南》和《深入敏捷测试：整个敏捷团队的学习之旅》，这两本书的作者是珍妮特·格雷戈里和莉萨·克里斯平。前者的英文版于 2009 年出版，后者的英文版于 2014 年出版，但为什么这个定义却发生在 2017 年呢？难道当时没给出"敏捷测试"的定义？

继续追寻下去，打开敏捷联盟官网中"敏捷实践编年史"上的《敏捷测试之定义》（"Our Definition of 'Agile Testing'"），你将会发现一个有趣的故事，如图 2-3 所示。

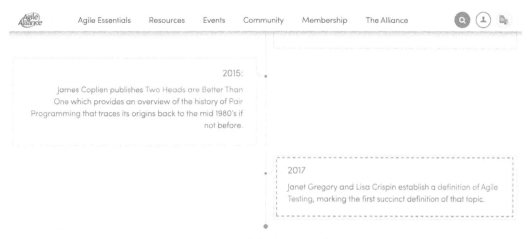

图2-2 敏捷联盟官网上的"敏捷实践编年史"中的最后两条记录

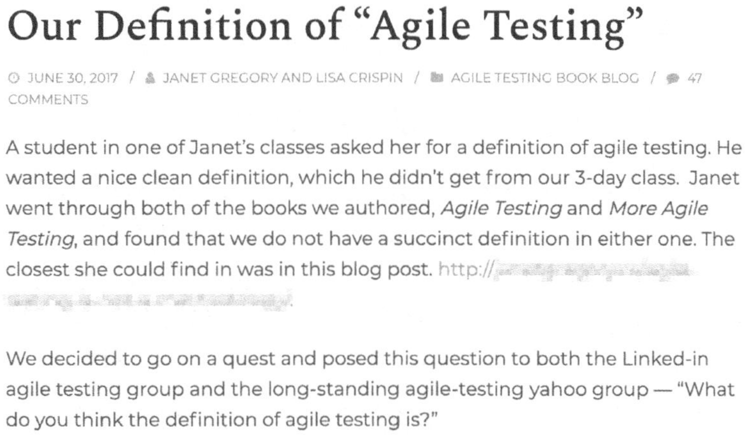

Our Definition of "Agile Testing"

JUNE 30, 2017 / JANET GREGORY AND LISA CRISPIN / AGILE TESTING BOOK BLOG / 47 COMMENTS

A student in one of Janet's classes asked her for a definition of agile testing. He wanted a nice clean definition, which he didn't get from our 3-day class. Janet went through both of the books we authored, *Agile Testing* and *More Agile Testing*, and found that we do not have a succinct definition in either one. The closest she could find in was in this blog post. http://

We decided to go on a quest and posed this question to both the Linked-in agile testing group and the long-standing agile-testing yahoo group — "What do you think the definition of agile testing is?"

图2-3 敏捷联盟官网上关于敏捷测试的定义的故事

格雷戈里培训课的一名学生要求她为"敏捷测试"给出一个简洁明了的定义，因为即使他已经听了为期3天的培训课程，但还不清楚敏捷测试的定义是什么。格雷戈里翻看了自己和克里斯平合写的那两本书，在书中确实没有发现有关"敏捷测试"明确的定义，最接近的应该是自己当时写的一篇博客《敏捷测试不是方法论》（"Agile Testing Is Not A Methodology"），但也没有给出明确定义。于是她们决定着手解决这个问题，在领英和雅虎相关的敏捷测试群里征求了大家的意见，之后才给出了"敏捷测试"的定义，如图 2-4 所示。

应该这样说，虽然她们很晚才给出"敏捷测试"的定义，但是克里斯平和格雷戈里还是给出了一个不错的定义，把敏捷价值观、敏捷原则和敏捷测试较好地联系起来，体现了敏捷测试中的团队协作精神和测试在敏捷开发、产品交付中应该起到的作用。

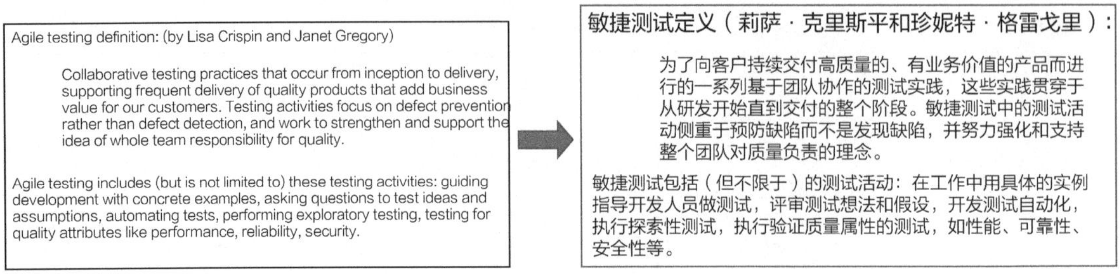

Agile testing definition: (by Lisa Crispin and Janet Gregory)

Collaborative testing practices that occur from inception to delivery, supporting frequent delivery of quality products that add business value for our customers. Testing activities focus on defect prevention rather than defect detection, and work to strengthen and support the idea of whole team responsibility for quality.

Agile testing includes (but is not limited to) these testing activities: guiding development with concrete examples, asking questions to test ideas and assumptions, automating tests, performing exploratory testing, testing for quality attributes like performance, reliability, security.

敏捷测试定义（莉萨·克里斯平和珍妮特·格雷戈里）：

为了向客户持续交付高质量的、有业务价值的产品而进行的一系列基于团队协作的测试实践，这些实践贯穿于从研发开始直到交付的整个阶段。敏捷测试中的测试活动侧重于预防缺陷而不是发现缺陷，并努力强化和支持整个团队对质量负责的理念。

敏捷测试包括（但不限于）的测试活动：在工作中用具体的实例指导开发人员做测试，评审测试想法和假设，开发测试自动化，执行探索性测试，执行验证质量属性的测试，如性能、可靠性、安全性等。

图2-4　克里斯平和格雷戈里给出的敏捷测试的定义

2.2　传统测试与敏捷测试

　　软件测试是软件开发的一部分，有什么样的开发模式，就应该有什么样的测试模式，因此适合敏捷开发模式的敏捷测试和适合传统的瀑布式开发模式的传统测试肯定会有很多不同。我们还是通过一个例子来全面比较一下传统测试与敏捷测试的区别。

2.2.1　凤凰项目：一个IT运维的传奇故事

　　《凤凰项目：一个 IT 运维的传奇故事》是由美国的 3 位 DevOps 专家撰写的一本关于 IT 运维的小说。有人说，在 IT 咨询业，没读过这本书都不好意思跟人家谈 DevOps。尽管大家对 DevOps 有不同的理解，但是你要知道，DevOps 其实是敏捷开发向 IT 运维的自然延伸，它的原则和实践与敏捷开发是一致的。从测试的角度来看，这也是帮助我们理解敏捷测试的一本非常不错的书。考虑到不是每个人都读过这本书，笔者先来介绍一下这本书讲了一个什么故事。

　　故事发生在美国一家历史悠久的汽车配件生产公司，有几年出现了经营困难，被竞争对手不断超越，公司经历了几轮裁员，但是情况还是没有好转。该公司最大的竞争对手已经开始宣传他们可以提供客户在线定制汽车的业务，而该公司的 IT 系统却支持不了这样的业务需求。为了扭转这种被动的局面，该公司把希望寄托于一个 IT 系统架构改造项目——凤凰项目。该项目的名称有"凤凰涅槃重生"之意，可见该项目对于该公司是至关重要的。

　　这个项目需要对该公司的线下门店、网上商店销售系统和后台订单处理系统进行改造，但是两年来一直进展不力，预算也大大超支。该项目涉及 3 个主要部门：研发部门、IT 运维部门和零售业务部门，测试部门是研发部门的下属部门。研发部门负责新系统的软件开发和测试；IT 运维部门负责搭建测试环境、生产环境，以及新系统的上线部署；零售业务部门负责网上商店及线下门店的销售业务。

　　从以往的合作来看，研发部门和 IT 运维部门关系紧张，出了问题经常互相推诿。站在 IT

运维部门的角度来看，研发部门每次都不考虑运维部署新系统需要花费的时间，而且把项目时间多用在了软件开发上，留给测试的时间很少。这样就导致了每次都是仓促地进行上线部署，软件不稳定，质量很差，用户体验当然也不好。IT 运维部门甚至不得不靠每隔一小时重启一次服务器才能保证系统正常运行。

针对凤凰项目，IT 运维部门迟迟拿不到关于产品和测试环境配置的具体技术参数，以及生产环境中需要搭建的基础设施的需求。而从研发部门的角度来看，IT 运维部门很少派人参加项目会议，从他们那里获取信息反馈往往要等上好几个星期，测试环境和生产环境部署需要的时间太长，而且经常不一致，导致上线后出现各种问题。

可以说，凤凰项目是一个特别典型的 IT 项目，基本上囊括了现实中所有的项目问题：项目延期，代码质量低下，开发、测试和生产环境不一致，工期不考虑测试和部署，没时间测试，上线后每天"救火"，部门间不合作，出了问题互相指责，等等。

故事的主人公比尔本来是一名 IT 总监，临危受命，成为负责整个 IT 运维的副总裁。上任之初，他忙得焦头烂额，到处"救火"，还有一次愤然辞职的经历。幸运的是，在困难之际，出现了一位"高人"——艾瑞克，他未来有可能成为公司董事会的成员，精通精益生产，练就独门绝技"3步工作法"。在艾瑞克的指点下，比尔奇迹般地完成了任务，不但顺利完成了 IT 系统的改造任务，而且引入了新的工作模式，让 IT 运维部门、研发部门、测试部门、零售业务部门协同工作，实现了持续构建、持续交付和持续反馈，帮助公司实现了销售额的大幅增长，因此顺利渡过难关。

2.2.2　3步工作法

那么这个神奇的"3 步工作法"究竟是什么呢？

第 1 步，流动原则，建立开发到 IT 运维的快速价值流。减小每次交付和上线部署的软件批量大小，做到频繁交付、频繁部署。通过内建质量杜绝向下游传递缺陷，缩短代码从变更到上线所需的时间，同时提高服务的质量和可靠性。

第 2 步，反馈原则，在技术价值流的每个阶段及所有工作执行的过程中，包括产品管理、开发、测试、信息安全和运维等，建立快速的反馈闭环，创建自动化的构建、集成和测试过程，以便尽早检测出那些可能导致缺陷的代码变更，避免返工。

第 3 步，持续学习与实验原则，建立学习型组织和质量文化，既鼓励探索、反复实践，又能够把个人经验转化为组织的财富。

简单地说，这个 3 步工作法就是持续交付、持续反馈、持续学习，是不是和敏捷很相似？因此，精益、敏捷和 DevOps 从本质上来说是异曲同工的。

你可能认为故事里描述的项目改造后的情况相比改造前太理想和戏剧化了，不太可能在短短几个月时间里发生这么大的变化。故事当然是经过艺术加工的，是生活的浓缩和提炼，而且现实中很难遇到像艾瑞克这样的高人，多数情况下还得靠自救和不断试错。这本书里给出的目标是在生产环境中一天完成 10 个部署，在现在来看，这是一个很低的目标，但是要知道这本书是 2013 年出版的，在当时，大部分 IT 运维部门每季度甚至每年才能完成一个业务系统升级。

2.2.3　凤凰项目改造前后对比

现在让我们总结一下凤凰项目改造前后与测试有关的变化，如表 2-1 所示。这恰恰反映了软件测试从传统的工作模式向敏捷模式的过渡过程，也体现了传统测试与敏捷测试的区别。

表2-1　凤凰项目改造前后与测试有关的变化

	项目改造前	项目改造后
开发模式	所有开发代码计划一次性地发布到生产环境中。典型的瀑布式开发模式	迭代增量开发，已经从每两周一次部署过渡到每周完成一次部署，正在尝试每天完成一次部署
测试环境	加上设备采购时间，生产或测试环境的搭建需要几个月。直到快要上线部署，类似生产环境的测试环境还没着落，可想而知，测试人员在系统上线前没做多少有效的测试	IT 运维部门采用了虚拟化技术，可以快速在云上进行自动化环境部署，也解决了开发、测试、生产环境一致性的问题
测试方式	主要依赖手工测试。到项目后期，在时间压力下，即使有了测试环境，也不可能在几周内完成手工测试和回归测试	实现了持续集成：只要开发人员提交了代码，就会触发自动构建，然后在测试环境中自动部署，并且触发自动化测试。这样既测试了代码，又测试了环境。问题在发现之后就立即被修复，并且实现了安全性的自动化测试
生产环境中的测试	无	测试通过后触发产品在生产环境中的自动部署；生产环境中启动了自动监控，开展 A/B 测试（指同时上线两个不同的版本，推送给不同客户，根据市场效果进行选择）。实现了软件测试从研发阶段向运维阶段的延伸
业务响应速度	没有经过充分测试的产品上线后，质量和用户体验差，各部门需要花大量时间"救火"。技术债越来越多，产品更新变得越来越慢。往往几个月才会部署更新一次	无债一身轻，团队花在缺陷预防的基础架构建设上的时间越多，软件交付和部署的周期越短。面对新的业务需求，开发、构建、测试、部署形成快速价值流，灵活、快速地响应市场需求。上线后的缺陷可以在一天内修复并部署到位
团队协作	矩阵型组织结构，各部门之间关系紧张，只管自己那一部分，缺乏全局观，出了问题互相指责（书中没有特别描述开发和测试的关系，估计情况差不多）	成立了特别行动队（相当于全职能特性团队），来自开发、测试、运维、业务，甚至信息安全等部门的成员目标一致，紧密协作，勇于尝试

2.2.4　传统测试与敏捷测试的区别

下面我们对传统测试与敏捷测试的区别进行系统性总结。

1）传统测试更强调测试的独立性，将"开发人员"角色和"测试人员"角色分得比较清楚。而敏捷测试可以有专职的测试人员，也可以是"全民"测试，即在敏捷测试中，可以没有"测试人员"角色，强调整个团队对测试负责。

2）传统测试具有明显的阶段性，从需求评审、设计评审、单元测试到集成测试、系统测试等，从测试计划、测试设计再到测试执行、测试报告，逐个阶段往前推进，但敏捷测试更强调持续测试、持续的质量反馈，没有明确的阶段界限。

3）传统测试强调测试的计划性，而敏捷测试更强调测试的速度和适应性，侧重不断地调整计划以适应需求的变化。

4）传统测试强调测试是由"验证"和"确认"两种活动构成的，而敏捷测试没有这种区分，始终以用户需求为中心，每时每刻不离用户需求，将验证和确认统一起来。

5）传统测试关注测试文档，包括测试计划、测试用例、缺陷报告和测试报告等，要求严格遵守文档模板，强调测试文档评审的流程与执行等，而敏捷测试更关注产品本身，关注可以交付的客户价值。在敏捷测试中，强调面对面的沟通、协作，强调持续质量反馈、缺陷预防。

6）传统测试鼓励自动化测试，但自动化测试的成功与否对测试没有致命的影响，但敏捷测试的基础就是自动化测试，敏捷测试是由良好的自动化测试框架支撑的快速测试。

2.3　敏捷测试的思维方式

敏捷测试与传统测试之间的区别体现在很多方面，如测试的独立性、阶段性、计划性，以及自动化测试的重要性等，但最本质的区别不在这些，而是体现在测试原则和测试思维方式（test mindset）上。

有时，mindset 也被翻译成"心态"。我们常听到的一句话：态度决定一切。也可以说，一个人的心态决定着一个人的行为，一个人的思维方式决定着一个人的行为方式。那么，测试的思维方式也决定了软件测试的工作模式。

2.3.1　固定性思维与敏捷思维

2013 年，笔者参加了中国敏捷大会，敏捷大师琳达·赖辛说到，传统软件开发思维是固定性思维，而具有敏捷思维的人认为：

- 能力是可以不断成长的，而不是固定的；
- 目标都是可以学习的；
- 面对挑战是拥抱它而不是躲开它；
- 面对失败不是责备同事而是需要搞清楚为什么失败。

固定性思维和敏捷思维的对比如表 2-2 所示。

表2-2　固定性思维和敏捷思维的对比

面对的问题	固定性思维	敏捷思维
能力	静态，如高度	不断成长
目标	看起来挺好	可以学习
挑战	避免，无助	拥抱，适应
失败	确定责任人	提供信息
努力	为那些没有天赋的人	有路径去精通

虽然赖辛没有直接提到成长性思维（growth mindset），但通过与固定性思维（fixed mindset）的对比，其实敏捷思维就是成长性思维。固定性思维和成长性思维体现了应对成功与失败，以及成绩与挑战时的两种基本心态。今天我们推崇敏捷，其实就是推崇成长性思维。

2.3.2　成长性思维

成长性思维是由斯坦福大学心理学教授卡罗尔·德韦克提出的。德韦克从事心理学研究数十年，积累了大量的经验，她坚信思维模式的力量，确定拥有成长性思维的人在遇到困难和挑战时更加乐观和积极，这些人相信通过自己的不懈努力能够克服困难，最终走向成功。

德韦克就"成长性思维"在 Ted 上做过一次演讲，演讲题目是"请相信，你可以进步"（"The power of believing that you can improve"），该演讲到目前已有 1000 多万人浏览。她还为此写了《终身成长：重新定义成功的思维模式》一书，影响了很多人。该书中列举了很多例子，如职业经理人李·亚科卡和企业家杰克·韦尔奇的对比，但该书笔者印象更为深刻的例子是网球明星麦肯罗和篮球明星迈克尔·乔丹的对比。

麦肯罗是典型的具有固定性思维的人，最看重自己的"世界冠军"称号，总认为自己没错，喜欢把一切责任推给别人，因此很容易发脾气，最终也只能红极一时，职业生涯很短暂。

但乔丹就不一样，他虽然日后成为了篮球巨星，但早期他并没有太高的篮球天赋，因为他连高中篮球队都没被选上，完全靠不断苦练，才成为了篮球高手。他就拥有成长性思维，胜不骄，败不馁，每次打输一场比赛，没有任何抱怨和责备，而是继续去练球。即使赢了比赛，如果他觉得某几次没投好篮，也马上再去练，努力改进。正因为他拥有成长性思维，才会不看重当前所取得的成就，可以从篮球运动转到他不熟悉的棒球运动；也正因为他拥有成长性思维，其职业运动生涯很长，从 1984 年入选美国职业篮球联盟到 2003 年退役，将近20 年时间。

固定性思维会让你更关注结果，关注是对还是错，通常会忙于捍卫自我或通过避免挑战来提高自尊心，努力保护自我；相信天赋，认为自己拥有某种天赋，以彰显与别人不一样；抱怨自己没有这种天赋，能不努力就不努力，结果就是自大或自卑，并且喜欢抱怨，拒绝接受挑战，面对困难总是找借口，容易妥协和绝望，并最终成为失败者。

而成长性思维的人相信能力是可以被培养的，总是努力并不断成长；可以接受失败，但不会成为失败者，充满自信，内心有力量，认为今天的失败不代表明天会失败，相信自己的潜力是未知的，一定能克服困难，于是越战越勇，最终走向成功。

通过上述对比，就会发现成长性思维对我们来说太重要了。

2.3.3 以实例来辨析不同思维的测试工程师

回到测试领域，我们可以比较一下拥有成长性思维的测试工程师和拥有固定性思维的测试工程师有什么不同。为了更直观地进行比较，笔者特地制作了一张表，如表 2-3 所示。不过要注意，每一个人都同时拥有固定性思维和成长性思维，只是在某个时刻，某种思维占据了主导地位。我们说某人拥有成长性思维，是指他的成长性思维此时占主导地位。

表2-3 拥有成长性思维的测试工程师和拥有固定性思维的测试工程师的对比

场景/问题	拥有固定性思维的测试工程师	拥有成长性思维的测试工程师
批评你的测试能力弱	我不是一个优秀的测试工程师	只是目前我还不够优秀，但我会努力的
经理表扬了另一个测试工程师	我不可能像她一样聪明，我就是不如她	她是怎么做的？我也可以试试。将来我会努力，并多向她讨教，学习她好的一面，就可以做得和她一样好，甚至超过她

续表

场景/问题	拥有固定性思维的测试工程师	拥有成长性思维的测试工程师
面对一个不会测试的任务	我天生就不是做测试的料，不想学测试	当我们学会如何解决一种新问题时，自己的测试能力就提高了
面对复杂的系统	测试就是很难，我做不好	别泄气，只要坚持做下去，就能做好
软件上线后出现了问题	要么垂头丧气，承认自己做错了；要么抱怨是开发人员的问题并找理由，认为是由于环境配置不对、需求不清晰等其他问题导致的	认为人都是在犯错的过程中成长起来的，关键是要反思。思考究竟如何才会导致出现这样的问题、如何改进测试方法，以及如何提高自己的分析能力，告诫自己不要再犯同样的错误
测试过程中遗漏了某些测试范围	最怕业务不清楚，业务对我来说太难了，根本没法理解，我就是不懂	测试人员必须要理解业务，如果不理解，就要学习，如主动与业务人员、产品人员交流；也会经常反思：我忽略了什么？
写了一个测试计划，团队不满意	我不能做得更好了，或者说我不擅长这个，这已经是最好的结果	我会去查找：哪些内容不够好，以及问题出在哪里。我应该去修改，可以改好一点，是有改进空间的。将来，我会征求大家的意见，会多问自己：这真是最好的结果吗？
任务安排有点多	我的能力只能做这么多，再多肯定完成不了	我能多做点，我可以试试；也许能找到更好的办法，比平时做得快。如果没有办法，就多加努力
开发人员投诉：测试效率低，测试做得比较慢	这太难了，我能力有限，肯定没办法，只能放弃了	再给我一次机会，并且多给我一些时间，我可以尝试其他的方法，或者寻求他人的帮助或外部资源，从而提高效率，让开发人员满意

可以列举的例子其实还有很多。成长性思维是敏捷思维中最具代表性的，不但支持个人快速成长和学习型团队的建立，而且从理论上支持"快速迭代"这样的实践，不断改进，持续满足业务和客户的需求。

2.3.4   团队对质量负责的思维

"成长性思维"不完全等同于敏捷思维，因为敏捷思维还有更多的内涵。2013 年，笔者在第 8 届中国敏捷大会上做了一次演讲，演讲的主题是"测试价值越小则企业的收益越大"。虽然笔者从事测试领域的相关工作，但在敏捷环境下没有过分强调测试的价值。

测试守护质量，提供质量信息，甚至帮助团队改进质量，自然很有价值，但是，如果依赖测试来保证质量，那么其实是很难保证质量的，而且成本很高。我们应该让整个团队关注质量，从需求开始尽可能一次把事情做对，从而构建出高质量的产品，这对企业来讲更有价值——效率更高、成本更低。

如果在开发过程中引入了缺陷，就需要进行缺陷分析，因为缺陷预防比发现缺陷（测试）更有价值。如果一个企业在测试上投入越来越少，同时还能维持原有的质量水平，则说明这个企业努力的方向是正确的，"测试价值越小则企业的收益越大"就是这个含义。有了这样的思维，TDD/ATDD 就容易被接受。

2.3.5 上下文驱动的思维与用户思维

在敏捷测试中，还包含上下文驱动的思维，也就是要认识到上下文是一直在变的，测试的策略和方法也要根据上下文及时进行调整，不断优化，尽可能达到更有效、更高效的测试状态。什么是上下文？可以将上下文简单地理解为项目所处的环境，以及所要满足的条件等，包括项目人员、风险变化、研发状态和质量标准等。

对于上下文驱动的思维，一个简单的例子就是：不存在最佳实践。虽然我们经常提及"最佳实践"，但是所有的最佳实践只代表昨天，不代表今天，更不代表明天；而且最佳实践只是相对某个团队是最佳的，对其他团队则不一定是最佳的。

敏捷测试更需要用户思维和价值思维，这比较容易理解。例如，不要追求技术的复杂性，而是做对客户有价值的事情，因此，在多数情况下，越简单越好。而像系统性思维、批判性思维和结构化思维等，是传统测试和敏捷测试共同拥有的，第 3 章会讲到。

2.4 敏捷测试流程解析

在介绍完敏捷测试的思维方式之后，为何要先谈流程呢？因为流程也可以理解为实施框架，容易让人看到研究对象完整的样子，并了解实施的全过程，知道从哪里开始，以及如何结束，从而不会陷入茫然的境地。例如，在敏捷开发中，有众多的落地模式，如水晶方法、极限编程、Scrum、自适应软件开发和动态系统开发方法等，但 Scrum 给出了一个清晰且简单的流程，让大家很容易理解 Scrum 是如何运作的，于是就容易被大家接受。因此，现在人们谈起敏捷，首先会想到 Scrum。

2.4.1 Scrum 模式下的测试流程

那么，我们就先从大家比较熟悉的、相对简单的 Scrum 模式讲起。Scrum 中没有如瀑布模型那样将研发周期分为需求、设计、编程、测试和运维等明显的阶段，但需求阶段是隐含存在的，就是发布计划（release planning）产生产品待办事项列表这个过程，包括梳理需求、优先级排序和估算基本工作量等，而后续迭代的过程可以理解为持续设计、持续编程、持续构建（持续集成）、持续测试和持续部署的过程。

在 Scrum 迭代中，我们强调持续测试，但如果只说"持续测试"，读者一定很迷茫，不知道在 Scrum 中如何具体做测试，于是笔者设计了一张敏捷测试的流程图，如图 2-5 所示。

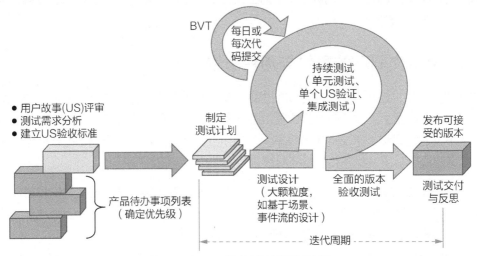

图2-5 Scrum模式下的敏捷测试流程

从图 2-5 中可以看出，Scrum 模式下的敏捷测试流程有 7 项主要活动：测试需求的分析与定义、测试计划、测试设计、BVT（build verification testing）、持续测试、版本验收测试，以及测试交付与反思，但不能理解为 7 个阶段，许多活动都是并行的，包括计划、设计都是贯穿整个迭代的。

1）测试需求的分析与定义，对用户故事、Epic 等进行评审，为每一个用户故事建立验收标准，确保它具有可测试性，并从业务需求出发，了解要做哪些测试，初步界定测试的范围等。

2）测试计划，这里指的是当前迭代的测试计划，包括进一步明确具体的业务要求和质量标准，制定测试目标，明确测试范围和测试项，分解测试子目标，识别出测试风险并制定测试策略等。计划是一个覆盖整个迭代的过程，也就是前面所说的，要基于上下文不断调整或优化测试计划，只是在迭代计划时先写出初步的测试计划，按照计划开始执行后续的测试过程。

3）测试设计，这里强调的是粗粒度的测试设计，包括测试模型设计，如事件流图、状态图等的设计，而不是指测试用例的设计，因为在 7.4 节讨论探索式测试时，会指出敏捷测试完全可以不写测试用例。

4）BVT，版本构建的验证测试，即只要有版本构建，不管是每日构建，还是代码提交触发的软件版本构建，都需要对软件版本进行自动验证，因为只有高成功率的持续集成才有意义。这里的 BVT，不但包含传统的冒烟测试，即对当前软件版本实现的基本功能进行测试，而且包括对代码进行扫描，检查代码的规范性、安全性等，即通常所说的代码静态分析。

5）持续测试是迭代中主要的活动。根据前面案例所讲的，测试的问题常常出在这里，测试之所以会成为持续交付的瓶颈，就是因为没能做到持续测试。关于究竟什么是持续测试，后面会有进一步的说明。这里包括设计评审、单元测试、用户故事实现的验证和集成测试等，也包含持续的新功能测试和持续的回归测试，以及性能测试、安全测试、兼容性测试等针对软件质量属性的专项测试。

6）版本验收测试。敏捷中的验收测试通常是指对用户故事的验收标准的验证，但是笔者觉得还得在交付前增加这样一个环节——将所有的用户故事串起来进行相对全面的测试。例如，从业务流程出发，完成端到端（end-to-end，E2E）的测试，相当于许多团队在 Beta 环境、准生产环境中进行一轮完整的测试或试用一段时间。因为之前的测试具有一定的局限性，逐个单元测试、逐个故事验证，比较零碎，缺少系统、全面的测试，而且代码一直在修改。

7）测试交付与反思。即使通过验收测试，也不意味着测试结束了，就像 Scrum 迭代后期还有两个会议：迭代评审会和反思会。虽然测试报告、缺陷分析等可以自动完成，但这也是要做的事，就像 BVT 是自动进行的，我们也把它定义为一项重要的活动。除测试报告、缺陷分析之外，测试交付还包括质量分析，并要回顾、审视整个测试过程，找到测试不佳的地方，从而在下一个迭代版本中改进。

2.4.2 敏捷测试的通用流程

如果有的团队没有用 Scrum，而是采用了其他的敏捷开发模式，如 BDD、FDD 等，那么敏捷测试流程是怎么样的？

BDD 是 TDD 的具体落地，更准确地说，是 ATDD 的落地。有别于以往的"先编码，后测试"的开发过程，TDD 是在编程之前，先写测试脚本或设计测试用例，在敏捷开发中被称为测试在前的编程（test-first programming）。

无论是 TDD 还是 ATDD，都是强调"测试在前"，使得我们对所做的设计或所写的代码有足够的信心，同时也有勇气快速重构设计或代码（敏捷中经常要做的事），这将有利于快速迭代、持续交付。重构的前提就是测试就绪（testing is ready），在这样的前提下，重构的风险会很低。

TDD 也确保了单元测试是持续的，必须先写测试脚本，再写代码。只要编程是持续的，单元测试、集成测试就也是持续的。更重要的是第一次把事情做对，更好地保证代码质量，研发的成本也就降到了最低，即我们前面强调的"质量是构建出来的"，预防缺陷比发现缺陷更有价值。如果在代码层实施 TDD 有困难，我们就将 TDD 移到需求层来落地，这样就产生了 ATDD、BDD。

如果是 FDD，就可以参考上面的 Scrum，延伸过去，建立适合自己的流程。一般来说，流程需要根据上下文——开发模式、产品、行业、团队进行调整或剪裁，找到适合自己的流程，并不是一成不变的。

现实中有不少敏捷团队还保留着"提测"这样的环节——开发人员写好代码，在某一天达到某个标准，就可以提交给测试团队，然后开始全面测试。这其实还是传统测试，不是敏捷测试，开发和测试被分为两个不同的阶段，还没有真正跨入敏捷测试。的确，有不少敏捷团队只是交付的节奏快了，但执行的一套流程还是传统的，即我们通常说的"小瀑布"、伪敏捷。

持续测试没有"提测"环节，持续测试也不等于持续集成，持续集成里只包含了 BVT；持续测试也不等于自动化测试，虽然会向自动化测试借力，但新的功能特性还是会用手工的探索式测试的方式来测试。**持续测试就是从产品发布计划开始，直到交付、运维，测试融于其中，并与开发形影不离，随时暴露出产品的质量风险，随时了解产品质量状态，从而满足持续交付对测试、质量管理所提出的新要求**。甚至可以想想 F1（一级方程式）赛车，在比赛时需要加油或比赛中出现故障，都是场修处理，处理完了再继续比赛。

2.4.3　敏捷测试流程闭环与持续测试

目前，我们也开始关注测试右移，做更多的在线监控、在线测试。根据"持续测试给数字化业务赋能"（Continuous Testing as a Digital Business Enabler）调查数据显示，持续测试带来的收益非常明显，如图 2-6 所示，其中测试左移到需求阶段的活动（left-shifting testing activity to requirements phase）提高了 2.5 倍；迭代交付快 10 倍速度（deliver 10x faster iterations）的可能性提高了 1.5 倍；交付速度（speed of delivery）提高了 1.9 倍；缺陷减少幅度超过 50%（reduce defects by 50+%）的可能性提高了 2.6 倍；输出质量（quality of output）提升了 2.4 倍；整个产出投入比（ROI）提高了 3.9 倍。

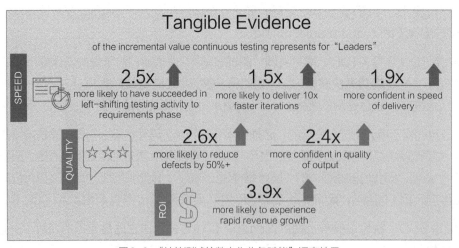

图2-6　"持续测试给数字化业务赋能"调查结果

　　对于不同的敏捷开发模式，敏捷测试流程也可以抽象成如图 2-7 所示的闭环。敏捷团队成员（包括开发人员、测试人员）需要拥有敏捷测试思维方式，以加强协作，提倡 TDD，尽早开始测试并能实现持续测试，包括及时、持续地对需求、设计和代码等进行评审，以便能够及时、持续地揭示需求、设计、代码和系统中存在的质量风险，及时反馈给团队和项目利益相关者（干系人）。就像笔者经常说的，**不仅把 bug 报给开发人员，而且要透过 bug 看到质量风险和问题的本质，如开发人员对需求的理解不正确、某个技术方面存在短板等**。

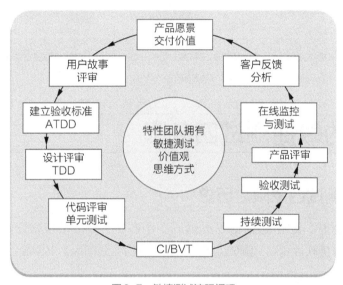

图 2-7　敏捷测试流程闭环

2.4.4　从敏捷项目管理角度来看测试流程

　　上面主要是从软件开发过程（即工程过程）来展示敏捷测试流程，如果从项目管理角度来展示测试流程，那么可以描述成如图 2-8 所示的流程。这个流程主要强调：

- 尽可能写出简单的测试计划，能写一页纸就不写两页纸；
- 没有测试用例的设计，而只是粗粒度的测试设计（前面有说明）；
- 测试执行的双支撑，不但需要自动化测试，而且需要探索式测试；
- 强调质量文化、基础设施等的重要性，并贯穿整个测试周期。

　　详细内容将在本书第 6 章和第 7 章中讨论。

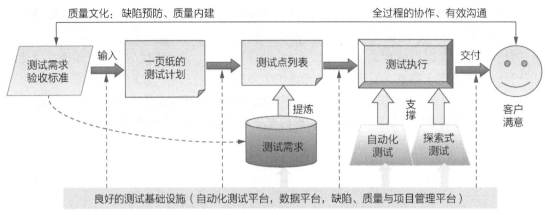

图 2-8　敏捷项目管理中的测试流程

2.5　新的敏捷测试四象限

2.5.1　敏捷测试四象限之历史

敏捷测试四象限（agile testing quadrant）由莉萨·克里斯平与珍妮特·格雷戈里在 2009 年出版的《敏捷软件测试：测试人员与敏捷团队的实践指南》书中提出，如图 2-9 所示。

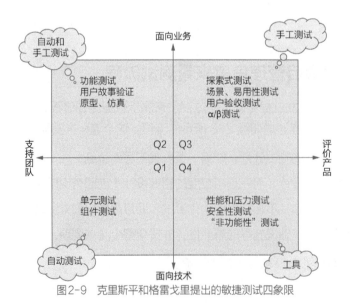

图 2-9　克里斯平和格雷戈里提出的敏捷测试四象限

这个四象限要追溯到 2003 年。这年 8 月，布莱恩·马里克连续写了几篇文章试图为敏捷测试指明发展方向，因为之前有人总是对他说，敏捷测试只是一项技能，而不能成为一门学科。在此期间，他花了很多时间在思考敏捷测试将往哪个方向发展这个问题，于是产生了这个四象限，但那时它还不叫四象限，而是叫测试矩阵（test matrix），也没有图 2-9 那么详细，只是一个非常简单的矩阵，如图 2-10 所示，告诉测试人员可以朝这 4 个方向努力。

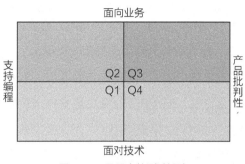

图 2-10　马里克的测试矩阵

1）面向业务（business facing）的测试，即用业务领域的术语来表达测试设计或测试用例。例如，你去 ATM 机上取钱，输入的金额多于你账户上现有的资金，系统会告诉你，余额不足。面向业务的测试最好由了解业务的人员（如产品负责人、业务分析师等）编写，一般不适合自动化测试，而是手工测试。

2）面对技术（technology facing）的测试，是用技术的方式来完成测试。例如，不同的浏览器和服务器交互的逻辑处理没什么不同，但前端界面展示会有不同，因为不同的浏览器对JavaScript 处理的方式是不同的，所以针对不同浏览器测试的重点是在前端的兼容性测试。这部分测试，最好由开发人员、测试人员来做，也适合自动化测试。

3）支持编程（support programming）的测试，是针对软件应该执行的具体功能操作而进行的测试。这些测试可以在软件版本构建之前编写，通常是自动化的，而且主要用于回归测试。

4）产品批判性（critique product）的测试，是一种尝试识别完整软件中问题的测试，更多的场景是负面测试、异常测试，即测试人员尝试"破坏"软件以发现软件的缺陷。

如果仅从图 2-10 这样简单的矩阵来看，它与自动化测试不是特别相关，虽然面对技术的测试、支持编程的测试都是适合自动化测试的，而且这两个方向有些重叠，区分起来很难。产品批判性的测试差不多也可以归为面向技术的测试，和支持编程的测试并非对立，其相反性不明显。产品批判性的测试可以是手工测试，也可以是自动化的，包括自动生成边界值、异常值来进行测试，或采用模糊测试、变异测试等方法来进行测试。

这 4 个方向与敏捷关系不大，没有体现敏捷的价值观、敏捷测试的原则，甚至没有体现敏捷测试的思维方式。在传统软件测试中，也需要考虑面向业务、面向技术的测试。之前，我们就常说，测试人员是技术人员中业务最好的，与业务人员相比，技术又强很多，即测试人员既要懂业务，又要懂技术，这样才能做好测试。而且，测试人员既要做正向的验证，又要做反向的异常测试。所有这些都说明传统测试也基本体现了这 4 个方向。

克里斯平和格雷戈里的敏捷测试四象限在图 2-10 的基础上增加了不少内容，包括特别注明自动化（automated）、手工（manual）、工具（tools）等。但是，图 2-9 更不像敏捷测试四象限，而是自动化测试策略，否则会有下列不少看法或质疑。

- 不为业务服务的测试都是错误的，测试需要面向业务，不能面向技术。
- 为什么单元测试是支持团队，而性能测试就不是支持团队呢？
- 为什么功能测试和用户故事测试是支持团队，而探索式测试就不是呢？
- 性能测试 / 安全测试是评价产品，而功能测试为什么不是评价产品呢？
- 实例化、原型和仿真有验证的作用，但更多时候不是为了测试，而是为了沟通，澄清用户的真实需求。

2.5.2   新的敏捷测试四象限简介

看到上述问题，笔者只好重新设计一个真正的敏捷测试四象限，如图 2-11 所示。虽然可以理解为是对图 2-9 进行修改的结果，但是绝大部分都已修改了，完全可以说是一个崭新的敏捷测试四象限。

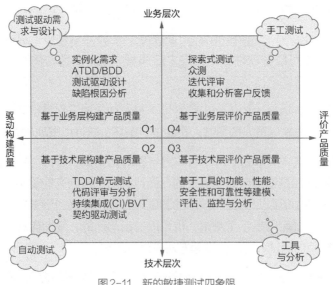

图 2-11   新的敏捷测试四象限

不能描述为"面向业务或技术",因此图 2-11 的垂直方向改为"业务层次"和"技术层次",即从不同的层次来进行测试,但都是为了业务。把原来左边的"支持团队"改为"驱动构建质量",正如前面谈到的敏捷质量管理思维认为"预防缺陷"比"发现缺陷"更有价值,即在敏捷测试中,我们如何驱动团队构建出高质量的产品比软件测试本身更有价值。

基于这样修改的结果,形成新的敏捷测试四象限:基于业务层构建产品质量、基于技术层构建产品质量、基于技术层评价产品质量和基于业务层评价产品质量。新的敏捷测试四象限的顺序和图 2-9 中也不一样了,之前是顺时针,现在是逆时针:业务驱动测试,业务必须在前,然后收集用户反馈并进行分析,再到需求中,形成闭环,这样更科学、合理。

1)Q1:基于业务层构建产品质量,业务驱动测试,即包括验收测试驱动开发(ATDD)和行为驱动开发(BDD)、实例化需求和测试驱动设计等,不仅澄清和验证需求与设计,更重要的是构建高质量的需求与设计,这更有价值。

2)Q2:基于技术层构建产品质量,侧重持续集成/持续交付技术和环境的支持,实现单元测试驱动开发(unit test-driven development,UTDD),以及良好的自动化单元测试,代码的静态分析和基于持续集成的代码评审流程,全自动且流水线式的持续集成测试(BVT)等,以构建高质量的代码。

3)Q3:基于技术层评价产品质量,基于工具的功能、性能、安全性和可靠性等建模、评估、监控与分析,这也依赖于技术和 DevOps 的测试基础设施,不但能开展全生命周期的、持续的系统测试,而且可以开展在线监控与分析,包括性能、安全性的监控与分析,还有 A/B 测试,即前面说的测试右移,这部分也充分体现了技术性。

4)Q4:基于业务层评价产品质量,包括探索式测试、众测和迭代评审等。迭代评审也就是产品利益相关者一起来评审产品,真正从业务角度来评估产品的质量,这些实践也符合敏捷测试的原则和思维方式。

从上文来看,新的敏捷测试四象限也反映了整个敏捷中的自动化测试策略,基于技术层的测试,可以进行更彻底的自动化测试,而基于业务层的测试,更需要发挥人的创造性、思维能力。如果更理想的话,那么可以实现整个闭环的自动化测试,包括让需求可执行(BDD/ 实例化需求)、基于人工智能(artificial intelligence,AI)的众测和探索式测试等,后面会详细介绍。

本章小结

敏捷测试是敏捷开发模式下的一套完整的软件测试解决方案,它强调"与开发人员协作""自动化测试""客户思维""动态的测试策略调整"。掌握敏捷测试其实很简单,只要你能读懂敏捷测试所坚持的变与不变：不变的是它的价值观、理念及思维方式，变的是持续改进的敏捷测试的方法、技术和工具。在敏捷开发模式下，研发团队需要充分理解敏捷测试，然后按照敏捷思维方式来重构团队的技能、工具和工作流程，才能避免让测试成为敏捷交付的瓶颈。

敏捷测试与传统测试最大的不同是在测试原则和测试思维方式上，传统测试是固定思维，敏捷测试既是成长性思维，又是团队对质量负责的思维、上下文驱动的思维和用户思维。

敏捷测试流程不是针对测试人员制定的流程，而是针对整个研发团队制定的各项测试活动，它不但贯穿于整个迭代开发过程中，而且会持续优化和调整。在敏捷测试流程中，需要重点关注"持续测试"，这是持续交付中非常重要的一环，需要一系列测试策略、测试计划和测试技术，尤其是通过团队协作来保证其顺利实施。但最重要的当然还是基于对敏捷测试正确和深入的理解，以及敏捷思维的塑造，这也是本章的精髓所在：用"道"来指导对后面要讲解的"术"的理解和掌握。

延伸阅读

有人认为："人与人之间在能力上没有太大的区别，最大的区别是思维方式的不同。"既然成长性思维、系统性思维、批判性思维和创造性思维等对一个测试人员如此重要，那么这里向大家推荐几本思维方面的图书，见参考文献13～参考文献16，特别推荐《系统化思维导论》《学会提问》和《终身成长：重新定义成功的思维模式》。通过系统的学习和刻意练习，思维方式可以改变，思维能力也一定会得到提升，这不仅对测试工作有帮助，而且在很多其他方面相信大家都会受益。在此，笔者再次强调持续学习、终身学习，在学习过程中要善于反思和总结，这样一定会成长得更快，事业更成功。

第3章 人是决定性因素

导读

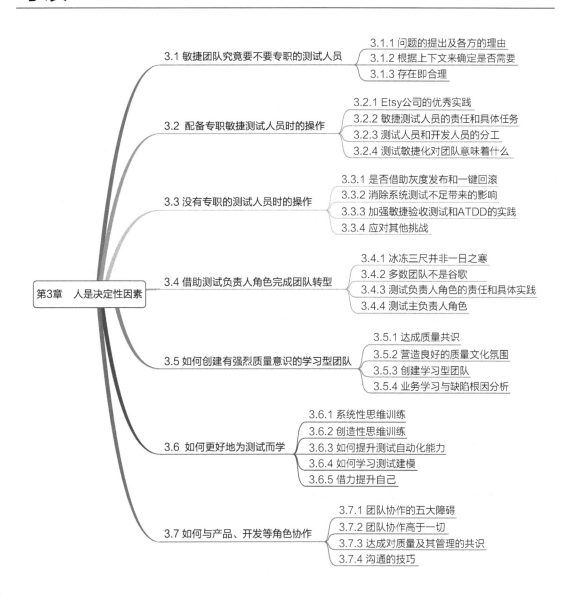

第3章 人是决定性因素

3.1 敏捷团队究竟要不要专职的测试人员
- 3.1.1 问题的提出及各方的理由
- 3.1.2 根据上下文来确定是否需要
- 3.1.3 存在即合理

3.2 配备专职敏捷测试人员时的操作
- 3.2.1 Etsy公司的优秀实践
- 3.2.2 敏捷测试人员的责任和具体任务
- 3.2.3 测试人员和开发人员的分工
- 3.2.4 测试敏捷化对团队意味着什么

3.3 没有专职的测试人员时的操作
- 3.3.1 是否借助灰度发布和一键回滚
- 3.3.2 消除系统测试不足带来的影响
- 3.3.3 加强敏捷验收测试和ATDD的实践
- 3.3.4 应对其他挑战

3.4 借助测试负责人角色完成团队转型
- 3.4.1 冰冻三尺并非一日之寒
- 3.4.2 多数团队不是谷歌
- 3.4.3 测试负责人角色的责任和具体实践
- 3.4.4 测试主负责人角色

3.5 如何创建有强烈质量意识的学习型团队
- 3.5.1 达成质量共识
- 3.5.2 营造良好的质量文化氛围
- 3.5.3 创建学习型团队
- 3.5.4 业务学习与缺陷根因分析

3.6 如何更好地为测试而学
- 3.6.1 系统性思维训练
- 3.6.2 创造性思维训练
- 3.6.3 如何提升测试自动化能力
- 3.6.4 如何学习测试建模
- 3.6.5 借力提升自己

3.7 如何与产品、开发等角色协作
- 3.7.1 团队协作的五大障碍
- 3.7.2 团队协作高于一切
- 3.7.3 达成对质量及其管理的共识
- 3.7.4 沟通的技巧

相比传统测试，敏捷测试不但涉及技术和方法的改变，而且包括组织结构的变化、团队成员的转型、人员思维方式的改变等和人相关的深层次的东西，如整个团队要为质量负责，全员参与到测试活动中，团队中只保留少量的专职的测试人员，整个团队都要在技能和认知上做出提升等。相比技术转型，这些更难改变，但只有成功地解决了这些和人有关的问题，才能真正实施好敏捷测试。

3.1　敏捷团队究竟要不要专职的测试人员

随着 Facebook 和谷歌在商业上取得巨大成功，它们的开发模式引起了广泛讨论，并且和敏捷挂上了钩，同时引起了"敏捷团队需不需要专职的测试人员"这样的争论。人的问题是最关键的问题，因此我们有必要在这里讨论一下。

首先要澄清的是，这里要讨论的是"需不需要保留专门做测试（测试计划、测试分析、测试设计和测试执行）的人"，与头衔无关，因为笔者知道现在很多公司的开发人员和测试人员都称为"软件工程师"，但有一部分就是专职做测试工作的，还有一些公司有质量保证（quality assurance，QA）这个角色，但做的其实就是测试的工作。

3.1.1　问题的提出及各方的理由

对于这个问题，很多人认为仍然需要专职的测试人员，也有很多人认为不再需要。对于这两种不同的观点，在敏捷和 DevOps 实践中，也都能找出支持各自观点的成功案例。

1）Etsy 公司在 2009 年开始引入 DevOps，建立了持续交付的全自动化部署管道，这家公司有专职的质量保证团队和质量保证人员，而且承担具体的测试工作。

2）微软和 Facebook 只在某些业务线保留了少量的专职的测试人员，多数业务线则根本没有专职的测试人员，测试团队更不存在。谷歌则把测试团队改造为工程效能（engineering productivity）团队，这个团队不负责具体的产品测试，而是为开发人员提供测试，以及其他提高研发效能的工具和技术。

看起来似乎要形成两大阵营。那么，软件测试行业一些大师级人物的观点如何呢？

艾伦·佩奇和布伦特·詹森提出了现代测试的新七大原则（modern testing principle），如图 3-1 所示。这七大原则指出，测试人员的责任是指导团队建立更成熟的质量文化，专职的测试人员将会减少甚至消失。

图3-1　现代测试的新七大原则

1）以推进业务为先。

2）为团队提速，通过精益思想和约束理论等模型来帮助识别、优化，并从系统中移除瓶颈。

3）测试人员是团队持续改进的力量，帮助团队通过不断优化和调整以走向成功，而不是充当安全防护网来捕获错误。

4）深刻关切团队的质量文化，指导、引领并培养团队建立更成熟的质量文化。

5）相信只有用户才能够判断或评估产品质量。

6）通过各种数据深入理解用户使用场景，在此基础上减小产品在预期和实际业务表现之间的差异。

7）把测试技术和能力推广到整个团队，并认同团队会逐渐减少或取消专职的测试人员。

而克里斯平虽然也认同敏捷团队中专职的测试人员可以减少，但是至少要保留一位测试专家做一些专业性强的测试，因为开发人员思考问题的角度和测试人员是不同的，不能把所有的测试工作都分配给开发人员来做。通过她给出的例子可以判断，她认为开发人员和专职的测试人员的比例为 10 ：1 比较合适。

此外，国内也有很多关于这个问题的讨论文章，大多数是根据自己的切身体会表示赞同或反对。笔者收集了这些观点和意见，并进行了总结。

对于"不需要专职的测试人员"这个观点，赞成理由大概有以下几点。

- 质量不等于测试，质量是内建的，不是测试出来的，开发人员应该对自己的代码质量负责。
- 我们不需要不懂软件开发的手工测试人员，因为不懂开发就做不好测试。
- 测试和开发分开会造成工作效能的低下，开发人员自行做相应的测试会提高效率。
- 很多成功的产品出自没有测试人员或拥有很少测试人员的团队。

- 自动化程度低的工作就是体力劳动，开发人员很快就能掌握测试用例设计的技能。

而反方的理由大致如下。

- 需要测试领域的专家，一个人不可能什么都会做。
- 开发人员做测试时有思维障碍和心理障碍，做不好测试。
- 开发人员报酬较高，让开发人员做测试工作，公司会增加成本。
- 存在即合理。例如，医生也可以做护士的工作，但为什么医院还需要那么多护士？
- 企业级软件一般很庞大、复杂，功能、业务逻辑太多，而每个开发人员做出的组件、模块等比较小和"窄"，缺乏业务视野的广度和深度。

3.1.2   根据上下文来确定是否需要

对于"敏捷团队究竟要不要专职的测试人员"这个问题，不能简单地回答"要"或"不要"，否则会落入问题的陷阱。例如，在结构化测试方法中，是判定覆盖强还是条件覆盖强这个问题，笔者的一些学生会认为"条件覆盖强"，但也有的学生回答"判定覆盖强"。这样问其实很容易让人上当，或者说，不应该这样问。

笔者的观点：**要基于上下文来决定要不要专职的测试人员，具体情况，具体分析**。

我们不能简单认为，手机 App 之类的应用都不需要专职的测试人员，电信、银行、航天 / 航空、医疗等行业应用系统则一定需要专职的测试人员。我们也不能简单认为，团队优秀、人员素质好，而软件产品本身质量要求又不高，就不需要专职的测试人员。

首先，我们要看开发人员愿不愿意做测试，以及能不能做测试。如果开发人员不愿做测试或者不能做测试，就需要专职的测试人员。强迫开发人员做测试是不可行的，即使这样做，效果也不好。

其次，我们要看系统是不是关键系统。有些系统是至关重要的，不能有半点闪失。关键业务系统对质量风险的容忍度近乎于零，因此，即使开发人员素质高、责任心强，也可以做测试，一般还是需要独立专职的测试工程师，从而再增加一道防线。

最后，我们要看这个系统是不是要部署到客户那里。如果是，则版本更新很困难，出了问题也无法回滚，无法支持灰度发布，这时对质量的要求会苛刻很多，这种情况下一般也需要专职的测试人员。

因此，对于要不要专职的测试人员，需要综合考虑下列主要因素。

- 团队情况：组织文化，以及人员素质和技能等。
- 产品运营模式是面向企业还是面向客户，是 SaaS 模式还是传统产品模式。

- 是否为关键业务系统，即是否是至关重要的系统（如金融、电信等领域的核心处理系统）或性命攸关的系统（如航空、航天和核工业等领域的核心系统）。

- 有时还需要考虑系统是否强耦合、是否是大规模的复杂系统等。一般来说，系统的耦合度越高，就越需要专职的测试人员来保证软件的质量。

其实不论有没有专职的测试人员，都不违背敏捷价值观和敏捷原则。根据国际敏捷联盟的描述，敏捷团队应该具备软件交付所需要的所有能力，而角色和责任的划分与团队的输出结果（快速交付可工作的软件）相比并不重要，开发人员可以做测试，业务分析师或领域专家可以提出关于技术实现的想法。同样，测试人员也可以做开发或需求分析。在敏捷模式下，我们强调的是整个团队对可交付软件的质量负责，对测试负责，强调团队协作，发挥团队的作用。当团队具有很强的敏捷思维方式和相应的能力时，可以考虑逐渐减少专业测试人员数量。

什么情况下可以考虑没有专职的测试人员呢？

首先，团队质量内建的文化已经形成，敏捷测试思维／价值观构建完毕，团队成员拥有很强的技术能力和责任感。

其次，软件运营模式是 SaaS 模式，可以通过在线监控、在线测试等手段及时发现产品问题，并建立了灰度发布机制，能做到快速部署、快速回滚。

最后，产品不属于关键的业务系统。

应该说，在满足了上述 3 个条件的情况下，团队可以考虑没有专职的测试人员，实现开发和测试的彻底融合。

3.1.3　存在即合理

目前，存在各种形式的团队，包括传统的项目经理主导的研发团队、互联网公司的产品经理主导的团队、敏捷开发模式的自组织团队等，因此，软件测试的组织也多种多样，大概有下列 4 种情况。

1）将测试外包给第 3 方公司。在这种情况下，测试独立性最强，测试人员和开发人员几乎没有协作，当然，实施敏捷测试的难度最大。

2）有独立的测试团队，各项测试任务由测试团队负责，测试相对独立，但和开发人员合作密切。如果是 Scrum 团队，那么成员来自不同的组织。

3）没有独立的测试团队，开发团队中有专职的测试人员，另外，还有测试工作的负责人。

4）测试和开发高度融合。没有专职的测试人员，只有软件工程师，只是在不同的事件中他们扮演不同的角色，有时是开发人员，有时是测试人员。

建立什么样的组织取决于整个开发模式，在敏捷的特性团队中不应该有独立的测试团队，但是你也可以看到，有的公司即使有独立的测试团队，也能很好地实践敏捷测试。除测试外包以外，其他 3 种形式的组织都可以开展敏捷测试，都可以建立起整个研发团队对质量负责的文化，让开发人员对自己代码的质量负责，参与更多的测试，并在此基础上实践敏捷测试的方法、工具和技术。

3.2 配备专职敏捷测试人员时的操作

即使在敏捷团队中有专职的测试人员，这些测试人员所要承担的责任和具体任务也与传统测试中的测试人员有很大不同。让我们先来看一下 Etsy 公司 QA 团队在这方面的优秀实践。

3.2.1 Etsy 公司的优秀实践

Etsy 公司创建于 2005 年，是美国的一家电商平台，以手工艺品买卖为主要特色。该公司在初创期进行了 IT 架构和组织架构方面的探索，直到 2008 年，新的 CTO 开始引入 DevOps 和社区文化。经过几年的打磨，Etsy 公司在 2014 年于英国召开的 QCon（全球软件开发）大会上介绍了该公司是如何做到一天完成 50 次线上部署的（这在当时已经很了不起了），可以说一战成名。

那么这家公司是如何做到的呢？

该公司拥有令人称道的工程师文化："代码即艺匠"（code as craft）。该公司认为工程师是一个有创造力的群体，鼓励他们相互之间进行交流、协作及学习。该公司定期举办技术沙龙，与各行业的专家进行交流。

该公司还建立了优秀的质量内建文化：开发阶段的测试由开发人员负责。通过一键式部署管道，开发人员可以直接部署代码到生产环境上，但在部署前需要保证自己的代码是稳定的。在该公司的持续集成环境里，集成了超过 30 个自动化测试集。另外，该公司采用可视化面板量化跟踪自动化测试的代码覆盖率。

与 Facebook、谷歌这些公司的实践不同的是，Etsy 公司拥有独立的质量保证团队，其为所有项目提供测试服务。但与一般的测试团队有所不同，该团队并不承担开发阶段的测试任务，也不负责回归测试和维护测试用例这样的工作。下面才是这个团队要做的事情。

- 针对新功能和新产品进行探索式测试、集成测试，以及跨平台的兼容性测试。
- 针对移动端的发布进行验证测试。

- 验证用户可感知的改变，就是针对对用户影响大的功能改动开展测试。

该质量保证团队还定义了自己的价值观（这非常难得），一共包括 3 条：价值驱动、目标赋能和社区文化，如图 3-2 所示。

价值驱动   目标赋能   社区文化

图3-2　Etsy公司的质量保证团队的价值观

笔者对此的解读如下。

- **价值驱动**：就是做质量保证团队该做的事，不为测试而测试，不会为了获得统计数据而做测试。
- **目标赋能**：在全公司范围内，以业务为共同目标，维护共同的质量文化，业务驱动测试。
- **社区文化**：鼓励学习型文化，促进在公司范围内的沟通和交流，共同学习，共同进步。

从企业文化、价值观，到技术、工作流程、基础设施，Etsy 公司建立了一整套行之有效的敏捷及敏捷测试实践方法，确实值得我们学习。

3.2.2　敏捷测试人员的责任和具体任务

对照 Etsy 公司的质量保证团队，我们来总结一下测试人员在敏捷团队中需要承担的责任和具体任务，主要有以下 4 点。

1）帮助敏捷团队提升质量文化，持续关注质量和用户需求，持续向利益相关者提供质量反馈。

用户需求是软件测试非常重要的上下文之一，测试人员要帮助团队开发出客户真正需要的产品，避免陷入过多地从技术方面思考问题的误区。不知读者是否还记得微软公司曾经在 Windows 8 中去掉了左下角的"开始"按钮和"开始"菜单，很多用户因此找不到关机和重启计算机的地方。在用户的强烈抗议下，微软公司最终还是恢复了大家平时习惯使用的"开始"菜单。这就是从技术角度而非用户角度开发产品的一个失败案例。

另外，对产品的质量要求也是一个重要的测试上下文，测试人员不但要清楚每次交付的质量标准是什么，而且要清楚每次迭代相比上一次有什么变化。

在具体的测试任务方面，测试人员更侧重从用户角度对产品进行质量评估，采用探索式测试方式执行功能交互测试和贯穿业务流程的端到端的测试，并开展易用性、兼容性、可靠性和安全性，以及性能等方面的专项测试。

测试人员可以不参与开发阶段的测试，但需要对产品的每一迭代版本进行验收测试。例如，在 Zoom 公司，由开发人员完成新功能测试，回归测试则由专职的测试人员来做，相当于在代码冻结后进行最后的回归测试——验收测试。

这项责任对应的具体任务包括：

- 获取和明确用户的质量期望；
- 建立合适的系统测试、验收测试的质量标准；
- （和产品负责人一起）完成每个迭代的验收测试；
- 保持质量度量结果的可视性；
- 发现值得关注的测试切入点，持续提供质量反馈；
- 进行在线日志分析、在线测试；
- 进行拜访客户、用户调查等活动。

2）制定测试计划，指导团队使用合适的测试技术和方法，不断收集反馈，改进、推广测试技术和方法，积累软件测试实践经验。

敏捷测试人员负责为团队制定测试计划。在敏捷测试中，测试计划可以简短，但不能没有，如只有一页纸；形式可以很灵活，如用思维导图等。测试人员需要负责向团队传授测试技术和经验，以帮助整个团队持续提高测试能力，如指导开发人员在单元测试和系统测试中使用合适的测试技术和方法。对于需求、设计和代码评审，需要全体成员参与，并且收集反馈，持续改进。

这项责任对应的具体任务包括：

- 制定测试计划模板、风险列表（checklist）和常见的测试策略；
- 探索新的测试方法，引入新的测试技术；
- 开发更有效的测试工具，持续改进自动化测试；
- 通过缺陷根因（root cause）分析获得避免缺陷的信息，并通过设立规则和实践避免缺陷的引入。

3）帮助团队构建自动化测试基础设施，提供必要的测试工具。

这项工作读者应该比较熟悉了，因为很多公司热衷于招聘测试开发人员，其主要承担的就是这项工作。敏捷测试人员不仅为团队构建自动化测试环境，还要考虑自动化测试框架与持续集成环境及 DevOps 工具链的集成。

这项责任对应的具体任务包括:

- 推进单元测试、开发测试,尽量将测试推到上游;
- 建立持续集成框架,以及基于持续集成的质量控制和发布规则;
- 创建更高效的工具,持续改进自动化测试。

4)需求、设计和代码的可测试性把关,包括需求、设计和代码的可测试性检查。

可测试性检查是敏捷测试人员的一项重要责任,而且要从需求、设计开始抓起。产品需求文档过于简单、没有明确的验收标准、软件设计没有考虑向自动化测试提供接口,以及代码的结构复杂以致发现缺陷后很难快速定位问题所在等会影响软件产品的可测试性。敏捷模式有利于可测试性的提高,因为开发人员要对自己的代码进行测试,在代码编写时,需要考虑可测试性。如果先实现单元测试代码,再开始编写代码,就更进一步,也就是实现 UTDD,但前提是需求的验收标准是完备和明确的。在敏捷开发模式下,对文档不重视,需求文档和设计文档潜在的问题就比较多,测试人员需要在测试计划中考虑静态测试,组织并参加相应的评审,与团队成员一起明确用户故事的验收标准,提出设计和代码方面的可测性需求。

这项责任对应的具体任务包括:

- 建立合适的系统测试、验收测试的质量标准;
- 定义需求评审、设计评审的检查表;
- 持续推动可测试性的提高。

3.2.3　测试人员和开发人员的分工

在敏捷团队中,测试人员和开发人员在测试方面的具体分工参见表 3-1。

表3-1　敏捷团队中的测试人员和开发人员的分工

类别	具体测试任务	开发人员要做的事	专职的测试人员要做的事
对需求、文档和代码的评审	静态测试	✓	✓
每次迭代的测试计划	包括测试策略	✕	✓
模块内部的测试	用户故事测试(根据用户故事的验收标准)	✓	✕
	验收测试	✕	✓(和产品负责人一起)
	回归测试	✓	✕

续表

类别	具体测试任务	开发人员要做的事	专职的测试人员要做的事
模块之间的交互测试	集成测试（向外部提供的 API）	✓	×
系统端到端的测试	性能、安全性、易用性、兼容性和稳定性等方面的系统测试	×	✓
自动化	框架、工具开发	✓	×
	脚本的开发与执行	×	✓

3.2.4　测试敏捷化对团队意味着什么

在讨论了敏捷测试人员的职责后，我们再来讲一下测试敏捷化对一个测试团队意味着什么。在敏捷模式下，独立的测试团队可以取消，测试人员真正变成敏捷团队中的一员，这样更有利于开发和测试的融合。

但是，我们也要考虑具体情况，如某些专项测试对于业务系统来说是非常关键的质量指标，因此可以考虑成立专门的性能测试团队。例如，对于大型复杂的软件系统，对性能和安全的质量要求很高，性能测试和安全测试涉及的技术广泛，需要单独的测试计划、测试技术和测试方法，由专门的团队来负责也是合理的。

读者可能会担心：取消测试组织会造成测试人员的孤立和公司对质量的忽视。对此，企业可以建立测试社区（test community）这种虚拟的组织形式来代替测试团队，通过定期举办活动给所有员工提供一个交流质量文化和测试技术的平台，这样有利于让大家意识到质量是所有人的事。不少公司有类似的实践，如 Etsy 公司。

3.3　没有专职的测试人员时的操作

正如前面所说，在互联网业务场景下，没有专职的测试人员是可以实现的。国外先进的互联网公司已经在落地实施，国内的企业走得没有这么快，但是越来越多的岗位是在招聘测试开发工程师、测试架构师和工程效能工程师，偏向测试工具开发、DevOps 工具开发，而业务测试工程师的岗位越来越少。

在没有专职的测试人员的情况下，敏捷团队对成员个人的能力要求更高，这对个人发展来说是好事。我们可以通过下面这个比喻进行说明。

在一个团队里，集合了一群武林高手。该团队需要十八般武器都有人会用，而且每个人至少要会几种。这难不倒这群高手，有个人原来会使剑，但通过训练，他也能用刀，甚至是棍。虽然他最擅长的还是用剑，但需要用刀的时候，对付一般人也绰绰有余。他没有刀和剑怎么办？他在路边随手找个棍，也能参与战斗。之后，他发现自己的剑术更加精进，已经可以做到"一剑封喉"。

这就像测试人员掌握了编程能力，在测试方面可以更加自如地选择不同的测试技术和测试工具，而开发人员通过参与测试，在代码开发阶段就会想到如何避免缺陷的产生，将质量构建在产品中。这样，测试自然左移——向前移动，加强需求评审、设计评审和代码评审，以及单元测试等，人人都是测试人员，这反而在某些方面加强了测试，虽然专业的测试能力可能被弱化。另外，缺少专业的测试人员，以及流程上的质量保证，人们会从技术方面来进行弥补，甚至在交付模式和架构上通过创新来弥补，如灰度发布、一键回滚、微服务架构和 Serverless 模式等。

3.3.1 是否借助灰度发布和一键回滚

没有专职的测试人员，不等于软件测试工作不需要有人做，那么谁来做呢？日内高频发布是互联网行业中领先企业普遍的发布模式，不少顶级互联网公司在推行"谁开发，谁运维"或者"谁构建，谁运维"，Netflix 和亚马逊公司都有这样的提法。如果开发团队想把新代码频繁部署上线，那么必须对代码变更引起的故障负责。这就会倒逼研发团队重视软件质量，从而倒逼开发人员做测试。

但高频发布也不可避免地带来了风险，原因是没有足够的时间针对代码变更进行充分测试。软件频繁发布的主要目的不但包括发布新的功能特性，而且包括修复因代码变更引起的线上缺陷。对线上问题响应速度的要求越高，留给测试的时间就越少。要做到在支持高频发布的同时降低发布的风险，就需要一系列技术的保证。

灰度发布是一种互联网软件产品新版本的发布策略。灰度发布将发布分成不同的阶段，每个阶段的用户数量逐级增加。例如，先把新版本发布给 1% 的用户，这时称为金丝雀发布（canary release）、金丝雀测试。如果没出现什么问题，就逐渐扩大发布范围，直至覆盖所有的用户。采用这种发布方式的目的是确保线上系统的稳定性。如果新发布的版本出现缺陷，就可以在开始阶段发现，此时可以配合一键回滚机制，将软件回滚到上一个稳定的版本，这样就可以把对用户的影响降至最低。灰度发布有两种实现方式：一种是开关隔离方式，即在代码中为新功能设置开关，将软件的新版本部署到生产环境中的所有节点，通过代码中设置的开关针对不同范围的用户逐渐开放新功能，一旦出现问题，就马上关闭开关，下线新功能；另一种是通过滚动部署的方式，将新版本部署到生产环境中的一部分节点上，当确认没有风险后，再逐渐部署到更多的节点上。

来自微软公司的一篇论文中论述了关于灰度发布的理论和实践，如图 3-3 所示，它强调应该伴随在软件测试方面投入的不断增加来不断扩大发布范围。最小化可行性质量（minimum viable quality，MVQ）代表了精益测试的理念，也强调针对不同的产品发布范围制定不同的最低质量标准，在每个范围内以可接受的质量和风险尽快发布产品。

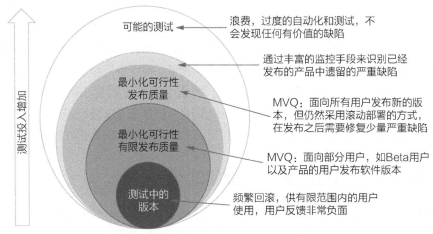

图3-3　微软公司的灰度发布理论及实践

灰度发布相当于通过用户完成验收测试。一旦灰度发布过程中出现问题，利用一键回滚机制可以迅速地将线上系统恢复到上一个稳定的版本。通过回滚机制，可以在发布系统出现故障时，保证系统的可用性。

但是软件质量绝对不能完全依靠灰度发布和一键回滚，无论是灰度发布、回滚机制，还是后边我们要讨论的线上监控和线上测试等测试右移的手段，都是在版本上线后的措施，不能代替在研发阶段的测试活动。预防缺陷比发现缺陷更有价值，如果缺陷无法避免，那么在研发阶段尽早开始测试，尽早发现缺陷比把缺陷带到线上，至少风险更小，成本更低。

3.3.2　消除系统测试不足带来的影响

在敏捷团队中，单元测试本来就应该开发人员来承担，接口测试也可以由开发人员来做。在没有专职的测试人员的情况下，团队就好好规划一下，看系统测试能不能少做，多做单元测试和接口测试，尽量把系统测试转化为单元测试和接口测试。

首先，每个开发人员需要切实地针对自己开发的代码做好单元测试。即使团队中有专职的测试人员，单元测试也必须是开发人员自己做，但因为团队会对测试人员进行质量把关有依赖，所以好多团队对单元测试不重视，推行力度不够。如果没有测试人员，谁开发代码，谁就需要对代码质量负责，那么开发人员是不是更能认识和体会到单元测试的必要性？更为彻底的就是实践 TDD，先写测试代码，再写产品代码，用测试驱动出满足质量标准的代码。详细内容将在第 5 章进行讨论。

其次，在系统架构设计时尽量做到"高内聚，低耦合"，将系统架构彻底解耦，最好是采用微服务风格的架构模式，这样每个团队针对单个微服务就可以进行比较充分的接口测试，从而进一步降低了减少系统测试带来的质量风险。因为单元测试和接口测试都适合自动化测试，而且可以在功能开发早期就持续进行测试，所以在测试效率上也会有显著提升。

同时，团队也要做好代码评审及静态代码扫描（静态测试），帮助团队尽早发现软件缺陷，这也是质量内建的一部分。ThoughtWorks 公司官方公众号有一些文章介绍了关于单元测试和静态测试的实践：在 ThoughtWorks，先写单元测试是程序员的基本素养，代码走查形式多样，但成熟团队一般从单元测试开始。敏捷开发对回归测试考虑不多，质量内建意味着不希望最后依靠测试人员把质量关。这说明单元测试和静态测试做好了，系统测试和回归测试就可以少做，甚至不做。

系统级别的测试也不是不做，但采用探索式测试的方式更有效率。团队可以计划并组织团队成员开展探索式测试，定期组织缺陷大扫除（bug bash），并设立奖励机制，奖励那些发现了重大缺陷的团队成员。

3.3.3　加强敏捷验收测试和 ATDD 的实践

敏捷测试中的验收测试主要是指用户故事的验收测试，因为敏捷中的需求主要表现为用户故事。在 Scrum 模式下，每个 Scrum 团队的产品负责人组织团队成员一起进行验收测试，在每次迭代开始时，就定义好任务完成的定义（definition of done，DoD），团队成员在一开始就知道本次迭代的验收标准是什么，并通过可视化看板跟踪进度，如单元测试覆盖率、单元测试通过率、代码审查结果、系统功能测试覆盖率和通过率。在迭代结束时，产品负责人组织大家按照 DoD 进行验收。做好敏捷开发模式下的验收要依赖 ATDD/BDD 等实践（详细内容参见第 5 章），为每个用户故事定义验收标准，让用户故事具有可测试性，保证需求的正确性，保证团队对于需求的一致理解，这样验收测试就会做得更顺利，效率更高。

3.3.4　应对其他挑战

除上面讨论的措施以外，在取消专职的测试人员之后，团队依然会面临其他挑战。

首先是团队成员测试能力的培养。让开发人员做测试本身就是一个挑战，这里面既有心理因素，又有技术障碍。团队成员需要培养测试分析和计划的能力，端到端系统测试的测试能力，以及利用探索式测试方式的能力等，但更重要的还是对业务的理解和测试思维的培养。开发人员往往只对自己负责的功能模块比较熟悉，缺乏对产品和业务的整体了解。不了解产品和业务，就不知道产品的用户是谁，不能够很好地设计和挖掘需要测试的业务场景。另外，软件开发需要的是正向思维，让软件顺利运行；而软件测试需要的是逆向思维和批判性思维等，即如何找到软件中的缺陷。

其次，性能测试和安全测试等专项测试谁来负责？虽然在生产环境中可以进行全链路压测，通过监控平台对系统进行安全监控，但这还不能代替研发阶段的测试。在持续集成环境中，进行代码漏洞扫描可以发现代码级别的安全漏洞，但安全测试还包括渗透测试。测试环境中的性能测试还是有必要进行，以提前发现性能问题。是不是这些测试还是需要专门的测试团队来负责？安全测试在大多数公司里一般是由专业的团队来负责，不属于敏捷团队的主要任务，这个还可以保留。对于性能测试，可以考虑借助专业、成熟的自动化测试平台让性能测试成为测试平台提供的服务，而不再需要专门的性能测试人员。当然，这需要比较高的自动化测试成熟度和完善的测试基础设施。

再次，如何避免开发人员在测试环境和测试数据管理上花费大量时间？原来团队里的测试工程师不但要负责测试的分析、计划、设计和执行等工作，而且会花大量的时间搭建并维护测试环境，创建测试数据。测试工程师没有了，让开发人员来做测试相关的工作可能还不如专职的测试工程师效率高，而且会导致开发工程师不能专注于软件开发工作。这个问题的解决思路是通过搭建自动化管理的测试平台并且与持续集成 / 持续交付环境集成来实现测试环境的自动部署、自动配置和自动维护，以及测试数据的自动生成。

最后，自动化工具可以让研发效能团队来负责，但自动化测试的脚本开发、执行和分析也会花费工程师不少时间，如果能帮助工程师把这部分时间也尽可能节省下来，那么开发和测试融合将会更加顺利和彻底。因此，利用人工智能技术实现自动化测试的无代码化、智能化，通过收集各种数据源并分析来精准选择针对变更代码的测试脚本，既可以节省从代码开发到发布的时间，又可以把工程师从繁重的测试工作中解放出来。

本节涉及很多和敏捷测试相关的具体方法、技术的实践知识，如果读者暂时理解不了，也没有关系，当阅读完本书全部内容后，再回过头来看看这一节的内容，相信你会理解得更加深刻和全面。没有专职的测试人员本来就相当于敏捷测试"集大成"的境界，其不但代表了敏捷测试的质量文化，而且代表了各种敏捷测试方法、技术的综合运用。

3.4　借助测试负责人角色完成团队转型

在 2016 年的一天，笔者碰到了一个之前在思科的老同事，问他现在软件开发采用的是什么模式。

他回答："已全面实施敏捷开发模式了，有些团队没有测试人员了，测试都是由开发人员自己做。"

笔者接着问，怎么知道开发人员测试做得如何，以及效果怎样？

他回答："这个不知道，我们相信他们，他们也承诺对自己的代码质量负责。"

让开发做更多的测试，没错，这就是我们常说的测试左移，但还是需要了解开发人员怎么做测试，以及能不能达到专业的测试水平。这就要像谷歌那样对整个研发团队的测试能力进行认证。但是，如果认证的结果显示整个研发团队的测试能力比较低，并且研发达不到要求，那么怎么办？

这就是本节所要讨论的主题，设置一个测试负责人（test owner，TO）角色来帮助团队提高测试能力，并完成过渡时期测试质量的控制和管理工作，包括承担测试计划的制定、测试用例的评审等责任。

3.4.1　冰冻三尺并非一日之寒

为什么要设置这样一个角色呢？除上面的原因之外，我们还需要一个相对比较长的时期以完成从传统测试向敏捷测试的平滑过渡。从传统的研发团队转型成敏捷团队，有时需要很长的时间，而且企业领导必须下决心支持团队转型，也需要请教练来辅导团队如何具体实施新的开发模式。

20 年前，笔者在 WebEx 公司参加软件产品研发，那时产品经理这个角色不属于研发团队，而是属于产品市场（product marketing）部门。这个部门和研发部门不一样，更像财务部门、人事部门，直接归公司管理，而研发部门（包括开发人员、测试人员、项目经理等）则根据具体的业务领域分为独立的 BU（business unit，业务单元，类似国内事业部）。这个时期研发和产品之间的那堵"墙"比较厚，如图 3-4 最左边所示的组织结构，产品经理把需求从"墙"那边扔到研发这边，研发部门接到需求，按需求进行软件的设计、编码和测试。

10 年前，情况有所好转，公司开始往敏捷开发模式转型。以 Scrum 为例，设立产品负责人角色，产品设计人员和开发人员开始出现在一个团队，迭代周期也从之前的半年或一年缩短到一个月，甚至一周。

最近几年，测试人员开始慢慢减少，有些团队干脆没有测试人员，让开发人员做测试，整个团队对测试和质量负责，这个出发点是对的，也特别符合敏捷测试的思维方式。但不能急于求成，就像上面把"产品定义和设计"移到研发团队内部时，需要设置产品负责人角色。因此，当我们在彻底实现从传统测试向敏捷测试转型的过程中，也需要设置测试负责人角色。

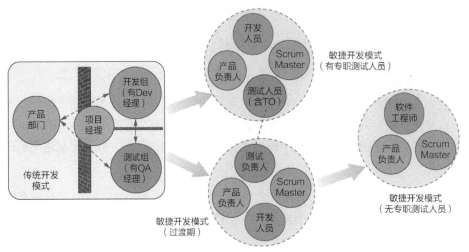

图 3-4   研发组织从传统向敏捷演化（以 Scrum 为例）

概括起来，从传统开发模式向敏捷模式转型，分为两种情况，如图 3-4 右侧所示：一种情况是将测试人员和开发人员等整合成一个全职能的特性团队，保留专职的测试人员，其中设置测试负责人角色，而不应该设置测试经理角色（敏捷组织是自我管理的组织），会议召集或清理障碍等管理工作可以由 Scrum Master 来做；另一种情况是经过一个过渡阶段，再彻底实现开发与测试的融合，没有专职的测试人员，都称为软件工程师。

3.4.2   多数团队不是谷歌

当我们推行"质量由团队负责"这样的理念时，从现实来看，多数团队的软件产品质量可能就没有人负责，也许只有极其优秀的团队没有问题。当国内某个团队直接照搬谷歌的流程和实践时，有人就曾发文提醒：你的公司不是谷歌，你的公司还不是谷歌，你的公司本来就不是谷歌。因此，对于大多数团队来说，测试还是需要负责人，比较切实可行的实践是需要设置测试负责人这个角色，这个角色对测试计划、测试过程和测试结果负责，但不对质量负责。

即使在多数情况下，也还认定"质量是构建出来的"。如果需要有人对质量负责，也可以设置质量负责人（quality owner，QO）这样的角色，负责促进优秀质量文化的形成、流程内审和改进，以及推行全过程的质量管理等。的确有些优秀的公司（如华为公司）还保留质量保证部门和质量保证角色。

其实，多数公司没有质量保证部门或质量保证角色，这时测试人员就要或多或少承担质量保证的部分责任，这也就是为什么许多美国公司的测试工程师被称为质量保证工程师，如笔者在 WebEx、思科时，头衔是质量保证经理、质量保证高级总监等。因为敏捷测试提倡"预防缺陷胜于发现缺陷"，所以质量保证主要的责任就是通过定义好的流程和规范等来预防缺陷，而测试的主要责任则是发现缺陷。只是平时我们可能不太注重区分质量保证和测试，有时会说，"敏捷测试提倡：预防缺陷胜于发现缺陷"，其实应该这样说——"敏捷质量管理提倡：预防缺陷胜于发现缺陷"。

3.4.3 测试负责人角色的责任和具体实践

测试负责人是以敏捷中比较流行的 Scrum 方式来定义的，但这个角色也可以称为测试教练（test coach，TC）、测试顾问（test consultant，TC）或质量保证，称呼什么不重要，重要的是这个角色要承担哪些责任。

根据前面的讨论，我们基本清楚了这个角色的责任。

- 制定软件产品研发的迭代测试计划。虽然是一个简单的计划，也是一个动态的过程，但计划依旧很有价值，同时指导这个迭代的测试过程。因此，需要有一个人来负责起草计划、召集评审会等，同时负责分析测试范围、列出测试项、定义优先级、识别测试风险、制定测试策略和估算工作量等工作。

- 协调测试计划的执行，包括收集团队的反馈，洞察新的测试风险，对计划进行优化或调整，协调测试任务或测试资源等。

- 提高软件的可测试性。参与前期的需求分析和定义验收标准，更好地保证需求、设计、代码等的可测试性，可能的话，领导团队制定测试性规范或实施指南。

- 指导团队成员开展测试工作。指导工作不局限于用户故事的验证、系统级别的测试，也包括单元测试、集成测试；不局限于动态测试，还包括需求评审、设计评审和代码评审等。若团队成员在测试工作中有疑问和困难，则可以向这个角色咨询，以得到他的帮助。

- 承担部分质量保证责任。例如，领导团队制定评审流程和规范，帮助开发人员消除不规范行为，不断寻求机会以提高需求、设计、代码的质量和可复用性，积极提高开发人员的质量意识，与团队一起做好缺陷跟踪、缺陷分析和缺陷预防等工作，在整个开发周期中进行质量跟踪、持续改进质量。

- 其他责任。例如，指导团队进行测试基础设施、自动化测试框架等工作，为团队提供相应的内部测试培训以帮助团队提高整体测试技术等。

既然是一个角色，根据团队大小、开发人员的测试能力和其他实际情况，测试负责人可以由一个人担任，也可以由多个人担任。另外，2 ~ 3 个团队可以共同拥有一个测试负责人。测试负责人角色一般由公司内部测试专家、原来担任过测试经理的人员来担任比较合适，因为他们熟悉测试流程、测试方法，之前负责过测试项目或项目中测试的部分，制定过测试计划，管理过测试过程，也管理过团队，有经验和能力履行上述测试负责人的责任。如果没有测试专家、测试经理,那么可以由测试架构师或资深测试工程师担任;如果团队规模比较大,那么可以由原来的测试经理和测试架构师联合担任。

3.4.4 测试主负责人角色

当一个产品线上有多个同时并行的组件开发项目,或者一个系统的开发需要多个子系统的开发并行进行时,就是我们通常所说的大规模系统开发,不是由一个敏捷团队就能完成的,而是由多个敏捷团队协作完成。在项目管理中,项目集包含多个项目,每个项目有一个项目经理,而一个项目集有一个程序经理(program manager),程序经理和众多项目经理合作,协调项目的优先级、资源和进度等。

如果采用 Scrum 开发模式,则在整个产品线或一个系统开发中,就有多个 Scrum Master,为了协调多个团队的进度、资源和任务,可以在 Scrum Master 上面设一个更高层的 Scrum Master,称为 Scrum Master of Scrum Master。

面对这种情况,我们也可以设置测试主负责人(master test owner,MTO),如图 3-5 所示。之前类似这种情况,测试负责人相当于测试经理,测试主负责人就相当于测试总监,测试经理负责项目测试计划,测试总监负责整个产品线或系统的主测试计划(master test plan),只是在敏捷中,测试负责人、测试主负责人没有权利,只有责任,因为敏捷团队是自我管理、自组织团队。

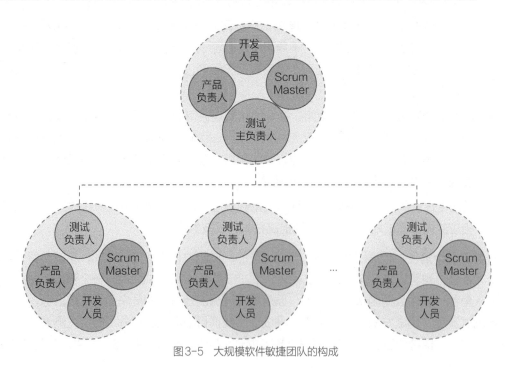

图3-5 大规模软件敏捷团队的构成

道理是相通的，除主测试计划以外，测试主负责人要设法协调或弥补各个团队之间的分歧或没有覆盖的空白，而且需要指导测试负责人的工作，帮助测试负责人提高测试的计划和管理能力。

3.5　如何创建有强烈质量意识的学习型团队

3.5.1　达成质量共识

在几个月之前，笔者写了一篇名为《软件测试灵魂三问》的文章，很受欢迎，有 9000 多的阅读量。而在此之前，笔者还写过一篇名为《质量三问》的文章，其中提到质量是什么、质量从哪里来和质量到哪里去这样的基本问题。按道理来说，每个公司都应该回答，企业中的每个团队、团队中的每个成员都需要思考是否认同自己所在的公司给出的答案。如果不认同，怎么办？要不要进一步和公司管理层沟通，在质量认知上达成共识？

只有达成质量共识，才能有统一的目标，最终驱动团队前进。前面提到的 Etsy 公司，成功的三大经验之一就是**拥有共同的目标**。通过这个目标赋能，维护共同的质量文化，业务驱动研发，业务驱动测试。

那么，究竟什么是质量？**质量就是客户的满意度**。客户越满意，质量越高。而且质量还可以度量，如通过日志分析或客户满意度调查获得。例如，阿里巴巴的质量文化就是"**做用户体验的捍卫者，让客户百分之百放心**"。腾讯也有类似的文化，强调以用户为本，一切以用户价值为依据，将社会责任融入产品及服务之中。亚马逊更是把自己定位成"地球上最以客户为中心的公司"。因此，成功的公司通常重视质量，并且会树立良好的质量文化。

3.5.2　营造良好的质量文化氛围

达成质量共识之后，接下来就是如何营造良好的质量文化氛围，通过教育、培训等各种活动来不断提升对质量的认知和强化质量意识。下面给出几家优秀公司的案例，供大家借鉴与思考。

在腾讯公司中，有个团队认定：质量是团队尊严的起点，建议在有条件的情况下，每周从客服那里提取 10 条客户投诉的录音播放，听听客户的谩骂和侮辱，感受一下内心撕心裂肺的疼痛和羞愧，然后重新建立尊严并踏踏实实做事，时时刻刻聚焦客户，处处为客户体验着想。在每一次提出新的想法或问题前，团队每个人都要反复琢磨分析，反复评审需求。

2000 年，华为公司总裁任正非将从客户那里换回来的坏设备单板，以及多次来回的机票装裱在相框里，作为当年那次质量大会的"奖品"，而且很长一段时间它成为了办公桌上最重要的一个摆设,时刻提醒着每一位当事人。

2007 年 4 月,华为公司 70 多名中高级管理者召开了质量高级研讨会,以克劳士比"质量四项基本原则"(质量定义、质量系统、工作标准和质量衡量)为蓝本确立了华为的质量原则。会后,克劳士比的著作《质量免费》在华为公司大卖,主管把它当做礼品送给下属。

第 4 个例子来自笔者曾经工作过的思科(Cisco),每个员工身上都会带着一个卡(badge),上面印着思科的企业文化(Cisco culture),其中质量团队排在第一的位置,而且所有的文化都是基于"客户成功"(customer success)。

3.5.3　创建学习型团队

在质量文化形成的过程中,我们需要把整个团队(包括开发和测试)转化为或打造成学习型团队。什么是学习型团队呢?

比较标准的回答是:通过营造弥漫于整个组织的学习气氛、充分发挥员工的创造性思维能力而建立起来的一种有机的、高度柔性的、扁平的、能持续发展的组织;整个团队成员不断突破自己的能力上限,创造真心向往的结果,培养全新、前瞻而开阔的思考方式,全力实现共同的抱负。

简单的回答是:团队成员拥有成长性思维,永不满足现状,不断反思与学习,精益求精,持续改进的团队。

对于传统的团队,强调有头脑的领导、新型战略;而敏捷团队则强调自我管理、自我组织,享受充分授权、面对面沟通带来的收益,如图 3-6 所示。

图3-6　学习型敏捷团队

对于如何创建学习型团队,这里推荐阅读《第五项修炼:学习型组织的艺术与实践》(后续之作有《第五项修炼·实践篇:创建学习型组织的战略和方法》《变革之舞》等)这本书。该书由管理大师彼得·圣吉在 1995 年写成,重点谈到了新思考、新视野和 5 项核心修炼,其中前 4 项核心修炼如下。

1)自我超越,侧重个人成长和学习的修炼。以人为起点,培养自己系统思考的能力,不断厘清愿景与现况,保持创造性张力,看清结构性冲突,诚实地面对真相,不断对准焦点,运用潜意识的力量打破契约关系、突破"自我超越"的障碍,从而实现自己的职业目标和人生的愿景。

2）心智模式，这是决定我们对世界的理解方法和行为方式的那些根深蒂固的假设、归纳，甚至是图像、画面或形象。采用凝聚团体心智模式，并进行修炼，如行动中的反思技能和探寻技能（见图3-7），识别跳跃性推断，写下内心通常不会说的话，以及兼顾探询与辩护等。

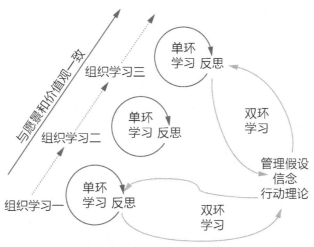

图3-7　反思与反馈是达成团队愿景的有效实践

3）共同愿景，是明确而可知的未来景象，不同于志向，它回答"我们想要创造什么"这样的问题。出自真心的共同愿景是学习实践的焦点和动力来源，只有唤醒了你的真正想成就的共同愿景，才会孕育无限的创造力，学会聆听，不断进步。

4）团队学习，是现代组织的基本学习形式。团队学习是协同校正、培养默契的过程，是开发团队能力和集体智慧的过程。通过团队学习，萃取团体智慧，既具有创新性，又有协调一致性。通过对话（dialogue，又称深度会谈）和商讨等不同的交流艺术实践来修炼，并善用冲突、消灭组织中的隐形墙等提升团队的学习能力。

而第5项修炼就是系统性思考，从而能看清行为背后的结构模式，关注反馈（这与敏捷中"通过快速迭代及时获得客户反馈"是相通的），从而能够辨识动态系统整体运作的微妙特性。构建学习型组织是一个系统过程，如图3-8所示，除上文提及的5项修炼，还包括外围的变革管理、复杂过程管理、组织转

图3-8　构建学习型组织的系统过程示意图

型、文化更新和决策等活动。

从上面的介绍可以看出，学习型组织也强调思维能力、反思和反馈等，这些有助于做好敏捷测试。系统性思维有利于我们全面地分析测试需求或测试范围，而创造性思维（如逆向思维、发散性思维）可以帮助我们挖掘更多的测试场景。只有不断反思，才能改正错误、持续改进；只有不断获取用户的反馈，才能更好地理解用户的真正需求。

3.5.4　业务学习与缺陷根因分析

通过腾讯、华为和思科等生动的案例，也许你已经了解了如何达成质量共识，以及如何帮助团队增强质量意识。如果团队质量意识很强，但不知道如何做出高质量的产品，那么质量意识也就失去了价值。

"做正确的事"比"正确做事"更有价值。如果需求定义错了，即做错了事情（do the wrong thing），那么即使以最正确的方式完成设计、编程，也没有价值。为了正确地把握客户需求，在学习型组织中，会注重业务知识的学习，如通过扮演角色、场景模拟等手段更好地领会真实的业务应用场景。对于学习型组织，不但要具备客户思维，想客户之所想，从客户角度理解产品的需求，而且还要不断地收集客户反馈，进一步理解业务及其客户。

在工作中不断学习是主要的，其中一个重要环节就是缺陷根因分析。在发现了缺陷后，把缺陷修正了还不够，还要做根因分析，找出缺陷产生的根本原因，然后采取措施消除其根本原因，以达到缺陷预防的目的。同时，这种案例分析就是一次很好的学习机会，是质量文化建设的一部分，自然成为构建有强烈质量意识的学习型组织的主要活动之一。

除构建有强烈质量意识的学习型组织之外，还有其他一些优秀实践。例如，建立多媒体形式的业务知识库、质量知识库，甚至举办质量知识竞赛，提高团队的学习兴趣，鼓励团队要多关注学习。又如，建立虚拟的专业技术社区，如人工智能社区、性能测试社区和自动化测试社区等，让具有共同爱好的员工聚在一起进行交流和讨论，时常开展沙龙、论坛或读书"打卡"等活动，鼓励学习型文化，促进公司范围内的沟通和交流，共同学习和进步。

3.6　如何更好地为测试而学

有一个思考题，来自于《塔木德》，问："有两个男孩帮家里打扫烟囱，打扫完了，一个满脸乌黑地从烟囱里跑出来，另一个脸上一点煤灰都没有，那么，你认为哪一个男孩会去洗脸呢？"

估计你能很快地给出正确答案。再来一个难一点的题目：英语字母表的第一个字母是 A，B 的前面当然是 A，那么最后一个字母是什么？估计有人会答错。

　　这就是对你的一次思维训练，感觉如何？在前面曾经讲过敏捷测试思维方式，这里我们仍然要先从思维开始说起，但这里侧重思维能力的训练。人的思维能力是可以通过训练来提升的。思维训练的结果，可以让你具有更广阔的视野，对问题有更深层次的理解，找到更多或更好的解决问题的方法。

　　为了做好测试工作，我们需要具备哪些思维能力呢？我认为应该具备成长性思维、系统性思维（结构化思维）、创造性思维（包含发散性思维、逆向思维等）、批判性思维和用户思维。成长性思维在前面已经讲过了，批判性思维和用户思维以后会讲到，这里侧重讲解系统性思维和创造性思维。

3.6.1　系统性思维训练

　　我们对软件测试的认知一般来自于日常工作，是以自我为中心的，因此，这种认知难免是片面的、零散的、混乱的，如图3-9所示。而系统性思维能帮助你打破这种对测试的认知方式，让你能够了解软件测试的概貌和整体结构，它还可以帮你整体地、多角度地、多层次地分析测试对象及其测试范围、测试风险等，制定有效的测试策略，选择更合适的测试方法。

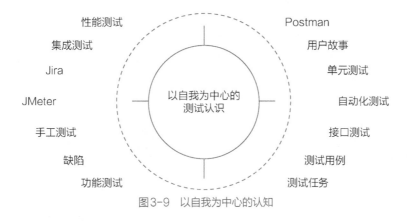

图3-9　以自我为中心的认知

　　结构化思维也属于系统性思维。从系统的构成来看，一个系统一定可以分解成若干个单元，而它们也一定是结构化的、具有层次的。作为敏捷测试人员，如果你需要完成一个复杂的被测系统的测试计划或业务级别的测试任务，可以运用结构化思维，把一个大的被测系统分解成不同模块和子系统，各个"击破"。例如，为每个模块设计不同类型的测试，采用不同的测试方法，选择不同的测试工具。

　　有人说笔者绘制的"软件测试全景图"（如图3-10所示）是系统性思维的出色呈现，因为它全面且系统地展示了什么是软件测试，也代表了笔者对软件测试的看法。如果需要完整的软件测试全景高清图，请访问笔者公众号"软件质量报道"获取。

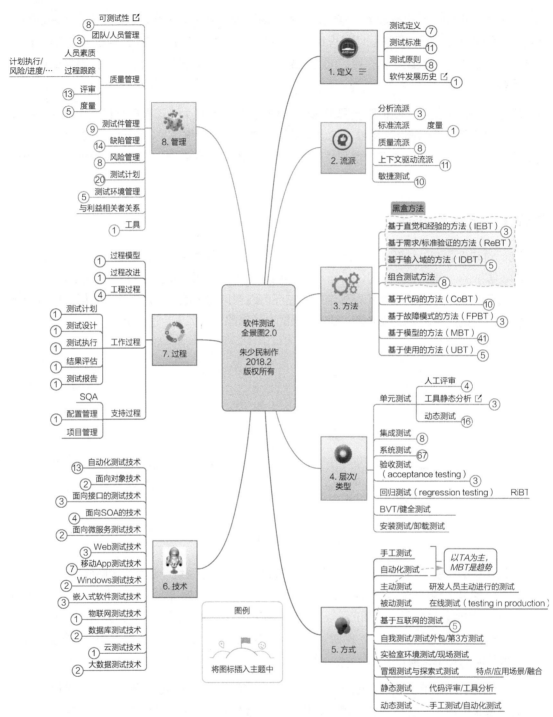

图 3-10   笔者对测试的认知 —— 软件测试全景图（简化版）

3.6.2 创造性思维训练

在软件测试的分析和设计中，我们需要借助发散性思维挖掘更多的测试点或应用场景，识别出更多的测试风险。在工作中，你可以和同事一起采用"头脑风暴"的方式进行测试的分析和设计，激励大家打破惯有的思路，跳出原有的思维框架，畅所欲言，这对每个人的发散性思维是一个很好的训练。

我们可以用发散性思维给现在比较热门的视频会议 App 设计临界测试。图 3-11 就是以思维导图的形式给出了一些测试点，你可以想想还有哪些临界点值得考虑。

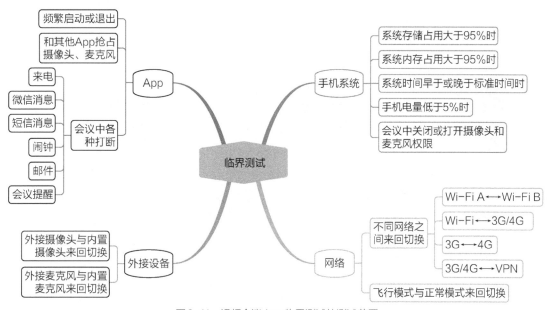

图3-11 视频会议 App 临界测试的测试范围

我们在测试中也常用到逆向思维，借助逆向思维发现更多的异常操作、异常数据，设计出更多的负面测试用例。大多数测试人员具备这种测试思维，而开发人员往往是以正向思维去构建系统。发散性思维鼓励我们往不同的方向去思考问题，而逆向思维鼓励我们往反方向去思考问题，这样做往往能找到真正的问题。

一个有效运用逆向思维的策略是，在讨论问题的时候，注意大家都关注的点或方向，然后逆向看，朝着完全不同的方向思考。这样的例子很多，如用户操作对了会呈现这样的结果，但我们应该想到在用户操作错误时会怎样。在手机 App 上开视频会议，需要用到手机自带的摄像头和麦克风，那么你可以在会议召开前或者在会议中，关闭摄像头和麦克风的使用权限，在这样的场景下测试手机 App 表现如何。

3.6.3　如何提升测试自动化能力

笔者曾经在个人公众号"软件质量报道"上发布过针对个人的软件测试能力模型，现在又把这个模型进行了一次更新，如图 3-12 所示。它包括 4 个模块：测试的基本能力、业务测试能力、测试开发能力和测试技术管理能力。测试的基本能力是支撑测试人员向 3 个职业方向发展的基础；业务测试能力会支持测试人员向业务测试专家发展；测试开发能力更倾向于技术，支持测试人员向测试架构师发展；技术管理能力偏技术管理，支持测试人员向测试经理或测试总监发展。

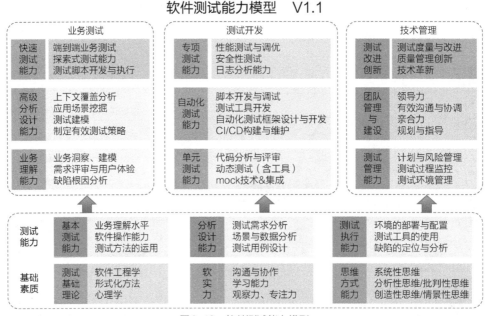

图 3-12　软件测试能力模型

有人说：你可以不懂测试，但是不能不懂测试自动化。这话肯定不对，但多少说出了当前的行业现实：重测试开发，轻手工测试。在敏捷测试里，测试自动化确实很重要，是实现持续交付的基础，因此，对于测试人员的自动化技能要求很高。测试自动化能力的培养主要依靠自己多练习和多实践，循序渐进。

例如，可以先学会搭建和使用测试工具，学习用 Python、Java 等语言编写测试脚本，再学习测试工具和测试框架的开发和优化，以及完成自动化测试和持续集成环境的集成。如果带领团队，还需要负责制定和实施整个团队的自动化测试策略。

3.6.4　如何学习测试建模

学会测试建模就是掌握了一种高级的测试的分析和设计能力，学习它可以从以下两个方面入手。

1）**基于模型的测试**（model-based testing，MBT）是测试需求分析和测试设计的建模，把业务需求通过模型抽象为测试需求，进而转化成可执行的测试用例。基于模型的测试也不是特别高深，像因果图、分类树和业务流程图等均可以理解为测试建模。比较专业的测试建模方法包括基于事件流建模、基于有限状态机建模和基于形式化方法建模。

2）**测试自动化建模**：这可以看成上一步的延伸，先根据测试需求来完成测试建模，再实现自动生成测试数据、测试脚本等功能。平常所说的测试自动化并不是真正的自动化，只能算"测试半自动化"，因为测试脚本需要工程师手工编写，只有测试执行是自动的。有一些基于模型的测试工具，如微软开发的 Spec Explorer，可以实现测试自动化脚本的生成和执行，相当于集成了自动化测试框架，从而实现更彻底的测试自动化。

如果从更广义的角度来看测试建模，还包括测试过程建模，如大家比较熟悉的 W 模型、TMap 模型等。在第 2 章中，我们已给出了敏捷测试过程模型，你也可以基于这个敏捷测试过程模型，构建更适合自己的模型。这更能加深你对敏捷测试的理解，并能更好地实施和改进敏捷测试。

3.6.5　借力提升自己

在国外，很多人习惯用博客进行交流，你可以在里面得到很多信息，包括发表的文章、在线课程安排及活动通知。笔者有总结和分享的习惯，曾经于 2013 年在 CSDN 的博客里发表了一篇文章，总结了"软件测试 Top 120 Blog"，目前的阅读量已经两万多了。

这里重点推荐几个敏捷测试相关的博客。

1）迈克尔·博尔顿的博客：迈克尔·博尔顿和詹姆斯·巴赫共同开发了快速软件测试的测试方法，他的博客主要介绍了上下文驱动、探索式测试等内容。

2）詹姆斯·巴赫的博客：主要介绍了上下文驱动、探索式测试等内容。

3）莉萨·克里斯平的博客：两本敏捷测试著作的作者之一，有关敏捷测试的内容比较多。

4）莉萨·克里斯平和珍妮特·格雷戈里还有一个关于敏捷测试的共同博客，笔者就是在这里找到了她们对敏捷测试的定义。

5）艾伦·佩奇的博客：艾伦·佩奇是《微软的软件测试之道》的主要作者，和布伦特·詹森共同提出了现代测试的 7 个原则。

另一种比较重要的学习方式就是参加各种相关的沙龙、会议，线下、线上的都可以，这样可以结识更多的测试同行及相关领域的专家，及时了解他们的研究方向。其实，我们不仅可以参加测试相关的会议或沙龙，还可以参加软件质量、研发效能、敏捷，以及 DevOps 等相关的会议或沙龙。

最后公布本节一开始提出的那两道问题的答案。

对于第一个题目，两个男孩一起打扫同一个烟囱，不可能出现一个脸干净、另一个脸脏的情况。建议你抽空将这个故事完整地读一下，相信会对批判性思维有更深的理解。

另一个难点的题目是测试一下你的发散性思维，"字母表"的英文是 Alphabet，那么最后一个字母当然是 t 了。

3.7   如何与产品、开发等角色协作

在《敏捷宣言》核心的 4 句话中，第一句就是"个体与协作胜于流程和工具"。在敏捷中，强调自我管理，团队对质量负责、对测试负责，这些也离不开协作。克里斯平和格雷戈里于 2017 年给出的"敏捷测试定义"指出，敏捷测试就是为了向客户持续交付高质量的、有价值的产品而进行的一系列基于团队协作的测试实践等。如果将其高度概括，那么敏捷测试就是基于团队协作的测试实践。这些说明协作在敏捷测试中是非常重要的。

3.7.1   团队协作的五大障碍

团队协作包括团队精神、沟通技巧、人际交往能力、谈判与冲突管理，以及信息透明和组织的敏捷性等。敏捷组织本身已经奠定了组织敏捷性，而其每日站会就是一个典型的"信息透明"的例子。每个人把昨天做过的、今天将要做的事情和遇到的困难等向团队汇报，让每个人了解其他人所做的工作及其状态，互相之间进行开放式交流，从而能够极大地提升项目的可视性。

谈到团队协作，其实不容易，因为一个团队可能会存在各种问题，比如有的人喜欢以自我为中心、个人英雄主义，而有的人不善于表达和沟通，也缺乏良好的人际交往能力。所以，在软件研发过程中，团队协作的确是一个比较大的挑战。这里，推荐一本书《团队协作的五大障碍》(帕特里克·兰西奥尼著)，该书中描述了公司来了一位新的 CEO 凯瑟琳，她通过逐个突破团队协作的五大障碍，将一支涣散的团队打造成团结协作的团队，从而使公司销售业绩一路攀升。

这五大障碍是什么？

1）**缺乏信任**。没有信任，任何一个团队都没法谈协作，因为信任是团队协作的基础。信任很重要，但又很难做到。缺乏信任是比较常见的问题，一些人不愿敞开心扉，也不愿意承认自己的缺点和弱点，从而导致无法与他人建立信任。例如，开发人员和测试人员会经常相互不信任，喜欢责备对方，如开发人员责备测试人员为什么 bug 测试不出来、质疑测试人员不懂代码等。

2）**惧怕冲突**。这里的冲突是指团队内部不同观点的直接碰撞，甚至是激烈的交锋。"惧怕冲突"比上面说的"责备"还要糟糕，"责备"至少能刺激对方成长，而这种所谓的"一团和气"，就会导致质量问题一直存在下去，得不到解决。当面怕冲突，背后还有可能会进行人身攻击，非常不利于协作。

3）**欠缺投入**。由于缺乏信任、惧怕冲突，争论就会少，互相不愿意沟通，在协作、沟通上投入自然就会少，团队内部长期存在的深层次矛盾就无法解决，甚至越来越严重，进入恶性循环。

4）**逃避责任**。上述几大障碍的存在，自然会导致相互推卸责任，缺乏团队精神。谁表现得越好，反而越容易遭到他人的忌恨，这样就造成团队成员甘于平庸，丧失进取心，从而导致团队更加涣散。

5）**无视结果**。逃避责任后的结果，就相当于无视团队的目标和结果，团队成员都不愿意为实现团队目标而付出，相互之间没有信任的基础，也就很难齐心协力、坚持不懈地致力于实现团队的目标。

因此，从协作管理上来看，团队需要扫清协作道路上的这5项障碍。例如，进行一些野外拓展训练、聚餐等活动，建立相互的信任关系。团队还可以主动提出一些主题，使团队成员敞开心扉地去讨论。在讨论时，再加以正确的引导和必要的提醒，提醒某些成员注意沟通方式，即要求成员要善于聆听、对事不对人等。久而久之，团队内就会营造出良好的沟通协作气氛。同时，团队一起制定明确的目标，更重要的是达成共识，明确良好的绩效考核机制，做到奖惩分明，这样就能消除五大障碍，从而打造出一支团结协作的团队（见图3-13）。

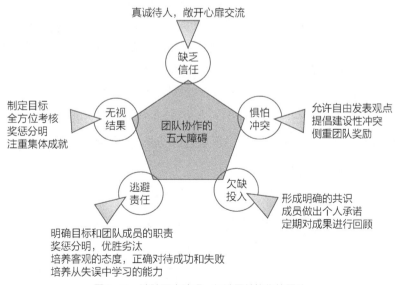

图3-13　消除五大障碍，打造团结协作的团队

笔者结合敏捷测试的实际要求，在下文中将谈谈测试人员如何与产品人员、开发人员等不同角色进行沟通协作，内容会涉及质量管理、冲突管理、团队精神、沟通技巧和人际交往能力等，目的是为了持续交付高质量的产品。

3.7.2　团队协作高于一切

对于团队来说，**团队协作高于一切**。只有团队协作，才能实现团队的目标，或者说，才能顺利且相对轻松地实现团队目标；否则即使能实现目标，整个团队也很累、很苦。这一点在敏捷团队中是比较容易达成共识的，因为前面说过，"个体与协作胜于流程和工具"，这体现了敏捷的价值观，而且是第一价值观。并且，团队也是全职能的特性团队，强调团队对质量和测试负责。有了这个共识，从文化和认知上，在协作方面就没有太大障碍了，对吧？

不一定，每个角色容易从自身角度看问题，比如我们很容易听到如下言论。

1）产品人员常说：客户的想法总变，开发人员不好沟通等。

2）开发人员常说：产品需求总变，产品人员太强势，只做"加法"不做"减法"等。

3）测试人员常说：需求变了却不通知，开发人员太"霸道"，测试的时间总被压缩等。

在现实中，人们很容易忘记《敏捷宣言》中所提倡的"协作"，欠缺团队精神，没有从全局观点看问题。因此，想要有良好的协作，团队的每个成员都需要全局思维方式，需要换位思考，多站在对方的角度看问题。

而且，团队协作还依赖于之前说的信任，依赖于团队归属感、责任感等。马斯洛需求理论告诉我们，人们既有对安全感的需求，又有对归属感的需求，问题是安全感和归属感本身就存在矛盾。安全感让我们容易在心理上封闭起来，提防他人发现自己的弱点；而归属感则需要获得团队的认可，需要我们敞开心扉，展现彼此的善意。在现实中，人们往往过于追求安全感，才导致团队成员之间无法建立信任。因此，良好的团队协作需要团队成员刻意练习，不断磨合，不断改进，才能达到较高的水平。

根据微软公司的定义，团队内仅达成共识还远远不够，团队精神共有以下几点：

- 制定团队共同的使命和目标；
- 传达"成功必须依靠团队合作"这样坚强的信念；
- 营造团队中的归属感，并将你我团结在一起以实现共同的目标；
- 鼓励团队成员互相帮助、互相尊重和互相信任；
- 让每个人都觉得自己的工作很重要，有成就感；

- 与团队成员分享责任、胜利与成功、荣誉等。

3.7.3 达成对质量及其管理的共识

上文谈到了"制定团队共同的使命和目标",在敏捷开发中,"使命和目标"可以理解为"尽早、持续地交付价值给客户",这没问题,但还不够,团队需要对这个"价值"达成共识。越能解决客户的问题就越有价值,那么越能让客户愉悦和满意是不是也越有价值呢?质量就是客户的满意度。那么这里的"价值"等不等于"质量"呢?因为质量、价值都是相对于客户而存在的,即使不能认为它们完全相等,但也有很强的关系。从敏捷测试的角度来看,团队必须就"质量"达成共识,认识质量的价值。

对质量达成共识还不够,更重要的是在"质量管理"上达成共识。在日常的研发活动中,自然伴随着质量管理,如果没有达成共识,团队内就容易产生冲突。在敏捷中,我们希望团队有这样的质量管理共识:

- 把事情一次做对是效率最高的;
- 质量是构建起来的,不是测试测出来的;
- 缺陷预防比发现缺陷更有价值;
- 质量由客户来评判胜于质量由已有的标准 / 规范来评判。

我们可以通过图 3-14 所示的"软件质量管理宣言"展示团队共同的质量管理价值观。

图3-14 软件质量管理宣言

这样的团队不但会重视需求评审、设计评审和代码评审，而且会更重视写好用户故事、设计好架构和遵守代码规范等。开发人员要有"代码即艺匠"这种强烈的意识。这时，测试人员指出产品需求定义不清楚、代码不规范等问题，产品人员和开发人员就很乐意接受，不会出现之前所说的互相责备的问题，也不会再出现相互推卸责任的局面。如果在质量及其管理上，团队内部没有达成共识，那么测试过程中的良好协作显然是不可能实现的。

3.7.4   沟通的技巧

仅仅达成共识，就没有协作上的问题了吗？显然不是，协作还受绩效考核、责任分工、沟通技巧和人际交往能力等诸多方面的影响。就像前面所说的，在奖励机制上，要奖励团队而不是奖励个人，把团队成员的利益捆绑在一起，激发大家一起履行监督质量的责任。惩罚也类似，比如上线时出现了遗漏的缺陷，虽然要了解问题产生的根源，适当追究某些人的责任，但整个团队也要受到惩罚。对于分工及其职责要明确这个问题，可以参考 3.2.3 节。

最后讨论一下沟通技巧。

首先要有勇气（敏捷的价值观之一）向产品人员、开发人员不断反馈质量问题。有了之前的共识，站出来提醒质量存在的风险，不会太难，千万不能视而不见，更不能给高层主管打小报告。

其次，要有情商（情商比智商更重要），即要注意方式和方法。例如，在需求评审时，发现了需求的问题，不要说"我认为这个地方是不对的"，可以这样说："假如我们是客户，在某个场景下，如果碰到这种情况，我们大概会这样处理，而不会那么处理，对吧。"在设计评审时也一样，尽量不要从自己的角度看问题，而要从性能、安全性、可靠性等角度指出问题，可以这样说："根据我们上次性能测试的结果，有一个类似的问题，因此这样的设计也很有可能会有性能问题。"

团队对质量负责。如果团队之前对质量不够重视或对需求评审、设计评审等不重视，那么指望团队自然好转，其实是不可能的。作为质量的守护者，测试人员自然要承担起建立质量和测试方面协作的主导责任，在沟通协作上，不怕困难，积极主动，一次不行就两次，两次不行就三次，这样可以持续地影响团队，最终帮助团队建立良好的质量文化。

在需求、设计、产品等评审会上，我们也需要有更多的投入，事先准备更充分些，在会议上就能提出更多的问题，从而体现出自身的价值，同时也让这些评审会成为沟通协作的主要平台。反过来，产品人员、开发人员看到测试人员的表现，在测试计划、自动化测试框架设计和脚本设计等评审会上也会愿意提出更多的问题。这样，即使有更多的争论，也自然而然地加强了团队的沟通与协作，从而更快地实现了团队的使命和目标。

本章小结

本章我们首先讨论了敏捷开发中是否需要保留专职的测试人员这个大家都关心的话题。虽然结论是要根据具体情况进行具体分析，但同时也说明了哪些情况下需要专职的测试人员，哪些情况下开发和测试可以高度融合。通常需要先设立测试负责人这样的角色帮助团队实现顺利过渡。

人在软件研发中是决定因素，在敏捷测试中也是如此。相比传统测试，敏捷模式对整个团队测试能力的要求会更高，让开发人员做测试，或让整个团队做测试是可以，但不能不管效果如何。如果开发人员做测试效率低，质量没有保证，那么这种改变就不是进步，而是倒退。在没有专职的测试人员的情况下，我们需要关注的是培养敏捷团队的整体测试能力。测试和开发的融合意味着测试的能力将成为整个团队的内在能力，敏捷测试的思维和文化将成为整个团队的共同文化。在敏捷团队中，强调个体与协作，注重发挥团队的作用，质量不能依靠测试人员，而是依靠整个团队，因此团队协作高于一切。

同时需要认识到，团队中没有专职的测试人员是需要一些前提的，包括团队的质量文化、软件运营模式，以及产品属性等。如果不重视这些前提条件而盲目地取消专职的测试，就是拔苗助长，结果只能是因为测试不充分，给产品引入非常大的质量风险。

延伸阅读

以前总有人说软件缺陷不会致命，但现在已经是软件的世界，软件缺陷导致重大伤亡的案例时有发生。在笔者的公众号里就报道过多起软件缺陷引起的质量事故，比如下面这个案例。

2018 年 10 月，印尼航空公司狮航一架波音 737 MAX 8 型飞机从雅加达飞往邦加槟港之后没多久就失联，最终证实坠毁，造成 189 人丧命。2019 年 3 月 10 日，埃塞俄比亚航空一架载有 157 人的波音 737 MAX 8 型飞机坠毁，机上人员全部遇难。随后启动了历时将近一年的事故调查，波音公司承认，该公司飞机软件系统的设计存在严重缺陷，并计划对测试程序进行修改。造成程序存在严重缺陷的主要原因就是软件测试走了捷径：该公司缩短了对该飞机软件系统的一次关键测试，他们将整个飞行过程分成了几个小单元分别进行测试，但最后却没有做完整的、端到端的集成测试，即没有进行时长为 25 小时的整体测试。而这个软件系统问题被认为是导致上述两次致命空难和该型号飞机全球停飞的罪魁祸首。

关于团队协作，除《团队协作的五大障碍》以外，笔者还想给大家推荐另一本享有盛誉的书——《非暴力沟通》。非暴力也被称作"爱的语言"，也许我们并不认为自己的沟通方式是"暴力"的，但我们的语言常常确实引发自己和他人的痛苦。该书作者马歇尔·卢森堡博士介绍了"非暴力沟通"的沟通方式，依照它来谈话和聆听，不再粗暴地对待他人和自己，重塑我们对冲突的积极思维方式，打开爱和理解的大门，增强人与人之间的连接。这种沟通方式可以非常有效地帮助人们消除分歧和争议，实现高效沟通。

第4章　构建强大的敏捷测试基础设施

导读

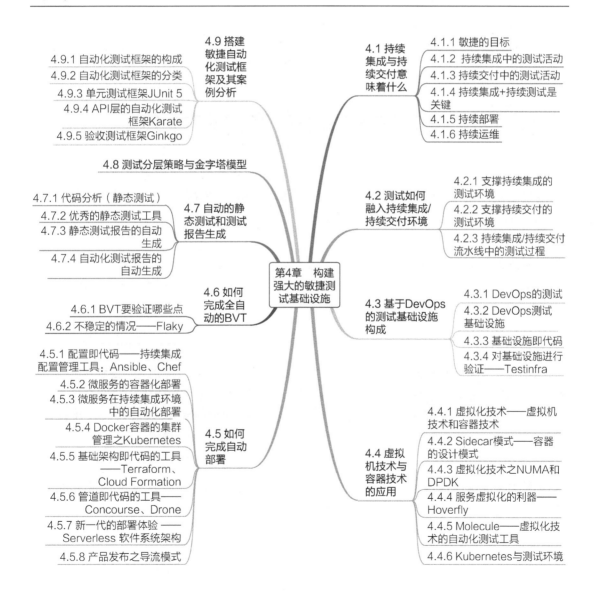

- 4.9 搭建敏捷自动化测试框架及其案例分析
  - 4.9.1 自动化测试框架的构成
  - 4.9.2 自动化测试框架的分类
  - 4.9.3 单元测试框架JUnit 5
  - 4.9.4 API层的自动化测试框架Karate
  - 4.9.5 验收测试框架Ginkgo

- 4.1 持续集成与持续交付意味着什么
  - 4.1.1 敏捷的目标
  - 4.1.2 持续集成中的测试活动
  - 4.1.3 持续交付中的测试活动
  - 4.1.4 持续集成+持续测试是关键
  - 4.1.5 持续部署
  - 4.1.6 持续运维

- 4.8 测试分层策略与金字塔模型

- 4.7 自动的静态测试和测试报告生成
  - 4.7.1 代码分析（静态测试）
  - 4.7.2 优秀的静态测试工具
  - 4.7.3 静态测试报告的自动生成
  - 4.7.4 自动化测试报告的自动生成

- 4.2 测试如何融入持续集成/持续交付环境
  - 4.2.1 支撑持续集成的测试环境
  - 4.2.2 支撑持续交付的测试环境
  - 4.2.3 持续集成/持续交付流水线中的测试过程

- 第4章　构建强大的敏捷测试基础设施

- 4.6 如何完成全自动的BVT
  - 4.6.1 BVT要验证哪些点
  - 4.6.2 不稳定的情况——Flaky

- 4.3 基于DevOps的测试基础设施构成
  - 4.3.1 DevOps的测试
  - 4.3.2 DevOps测试基础设施
  - 4.3.3 基础设施即代码
  - 4.3.4 对基础设施进行验证——Testinfra

- 4.5 如何完成自动部署
  - 4.5.1 配置即代码——持续集成配置管理工具：Ansible、Chef
  - 4.5.2 微服务的容器化部署
  - 4.5.3 微服务在持续集成环境中的自动化部署
  - 4.5.4 Docker容器的集群管理之Kubernetes
  - 4.5.5 基础架构即代码的工具——Terraform、Cloud Formation
  - 4.5.6 管道即代码的工具——Concourse、Drone
  - 4.5.7 新一代的部署体验——Serverless 软件系统架构
  - 4.5.8 产品发布之导流模式

- 4.4 虚拟机技术与容器技术的应用
  - 4.4.1 虚拟化技术——虚拟机技术和容器技术
  - 4.4.2 Sidecar模式——容器的设计模式
  - 4.4.3 虚拟化技术之NUMA和DPDK
  - 4.4.4 服务虚拟化的利器——Hoverfly
  - 4.4.5 Molecule——虚拟化技术的自动化测试工具
  - 4.4.6 Kubernetes与测试环境

测试基础设施是指支持测试运行、测试开发、测试管理，以及与研发环境集成的综合性平台。测试基础设施作为贯穿整个测试过程的支撑，在敏捷化、DevOps 化的开发环境中的地位日益重要。敏捷测试离不开稳定、高效、准确的基础设施，以满足对于持续测试、持续反馈的需要。同时，持续集成、持续交付和 DevOps 环境必须实现与测试基础设施的无缝集成，才能够满足软件在各种环境中持续验证的需要。本章会讨论持续集成 / 持续交付环境中的敏捷测试、基于 DevOps 的测试基础设施、各种虚拟化技术、基础设施即代码，以及各类自动化测试框架等内容。

本章涉及的持续交付、持续部署等概念，针对不同业务模式的软件应用来说，会有所不同。对于 SaaS 模式、互联网模式的软件，持续交付涵盖了从持续集成、持续验证（测试）、持续部署，到持续运维的整个过程，在交付频率上往往要求一天内多次部署和发布。而对于传统的面向企业模式软件，没有持续部署和持续运维的需求，持续交付到持续测试就可以了。交付频率也会低得多，根据客户需求几周或几个月交付一个新的版本。本章的讨论主要是针对 SaaS 模式的软件系统。

4.1　持续集成与持续交付意味着什么

持续集成（continuous integration，CI）在 1998 年就被列入极限编程的核心实践。2006 年，马丁·福勒提出了比较完善的方法与实践。通过持续集成可以让软件始终保持在一个可工作的状态。

> 持续集成是一种软件开发实践，即团队开发成员经常集成他们的工作，通常每个成员每天至少集成一次，这也就意味着每天可能会发生多次集成。每次集成都通过自动化的构建（测试）来验证，从而尽快地发现集成错误。
>
> ——马丁·福勒

持续交付（continuous delivery，CD）术语来自于杰兹·亨布尔和戴维·法利合著的《持续交付：发布可靠软件的系统方法》一书，而这本书的书名来源于《敏捷宣言》中 12 项原则的第一项："我们的首要任务是尽早持续交付有价值的软件并让客户满意。"当时这本书中并没有明确定义什么是"持续交付"。后来亨布尔才给出下面这个相对明确的描述。

> 持续交付是一种能力，也就是说，能够以可持续方式，安全、快速地把代码变更（包括特性、配置、缺陷和试验）部署到生产环境上，让用户使用。
>
> ——杰兹·亨布尔

事实上，对于持续交付的概念，以及它和持续部署、持续发布之间的关系，包括亨布尔在内的专家们在不同时期有不同的解释，这里不一一列举。笔者认为，**持续交付关注的是持续交付价值给用户，是对持续集成的延伸，强调从业务需求到把价值交付到用户手上形成闭环；持续集成关注的是让代码能够工作在一起，以便开展进一步的测试**。在持续集成之后，软件还需要经过持续测试、持续部署和持续运维之后才能最终做到把价值持续交付到用户手上。也可以这样说，正是持续交付的目标倒逼产生了持续运维、持续部署、持续测试、持续集成和持续构建，如图 4-1 所示。

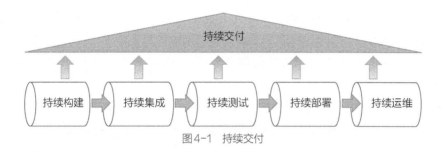

图 4-1 持续交付

4.1.1 敏捷的目标

根据《敏捷宣言》的第一项原则，我们可以说，敏捷的目标就是要做到持续交付，尽快向用户交付满足需要的、有价值的软件。新的功能特性和代码变更只有快速交付到客户手中才能实现价值，没有交付给客户的产品从业务角度来说是没有价值的。持续交付以敏捷开发的快速迭代为基础，通过每次小批量的交付，实现产品从研发到客户的快速流动。在 Scrum 模式下，每次迭代结束后会产生一个可以发布给用户的软件版本。如果企业的业务模式是 SaaS，那么可以像很多先进的互联网公司一样实现一天几十次甚至更多次的线上部署和发布。

4.1.2 持续集成中的测试活动

我们经常说质量要内建在研发活动的每一步中，也经常说要将质量向源头推进。例如，在需求分析时，就保证每一个业务需求的正确性；在开发阶段，就保证每一段提交的代码都符合规范和满足需求，避免缺陷向下一步流动。而要做到这些，就必须通过各种静态测试、动态测试活动为每一项工作把关。可以说持续集成正是秉承质量内建的思想而发展起来的，只要开发人员提交代码就能触发对代码的快速检查。因为每次提交的代码只包含小批量的变更，所以发现问题和解决问题的效率更高。

代码的一次构建 / 集成大概包括以下活动：编译、测试、打包、部署和结果反馈。开发人员从提交代码变更触发构建，到收到反馈所需的时间，最好在 10 分钟内，并且整个过程是自动化的。在传统的开发模式中，研发团队几个月后才能从客户那里得到质量反馈，开发人员为自己的代码质量负责就是一句空话，因为他早就忘了那些缺陷当初为什么被引入了。如果持续集成中的反馈周期比较长，那么开发人员早已转向下一个任务，收到结果后可能也不会立刻停下手头的工作来处理。

通过与自动化测试工具 / 框架的集成，在持续集成环境中，可以执行几乎所有的自动化测试，但需要考虑持续集成中测试范围和提供快速反馈之间的平衡。一般来说，持续集成中的自动化测试活动应该只包括单元测试、代码静态测试和 BVT。

- 单元测试是指对软件最小可测试单元（函数或类）进行验证，目的是发现代码底层的缺陷。单元测试对外部系统的依赖少，运行时间通常在秒级，发现代码缺陷的成本低、效率高，敏捷开发的研发团队需要对单元测试的代码覆盖率提出比较高的要求，如 80% 以上。

- 代码的静态测试，也称静态分析，通过静态分析工具不需要运行应用程序就可以对软件代码进行检查，从而发现代码规范问题、结构问题及代码错误等。

- BVT 用来验证软件的基本功能是否能正常工作。

在持续集成环境中，除上述自动化测试以外，还支持代码评审（code review）。尽管已经有了代码的静态测试，代码评审也是必要的。在团队中，可以采用互查或者由技术级别更高的工程师评审的方式针对代码进行检查以进一步保证代码质量。

公司内部通常会有自己的代码版本管理系统。在此系统与持续集成 / 持续交付调度管理工具集成后，代码提交后会触发自动构建，从代码库里自动拉取代码是实现持续集成的基础。如果引入了代码评审机制，那么当一个程序员请求把代码提交到代码仓库或者请求合并代码分支（branch）到主干（master）时，代码只有经过指定人员检查确认后才能真正入库或合并到主干，随后才会触发自动构建和测试。代码管理工具 GitHub 提供了 Pull Request 特性，结合 GitFlow 分支策略就可以支持在持续集成环境中的代码评审。持续集成流程大致可以概括为：为 Pull Request 设置审批合并规则；Pull Request 自动触发代码分支上的编译、单元测试和代码静态分析；指定人员批准主干代码合入；代码合入时触发主干的持续集成。

代码评审不但有助于提前发现缺陷，提高代码的规范性，而且能促进研发团队的知识共享。领英是全球知名的职业社交网站，在这方面贡献了非常优秀的实践经验，该公司的工程技术团队曾经开源了 Kafka 等一系列流行技术。从 2011 年开始，这家公司将代码评审作为必备的开发流程之一，每个团队都使用同样的代码评审工具和流程，每个工程师都可以评审其他人的代码，也可以为其他团队贡献自己的代码，到 2017 年，他们累计完成了 100 万次代码评审。这种做法在保证质量的同时，也促进了各个技术部门之间的协作和交流。

当然，只从流程上来保证代码评审是不够的，团队是不是认真地对待代码评审取决于团队的质量文化，这就需要团队乐意主动地在质量的源头避免缺陷的产生。

4.1.3 持续交付中的测试活动

持续交付中的测试活动既包括研发阶段的测试活动，又包括运维阶段的测试活动，体现了在敏捷开发、DevOps 中尽早测试、按需测试、频繁测试的持续测试的测试策略，也体现了软件生命周期中全程软件测试的思想。研发阶段中的测试既包括测试左移中的测试活动，即需求评审、设计评审和代码评审，又包括持续集成中的测试和迭代中的各项持续测试活动。运维阶段的测试活动就是指测试右移，包括生产环境中的在线监控和线上测试。持续交付中包含的测试活动如图 4-2 所示。我们会在第 5 章和第 8 章分别讨论测试左移、测试右移。

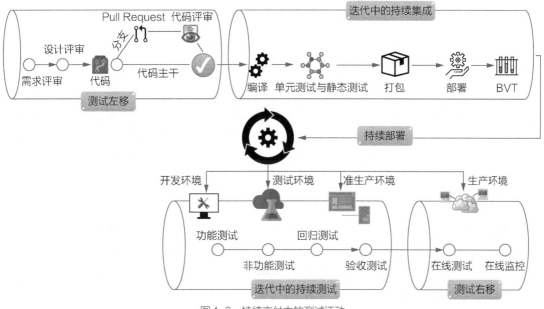

图 4-2　持续交付中的测试活动

在研发阶段中，如果测试只存在于持续集成中，那么是很不充分的，需要为实现持续交付的目标开展更多的持续测试活动。持续测试包含持续的新功能的测试和持续的回归测试，既包括功能测试，又包括性能测试、安全测试和兼容性测试等针对软件质量属性的非功能测试。验收测试指对用户故事的验收，也包括系统端到端的功能和非功能的验证，后者往往需要在类生产环境中进行。

持续测试不等于自动化测试，一次迭代中的新功能特性的测试采用手工（探索式）测试更高效，回归测试尽量用自动化的方式持续验证新的代码和功能，不会影响正常运行的原有代码和功能。自动化回归测试可以分为接口测试、UI 测试、性能测试和兼容性测试等。我们可以把支持这些测试类型的自动化测试工具集成在持续集成 / 持续交付环境中，根据需要定期执行这些测试集。对于较短的测试运行时间，一天执行几次；对于较长的测试运行时间，一天执行一次或者两三天执行一次。

用户故事的验收测试既可以是手工测试，又可以通过自动化测试来执行。通过 ATDD/BDD 自动化测试框架与持续集成 / 持续交付环境的集成，可以实现验收测试的自动化。

在持续反馈原则里，有一个重要的实践——为下游工作进行优化。持续验证 / 测试的下游工作是持续部署，研发的下游是运维，那么怎么通过测试和持续集成 / 持续交付的融合为持续部署和运维进行优化呢？在测试环境里，通过了所有用户故事的验收测试后，就尽量把对整个业务系统的验收测试（主要指全面的回归测试）放在与生产环境尽可能一致的准生产环境中进行，在持续集成 / 持续交付环境中尽量实现系统回归测试的自动化：通过自动化的部署管道把被测试系统部署到准生产环境中，随后触发系统级别的自动化验收测试。

4.1.4　持续集成＋持续测试是关键

持续集成和持续测试主要发生在研发阶段，测试左移也发生在研发阶段，它比测试右移的价值更大。本着质量内建的原则，软件的质量问题越早发现，修复起来就越容易，研发效率就越高，交付速度自然就越快。无论是持续集成中的测试还是之后的持续测试，都可以认为是按需测试，目的是对新的代码变更、新的功能特性和新的软件版本尽快提供质量反馈，并且能够与持续集成 / 持续交付工具进行集成，实现高水平的测试自动化。因此，持续集成和持续测试是整个持续交付过程的关键所在。

持续集成保证我们随时获取可工作的软件并进一步开展深入测试。现在不少公司还在采用每日构建（daily build，每天一个新版本）的方式，严格来说，这不是持续集成。理想的持续集成是：开发人员提交代码就会触发自动构建，一天构建多次。但如果每天构建一个新版本，则构建和测试可以放在夜里完成，在这种情况下，对一次持续集成在时间上的要求也没有那么苛刻，因此可以把更多的测试内容（脚本）加入集成过程中。

微软公司在 20 世纪 80 年代开发 Office 产品时就开始使用每日构建这种工程实践，冒烟测试的概念也是微软提出来的。不过，微软从 2007 年就开始尝试敏捷转型，从 2014 年开始逐步将自己的 IT 系统迁移到自家的公有云 Azure 上。到 2017 年，超过 4000 名 Windows 开发人员每天都要进行超过 1760 次构建，提交代码就会触发单元测试以及集成测试的自动运行。

随着版本的不断更新，模块、功能和用户故事不断增加，我们需要不断测试新的代码、新的用户故事和新的功能，最后覆盖业务端到端的测试，以及性能、安全等测试。通过这样的持续测试，软件产品持续地接近并最终满足交付的功能需求和质量目标。

4.1.5　持续部署

持续部署就是按需部署（on-demand deployment），强调通过技术手段，随时随地、快速地将软件包部署到各类环境中，并确保系统可以正常工作。这不但包括面向生产环境的部署，而且包括面向测试环境和准生产环境的部署，因此这是持续交付的必然需求。软件通过了持续集成的验证，需要频繁地部署到开发环境、测试环境和准生产环境中进行持续验证，通过持续验证的软件应用需要频繁地部署到生产环境中、发布给用户，从而真正实现交付价值。因此，持续部署就是按需部署，也可以说，是持续交付倒逼我们实现持续部署。

持续部署强调软件部署在技术上的自动化，能够支持在各类环境中快速、频繁地进行安装、升级。这离不开自动化部署管道的建设，持续集成 / 持续交付的部署管道在一个流水线脚本中可以支持面向各种环境的部署需求。软件每一次变更都可以经过一个部署管道自动推送到目标环境中，研发团队需要确保每次更新代码时它都能在目标环境中顺利工作。在理想情况下，从开发人员提交代码触发持续集成到持续测试，再到持续部署，整个过程是全自动化的方式，这将加快新功能或缺陷修复上线的速度，保证新的功能特性和修复能够第一时间部署、发布到生产环境被用户使用。

4.1.6　持续运维

新的软件经过部署管道持续部署到各类目标环境中，持续交付的使命还没有完成，还需要持续地对目标环境中的业务系统进行维护，这包括监控业务系统和 IT 基础设施的运行状况，主动发现系统运行异常并进行故障告警，快速定位并修复故障，确保业务系统平稳运行。另外，在生产环境中，也需要持续地收集线上用户数据和用户反馈，为软件的持续改进提供依据。这一过程称为持续运维（continuous operation）。持续运维也应该实现全自动的监控、告警、故障定位和自愈，以及自动的数据收集、分析和处理。到了这里，持续交付才真正形成闭环。

持续部署和持续运维作为打通研发和运维的关键活动，不但发生在生产环境，而且支持研发环境中的部署和运维，因此其贯穿于整个软件生命周期的持续交付活动中。

4.2　测试如何融入持续集成/持续交付环境

持续集成与持续交付过程中包含了众多的测试活动，虽然每一项测试活动不见得都以自动化的方式来执行，比如每次迭代中新功能的测试采用探索式测试更高效，代码静态扫描不能完全代替人工评审，但测试自动化的建设在整个持续交付中仍然非常重要。只有实现高度的测试自动化，软件测试才不会成为持续交付的瓶颈。

4.2.1   支撑持续集成的测试环境

良好的持续集成环境能够支持代码的自动构建、自动部署、自动验证和自动反馈，如图 4-3 所示。

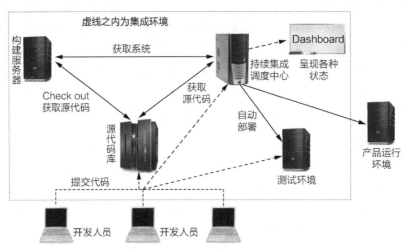

图4-3   持续集成环境基本构成示意图

因此，持续集成环境需要强大的工具链的支持。持续集成环境需要的工具可以分为 8 类，分别是：代码版本管理工具、版本构建工具、持续集成调度工具、自动部署工具、配置管理工具、代码静态分析工具、单元测试工具和版本验证工具。如图 4-4 所示列出了每一类中比较常用的几种工具。其中的测试工具有 3 类：代码静态分析工具、单元测试工具和版本验证工具。

图4-4   持续集成工具集

4.2.2   支撑持续交付的测试环境

与上一节相同，这里只讨论研发阶段持续交付的测试环境，运维阶段的测试环境放在第 8 章介绍。持续交付环境是在持续集成环境的基础上进行扩展，主要是为了支持全面的回归测试、验收测试。与持续集成环境相比，持续交付环境中可以集成的自动化测试框架和工具的种类更多。

按照自动化测试金字塔，自动化测试可以按照不同层次进行划分：单元测试、API 测试和 UI 测试。

- 单元测试框架包括 JUnit、CppUnit、Mocha、PyUnit 等。
- API 测试工具包括 Cypress、Karate、Postman 及 REST-Assured 等。
- UI 测试框架包括 Selenium、Appium、Cypress 和 Geb 等。

另外，我们也可以按功能测试、性能测试和安全测试等维度来分类，支持功能测试的自动化框架有 Selenium、Appium 等；支持性能测试的自动化框架有 JMeter、Gatling 等；支持安全测试的自动化框架有 Wapiti、OWASP ZAP 等。

验收测试的自动化测试框架推荐选择支持 ATDD、BDD 和需求实例化的测试框架，如 Robot Framework、Cucumber 等。

4.2.3　持续集成/持续交付流水线中的测试过程

对于复杂的软件系统，需要在持续集成／持续交付环境中搭建一套完整的自动化测试平台。自动化测试平台是软件测试基础设施的核心，不但支持自动化测试的执行，而且支持其他的测试服务，包括测试脚本的开发，测试资源的调度及管理，测试数据的管理服务，以及测试报告的生成及管理等，如图 4-5 所示。

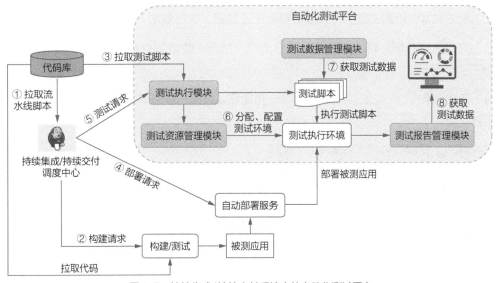

图 4-5　持续集成/持续交付环境中的自动化测试平台

持续集成／持续交付环境中的代码版本管理系统（如 GitHub）用来统一管理产品代码、测

试平台 / 工具代码、自动化测试脚本和持续集成 / 持续交付流水线脚本等。

持续集成 / 持续交付调度管理工具，如 Jenkins 2.x，可以实现持续交付流水线从版本控制到研发环境、生产环境部署的自动化过程。

现在就以 Jenkins Pipeline 为例，描述一个自动化测试平台在持续集成 / 持续交付环境中发起测试的过程。

1）在 Jenkins Pipeline 中，指定要执行的持续集成 / 持续交付流水线脚本（pipeline script）的存储位置。

2）在 Jenkins 流水线脚本（见图 4-5）发起构建请求后，对指定代码仓库的指定分支上的代码进行编译、测试和打包。

3）持续集成 / 持续交付流水线脚本发起请求下载指定的测试脚本集到一个 Jenkins Node，通常也是测试的执行环境。

4）持续集成 / 持续交付流水线脚本发起部署请求，自动化测试平台的资源调度与管理服务找到可用的被测系统资源，下载指定的软件包进行部署。

5）持续集成 / 持续交付流水线脚本发起测试执行请求。

6）如果测试执行环境比较复杂，则需要搭建测试执行的集群环境，测试执行模块会调用资源调度与管理模块分配、配置测试执行环境。

7）测试脚本调用测试数据管理模块获取测试数据、执行测试。

8）测试执行完毕，自动化测试平台分析测试结果，生成测试报告，报告可以提交给统一的平台来整体呈现。

9）在持续集成 / 持续交付流水线脚本里，指定测试报告的邮件接收人名单，测试结束后以邮件形式发送报告。

持续集成 / 持续交付流水线脚本示例如下。

```
JENKINS_CREDENTIAL_ID = "......"
EMAIL_LIST = "......"
SLAVE_NODE = "..."

node(SLAVE_NODE) {

    def mvnHome

    stage ( 'git checkout SW source codes') {
        checkout([$class:'GitSCM',branches:[[name:'*/master']],...])
    }
    stage ( 'maven Build'){
```

```
        echo "maven build......"
    }
    stage ('git check out SAT test suites') {
        echo ......
    }
    stage ('deploy') {
        echo ......
    }
    stage ('test') {
        sh "gradle clean test --tests ..."
        echo ......
    }
}
```

4.3 基于DevOps的测试基础设施构成

2009 年 6 月，在美国圣何塞举办的第 2 届 Velocity 大会上，题为《每天部署 10 项以上：Flickr 的 Dev 和 Ops 合作》（"10+ Deploys Per Day: Dev and Ops Cooperation at Flickr"）这个演讲成为 DevOps 开始被业界引用的标志性事件。

最初，DevOps 被定义为一组用于促进开发、运维和质量保证部门之间沟通、协作与整合的解决方案（见图 4-6），它强调自动化软件交付和基础设施变更的过程，以帮助组织快速、频繁和可靠地发布软件，并提高软件的操作性能和质量。

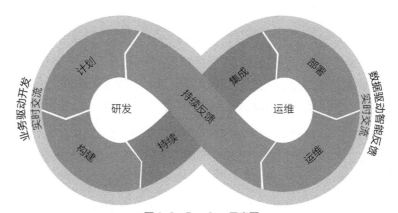

图4-6 DevOps示意图

后来，DevOps 被视为敏捷的自然延伸，从研发周期向右扩展到部署、运维，不仅打通研发的"需求、开发与测试"各个环节，还打破了"研发"与"运维"之间的壁垒。在软件构建、集成、测试、发布、部署和基础设施管理中，大力提倡自动化和监控，构建了贯穿产品研发、交付、部署和运维等完整生命周期的工具链。DevOps 的目标是缩短软件开发周期，增加部署频率，实现可靠的发布。敏捷的目的是为了软件的持续交付，而 DevOps 能够更好地实现持续交付。

如果说敏捷开发模式是推倒"开发"与"测试"之间那堵无形的墙，DevOps 就推倒了整个"研发"与"运维"之间无形的墙。因此，这里的"Dev"涵盖了整个研发，包括开发、测试和产品等角色。笔者个人认为：**不存在 TestOps，最好也不要用 DevQAOps 和 DevSecOps**。因为之前质量保证、安全性等内容也融于 Dev 和 Operation，并不是 Dev 或者 Operation 之前没有质量保证或安全，只是 Dev 和 Operation 之间打通了，质量保证和安全性自然也从原来的"贯穿整个软件研发生命周期"转换到"贯穿整个软件生命周期"，所以不能将测试、质量保证和安全性从 DevOps 中分离出来，而且测试和开发也不能隔离开来。

下面就是围绕这样的概念和理解来讨论基于 DevOps 的测试基础设施。

DevOps 的另一个核心点就是追求软件全生命周期的自动化，即在原来自动化构建、自动化集成的基础上进行自动化部署、自动化运维、自动化收集和分析用户的反馈等，从而实现自动化的闭环。

其中，自动化测试仍然是重要的一环，只是不再局限于研发环境的自动化测试，它涵盖了部署验证、生产环境设置验证，以及在线测试与监控的自动化实现，即通常所说的"测试右移"。如果这部分验证和测试跟不上，测试就将成为 DevOps 的瓶颈，系统运维就会存在极大风险，而我们知道，运维质量对用户的影响更为直接和重要。

4.3.1　DevOps 的测试

DevOps 的测试和非 DevOps 的测试有什么区别？

如果没有 DevOps，那么敏捷只做到了持续集成 / 持续交付，从产品概念和定义开始到产品交付过程中可以做到持续交付。而如果实施了 DevOps，就意味着向运维延伸，对 SaaS 这类软件服务非常有利，意味着真正可以形成闭环，如图 4-7 所示。

虽然在 2005 年还没有 DevOps 概念，但由于 WebEx、SalesForce 等公司就是为 SaaS 而生的，从成立那天起就拥有了"软件即服务"的基因，因此这些公司自然会更早地实施现在才流行的 DevOps 实践。

从图 4-7 可以看出，交付之后，在测试方面还有许多工作要做，包括下面的内容。

- 在线测试，如易用性 A/B 测试（类似于"蓝绿部署"）、性能测试（图 4-7 中的性能基准度量）、安全性监测和可靠性测试（如在线故障注入：混沌工程）等。

- 部署验证，类似构建持续集成验证所执行的 BVT，但这里侧重验证部署和设置是否正确。

- 灾备的在线演练，虽然这样的演练风险比较大，但需要找到一个特定的时间盒，验证系统是否具有故障转移能力，能否达到高可用性。

- 客户反馈分析，包括在线客户反馈的数据分析、系统后台的日志分析等。

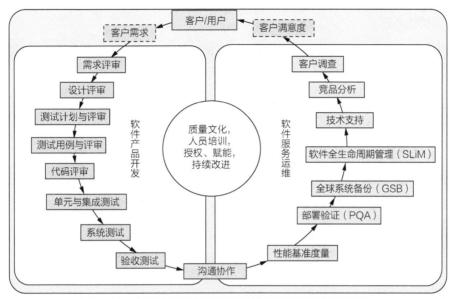

图4-7 在2005年设计的软件研发与运维质量保证全流程图

虽然这里没有提到灰度发布（类似的概念还有"金丝雀发布"等），但从流量的万分之一、千分之一开始逐步扩大产品分发（部署）的范围，也相当于让用户帮忙做测试，属于过去的 Alpha 测试和 Beta 测试的概念。在敏捷中，我们只是希望这样的过程更快、更持续，如做到一键部署、一键回滚等。

4.3.2 DevOps测试基础设施

在了解了 DevOps 模式下增加的测试工作之后，我们是否可以接受"生产环境"成为测试基础设施的一部分，甚至是最重要的一部分？

在 DevOps 模式下，我们将测试环境从研发的持续集成/持续交付环境扩展到准生产环境，甚至生产环境，从而构成一个贯穿研发和运维的完整的 DevOps 测试基础设施。

在 4.2.1 节中，已经介绍了持续集成/持续交付环境中的 8 类工具，基本覆盖了日常测试工作中会遇到的各类工具。如果我们构造上述的 DevOps 测试基础设施，那么这些工具自然还不够，因为环境的基础架构和规模都会发生较大的变化，环境中也存在大量的用户数据和系统运行日志，而且线上测试需要谨慎，往往采用被动方式做测试，即进行监控，收集数据进行分析来发现问题。

在 DevOps 环境中，测试基础设施构建的重点在于如何有效地管理测试数据（包括系统运行日志），以及监控系统运行状态、性能，并基于大数据和人工智能等技术进行分析，以获得系统的可靠性、性能和用户体验的信息。发现这方面的问题并进行系统优化，这其实也是DevOps 的价值所在。

根据上述内容，我们在持续集成 / 持续交付环境的基础上再增加 8 类工具（加起来共 16 类工具），这些工具均是从软件测试的角度需要熟悉和掌握的。

- 基础架构类，如 CloudFormation、OpenStack 等。
- 容器类工具，如 Docker、Rocket 和 ElasticBox 等。
- 资源编排管理工具，如 Kubernetes（k8s）、Apache Mesos 和 Swarm 等。
- 微服务平台，如 OpenShift、Cloud Foundry 和 Mesosphere 等。
- 日志管理，如 Elastic Stack（ElasticSearch、Logstash、Kibana 和 Beats）、Logentries 和 Splunk 等。
- 系统监控、警告与分析，如 Prometheus、Icinga 2、Nagios Core、Zabbix、Cacti 和 Zookeeper 等。
- 性能监控，如 AppDynamics、Datadog、Dynatrace、New Relic、CollectD 和 StatsD 等。
- 知识管理和沟通协作类工具，如 MediaWiki、Confluence 和 Zoom 等。

在 DevOps 中，配置也需要验证，因此 Puppet 和 Chef 分别使用 RSpec-puppet 和 Test Kitchen 作为各自的测试框架支持其配置的验证。下面是 RSpec-puppet 测试脚本的一个简单示例。

```
context 'with compress => true' do
  let(:params) { {'compress' => true} }

  it do
    is_expected.to contain_file('/etc/logrotate.d/nginx') \
        .with_content(/^\s*compress$/)
  end
end

context 'with compress => false' do
  let(:params) { {'compress' => false} }

  it do
    is_expected.to contain_file('/etc/logrotate.d/nginx') \
        .with_content(/^\s*nocompress$/)
  end
end
```

4.3.3　基础设施即代码

在当前的测试基础环境中，一些硬件已被"云资源"的概念所代替，以物理基础架构实现"云化"（如同我们常说的"软件定义硬件"）。按 AWS（Amazon Web Services，亚马逊云计算、云平台服务）术语来说，它们可以是 EC2 实例、负载均衡器、Lambda 函数和 S3 存储桶等资源。

因为使用工具进行手工操作必然会成为快速部署和运维配置等步骤的瓶颈，所以"基础设施即代码"（infrastructure as code，IaC）这个概念被提出来，将基础设施以配置文件的方式纳入版本管理，实现更灵活和更快捷的操作。这种通过类似代码的方式，自动地完成所有运维操作，也可以理解成一切皆为 API，如图 4-8 所示。

图 4-8　基于统一的 RESTful 接口实现测试平台的管理

为了区分普通的持续集成 / 持续交付工具，可以将这种 IaC 类工具的特征概括为以下 3 点。

- 版本控制：这显然是将基础结构、配置、容器和管道持久化作为代码最重要的部分。因为这种工具的配置文件应具有可读性和版本控制性的语法，所以不能采用大型虚拟机镜像那样的二进制文件。

- 模块化：最好的代码是可复用的，因此，支持"模块化"的工具也要具备复用性，而且能实现模块的参数化。

- 可实例化或可部署：这种工具必须能够将代码（它可以是管道、配置的实例、容器或对云基础架构的更改）输入并部署到环境中，这样的工具必须是纯脚本的，而且是全自动的，不需要手工操作或配置。

从这个角度来过滤工具，只有下列这些工具符合 IaC 类工具。

- "基础架构即代码"工具，适用于基础架构流程，如 Terraform、CloudFormation 等。

- "配置即代码"工具,用于配置管理,有 Chef、Puppet、Ansible 和 SaltStack。
- "容器即代码"工具,用于应用程序容器化,如 Docker、Kubernetes 等。
- "管道即代码"工具,用于持续集成和持续交付,如 Drone 和 Concourse 等。

下文会分别介绍上述这几类工具。下面我们就以 Testinfra 工具为例,讨论如何针对基础设施进行验证。

4.3.4 对基础设施进行验证——Testinfra

Testinfra 是一个功能强大的库,可用于编写测试以验证基础设施的状态。为了提高测试基础设施的运维效率,Testinfra 和 Molecule、Serverspec 等类似,可以通过与工具无关的描述方式来验证基础设施的正确性,并能与 Ansible、Nagios 或 unittest 集成。这样,基于 Testinfra 这类工具的自动化测试(如直接从 Nagios 主控节点上运行测试),不但是流行的系统监控解决方案,能够及时捕获意外并触发监控系统上的警报,而且能实现 IaC 验证的解决方案。

Testinfra 可以在使用 Molecule 开发 Ansible 角色过程中添加测试关键组件,也可以与虚拟机管理工具 Vagrant、持续集成工具 Jenkins/Test Kitchen 等集成,轻松完成 DevOps 模式下的全自动化流水线式的验证。下面是一个简单的 Testinfra 脚本示例。

```
import testinfra

def test_same_passwd():
a = testinfra.get_host("ssh://a")
b = testinfra.get_host("ssh://b")
assert a.file("/etc/passwd").content == b.file("/etc/passwd").content
```

在这里,Testinfra 连接 SSH 服务器,还可以增加配置和身份识别,示例如下。

```
$ py.test --ssh-config=/path/to/ssh_config --hosts='ssh://server'
$ py.test --ssh-identity-file=/path/to/key --hosts='ssh://server'
$ py.test --hosts='ssh://server?timeout=60&controlpersist=120'
```

如果未通过 -ssh-identity-file 标志提供 SSH 身份文件,那么 Testinfra 将尝试使用 ansible_ssh_private_key_file 和 ansible_private_key_file,并使用具有 ansible_ssh_pass 变量的 ansible_user 确保安全地进行连接。Testinfra 还为 Ansible 提供了可用于测试的 API,这使得我们能够在测试中运行 Ansible 动作,并且能够轻松地检查动作的状态,如可以报告 Ansible 远程主机上执行动作时所发生的变化。

```
def check_ansible_play(host):
"""
Verify that a package is installed using Ansible
package module
"""
assert not host.ansible("package", "name=httpd state=present")["changed"]
```

Testinfra 可以连接 Docker，示例如下。

```
$ py.test --hosts='docker://[user@]container_id_or_name'
```

下面的代码展示了 Testinfra 支持脚本参数化的处理过程。

```
import pytest

@pytest.mark.parametrize("name,version",[
    ("nginx", "1.6"),
    ("python", "2.7"),
])
def test_packages(host, name, version):
    pkg = host.package(name)
    assert pkg.is_installed
    assert pkg.version.startswith(version)
```

同时，Testinfra 支持与单元测试框架（如 unittest）集成，脚本示例如下。

```
import unittest
import testinfra

class Test(unittest.TestCase):

def setUp(self):
    self.host = testinfra.get_host("paramiko://root@host")

def test_nginx_config(self):
    self.assertEqual(self.host.run("nginx -t").rc, 0)

def test_nginx_servie(self):
    service = self.host.service("nginx")
    self.assertTrue(service.is_running)
    self.assertTrue(service.is_enabled)

if _name_ == "_main_":
 unittest.main()
```

4.4 虚拟机技术与容器技术的应用

测试基础设施的搭建离不开计算资源的支持。测试基础设施越庞大，对计算资源的需求就越高。早期的计算资源指的是物理上的主机服务器、网络或存储硬件设备；早期的测试环境是搭建在一个个物理机器上的，在测试过程中，如果怀疑测试环境有问题，就需要从头安装一遍；在测试中发现了缺陷，常常需要在另一套测试环境里重新执行一遍，以解决环境不一致带来的问题，因为手工安装方式容易带来不一致性的问题。

为了执行功能的兼容性测试，则需要在几台机器上安装不同的操作系统，耗费不少时间。如果做性能测试，就需要把系统部署到多台机器上。这样就要在每台机器上进行安装和维护，更加耗时、耗力。

如今的计算资源可以通过虚拟化技术进行"云化"，即将实体资源（如 CPU、内存、硬盘和网络等）抽象成数字的资源或逻辑的资源，用户可以用更好的组态方式来使用这些资源，使资源的分配、获取与管理更高效。现在各种虚拟化技术在测试中的应用越来越广泛。

4.4.1   虚拟化技术——虚拟机技术和容器技术

相比物理机服务器，虚拟机技术的出现是一个很大的进步。虚拟机技术在原有的硬件和软件之间增加了一层软件，其核心是 Hypervisor（分层应用程序、虚拟层），对硬件资源进行模拟，模拟的硬件平台又提供了对物理硬件的访问。当服务器启动并执行 Hypervisor 时，它会给每一个虚拟机分配适量的内存、CPU、网络资源和磁盘容量，并加载所有虚拟机的客户操作系统（guest OS）。

每个虚拟机由一组虚化设备构成，各个虚拟机之间的资源是相互隔离的，各个操作系统之间的进程和用户权限也是相互隔离的。如果你需要一个 CPU 为 4 核，内存为 8GB，硬盘容量为 60GB 的设备，就可以用虚拟机软件定制这样一个虚拟机。在使用过程中，若发现资源不够了，那么可以随时调整，只要不超过这台物理机的最大资源能力就可以。

虚拟机技术为软件测试解决了以下两个难题。

- 通过虚拟机技术，一台物理机可以虚拟出多台服务器，这样就可以安装多个不同的操作系统，也意味着可以部署多套被测软件系统。
- 只要在一个虚拟机上部署好所需的操作系统和测试环境，就可以制作镜像文件并部署到其他虚拟机上，不用再担心人工部署造成的错误和测试环境不一致的问题。测试环境的恢复也可以用镜像文件来完成，几分钟就可以搞定。

此外，虚拟机技术可以大大提高测试服务器的利用率并节省测试环境的维护成本，因为资源可以快速实现动态分配，物理机器需要的数量也大大减少，需要的机柜、网线和电量则更少。

目前比较流行的虚拟机技术是 x86 平台的 Linux 虚拟机解决方案，主要的软件包括 VMware Workstation、KVM、Virtual Box 和 Xen 等。

不过，在虚拟机的使用过程中，人们逐渐认识到这种技术的不足：每个虚拟机都需要一个操作系统，但操作系统占用的资源比较大、启动速度慢。在实际的软件运行环境中，我们其实不需要关心操作系统及其依赖环境。那么，有没有什么方法让我们无须关注系统环境的配置，只关注应用系统本身？

容器技术可以解决上面提到的问题：在操作系统之上，在每个容器内运行一个应用，通过Linux 的命名空间（NameSpace）技术实现应用之间既相互隔离，又相互通信，底层的系统环境可以共享。

虚拟机技术和容器技术的比较如图 4-9 所示。

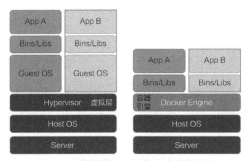

图4-9 虚拟机技术和容器技术的比较

Docker 最初是一个开源的容器项目，诞生于 2013 年，现在几乎成了容器的代名词。容器技术最早可以追溯到 1982 年，但 Docker 出现之前并没有形成一个统一的标准。Docker 真正实现了对应用的打包、分发、部署和运行的全面管理，从而达到了应用级别的"**一次封装，到处运行**"，因此，它成为了事实上的工业标准。

相比虚拟机分钟级别的部署来说，Docker 容器的创建和启动更快，是秒级的部署。Docker的镜像体积要小很多，对系统资源的占用更少，一个主机上可以安装 10 ~ 20 个虚拟机，而且可以运行几千个，甚至上万个 Docker 容器。另外，Docker 通过 Dockerfile 对容器进行灵活、快速的部署，结合持续集成 / 持续交付的其他工具实现了应用级别的持续交付和集群管理。

虽然 Docker 和虚拟机相比有很多优点，但并不是说 Docker 一定会取代虚拟机。实际上，它们是共生的模式，企业可以把 Docker 部署在物理主机上，也可以部署在虚拟机上。

4.4.2 Sidecar模式——容器的设计模式

目前，微服务会用到容器技术进行部署和管理。每个微服务的主要功能是处理业务逻辑，但是也需要处理一些与业务无关的任务，如监控容器的工作状态、日志收集等。"边车"（Sidecar）模式提出了一种新的容器和微服务架构的设计模式，可以实现辅助功能与业务功能的分离：把辅助功能用单独的微服务实现，并与实现业务功能的微服务一起部署在各自的容器中。

Sidecar 容器设计模式（见图 4-10）被认为是下一代微服务（Microservice）架构 Service Mesh 的关键，这是一种将应用的辅助功能从应用本身剥离出来作为单独进程的方式。Sidecar 容器和业务主容器一起部署在同一个 Kubernetes pod 中，为业务服务提供如监控、日志记录、服务限流、服务熔断等功能，而这些是每个微服务都需要的辅助功能。这种设计模式通过将这些辅助功能抽象成微服务架构中的公用基础设施，将辅助功能与业务功能解耦，从而降低了微服务的代码复杂性和重复性。

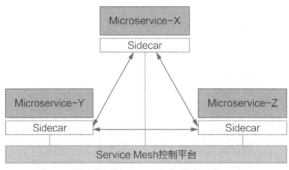

图 4-10　Sidecar 容器设计模式

4.4.3　虚拟化技术之 NUMA 和 DPDK

下面介绍 Linux 虚拟机环境下软件系统性能优化相关的两项技术：NUMA 和 DPDK。如果你负责软件系统的性能测试，或者遇到系统 CPU 占用过高而导致的系统功能异常，就可能用到这两项技术。

非一致性内存访问（non-uniform memory access，NUMA）是一种支持对主机系统 CPU 进行集群配置的技术，是现在主机系统的主流 CPU 架构。利用 NUMA 技术，可以把几十个 CPU 组合在一台服务器内，将 CPU 和内存划分到多个节点（node），如图 4-11 所示。每个 CPU 不但可以访问本节点内的内存，而且可以访问其他节点的内存。注意，CPU 访问自己节点内的内存要比访问其他节点的内存快得多。因此，在 NUMA 架构的主机上，系统性能优化的一个方面就是让 CPU 尽量访问自己节点内的内存。

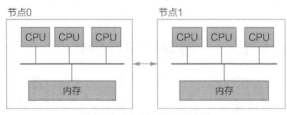

图 4-11　NUMA 工作示意图

在虚拟机环境下，可以实现同一个虚拟机的所有虚拟 CPU（vCPU）尽可能调度到同一个物理 CPU 上，并且将这个虚拟机的所有"物理内存"尽可能分配给和物理 CPU 属于同一节点的内存，从而有助于提高虚拟机的性能。Linux 提供了一个用于性能调优的工具 Numactl，通过它可以查看系统的 NUMA 状态，可以将一个进程绑定在某个 NUMA 节点上执行。Numactl常用的命令如下。

```
numactl --hardware
numastat
numactl -interleave=mongod [other options]
numactl --cpubind=1 --membind=1 [specific process]
```

如果是 Linux 系统中的 Docker 环境，默认情况下，容器可以使用的主机 CPU 资源是不受限制的，但是一旦发生容器内程序异常使用 CPU 的情况，很可能把整个主机或虚拟机的CPU 资源耗尽。因此，需要通过 Docker 命令来限制某个容器使用 CPU 的个数，以及使用哪个 NUMA 节点的 CPU 或内存，尽量访问本地内存。

```
docker run -it --rm --cpus=2 [container]:latest /bind/bash
docker run -it --cpuset-cpus="1,5" [container]:latest /bind/bash
docker run -it --cpuset-mems="1,5" [container]:latest /bind/bash
```

DPDK（data plane development kit）是英特尔公司提供的一套数据转发与处理的运行框架，目的是提高运行在 Intel 处理器上的 Linux 操作系统的数据报文吞吐能力。在 Linux 虚拟化环境中，网络数据包的收发路径比较长，以 CPU 为核心的系统存在很大的处理方面的瓶颈。DPDK 技术绕过 Linux 内核协议栈，利用自身提供的数据库进行收发包处理，可以加速数据的处理。用户可以在 Linux 用户空间定制协议栈，满足自己的应用需求。DPDK 是一组 lib 库和工具包的集合，使用时从 DPDK 官网下载其安装包并在 Linux 操作系统中进行安装和配置，就可以让 DPDK 接管网卡，从而提高报文处理效率。

4.4.4　服务虚拟化的利器——Hoverfly

微服务架构是目前流行的软件架构风格，即一个软件系统由多个相互独立的微服务组成，每个微服务可以独立开发、独立部署。微服务之间通过轻量级的交互机制进行通信，如 HTTP的 RESTful API。但由于微服务之间在业务上存在依赖关系，大多数的业务场景需要多个微服务互相调用来完成。这就给我们的测试带来挑战：当某个微服务所依赖的其他两个微服务处于不稳定或不可用状态时，如何对这个微服务进行测试？

你可以通过创建 Mock Service 来模拟某个微服务所依赖的其他微服务，然后针对这个微服务进行接口测试，比如像 WireMock 这样的测试框架。WireMock 通过启动模拟服务器并根据服务请求返回响应信息的方式模拟 Web 服务。这里提供另一个选择——Hoverfly，它是一个开源服务虚拟化工具，用来模拟所依赖的外部服务。服务虚拟化是指用来模拟特定服务行为的技术和方法。Hoverfly 提供的功能包括：

- 可以在持续集成环境中替代缓慢和不稳定的外部服务或第 3 方服务；

- 可以模拟网络延迟、随机故障或速率限制以测试边缘情况；

- 可以导入 / 导出、共享和编辑模拟数据；

- 提供方便、易用的命令行界面 hoverctl；

- 提供多种运行模式，可以对 HTTP 响应进行记录、回放、修改或合成。

Hoverfly 的 Capture 模式如图 4-12 所示。Hoverfly 作为一个 Proxy 服务器运行，捕获并记录服务之间的请求和响应，并随后作为模拟器存储到一个 JSON 文件中。

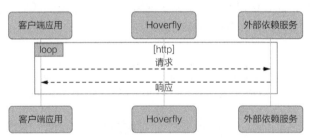

图 4-12　Hoverfly 的 Capture 模式

Hoverfly 的 Simulate 模式如图 4-13 所示。当 Hoverfly 切换到 Simulate 模式时，就可以将在 Capture 模式时录制的数据或分析修改后的数据加载进 Hoverfly。当 Hoverfly 收到满足模拟器中匹配规则的请求信息时，就会代替原来的服务提供响应。

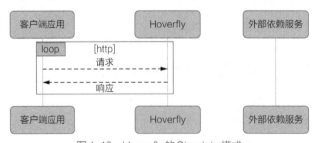

图 4-13　Hoverfly 的 Simulate 模式

Hoverfly 的优势在于，作为一个 Go 语言编写的开源工具，具有轻巧、高效的特点，并且可以满足团队定制化的需求。Hoverfly 是非侵入式的，不需要改动被测系统的代码或配置，使用时只需要改动 JVM 自己的属性或者操作系统的 Proxy 配置。另外，Hoverfly 提供了丰富的运行模式，除上面介绍的 Capture 模式和 Simulate 模式以外，还提供了 Spy 模式、Synthesize

模式、Modify 模式和 Diff 模式，基本可以实现服务虚拟化的各种功能。例如，在 Spy 模式下，Hoverfly 可以实现让一部分请求获得模拟响应，另一部分请求获得真实响应；在 Diff 模式下，Hoverfly 会将请求转发给外部依赖服务，并将得到的真实响应与当前存储的模拟响应进行比较。

4.4.5　Molecule——虚拟化技术的自动化测试工具

Molecule 是一个专为 Ansible 角色（role）编写及测试配置脚本的开源工具，可以帮助我们开发容易被理解和维护的 Ansible 角色，并且能够提升更改 Ansible 脚本后的构建信心。Ansible 在 DevOps 工具链里是一个自动化的批量系统和应用配置管理工具，后续还会专门讲到。

Molecule 支持包括 Vagrant、Docker 和 OpenStack 在内的多个驱动程序对虚拟化的基础设施进行配置和管理，并支持 Serverspec、Testinfra 或 Goss 中的任何一种工具来执行测试，如图 4-14 所示。

图 4-14　Molecule 工作流程

Molecule 提供以下命令。

- lint：执行 yaml-lint、ansible-lint 和 flake8，如果有问题，就报告故障。

- syntax：验证角色的语法错误。

- create：创建驱动程序已配置的实例。

- prepare：使用准备 playbook 来配置实例。

- converge：执行针对主机的 playbook。

- idempotence：执行两次 playbook；若第二次运行出现变更，就失效（非幂等）。

- verify：执行服务器状态验证工具 (Serverspec、Testinfra 或 Goss)。

- destroy：销毁实例。

- test：执行前面的所有步骤。

假设我们创建了一个 Ansible 角色来安装并配置 Apache 与 firewalld，然后利用 Molecule 验证软件安装是否成功，启用、运行是否正常。在这个例子中，我们使用 Docker 作为驱动程序，操作步骤如下。

1）使用 Molecule 创建一个新的 Ansible 角色，名称为 httpd，用它来测试 Apache 的安装。相关命令如下，其中 -r 用来指定角色名称，-d 用来指定驱动程序。

```
$ molecule init role -r httpd -d docker
```

2）为这个角色创建任务文件，指定要安装的软件包和要启用的服务。

3）使用 Testinfra 编写两个单元测试用例，验证 httpd 和 firewalld 是否已经安装成功，以及是否正在启用 (enabled) 并运行。示例如下。

```
...
@pytest.mark.parametrize('pkg', [
 'httpd',
 'firewalld'
])
def test_pkg(host, pkg):
     package = host.package(pkg)

     assert package.is_installed

@pytest.mark.parametrize('svc', [
  'httpd',
  'firewalld'
])
def test_svc(host, svc):
     service = host.service(svc)

     assert service.is_running
     assert service.is_enabled
```

4）运行下面的 Molecule 的测试命令以运行测试。

```
$ molecule test
```

4.4.6　Kubernetes 与测试环境

为了支持大规模的并发业务，企业一般需要把服务部署到容器集群。Kubernetes（简称 k8s）是目前最具影响力的容器集群管理工具之一，为容器化的应用提供部署运行、资源调度、服务发现和动态伸缩等一系列完整功能，提高了大规模容器集群管理的便捷性。因此，它可用于部署和管理容器化的测试环境，尤其是性能测试环境和准生产环境。

Kubernetes 提供的管理能力能够很好地支持业务的可伸缩性（scalability）。可伸缩性是指：如果系统的工作负载增加，那么只需要生成更多的容器或者在容器集群中增加更多的节点就可以提高整个集群的处理能力。

Kubernetes 容器集群管理架构如图 4-15 所示，其中包括一个主节点（master）和若干个工作节点（node）。主节点负责对 Kubernetes 集群的控制和管理；在工作节点中，运行实际的应用系统。pod 是每个工作节点中可以调度的最小单元，一个 pod 包含一组容器（Container）。Kubernetes 能够管理的集群规模非常大，单集群就可部署 5000 个工作节点、15 万个 pod 和 30 万个容器。

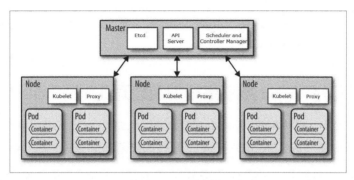

图4-15　Kubernetes容器集群管理架构

当今的软件测试日趋"云化"和"服务化"。云测试平台是 Kubernetes 进行测试基础设施管理的典型场景。云测试平台是云计算和虚拟化技术在软件测试领域的应用，通过虚拟机、容器技术及容器集群管理工具来搭建测试基础设施，然后按需为客户提供各种自动化的测试服务。目前，云测试平台主要支持手机端 App 和 Web 应用的测试，如兼容性测试、功能测试、性能测试和安全测试等。用户通过浏览器上传被测应用、测试脚本，使用云测试平台提供的测试工具进行测试，测试结束后可查看测试结果。

由于"测试右移"，因此在生产环境中有不少测试可以做。从广义上来说，整个生产环境就是一个真实的测试环境，可以在 Kubernetes 集群环境中进行混沌工程的实验、在线性能测试等。一些用于 Kubernetes 云原生的混沌工程工具应运而生。例如，kube-monkey 可以模拟在指定时间随机删除 Kubernetes 集群中的 pod，PowerfulSeal 可以控制 Kubernetes 中的 pod 及工作节点的状态。Kubernetes 本身提供的保障系统高可用性的功能特性也是在线测试需要验证的对象，如自我修复机制、弹性伸缩机制等。

4.5　如何完成自动部署

部署活动分为两种，一种是作为持续集成的一部分，在完成单元测试、代码静态分析和打包等之后，把生成的软件包部署到测试环境中，以便利用 BVT 验证系统基本功能；另一种是软件系统向生产环境中的部署，也可以包括类生产环境中的部署。前一种部署活动相对简单，一般只需要部署到一台或有限数量的服务器或终端设备。如果是复杂的分布式系统，后一种就需要"基础设施即代码"的各种部署工具和集群管理工具的支持。

有人说，持续集成的过程就是不断地尝试各种"在一起"：提交代码是让代码"在一起"，集成是让业务逻辑"在一起"。那么，部署就是让系统运行"在一起"。软件部署的场景有很多，构建成功后生成的软件包有不同的格式，需要不同的运行环境；软件部署的目标实体可以是一台或多台服务器、嵌入式系统的终端，也可能是手机、摄像机，或某种可穿戴设备。本节以微服务架构体系的企业级应用系统为例进行讲解。

4.5.1   配置即代码——持续集成配置管理工具：Ansible、Chef

在持续集成环境中，有时需要用到一些配置管理工具来完成测试环境中各种应用（如数据库、Web 服务器和被测试系统等）的部署和配置。这里介绍两款配置管理工具：Ansible 和 Chef。

Ansible 是一个基于 Python 开发的自动化运维的开源工具，提供远程系统安装、启动 / 停止、配置管理等服务，并且可以对服务器集群进行批量系统配置、批量部署和批量运行命令。Ansible 使用 SSH 协议与目标机器进行通信。Ansible 还可以实现对 Docker 集群的自动化管理，如安装、部署和管理 Docker 容器和 Docker 镜像。Ansible 架构如图 4-16 所示。

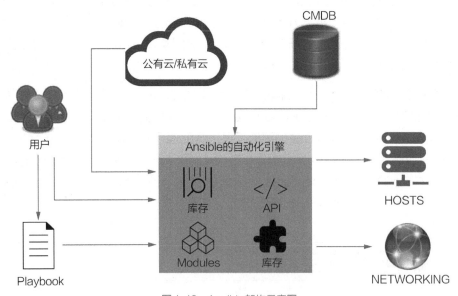

图4-16   Ansible架构示意图

一个 Ansible 项目的目录结构如图 4-17 所示。

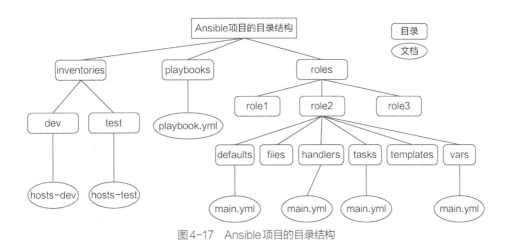

图4-17 Ansible 项目的目录结构

在 Ansible 中，把脚本文件 playbook.yaml 作为执行的入口文件，指定在哪些服务器集群为哪些角色执行配置任务，示例如下。

```
...
- hosts: "hosts-dev"
  become: yes
  roles:
    - docker_install
    - docker_container
    - redis
    - nginx
    ...
```

inventories 目录下的 hosts 文件存放所有目标服务器的地址，可以为需要管理的各种应用创建对应的角色，如 Nginx、Redis 等，然后把配置信息、需要执行的 Shell 脚本存放在每个角色的目录下。

本节介绍的另一款配置管理的开源工具是 Chef。Chef 把各种系统的安装配置脚本代码化，以统一的 Ruby 语言来封装编写。Chef 的意思是"厨师"，对每个服务器节点进行配置相当于厨师"做菜"，做"菜"需要有"菜谱"（cookbooks），在 Chef 中，分发到各个服务器节点的就是"菜谱"，服务器按照"菜谱"自己"做菜"、自己管理。服务器节点可以是物理机、虚拟环境，或云化的虚拟环境。Chef 系统架构如图 4-18 所示。

Chef 主要包含以下 3 个部分。

1）Chef 客户端：它是 Chef 的一个本地执行引擎，安装在需要管理的目标节点上，用于构建本地节点对象，拉取 Chef 服务器上的 cookbooks 配置目标节点。

2）Chef 服务器：对所有的客户端（也就是所有的目标节点）进行管理，包括安装、配置等工作。

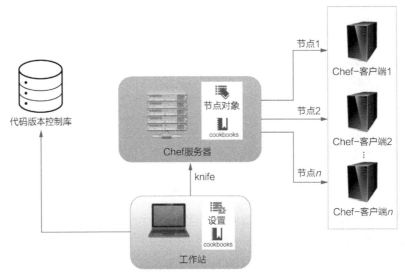

图4-18   Chef系统架构示意图

3）工作站：工作人员在工作站上编写 cookbooks。cookbooks 支持版本管理，这样我们就可以根据不同的版本编写不同的 cookbooks，在使用的时候，我们只要在 Chef 框架的 Environment 里指定好 cookbooks 的版本就可以了。这样，我们就可以在一套 Chef 框架里，根据 cookbooks 的不同，同时部署不同的环境。cookbooks 由几个部分组成，最主要的部分是以 Ruby 语言编写的 Recipe，用来定义对目标机器做部署的整个操作。编写好的 cookbooks 通过 knife 命令上传到 Chef 服务器。

chef-solo 是 Chef 的一个命令行工具，它的特点是去中心化，不需要 Chef 服务器就可以在本地节点运行各种 Chef cookbooks 进行配置管理。chef-solo 支持两种方式获取 cookbooks，一种是在本地目录，另一种是存放 cookbooks 的 tar.gz 压缩文件的 URL。

Chef 服务器采用 API 即时修改角色和运行列表，更适合管理动态的虚拟化环境（其中的节点经常需要添加或删除）。如果节点不会经常更改，但节点上的角色和"菜谱"经常更改，那么 chef-solo 是更好的选择。这两种方式都具有良好的可扩展性，可用来执行复杂的环境配置管理任务。

4.5.2   微服务的容器化部署

早期的软件系统采用单体架构，软件的所有功能放在一个工程里进行开发，各模块紧密耦合，相互依赖，因此，只能将一个软件包整体部署到服务器上。虽然这种部署方式简单，但系统任何一个小的变更和升级都需要重新构建和部署整个系统，因而存在风险大、耗时长等问题。

微服务架构是当前流行的软件架构风格，强调业务系统彻底地实现组件化和服务化，一个微服务完成一个特定的业务功能。每个微服务可以独立开发、独立部署，微服务既可以部署在物理机上，又可以部署在虚拟机上，但更适合部署在 Docker 容器中。微服务架构中的单个微服务在独立的进程中运行，Docker 容器刚好能做到进程级别的隔离。而且，容器占用资源很少，启动速度很快。这些特点刚好满足软件系统小批量、快速地持续集成和持续交付的需要。

采用 Docker 模式需要将每个微服务打包成 Docker 镜像（image），而一个 Docker 镜像就是一个包含软件应用和依赖资源的文件系统。容器是 Docker 镜像的运行实例，Docker 是容器引擎，相当于系统平台。

Dockerfile 是一个文本格式的配置文件，定义 Docker 在创建镜像时需要执行的命令。下面是一个通过 Dockerfile 部署 Spring Boot 应用的简单示例，脚本逻辑是：指定一个提供 JDK 的基础镜像（FROM）及创建镜像时用到的变量（ARG），把应用 JAR 包复制到镜像中根目录下（COPY）。ENTRYPOINT 用来指定容器启动程序及参数。

```
FROM openjdk:8-jdk-alpine
ARG JAR_FILE=target/*.jar
COPY ${JAR_FILES} app.jar
ENTRYPOINT ["java","-jar","/app.jar"]
```

创建 Docker 镜像，并启动容器实例的命令如下。

```
$ docker build -t my-image:1.0.0 /tmp/dockerfiles/
$ docker run --name my-image -d my-image:1.0.0
```

在上面的第一条命令中，Dockerfile 位于 /tmp/dockerfiles 目录下，逐条执行 Dockerfile 中的指令创建了一个名称及版本号为 my-image:1.0.0 的镜像文件。

在第二条命令中，利用生成的镜像启动一个容器，容器命名为 my-image。

4.5.3　微服务在持续集成环境中的自动化部署

有了 Docker 和自动化配置管理工具，接下来就可以在持续集成环境中轻松地完成微服务的自动化部署。目前，主流的实践基本是先通过 SSH 协议和远程目标服务器建立连接，然后在目标服务器上执行 Shell 命令进行部署，如 Jenkins、Ansible 和 GitLab CI 等。

以 Jenkins+Docker 为例，一个微服务的构建部署过程（见图 4-19）为：开发人员提交代码到代码仓库，触发 Webhooks 拉取代码，通过构建服务器编译、测试和打包，然后执行

Shell 脚本使 Docker 构建镜像并提交到镜像仓库。在上述操作完成后，Jenkins 服务器执行 SSH 命令登录到部署目标服务器，执行 Shell 脚本使 Docker 从镜像仓库拉取镜像，启动容器并完成部署。这时 Jenkins 就会触发 BVT 的执行并将结果返回给开发人员。

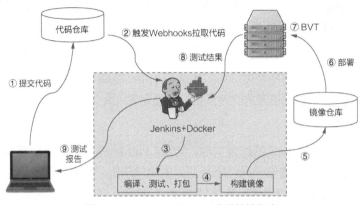

图4-19　Jenkins+Docker实现持续集成

在 Jenkins 运行环境中执行的 Shell 命令如下。

```
REPOSITORY=xxxxx/dockerrepo/
cat > Dockerfile << EOF
FROM openjdk:8-jdk-alpine
ARG JAR_FILE=target/*.jar
COPY ${JAR_FILES} app.jar
ENTRYPOINT ["java","-jar","/app.jar"]
EOF
docker build -t my-image:1.0.0 .
docker push $REPOSITORY/my-image:1.0.0
```

在部署目标服务器上执行的 Shell 命令如下。

```
REPOSITORY=xxxxx/dockerrepo/
docker rm -f myimage
docker rmi $REPOSITORY
docker pull $REPOSITORY/my-image:1.0.0
docker run --name myimage -d my-image:1.0.0
```

以 Jenkins Pipeline + Ansible 为例，Jenkins 内需要安装 Ansible 插件。在微服务的 Docker 镜像生成后，由 Ansible 上传至部署目标服务器，执行容器管理对应的角色所定义的任务进行部署。

Jenkins 流水线脚本 Jenkinsfile 示例如下。

```
pipeline {
    agent {label "ansible"}   //在有ansible标签的agent上执行任务

    stages {
        ...

        stage('Deploy'){
            steps {
                ansiblePlaybook(
                    playbook: "playbooks/playbook.yaml",
                    inventory:"hosts-test"
                )
            }
        }
    }
}
```

4.5.4　Docker容器的集群管理之Kubernetes

这里重点介绍如何进行软件系统在生产环境中的自动化部署。云化是虚拟化技术的集大成者，现在企业级应用部署的主要特点是：虚拟机和容器技术广泛应用，甚至可以容器化一切；系统从数据中心向公有云或私有云迁移；支持"基础设施即代码"的 DevOps 工具链也日趋成熟。

持续集成中的部署相对比较简单，将软件系统部署到开发环境或测试环境，目的是完成BVT 和开发迭代中的持续测试。相比测试环境，准生产环境、生产环境中的容器集群的规模更大，可用性、伸缩能力要求更高，往往需要一个或多个庞大的容器集群运行微服务实例来支持大量的在线并发业务。例如，在阿里巴巴的生产环境中，容器化的应用超过了 1 万个，容器数量在百万级别。这时就需要使用生产环境级别的容器集群管理平台来管理，目前首选Kubernetes。下面就结合 Kubernetes 来讨论云平台的部署和管理。

作为 Docker 容器集群的管理工具，Kubernetes 主要有下列功能。

- 以集群的方式运行、管理容器，如复制、扩展容器等，并保证容器之间可以通信。
- 保证系统服务的计算容量和高可用性。Kubernetes 具有自我修复机制，如一个宿主机上的某个容器"死掉"之后，可以在另外一个宿主机上将这个容器迅速拉起来。
- 对容器集群的自动化、全生命周期的管理，包括伸缩性、负载均衡和资源分配等。
- Kubernetes 中的每个对象都对应声明式的 API，可以非常方便地通过执行配置文件进行资源的创建和管理。例如，你可以编写 pod.yaml 文件来定义一个包含两个容器的pod，示例如下。

```
...
apiVersion: v1
kind: Pod
metadata:
  name: rss-site
  labels:
    app: web
spec:
  containers:
    - name: front-end
      image: nginx
      ports:
        - containerPort: 80
    - name: rss-reader
      image: nickchase/rss-php-nginx:v1
      ports:
        - containerPort:88
```

安装 Kubernetes 可以借助两个工具: Vagrant 和 Ansible。首先定义合适的 Vagrantfile 来安装虚拟机，包括下载镜像、初始化和配置等工作，并保证 Kubernetes 的节点配置是一致的。Vagrantfile 的示例如下。

```
IMAGE_NAME= "bento/ubuntu-18.04"
 N = 3

 Vagrant.configure("2") do |config|
  config.ssh.insert_key = false

  config.vm.provider "virtualbox" do |v|
    v.memory = 2024
    v.cpus = 2
  end

  config.vm.define "k8s-master" do |master|
        master.vm.box = IMAGE_NAME
        master.vm.network "private_network", ip: "192.168.1.10"
        master.vm.hostname = "k8s-master"
        master.vm.provision "ansible" do |ansible|
            ansible.playbook = |kubernetes-setup/master-playbook.yml"
            ansible.extra_vars = {
                node_ip:"192.168.1.10",
            }
        end
  end

  (1..N).each do |i|
        config.vm.define"node-#{i} do |node|
            node.vm.box = IMAGE_NAME
            node.vm.network "private_network", ip: "192.168.1.#{i + 10}"
            node.vm.hostname = "node-#{i}"
            node.vm.provision "ansible" do |ansible|
```

```
                        ansible.playbook = "kubernetes-setup/node-playbook.yml"
                        ansible.extra_vars = {
                                node_ip: "192.168.1.#{i + 10}",
                        }
                end
        end
end
```

然后，通过分别创建 Ansible 的 playbook（如 master-playbook.yml 和 node-playbook.yml）的方式自动安装 Kubernetes 的主节点和工作节点。这个操作相对复杂，如安装容器、kubelet、kubeadm 和 kubectl 等组件，使用 kubeadm 初始化容器集群、配置 kube 文件，以及建立主节点和工作节点的网络连接。可参考 Ansible、Kubernetes 官方网站和网络上其他的资料来完成具体操作。

我们还是回到主题，即如何基于集群环境来完成部署。这里给出了在 Kubernetes 集群环境中软件产品从持续集成到发布的一个完整的工作流程，如图 4-20 所示，可以帮助读者更好地理解 Docker、Kubernetes 和 Terraform 等工具的各自位置，以及它们如何在部署流程中发挥作用。

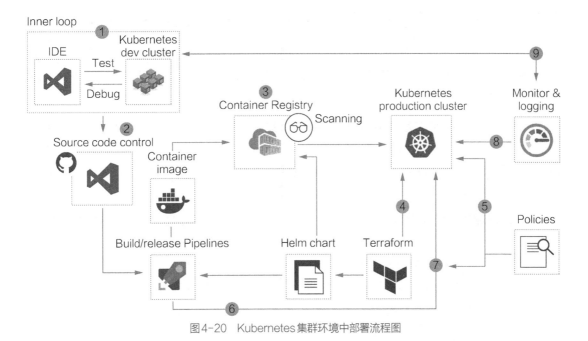

图4-20　Kubernetes集群环境中部署流程图

1）将软件开发、调试和测试环境部署在同一个 Kubernetes 开发集群中，实施快速迭代。

2）将代码合并到 GitHub 代码库中，并进行检查，然后运行自动化的构建和 BVT（作为持续交付的一部分）。

3）验证容器镜像的来源和完整性，在通过扫描之前，镜像处在被隔离状态。

4）Kubernetes 使用 Terraform 之类的工具集群，Terraform 安装的 Helm 图表定义了所需的应用程序资源和配置状态。

5）强制执行策略以管理 Kubernetes 集群的部署。

6）发布管道会自动执行每个代码的预定义部署策略。

7）将策略审核和自动修复添加到持续集成 / 持续交付管道。例如，只有发布管道有权在 Kubernetes 环境中创建新的 pod。

8）启用应用遥测（telemetry）、容器运行状况监视和实时日志分析。

9）利用深度分析发现问题，并为下一个迭代制定计划。

基于 Kubernetes 和 Docker 搭建 Jenkins 可伸缩持续集成系统的详细步骤，可参考本书的附录 A。

4.5.5　基础架构即代码的工具——Terraform、CloudFormation

在前面介绍了 4 类 IaC 工具中的"容器即代码"和"配置即代码"的工具。在这一部分，将介绍"基础架构即代码"和"管道即代码"的工具。首先介绍 Terraform，它和 CloudFormation 都是"基础架构即代码"的工具。

Terraform 具有完成完整的云基础架构创建的能力，并通过领域特定语言（domain specific language，DSL）以编程方式将各个组件链接在一起，并能将云基础设施的有用部分定义为带有参数化输入的模块，而且可以与其他模块集成，在不同的部署中一次又一次地使用，具有良好的复用性。下面列出 Terraform 中的两个主要模块。

- 管理模块，定义 VPC（virtual private cloud，公有云上自定义的逻辑隔离网络空间）、子网、NAT（network address translation，网络地址转换）网关、路由、安全组和 PuppetMaster 等。
- 服务器模块，在其子网中定义多个消息代理和多个自定义服务器的层，并将它们动态链接到公共负载均衡器。

调用这些模块的 Terraform 代码可以在它们之间传递详细信息。例如，可以使一个模块中的负载均衡器获取另一个模块中创建的实例 ID。下面是两个简单的例子，一个是配置文件的声明，另一个是版本更新操作并验证的例子。

示例一：配置文件的声明。

```
variable "base_network_cidr" {
 default = "10.0.0.0/8"
}

resource "google_compute_network" "example" {
 name                    = "test-network"
 auto_create_subnetworks = false
}

resource "google_compute_subnetwork" "example" {
 count = 4

 name         = "test-subnetwork"
 ip_cidr_range = "${cidrsubnet(var.base_network_cidr, 4, count.index)}"
 region       = "us-central1"
 network      = "${google_compute_network.custom-test.self_link}"
}
```

示例二：版本更新并验证。

```
Terraform will perform the following actions:

 # kubernetes_pod.example will be updated in-place
 ~ resource "kubernetes_pod" "example" {
        id = "default/terraform-example"

        metadata {
            generation       = 0
            labels           = {
                "app" = "MyApp"
            }
            name             = "terraform-example"
            namespace        = "default"
            resource_version = "650"
            self_link        = "/api/v1/namespaces/default/pods/terraform-example"
            uid              = "5130ef35-7c09-11e9-be7c-080027f59de6"
        }

    ~ spec {
```

CloudFormation 是亚马逊 AWS 平台提供的"基础架构即代码"的开源工具，最初是为了方便客户申请并管理云服务里的资源。CloudFormation 通过编写 YAML 或者 JSON 语言的模板来完成对资源的创建、销毁和监控等操作。

4.5.6　管道即代码的工具——Concourse、Drone

管道即代码，也称流水线即代码，就是把管道部署流程写进一个脚本文件，然后用一条命令调用文件即可完成复杂的部署过程。通过前面的讲解，你已经了解到了云基础设施里的一切都可以变成代码，包括应用系统容器化部署，各种配套 IT 资源的创建和配置，以及部署和配置工具的自动化测试。最后，只要把部署流水线变成代码，就实现了整个部署环境的自动化。

在前面的讲解中，我们列举了不少 Jenkins 流水线脚本的例子，这是 Jenkins 2.0 提供的功能。Pipeline 可以译为"流水线"，也可以译为"管道"。在 Jenkins 1.0 中，为了完成构建任务，我们要事先安装需要的插件、在界面上做很多配置，还要设置环境变量，时间长了，你还能记得曾经安装过哪些插件、做过哪些配置吗？让你再搭建一个持续集成的环境，你能保证和上次的操作一样吗？因此，Jenkins 1.0 不能算是"管道即代码"的工具，但 Jenkins 2.0 可以是"管道即代码"的工具。

另外，Concourse 和 Drone 在"管道即代码"方面做得很好，完全可以将基础架构、配置和应用程序部署集成到一个管道中。这类工具根据配置或基础结构依赖性，将相互耦合的应用程序一同发布。例如，应用程序的下一版本需要新的 JVM 版本，由于这两个更改将耦合在一起，因此将应用程序新版本和 JVM 新版本部署在同一发行版中。另外，这类工具能够创建临时环境作为应用程序部署管道的一部分：当我们希望管道采用上个"双 11"期间相同的负载对应用程序进行压力测试，但又不想在测试环境上进行，也不想在一个专用的环境上完成这次压力测试，因为该环境在大多数情况下会处于闲置状态。在这种模式下，基础架构是可重用的模块！你可以编写管道代码，以便它实例化此模块（带有类似于生产的参数）并将其用于压力测试，成功后，继续进行部署，否则就回滚。

Concourse 使用了基于 YAML 的脚本语言，描述所依赖的外部资源（resource），如 Git 仓库（repository）、需要完成的作业（job）及任务（task）。下面是一个 Concourse 流水线脚本的简单示例。在这个示例中，脚本中的任务是由 Git 触发的。

```
---
resources:
  - name: concourse-docs-git
    type: git
    icon: github-circle
    source:
      uri: https://github.com/concourse/docs

job:
  - name: job
    public: true
    plan:
      - get: concourse-docs-git
        trigger:true
      - task: list-files
```

```
config:
  inputs:
    - name: concourse-docs-git
platform: linux
image_resource:
    type: registry-image
    source: { repository: busybox }
run:
  path: ls
  args: ["-la", "./concourse-docs-git"]
```

4.5.7　新一代的部署体验——Serverless 软件系统架构

在介绍了主流微服务架构的集群部署之后，我们再展望一下未来 Serverless 架构的部署。在当前主流的云计算 IaaS（ infrastructure as a service ）和 PaaS（ platform as a service ）中，企业在部署业务系统到云上时仍然需要关心部署多少个 Kubernetes 集群，以及每个集群需要多少个工作节点和 pod，归根到底，企业购买的还是存储资源和计算资源。近几年，业界提出了 Serverless 架构，就是去服务器化的软件架构体系。Serverless 架构分为 BaaS（ backend as a service，后端即服务 ）和 FaaS（ function as a service，函数即服务 ）两种技术。

简单来说，BaaS 技术提供软件应用依赖的服务端的服务。对于前后端分离的架构，只需要开发前端应用，然后上传到云服务平台，后端应用和服务器端的部署和维护由云平台来提供。

FaaS 技术通过函数提供应用系统依赖的通用功能，如视频处理的人脸识别、视频转码等功能。企业开发的微服务主要负责业务逻辑的实现，通用功能由第三方提供的函数实现。这些微服务运行在无状态的临时容器中，容器和计算资源的协调由第三方管理。

在这种架构模式下，企业不仅不需要关心业务系统的集群部署和管理，在开发应用的时候，也不需要关心和服务器相关的服务端开发工作，以及通用功能的实现。

4.5.8　产品发布之导流模式

产品的部署和发布在很多地方可以互换使用，但其实还是有区别的。发布是指把产品推向市场让用户使用，而部署是指发布产品的技术性操作，就是本书一直在讲的部署流水线、基础设施、虚拟化技术和集群管理等。有时，把新的功能特性部署到了生产环境中，但也许会过一段时间才发布给用户使用。

无论是敏捷还是 DevOps，目标都是把产品快速推向市场，因此，产品的高频发布代表了一种趋势，尤其是互联网企业，每天可以有几十次以上的发布。高频发布可以帮助企业快速响应市场的需求，同时，企业也希望利用高频发布快速获取客户的真实体验，以及时调整产品的功能和发展方向。

产品发布的导流模式是指：企业定向精准发布某个产品版本让某些用户试用，以验证这个版本为业务导入流量的效果。例如，A/B 发布（A/B 测试），一部分用户使用版本 A，另一部分用户使用版本 B，收集这两类用户的使用数据，统计并对比两个方案的购买转化率等指标，以此判断不同方案的优劣。

还有一种发布方式是影子发布，也称为影子测试，在需要把遗留的系统服务迁移或升级到新的服务前，在测试环境部署一份遗留系统服务和一份新的服务，将生产数据库复制两份到测试环境，同时，将生产请求日志导流出来，分发到测试环境里面的遗留系统服务和新的服务，并进行日志回放。

两种服务收到响应后进行比对，如果所有响应比对成功，则可以认为遗留系统服务和新的服务在功能逻辑上是等价的。如果响应对比失败，就需要修复新的服务，直到响应比对成功。影子测试一般适用于遗留系统的等价重构迁移，如 MS SQL Server 数据库迁移到 MySQL 数据库、.NET 平台迁移到 Java 平台等。因为使用生产中真实的数据流量做测试，所以可以在很大程度上降低发布新系统的风险，但是环境部署的技术要求比较高。

4.6　如何完成全自动的 BVT

BVT 是持续集成的最后一步，也称为冒烟测试（smoke testing）。"冒烟测试"这个术语来源于电子行业，先对电路板进行通电测试，如果冒烟，说明电路板存在致命的故障，就没有必要做进一步的测试了，否则需要做进一步的测试。微软公司把冒烟测试这一概念引入了软件领域中，即在 2000 年出版的《微软项目求生法则》一书的第 14 章中提到了它。BVT 就是用来验证软件的基本功能是否能正常工作，也用于检验持续集成是否成功。如果 BVT 不通过，那么意味着没必要或无法进行更深入或更细粒度的测试。这时，开发团队应该立即对缺陷进行定位修复，直到提交的代码通过了持续集成的各个环节的测试。

4.6.1　BVT 要验证哪些点

BVT 的测试点应该包括基本的功能或业务上常用的功能，有时也包括软件所依赖的数据库，以及外部服务的验证。而且，BVT 的测试内容要根据软件版本的演化进行持续更新，覆盖新的基本特性，去掉那些风险较低的测试项。

在持续集成之前，已经做了单元测试，如果单元测试的代码覆盖率很高，还需要做BVT 吗？当然需要。因为单元测试只是验证单元自身的功能特性，并没有验证众多单元组合在一起的业务逻辑。我们经常会遇到单元测试全部通过，但是软件部署后系统不能正常运行的情况。

这里用一个手机端视频会议 App 来作为示例，介绍 BVT 应该包括哪些测试，如表4-1所示。

表4-1 视频会议App的BVT测试项

序号	BVT 测试项	期望结果	通用标准	需要覆盖的网络环境
1	用户注册	用户注册成功	在测试过程中，没有出现闪退、挂起和响应时间过长等重大问题	Wi-Fi/4G
2	用户登录	新用户登录成功		
3	预定一个会议并启动会议	会议预定和启动都成功		
4	双方加入一个会议，并进行语音对话	加入会议成功，会议中双方语音开启、发送和接收正常，传输延迟在可接受范围内		
5	主持人开启/关闭视频	开启后参会人能看到视频，关闭后视频消失，传输延迟在可接受范围内		
6	主持人在会议中发起共享文档/视频	共享内容的语音和图像可识别，传输延迟可接受		
7	非主持人发起共享文档/视频	共享内容的语音和图像可识别，传输延迟可接受		
8	退出会议	会议正常退出		

可以说，这几个测试项是视频会议 App 基本的功能，组合起来可以形成不同的应用场景，任何步骤的失败都会导致后续测试无法正常开展。如以此为基础，可以进行针对三方到多方会议、预定选项更多的重复性会议、网络不稳定时开会或加会等各种场景的测试。

持续集成中的 BVT 要求是全部自动化的。从自动化测试的角度来说，除上面说的"测什么"的问题，BVT 还需要考虑"怎么测"的问题。一种方式是借助 Selenium、Appium 这类工具直接从 UI 层实现自动化测试；另一种方式是绕过 UI，基于 API 进行测试。与 UI 层相比，API 改动少，脚本开发效率要高很多，测试执行会快很多，因此，尽可能用 API 的方式实现BVT。例如，上面提到的视频会议 App 的 BVT 测试可以通过 API 来实现，这将是 4.8 节所讨论的金字塔测试策略。

持续集成要考虑速度和质量的平衡，BVT 测试脚本越多，需求覆盖就越全，但需要的执行时间就越长。马丁·福勒在《持续集成》一文中，建议采用次级构建（secondary build）和并行测试等策略来解决这类问题，既能缩短时间，又有较高的覆盖率。

　　按照福勒的建议，持续集成的第一阶段是"提交构建"，包括由开发人员提交代码触发的编译、测试、打包和部署等活动。考虑到持续集成的速度，BVT 中只包含关键的功能，如风险高、执行时间短的测试场景。在提交构建成功后，再立即触发"次级构建"，通常只包括测试活动，测试执行时间较长、风险不太高的基本功能。

　　并行测试是指利用分布式测试环境把测试分布到多台执行机器和被测系统中，以节省执行时间。如果 BVT 在一台机器上执行需要 30 分钟，那么分布到 3 台机器后执行时间就可以下降到 10 分钟。通过 Jenkins Pipeline 管理持续集成过程，流水线脚本示例如下，在部署之后执行 BVT 并行测试。

```
pipeline {
    agent none
    stages {
        stage('Deploy') {
            ...
        }
    stage('Run BVT Test'){
        parallel {
            stage('Execute BVT_1 Test') {
                agent { label "BVT_1" }
                steps {
                    echo "BVT_1"
                }
            }
            stage('Execute BVT_2 Test') {
                agent { label "BVT_2" }
                steps {
                    echo "BVT_2"
                }
            }
        }
        stage('Execute BVT_3 Test') {
            agent { label "BVT_3" }
                steps {
                    echo "BVT_3"
                }
            }
        } //end of parallel
    } //end of execute BVT
} //end of stages
}
```

4.6.2　不稳定的情况——Flaky

　　自动化测试中的 Flaky（不稳定）问题，是指一个测试用例在同样的测试环境和产品中运行不同次数得到的结果不同，有时成功，有时失败，则开发团队就会耗费时间分析测试用例的失败原因。在持续集成中，Flaky 是影响自动化测试效率的一个主要因素。在持续集成中，会由于 BVT 或单元测试出现这类非确定性的测试结果而导致错误的持续集成告警。由于敏捷测试和持续交付都必须依赖高度的测试自动化，因此 Flaky 问题变得更加突出。

造成 Flaky 问题的原因有很多，大致包括下列几种。

- 业务代码中的缺陷。例如，在代码中，存在随机输入 / 随机输出，这让结果不可预判；有的代码问题会导致测试脚本之间有顺序依赖，如在代码中引入全局变量。
- 测试代码中的问题，包括代码中存在异步等待、测试脚本之间有顺序依赖关系和测试代码存在并发问题。
- 测试环境的稳定性问题，如测试工具、测试机器运行不够稳定；测试依赖的远程服务由于网络原因导致访问不可靠。

正因为造成 Flaky 问题的原因复杂，目前还没有简单、有效的办法能够将其彻底消除。通常大家会采用重新执行失败的测试脚本的方法来确认是被测系统的缺陷导致的失败，还是测试中的 Flaky 问题。但我们还是要从发生 Flaky 问题的根本原因入手，进行失败分析，找出修复的方法，否则会遗漏由于业务代码本身的缺陷造成的 Flaky 问题。

1）在业务代码中，存在随机输入 / 随机输出的问题。在业务代码中，应避免包含与时间、随机数有关的代码。

2）在业务代码中，引入全局变量导致测试脚本之间的顺序依赖。在某些情况下，引入全局变量后，每次运行单元测试，可能会修改应用中变量的值，如其他的单元测试也依赖了这个全局变量的值，就使得测试的顺序很重要，不能并行运行测试，并且由于线程交互，测试可能会变得不可控。这时，应避免滥用全局变量。

3）无论是业务代码还是测试代码，都可能有异步等待，都可能因此产生 Flaky 问题。在程序中，经常需要执行异步调用，从发起调用请求到接收回复之间，存在一个时间间隔。如果在测试执行时提交了一个异步调用，结果由于种种原因未能在设定时间内正常返回，即开始继续执行测试，这时测试就会失败。通过回调或者轮询机制，能够在保证效率的同时，避免极端情况下的调用失败。

4）代码问题导致测试脚本之间的顺序依赖。测试脚本通常是批量执行的，多个测试脚本共享测试环境、测试配置等全局资源。某个测试脚本的执行可能影响后续测试用例。因此，应尽量实现测试脚本的相互独立。

5）测试代码中的并发问题。在多个线程同时执行时，线程之间的执行顺序受操作系统调度，通常表现出不确定性。多个线程同时访问共享资源（race condition）、多线程"死锁"（deadlock）等，都可能导致软件行为出现波动，从而产生 Flaky 问题。

6）对于测试环境的稳定性问题，应尽量减少在测试执行过程中需要依赖的外部资源，单元测试、接口测试都可以通过 mock 方式消除外部依赖。系统端到端的自动化测试无法避免使用真实环境，但单元测试和接口测试如果覆盖率比较高，这类测试就可以少一些。

如果暂时不能彻底修复出现 Flaky 现象的个别测试用例，那么可以先把 Flaky 的测试脚本移到一个隔离区，触发自动化测试时可以先不执行 Flaky 的测试脚本，或者不统计隔离区中的测试脚本的结果。这样，研发人员就不用每次花时间分析其失败的原因了，但需要限制脚本在隔离区内的时间。

4.7　自动的静态测试和测试报告生成

静态测试的对象包括需求、设计和代码。代码审查的方式包括人工评审和基于工具的自动的静态测试。在持续集成环境中，我们可以通过 GitHub 的 Pull Request 特性来进行代码的人工评审，并集成代码自动扫描工具。

4.7.1　代码分析（静态测试）

代码的静态测试，也称为静态分析，它不需要运行应用程序就可以对软件代码进行检查，并找出其中的缺陷。自动的静态测试是指利用静态分析工具对代码进行自动扫描以发现缺陷的技术。相对人工评审来说，自动的静态测试不需要投入太多人力就可以发现代码中的缺陷，是效率比较高的代码审查方式。

自动的静态测试一般能够发现代码中的下列问题。

- 代码结构问题：重复性代码、高度耦合的代码等。
- 实现问题：资源泄漏、空指针引用、"死"循环和缓冲区溢出等。
- 可读性差、不规范的问题：有些代码没有缩进、变量在使用前未定义等。

自动的静态测试对于查找代码的安全漏洞缺陷特别实用。例如，有些程序接收到超出缓冲区大小的数据和参数，就会导致缓冲区溢出，攻击者利用"精心"构造的溢出数据就可以让程序执行其恶意代码，从而获得系统的控制权，达到入侵系统的目的。如果在研发阶段不能发现此类问题，上线后可能会造成重大的信息安全事故。例如，2003 年美国 Davis-Besse 核电站受到 Slammer "蠕虫"攻击，就是因为程序中的缓冲区溢出漏洞被黑客利用而造成的。

要实现自动的静态测试，团队需要完成以下几方面的工作。

1）选择合适的静态测试工具。对于自动的静态测试，仅仅借助工具进行测试还不够，因为无论采用哪种工具，团队都需要一起定义扫描规则，使用统一的规则进行静态测试。例如，在开发过程中，对发现的代码缺陷进行总结、提炼或抽象，把这些代码缺陷模式借助规则集、模型、解析树和形式化方法等方式描述出来，结合编程规范就形成了自定义的扫描规则。

2）开发人员提交代码前应该先在本地开发环境里执行静态测试，结果可以作为人工评审的输入项进行分析。如果能让团队成员知晓并讨论如何避免其中的典型或重大问题，则可以有效地提高整个团队的编码能力和质量意识。

3）将静态测试工具集成在持续集成环境中，静态测试将会成为持续集成活动的一部分，并且自动生成可视化的代码分析报告，发送邮件通知开发人员进行分析和修复工作。

4.7.2 优秀的静态测试工具

我们先从静态测试工具开始讲起，常用的工具有很多，这里只列出其中的一些。例如，对于Java语言，可以选择PMD、FindBugs和Checkstyle等；对于C/C++语言，可以选择C++ Test、CppTest和Splint等；对于Python语言，可以选择Pylint、PyChecker和PyCharm等。

FindBugs通过检查JAR文件，将字节码与一组缺陷模式进行对比，从而发现可能的代码问题。它既提供可视化UI，又可以作为Eclipse或IntelliJ IDEA插件使用。FindBugs还为用户提供定制bug pattern的功能，用户可以根据需求自定义FindBugs的代码检查条件。

PMD可以检查、分析Java源程序代码，并通过内置的编码规则对Java代码进行静态检查。同时，它也支持开发人员对代码检查规范进行自定义配置，主要检验潜在的bug、未使用的代码、重复的代码和循环体创建新对象等问题。PMD还可以与多种IDE进行集成。

Checkstyle是针对Java代码的检查工具，它偏重于代码编写格式的检查，包括Javadoc注释、命名约定、标题、import语句和修饰符等。

4.7.3 静态测试报告的自动生成

在实际使用中，代码分析工具一般通过各自的插件集成到IDE（如Elipse、IntelliJ IDEA和PyCharm等）中，开发人员在提交代码前会对代码进行实时的静态测试。如图4-21所示，在IntelliJ IDEA中安装了两个代码分析插件：Checkstyle和PMD，它们可以添加工具自带的代码规则，以及团队自定义的代码规则。

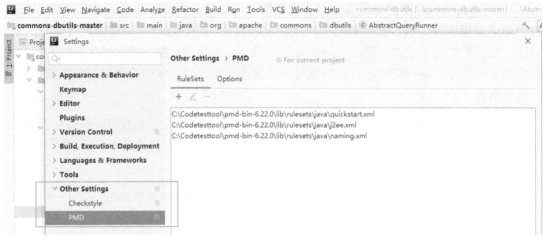

图4-21　在IntelliJ IDEA中添加代码分析工具的插件

在 IntelliJ IDEA 中，选择需要分析的源文件和分析工具，就可以得到如图 4-22 所示的代码分析结果。

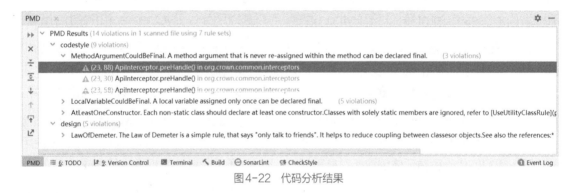

图4-22　代码分析结果

SonarLint 一般作为 IDE 的插件，开发人员用其进行本地的代码分析，以便在编程中及时发现问题、及时修改，以确保代码 push 到代码库前的代码质量，如图 4-23 所示。

SonarLint 可以与 SonarQube 集成，从而拥有更加丰富的代码规则集，而且在代码扫描分析完之后，其测试结果会上传到 SonarQube 服务器上，如图 4-24 所示，它以直观的可视化界面来展现代码质量及单元测试覆盖率。双击显示界面上的某个数字，就可以查看具体的信息等内容。

静态测试工具与持续集成调度工具的集成让静态测试成为持续集成的一部分。如果我们要让静态测试与 Jenkins 集成，就需要用到 SonarQube Scanners，以实现代码自动扫描并上传报告到 SonarQube，这也是目前主流的应用方式。也就是说，SonarQube Scanners 依据 SonarQube 服务器中的代码规则库进行远程代码分析，而且可以与构建工具（Gradle、Maven 和 Azure DevOps 等）集成。

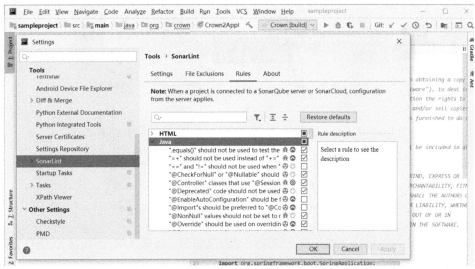

图4-23　IntelliJ IDEA中的SonarLint插件

图4-24　SonarQube的测试报告

图 4-25 描述了 SonarQube 在持续集成环境中的工作流程。开发人员在本地开发代码并利用 SonarLint 进行实时代码分析，然后将代码 push 到代码仓库中，触发持续构建，之后采用 SonarQube Scanners 进行代码分析，待持续集成结束后，将代码分析结果发布到 SonarQube 服务器以呈现测试报告。SonarQube 服务器将代码规则集和分析结果存储在数据库中，缺陷则提交给开发人员。

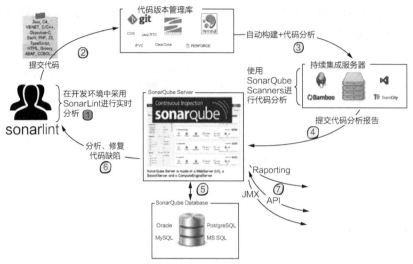

图 4-25   SonarQube 在持续集成环境中的工作流程

下面是 Jenkins 流水线脚本示例,构建过程包括编译、部署、单元测试和代码覆盖率分析等。在这些过程完成之后,Jenkins 会自动调用 SonarQube Scanners 执行代码静态测试,测试报告会自动上传到 SonarQube 的界面上。

```
pipeline {
    agent none
    stages {
        stage('Build') {
            agent { node { label 'master' } }
            steps {
                dir(env.WORKSPACE){
                        sh "mvn clean org.jacoco:jacoco-maven-plugin:prepare-
agent install -Dmaven.test.failure.ignore=true"
                        junit allowEmptyResults: true, keepLongStdio: true, testResults:
'target/surefire-reports/*.xml'
                        sh "mv target/sample-0.0.1-SNAPSHOT.jar target/sample.jar"
                }
            }
        }
        stage('Code Analysis with sonarQube') {
            agent { node { label 'master' } }
            steps {
                dir(env.WORKSPACE){
                        sh "mvn sonar:sonar -Dsonar.host.url=http://****:9000 -Dsonar.
login=sonarkey"
                }
            }
        }
    }
}
```

4.7.4 自动化测试报告的自动生成

除单元测试和代码静态测试以外，BVT、回归测试和性能测试等自动化测试也可以在持续集成环境中自动触发测试活动并生成测试报告。

下面的 Jenkins 流水线脚本给出了调用 Robot Framework 进行自动化测试的示例。当然，你需要在 Jenkins 里安装相应的 Robot Framework 插件。

```
stage('Robot Framework') {
        agent { node { label 'robot' } }
        steps {
        dir(env.WORKSPACE){
                checkout([$class: 'GitSCM', branches: [[name: '*/master']],
doGenerateSubmoduleConfigurations: false, extensions: [], submoduleCfg: [], userRemoteConfigs:
[[credentialsId: 'binbin', url: 'https://github.com/zbbkeepgoing/springboot-demo.git']]])
                sh "pybot -d /opt/workspace/sample/demo.robot"
                step([$class: 'RobotPublisher',
                    disableArchiveOutput: false,
                    logFileName: 'log.html',
                    otherFiles: '',
                    outputFileName: 'output.xml',
                    outputPath: '.',
                    passThreshold: 40,
                    reportFileName: 'report.html',
                    unstableThreshold: 0]);
            }
        }
    }
```

Jenkins 可以生成 HTML 格式的报告，就像上面脚本里定义的那样。如果我们想要得到更加美观的报告，则需要集成第 3 方的测试报告生成工具。报告的生成有以下两种方式。

1）在 Jenkins 中，集成测试报告生成工具，然后自动生成报告。

2）在自动化测试框架中，实现自定义的测试报告生成功能模块，然后通过 Jenkins 和测试框架的集成生成测试报告。

对于第 1 种方式，我们介绍 3 个测试报告生成的工具：Grafana、Allure 和 ExtentReports。

Grafana 是一款用 Go 语言编写的开源框架，它通过对采集数据的查询，以可视化的方式展现大规模的指标数据，是目前网络架构和应用分析中流行的时序数据（指带有时间戳的数据）展示工具。

Grafana 可以关联多种数据源，如 MySQL、InfluxDB（开源分布式时序数据库）等。在 Jenkins 中安装 InfluxDB 插件后，将每次构建的信息存入数据库，就可以发送到 Grafana，按照时间顺序展示测试结果，包括由单元代码覆盖率统计工具和代码分析工具生成的结果。同时，利用 Grafana 可以建立测试结果和测试指标的实时监控面板。图 4-26 展示了 Jenkins 中多个流水线部署管道每次构建后的代码覆盖率。

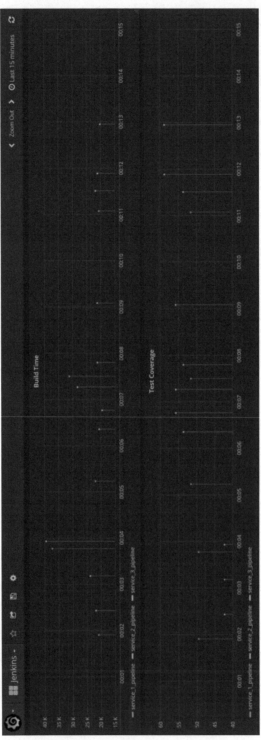

图4-26　Grafana 展示的代码覆盖率

顺便提一下，Grafana 的功能还不止于此，把它集成在部署流水线中，可以帮助我们实时呈现、监控 Kubernetes 容器集群的负载情况，包括集群 pod、CPU、内存和外部存储等使用状态，如图 4-27 所示。

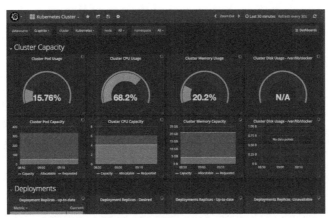

图4-27　Grafana监控Kubernetes集群负载

另一款比较优秀的测试报告框架是 Allure，它不但可以提供如图 4-28 所示的比较美观的测试结果，而且可以查看每个测试用例的测试结果、测试用例的描述等。

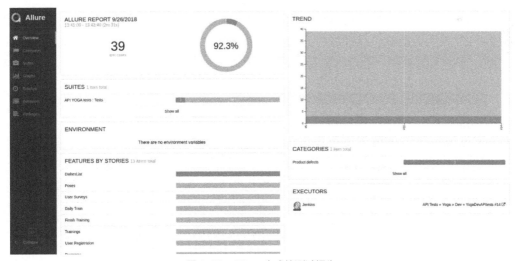

图4-28　Allure生成的测试报告

下面的 Jenkins 流水线脚本可在自动化回归测试之后利用 Allure 自动生成测试报告。该脚本定义只有在测试失败时才会用邮件通知相关人员，但每次都会生成 Allure 测试报告，Allure 报告的链接会显示在 Jenkins 管理界面上。具体的配置方法，读者可以自行学习。

```
pipeline {
    stages {
        stage ('System Regression Test') {
            steps {
                ...
            }
        }
    }
    post {
        failure {
            mail to: 'tw@example.com', subject: 'Test report:'
        }
        always {
            allure results: [[path: '**/build/allure-results']]
            deleteDir()
        }
    }
}
```

只要把 Allure 这样的测试报告框架与持续集成环境进行集成，就可以自动生成比较美观的测试报告。如果团队需要自定义的测试报告以满足进一步的需求，那么 Allure 还可以与自动化测试框架集成，通过在测试脚本中添加 Allure 注解，如 @Story、@Issue、@Attachment，来实现测试报告的定制。这些功能包括关联用户故事、关联测试用例、定义测试用例级别、关联缺陷和为失败用例添加 UI 的截图等。

ExtentReports 是一款通过与多个自动化测试框架集成，从而实现定制化测试报告的框架。图 4-29 展示了 ExtendReport 与测试框架集成后生成的自定义测试报告，此报告来自笔者公众号"软件质量报道"里的一篇文章《基于 Spock 的测试自动化框架》。

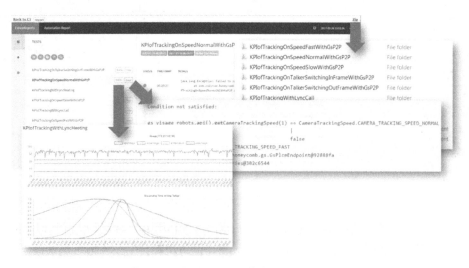

图4-29   ExtentReports 生成的自定义测试报告

4.8　测试分层策略与金字塔模型

测试四象限可以看作整个敏捷测试的自动化策略，而金字塔模型更倾向于功能的自动化测试策略，一般可以看作自动化测试的分层模型，即将一个被测系统分为不同的层次，根据不同的层次，在自动化测试和手工测试上有不同的投入，以达到最优的效果（即最高的 ROI）。金字塔模型，如图 4-30（a）所示，它蕴含以下 3 个自动化测试策略。

- 尽可能实现单元测试的自动化。自动化测试在单元（代码）层没有障碍，而且代码经常需要添加、修改或重构，要随时做回归测试，更需要就绪的自动化脚本的支撑。
- API 测试的自动化也容易实现，多年前，我们就是从接口开始自动化测试的，效果显著，自动化测试率能达到 95% 以上。
- 尽量不要做基于 UI 的自动化测试，因为这类脚本开发和维护的成本很高，执行还不稳定。

图 4-30（a）是金字塔模型的理想模式，许多公司做不到，主要是因为在单元测试上投入的成本高，同时在质量上没有那么高的要求，所以不少公司（包括互联网电商、移动 App 开发团队等）没有采用金字塔模型，而采用的是"橄榄球"模型，如图 4-30（c）所示。

特别是在微服务中，每个微服务用契约驱动测试方法，只要验证被调用的接口组合（已实现的业务逻辑），没有被调用的接口（用不到的逻辑）就无须测试，这样测试的效率会更高，避免不必要的测试。但如果按照金字塔模型，针对底层的单元进行充分测试，其实存在浪费问题，只是这样系统更健壮，因为有时接口会被错误调用。

少数公司还在采用图 4-30（b）所示的模型——彻底倒过来的金字塔模型，这种做法是我们反对的，因此，把它称为"反模式"。除上述 3 种模型以外，还有"冰淇淋"模型等。

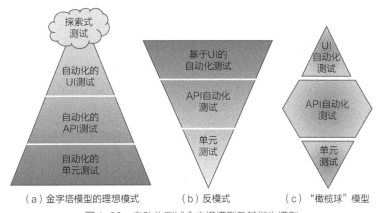

图 4-30　自动化测试金字塔模型及其衍生模型

4.9 搭建敏捷自动化测试框架及其案例分析

前面已经介绍了虚拟化技术,持续集成/持续交付环境,DevOps 下的基础设施及自动部署,以及 BVT 等。在测试工具方面,已经讲解了静态测试的技术和工具,下面将介绍动态测试工具,从而形成一个完整的关于测试基础设施的体系。

如果只是讨论工具,可能还不够,那么此处的介绍会提升到自动化测试框架这个层次。因为工具有很多,同时更换工具也是比较容易的,这就会导致频繁更换工具的情况,是不可取的。因为团队已经熟练使用某些工具并积累了大量的经验,与工具联系在一起的还有很多脚本,这些无形资产是值得保护的。

自动化测试框架是测试基础设施的核心部分,不但提供了各种测试服务,如测试脚本的开发、执行、调试和管理,测试过程的管理,测试资源的管理,以及支持不同类型的测试(如性能测试、安全测试、易用性测试等)的执行与分析,而且希望基于这个框架,让测试与开发平台、持续集成/持续交付环境更加融合,构建更高效的研发平台。

4.9.1 自动化测试框架的构成

我们可以设想一下自动化测试的开发与执行的场景。研发人员根据测试任务的要求,开发和调试自动化测试脚本,并能基于脚本和测试环境组合成测试任务,在下班前预先安排好测试任务,如在某个 Web 页面上提交测试任务,而这些任务能够在当晚自动执行,第二天我们一上班就可以查看测试结果或浏览测试报告。如果晚上的执行不顺利,系统则会发消息或邮件给相关人员,让我们检查并处理存在的问题,使得测试能够继续执行下去。当然,如果测试都在半夜执行,不适合人工干预,就增加一些异常处理机制、重试机制来自动处理这类问题。

这种测试任务能够按某种机制(如定时机制、版本构建成功后消息触发机制等)自动启动执行,而且需要自动发现可用的测试资源来执行测试任务,这依赖于资源监控和调度工具或平台来完成,并借助代理获得机器状态、运行测试工具和将测试日志发送到特定服务器上以供分析。

为此,我们需要构建一个自己的自动化测试框架,该框架不但能够集成测试脚本开发环境、测试执行引擎、测试资源管理、测试报告生产器、函数库、测试数据源和其他可复用模块等,而且可以灵活地集成其他各种测试工具,包括单元测试工具、API 测试工具和 UI 测试工具等。不同于工具,框架只是实现一个架构,用户可以根据自己的需求进行填充,如进行二次开发增加具体、特定的功能,还可以集成其他不同的测试工具。图 4-31 展示了自动化测试框架的逻辑结构，该框架由多个组件构成。

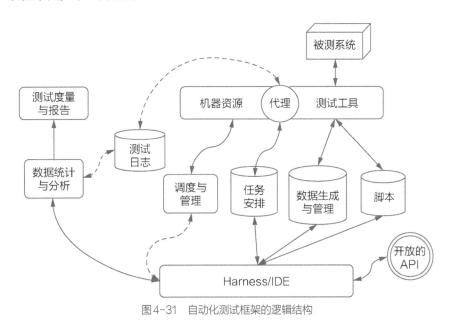

图4-31　自动化测试框架的逻辑结构

1）Harness/IDE：自动化测试框架的核心，相当于"夹具"，框架的其他组成部分都能与之集成，而且具有脚本的创建、编辑、调试和管理等功能。

2）自动化测试脚本的管理，包括公共脚本库、项目归类的脚本库，这部分可以与 GitHub 这类（代码库）配置管理工具集成。

3）测试资源管理：增加、删除和配置相应的测试设备（软件和硬件资源），并根据它们的使用状态来分配测试资源，这部分可以与容器管理工具集成。

4）测试数据管理：测试数据的自动生成、存储、备份和恢复等，也可以演化成一个数据平台，甚至是数据中台。

5）开放的接口：提供给其他持续集成环境或其他测试环境的集成接口，这种接口以 API 形式提供，类似之前提到的"基础设施即代码"的概念。

6）代理（agent）：负责 Harness 与工具的通信，控制测试工具的运行。

7）任务安排（scheduler）：安排和提交定时任务、事件触发任务等，以便实现无人值守的自动化测试。

8）数据统计与分析：针对测试结果（含测试工具运行产生的日志），生成可读性良好的测试报告（如 HTML 格式的测试结果），如使用上文提到的 SonarQube、Allure 等。

自动化测试框架能够与持续集成环境、配置管理系统和缺陷管理系统等集成，在持续构建后，直接触发 BVT、后续的深度自动化测试。这种集成，不但发生在单元测试、接口层次上，而且可以实现在系统层面、业务层面的测试。下面我们就介绍不同层次的自动化测试框架。

4.9.2　自动化测试框架的分类

结合前面提到的分层自动化测试策略——利用金字塔模型来划分自动化测试框架更合适，即从单元测试、接口测试再到 UI 层、ATDD/BDD 的自动化测试框架。

- 单元测试框架。由 JUnit 演化成单元测试框架家族，形成了单元测试的基本规则，包含了面向多种编程语言的框架，如 JUnit、CppUnit、NUnit、PyUnit、JsUnit、QUnit、DBUnit 和 HttpUnit 等。对于 JavaScript，还有一些其他的测试框架，如 Jasmine、Mocha、Buster. JS、PhantomJS、TestSwarm 和 JsTestDriver 等。

- 接口测试框架包括 HttpRunner、Karate、API Fortress、Swagger 等。从框架的角度来看，JMeter、SoapUI、Postman、PyTest、APIAutoTest 等是接口测试工具，还不能算是框架。REST Assured 通常也算是 API 框架，它更是为了简化基于 REST 服务的测试而建立的 Java 领域特定语言（DSL），但将它与 JUnit 集成，如同 APIAutoTest +TestNG + HttpClient、unittest + Request + HTMLRunner 等的集成，也可形成接口测试框架。Robot Framework 与 Requests 库的集成也能执行 API 测试。

- UI 自动化测试框架包括面向 Web 的 Selenium + WebDriver、TestCafe 和 Cypress，面向移动 App 的 Appium，以及面向 Windows 客户端软件的 AutoIT 等。对于移动 App，还有一些自动化测试框架，如基于 Android 的 TA 框架 Robotium、Selendroid 和 ATAF 等，基于 iOS 的自动化测试框架 KIF、Kiwi 等，以及跨平台的 Ranorex Studio、Calabash 等。

- ATDD/BDD 自动化测试框架包括 Robot Framework、Ginkgo、Cucumber、JBehave/ NBehave/CBehave、SpecFlow、RSpec、JDave、Chakram（REST API）、Concordion、FitNesse 和 Gauge 等。

敏捷测试中更推荐单元测试和基于接口的自动化测试。如果再进一步，ATDD 和 BDD 也是敏捷测试中所推荐的，它们是更为彻底的自动化，即让需求可执行，将需求变成真正的活文档。而基于 UI 的自动化测试框架更适合传统开发，或者说不是为敏捷测试而生，因此，我们会重点关注单元测试、基于接口的测试和支持 ATDD/BDD 的验收测试等 3 类自动化测试框架。下面针对这 3 类框架，各利用一个工具做进一步的案例分析。

4.9.3 单元测试框架 JUnit 5

提到单元测试框架，不得不说 JUnit，因为它是经典的自动化测试框架，也是事实上的单元测试框架的业界标准。JUnit 的最新版本是 JUnit 5，它不再是一个单一的 JAR 包，而是由 JUnit platform（平台）、JUnit Jupiter 和 JUnit Vintage 这 3 部分组成，如图 4-32 所示，其新特性包括扩展模型、嵌套测试、条件测试和参数化测试等。

- JUnit platform，其主要作用是在 JVM 上启动测试框架，包含一个内部的 JUnit 公共库，以及用于测试引擎，配置和启动测试计划，配置测试套件的注释等的公共 API，同时支持通过控制台（console launcher）命令、IDE 或构建工具 Gradle、Maven（即借助 surefire-provider、gradle-plugin）等来启动测试。

- JUnit Jupiter 包含 JUnit 5 最新的编程模型（注释、类和方法）和扩展机制的组合（Jupiter API），以及一个测试引擎（test engine），用于编写和执行 JUnit 5 的新测试，其中 junit-jupiter-params 为参数化测试提供支持。

- JUnit Vintage，一个测试引擎，允许在平台上运行 JUnit 3 和 JUnit 4 的测试用例，从而确保必要的兼容性。

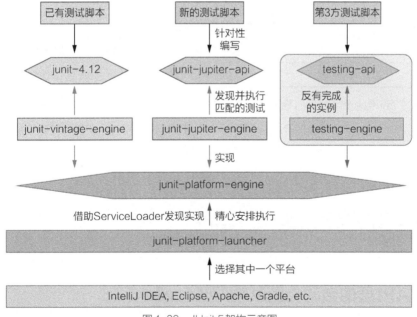

图4-32　JUnit 5架构示意图

通过表 4-2 所示的注释列表，读者可以感受到 JUnit 5 的强大。例如，扩展机制通过下面的 @ExtendWith 定义，简单明了。

```
@ExtendWith({DatabaseExtension.class, WebServerExtension.class})
Class MyFirstTests {
    …
}
```

表4-2　JUnit 5注释列表

注释	说明
@Test	表示一般的测试方法。与JUnit 4的@Test注释不同，此注释不声明任何属性。除非重写这些方法，否则它们将被继承
@ParameterizedTest	表示参数化测试方法。除非重写这些方法，否则它们将被继承
@RepeatedTest	表示重复测试的模板/方法。除非重写这些方法，否则它们将被继承
@TestFactory	用于动态测试的测试工厂类方法。除非重写这些方法，否则它们将被继承
@TestTemplate	表示方法是作为被多次调用的测试用例的模板，这依赖于已注册的提供者返回的调用上下文的数量。除非重写这些方法，否则它们将被继承
@TestMethodOrder	用于配置带注释的测试类的测试方法执行顺序，类似于JUnit 4的@FixMethodOrder
@TestInstance	用于为带注释的测试类配置测试实例生命周期。这样的注释是继承的
@DisplayName	声明测试类或测试方法的自定义显示名称。这样的注释不会被继承
@ExtendWith	用于声明性的注册扩展。这样的注释是继承的
@RegisterExtension	用于通过字段以编程方式注册扩展。除非重写，否则这些字段将被继承
……	……

可以通过 @ParameterizedTest 定义参数化测试方法，而且可以和其他注释组合使用，指定多个来源，包括@ValueSource、@MethodSource、@CsvSource和@ArgumentSource 等，示例如下。

```
@ParameterizedTest
@NullAndEmptySource
@ValueSource(strings = { " ", "   ", "\t", "\n" } )
void nullEmptyAndBlankStrings(String text) {
    assertTrue(text == null || text.trim().isEmpty());
}
```

4.9.4　API层的自动化测试框架 Karate

API 层的自动化测试框架有很多，要选择适合自己的框架，也不是容易的事情，我们可以选择自己熟悉的工具，如 HttpRunner、JMeter 和 Postman 等。这里介绍一个由 Intuit 公司开发的开源的 API 测试框架 Karate，它不但提供了源代码，而且提供了比较完整的文档和演示实例，值得我们关注。对于 Karate，其官方网站上列出了 30 多个优点（特性），本书列出其中的 10 个优点。

1）纯文本脚本，可以调用其他脚本，能调用 JDK 类、Java 库，并具有嵌入式 JavaScript 引擎，可构建适合特定环境的、可重复使用的功能库，具有良好的可扩展性。

2）标准的 Java / Maven 项目结构，以及与持续集成 / 持续交付管道的无缝集成，并支持 JUnit 5。

3）优雅的 DSL 语法原生地支持 JSON 和 XML，包括 JsonPath 和 XPath 表达式，覆盖数据的输入和结果的输出。

4）基于流行的 Cucumber / Gherkin 标准，支持 BDD（Cucumber 场景 Scenario Outline 表），并内置与 Cucumber 兼容的测试报告。

5）内置对数据驱动测试的支持，原生支持读取 YAML 甚至 CSV 文件，并能够标记或分组测试，其场景数据支持友好的 JSON、XML 或其独有的 payload 生成器方法。

6）全面的断言功能，容易定位故障，清楚地报告哪个数据元素（和路径）与预期不符。

7）多线程并行执行，内置分布式测试功能，可用于 API 测试而无须任何复杂的"网格"基础架构，从而显著节省测试时间，简化测试环境准备工作。

8）API mocks or test-doubles 甚至可以在多个调用之间维持 CRUD 的"状态"，从而支持微服务和消费者驱动契约测试。

9）模拟 HTTP Servlet，可以测试任何控制器 Servlet。例如，Spring Boot/MVC 或 Jersey/ JAX-RS，无须启动应用程序服务器，可以使用未更改的 HTTP 集成测试。

10）全面支持不同类型的 HTTP 调用：

- SOAP/XML 请求；
- HTTPS/SSL，不需要证书、密钥库等；
- HTTP 代理服务器；
- URL 编码的 HTML 表单数据；
- Multi-part 文件上传、Cookie 处理的支持；
- HTTP head、路径和查询参数的完全控制；
- WebSocket 支持。

这里展示了一个简单的 WebSocket 测试示例，用到了 Given-When-Then 这种 BDD 的场景描述方式。

```
@mock-servlet-todo
Feature: websocket testing

Scenario: only listening to websocket messages
    * def handler = function(msg){ return msg.startsWith('{' } }
    * def socket = karate.webSocket(demoBaseUrl + '/websocket', handler)

    # first we post to the /websocket-controller end-point which will broadcast a message
    # to any websocket clients that are connected-but after a delay of 1 second
    Given url demoBaseUrl
    And path'websocket-controller'
    And request { text: 'Rudy' }
    When method post
    Then status 200
    And def id = response.id

    # this line will wait until the handler returns true
    * def result = socket.listen(5000)
    * match result == { id: '#(id)', content: 'hello Rudy !' }
```

4.9.5 验收测试框架Ginkgo

对于验收测试的自动化测试框架，比较著名的有前面提到的 Cucumber 和 Robot Framework，这里介绍一个用 Go 语言开发的框架 Ginkgo，它可以很好地支持 BDD，拥有自己的 DSL，包括嵌套的 Describe、Context 和 When 容器模块，BeforeEach / AfterEach、BeforeSuite / AfterSuite、It / Specify等也一应俱全，这样就能帮助我们组织和编排测试用例。下面的例子对测试用例的业务场景的描述非常清晰，脚本的可读性良好，这会大大降低脚本后期的维护成本。

```
var _ = Describe("Book", func() {
    var (
        book Book
        err error
        json string
    )

    BeforeEach(func() {
        json = '{
            "title":"Les Miserables",
            "author":"Victor Hugo",
            "pages": 1488
        }'
    })

    JustBeforeEach(func(){
        book, err = NewBookFromJSON(json)
    })
```

```
Describe("loading from JSON", func() {
    Context("when the JSON parses succesfully", func() {
        It("should populate the fields correctly", func() {
            Expect (book.Title).To(Equal ("Les Miserables"))
            Expect (book.Author).To(Equal("Victor Hugo"))
            Expect(book.Pages).To(Equal(1488))
        })

        It("should not error", func() {
            Expect(err).NotTo(HaveOccurred())
        })
    })
})
```

Go 语言擅长并行处理，Ginkgo 并行执行能力也就是原生的能力，实现了进程级并行执行测试的能力，这样可以节省时间，稳定性也大大提高，同时，其特别适合现在流行的容器环境，一个容器执行一个进程，可以直接在每个容器上运行命令 ginkgo -p 来执行测试。而且，ginkgo CLI 工具在并行执行测试时，会启动一个监听随机端口的服务来实现不同进程之间的消息同步，以及日志和报告的聚合工作，从而输出整齐、美观的日志和测试报告。

下面介绍 ginkgo 命令的几个参数，通过不同的命令参数可以非常方便地实现并行执行、代码覆盖率度量和 *x*Unit 测试包的转换。

- ginkgo -nodes＝N：在 *N* 个并行进程中运行测试，并实时输出一致。
- ginkgo -cover：使用 Go 语言的代码覆盖率工具运行测试。
- ginkgo -coverprofile=FILENAME：指定覆盖率文件名称。
- ginkgo -outputdir=DIRECTORY：指定覆盖率文件存放目录。
- ginkgo convert：将 *x*Unit 样式的测试包转换为 Ginkgo 样式的包。

通过 ginkgo build、ginkgo -notify 命令，可以分别进行测试服务分发、执行工作流时实现消息通知，这样很容易与持续集成 / 持续交付（如 Jinkins）集成，从而实现全流程的自动化测试。通过 ginkgo bootstrap、ginkgo generate 可以分别创建测试集、测试用例模板，从而更好地实现测试复用。

- ginkgo build PACKAGE_PATH：编译测试集为 .test 文件，可部署到其他地方执行。
- ginkgo -notify：执行完成后触发通知，需要安装对应的插件。
- ginkgo -r：递归执行文件夹内的所有测试用例。
- ginkgo bootstrap：创建测试集模板文件，会生成 *xxx_suite_test*.go 文件。
- ginkgo generate *xxx*：创建测试用例模板文件。

Ginkgo 支持第 3 方测试库 Gomock 和 Testify，还能与谷歌的 Go 语言的 Agouti（基于浏览器的验收测试测试库）集成。

Ginkgo 借助 Gomega（匹配器 / 断言库，是 Ginkgo BDD 测试框架的最佳搭档）的 Eventually 和 Consistently 两大功能提供了原生的异步支持，能大大降低"死锁"或者因未设置超时而异常卡住等问题的风险，提升执行的稳定性，而且能够减少没必要的等待时间，示例如下。

```
Eventually(func() []int {
    return thing.SliceImMonitoring
}, TIMEOUT, POLLING_INTERVAL).Should(HaveLen(2))
```

在针对分布式系统进行集成测试时，Eventually 功能也很有用，示例如下。

```
externalProcess.DoSomethingAmazing()
Eventually(func() bool {
    return somethingAmazingHappened()
}).Should(BeTrue())
```

本章小结

持续集成 / 持续交付环境中的自动化测试包括整个研发过程中的自动化测试，为了不让软件测试成为敏捷开发的瓶颈，只有自动化测试的工具、框架，甚至是测试平台是不够的。只有当自动化测试融入持续集成 / 持续交付和 DevOps 环境中，才能发挥更大的威力，把测试构建在持续集成和持续交付的每一步，为开发活动提供持续的反馈。

DevOps 中的测试基础设施也日益完善和强大，在测试右移的背景下，生产环境已经成为重要的测试基础设施的一部分，需要有效地管理测试数据，以及监控系统运行状态、性能，获得系统的可靠性、性能和用户体验的信息。

本章我们总共介绍了 16 类工具：8 类持续集成 / 持续交付环境中的工具，延伸到 DevOps，从测试的角度来说，还需要再掌握 8 类工具。同时介绍了验证基础设施状态和部署配置脚本的测试工具。这些构成了基于 DevOps 的测试基础设施。

自动化测试框架是测试基础设施的核心组成部分。自动化测试包括静态测试的技术和工具，以及动态测试工具。对于静态测试，我们重点介绍了支持代码评审和代码静态测试的技术和工具。动态测试的敏捷自动化测试框架可以按照自动化测试金字塔分为 4 类：单元测试框架、接口测试框架、UI 自动化测试框架和 ATDD/BDD 自动化测试框架。

　　需要注意的是，研发团队需要选择适合自身业务需要和开发环境的自动化测试的工具和框架。目前，有很多优秀的开源工具和框架可供选择，研发团队需要根据自身业务和开发环境的需要选择合适的测试工具和测试框架，更应避免陷入"重复造轮子"的误区，测试基础设施再重要，也只是为了支持我们把测试做得更快、更好，而不是为了测试自动化而自动化。

延伸阅读

　　本章介绍了持续交付和 DevOps 的相关内容，这是理解敏捷测试基础设施的基础，因为软件测试只有在实现了和持续集成 / 持续交付的融合才能真正做到"敏捷"。《精益创业：新创企业的成长思维》这本书可以帮助大家更好地理解持续交付和 DevOps，该书作者在书中提出了MVP 的概念：在团队开发新产品时，先做出一个简单的原型——最小化可行产品（minimum viable product，MVP），这个原型的目标是为了以最小的代价验证商业假设，把产品尽快推向市场，从客户反馈中持续学习，快速迭代，最终找到正确的方向。这本书的思想不但适用于一个新产品最初的开发，而且可以延伸到持续交付的每一次迭代中。这种以精益思想为核心的产品开发模式正好也符合持续交付的敏捷原则，每次计划小批量的功能特性，快速交付到客户手中，快速验证新功能的产品价值并根据市场反馈快速调整。

第5章　测试左移更体现敏捷测试的价值

导读

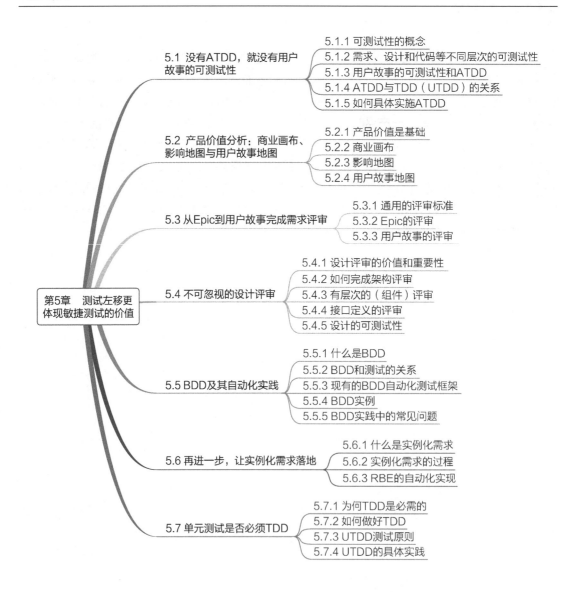

第5章　测试左移更体现敏捷测试的价值

5.1 没有ATDD，就没有用户故事的可测试性
- 5.1.1 可测试性的概念
- 5.1.2 需求、设计和代码等不同层次的可测试性
- 5.1.3 用户故事的可测试性和ATDD
- 5.1.4 ATDD与TDD（UTDD）的关系
- 5.1.5 如何具体实施ATDD

5.2 产品价值分析：商业画布、影响地图与用户故事地图
- 5.2.1 产品价值是基础
- 5.2.2 商业画布
- 5.2.3 影响地图
- 5.2.4 用户故事地图

5.3 从Epic到用户故事完成需求评审
- 5.3.1 通用的评审标准
- 5.3.2 Epic的评审
- 5.3.3 用户故事的评审

5.4 不可忽视的设计评审
- 5.4.1 设计评审的价值和重要性
- 5.4.2 如何完成架构评审
- 5.4.3 有层次的（组件）评审
- 5.4.4 接口定义的评审
- 5.4.5 设计的可测试性

5.5 BDD及其自动化实践
- 5.5.1 什么是BDD
- 5.5.2 BDD和测试的关系
- 5.5.3 现有的BDD自动化测试框架
- 5.5.4 BDD实例
- 5.5.5 BDD实践中的常见问题

5.6 再进一步，让实例化需求落地
- 5.6.1 什么是实例化需求
- 5.6.2 实例化需求的过程
- 5.6.3 RBE的自动化实现

5.7 单元测试是否必须TDD
- 5.7.1 为何TDD是必需的
- 5.7.2 如何做好TDD
- 5.7.3 UTDD测试原则
- 5.7.4 UTDD的具体实践

测试左移是指让测试尽早开始，把测试活动左移到需求分析阶段，目的是及时发现研发前期的错误，避免将错误带到后面的研发活动中。敏捷更提倡团队对质量负责，以及预防缺陷胜于发现缺陷，这两点就意味着我们要构建出高质量的产品，需要把质量构建推向源头——产品需求，只有正确的需求才会驱动出正确的产品。

测试左移通过持续地对产品需求和设计进行评审，及时发现需求定义和设计中的问题。除此之外，测试左移还包括代码评审，以及让开发人员做更多的测试、加强单元测试、持续集成等，这些在敏捷开发中成为了核心实践。而 TDD/ATDD 是更为彻底的测试左移，测试在前，一次把事情做对，即零缺陷质量管理思想在软件研发中的实践，从而帮助企业节省研发成本。

5.1 没有ATDD，就没有用户故事的可测试性

我们在第 3 章介绍敏捷团队中的专职的测试人员时，提到过测试人员的责任之一是对软件的可测试性进行把关。可测试性是测试的基础和前提，用户故事的可测试性就是需求的可测试性。需求没有可测试性，谈何测试？在本节中，我们就先讨论什么是可测试性、可测试性的不同层次，再讨论如何通过 ATDD 提高用户故事的可测试性。

5.1.1 可测试性的概念

软件的可测试性，从字面上的意思来说，是指一个系统能不能进行测试。从理论上来讲，可测试性基本上是由可观察性和可控制性构成的，还可以包括可预见性。系统的可控制性和可观察性如图 5-1 所示。

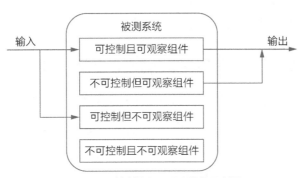

图5-1 可控制性和可观察性的示意图

可观察性（observability）是指在有限的时间内使用输出描述系统当前状态的能力。系统具有可观察性意味着一定要有输出，没有输出就不能了解系统当前处于什么状态，也就不能确

定系统行为表现是否正确。

可控制性（controllability）是指在特定的合理操作情况下，整个配置空间操作或改变系统的能力，包括状态控制和输出控制。系统具有可控制性表明一定要有输入，只有通过输入才能控制系统。

理解了可观察性和可控制性后，可预见性（predictability）也就好理解了，就是在一定的输入条件下，输出的结果是可以预测的，这样我们就可以给出系统的预期行为或预期结果，用于测试用例或自动化测试脚本的设计中。

在此基础上，我们可以重新理解一下可测试性：通过被测系统提供的接口对系统进行操作，并通过观察到的输出结果了解系统的状态是否符合预期。如果一个系统缺乏可控制性和可观察性，那么可以通过增加接口的方式，使其可以被控制或产生输出。手工测试一般通过 UI 这样的接口对软件系统进行控制并观察结果。

在敏捷测试中，没有自动化测试万万不行，而自动化测试对可测试性提出更高的要求，因为自动化测试更需要明确的输入并对输出结果进行明确的验证，而且提倡基于金字塔模型的分层测试。这就要求系统不但具备面向 UI 的可测试性，比如稳定的 UI 和方便的元素定位方式，而且在设计和开发中尤其应该考虑单元测试和 API 测试的可测试性。

人工智能软件的可测试性是一个挑战，因为缺乏可预见性，不太容易事先定义好 Test Oracle 来验证输出结果是否符合预期。Test Oracle 可以翻译为测试预言，就是决定一项测试是否通过的判断机制。谷歌在 2018 年公布了用于自然语言处理（natural language processing，NLP）技术的 BERT（bidirectional encoder representations from transformers）模型，这个模型通过超过 3 亿个参数提供了强大的语句预测能力。但是，模型处理的结果需要人类去综合判断分析是否正确，并且需要理解参数微调带来的变化。不过，目前人们也在探索如何解决这些问题，第 10 章会讨论人工智能系统的测试设计与执行。

5.1.2　需求、设计和代码等不同层次的可测试性

一个软件系统的可测试性不仅是在代码开发环节需要考虑的事情，在需求说明和系统设计层面更应该保证可测试性。

- 需求的可测试性，在敏捷开发中就是用户故事的可测试性，用户故事中对需求的描述要做到清晰、准确，并且可以通过测试来验证。

- 设计的可测试性，是指通过设计来确保系统的特性具有可控制性、可观察性。这包括系统架构的设计、UI 的设计、接口的设计等。软件系统应遵循"高内聚、低耦合"的设计思想，子系统之间、模块之间，以及类对象之间尽量减少不必要的依赖，提供对

外的接口以提高单个组件的可测试性。系统设计尽量采用开放、成熟的分层设计模式和框架，有助于降低子系统或模块之间的耦合，同时接口定义要清晰。采用简单、统一的日志处理方式，方便自动化测试框架进行日志收集及处理。

- 代码的可测试性，按照设计规范进行编程：一方面要保证设计中对可测试性的要求和设想得到实现，即遵循设计实现了系统的分层架构、模块之间的接口等；另一方面，需要遵循有助于提高单元测试可测试性的代码规范，比如单一职责、依赖倒置等面向对象编程的代码设计原则。

5.1.3 用户故事的可测试性和ATDD

敏捷开发提倡"可工作的软件胜于完备的文档"，强调开发团队成员之间通过沟通来澄清需求，这就容易造成文档质量不高、需求描述不清晰。敏捷采用用户故事的形式对需求进行描述，一个用户故事通常按照下列的格式（模板）来表述。

```
As a <Role>, I want to <Activity>, so that <Business Value>.
作为一个<用户角色>，我想要<活动>，以便于<商业价值>。
```

> **用户故事示例：**
> 　　作为购物网站的买家，我想要通过商品名称查询历史订单，以便查看某个订单的详细信息。

用户故事应该以业务语言来描述，而不是使用技术语言，例如，"我要实现微服务 A 的一个 API 供微服务 B 调用"就不是一个好的用户故事。同时，用户故事必须是可测试的，要不然怎么验证用户故事的实现是不是符合需求。

在实际工作中，也许你经常会碰到这些情况：某个用户故事的描述太简单，每个看到用户故事的人，其理解都不一样，但产品负责人可能和开发人员有过面对面的沟通，开发人员基本知道怎么实现，但测试人员不清楚。于是测试人员就追着开发人员问这个用户故事究竟要实现到什么程度？开发人员会说：别急，等过两天，我做好了给你和产品负责人演示一下，就清楚了，如果你们觉得不行，我再改。看似态度很好，但测试人员除了等待能做什么吗？根本无法设计测试用例或开发自动化脚本，更别说在编码之前参与需求评审了。

功能性的用户故事还好，非功能性的用户故事不可测问题更大。例如，用户故事描述是这样的：作为一个注册用户，我希望能够快速登录到系统。那么，你会问，究竟多快才能算快？1 秒还是 3 秒？

为了保证用户故事是可测试的，需要对用户的实际需求有一个明确的说明，这就是用户故事的验收标准。例如，你阅读上面那个用户故事示例，会有如下疑问。

- 查询历史订单时，能够查询多长时间的历史订单？是最近一年的还是没有时间限制？

- 是否支持模糊查询？

- 如果查到多个，那么如何显示？

- 如果没有查到，那么给出什么提示？

- 查看订单的详细信息时，其中究竟包含哪些项？

竟然还有这么多问题不清楚，而验收标准就是要让这些问题都有答案，因此我们为这个用户故事示例增加相关的验收标准：

1）默认是查询过去一年的历史订单；

2）如果没查到，那么询问用户是否选择一个查询的时段；

3）支持模糊查询；

4）按匹配度来排序，而不是按时间排序；

5）每页最多显示 10 个记录；

6）查到后只显示订单号、商品名称、价格和日期；

7）如果想继续查看，那么再单击订单查看；

......

这样，所要实现的用户故事就清楚了，也可以验证了。如果没有明确的验收标准，就没有用户故事的可测试性。用户故事的验收标准不但让测试有据可依，而且由于列出了各种条件，开发人员在实现用户故事时就不容易犯错误，代码质量也会高得多。也正因为用户故事的验收标准澄清了需求，避免了理解上的不一致，所以有利于开发和测试的协作，减少沟通成本，并提高开发效率。

这就是为什么我们提倡在敏捷开发中推行 ATDD：这种模式在开发设计、编写代码之前，先明确（定义）每个用户故事的验收标准，再基于用户故事的验收标准进行开发；这种模式保证了在团队协作的基础上开发出正确的需求，同时也保证了用户故事的可测试性；推行这种模式更能体现我们之前强调的"质量是构建出来的""预防缺陷比发现缺陷更有价值"。

5.1.4　ATDD 与 TDD（UTDD）的关系

测试驱动开发（test-driven development，TDD）是指测试在前、开发在后的开发实践，提倡在编程之前，先写测试脚本或设计测试用例。TDD 在敏捷开发模式中被称为"测试在前的编程"（test-first programming）。

TDD 中测试在前的理念一方面促使开发人员在编码之前思考软件系统的应用场景、异常情况或边界条件，避免在代码中犯较多的错误；另一方面也是为了让开发人员对编写、修改代码有足够的信心，代码的质量可以通过测试来验证。敏捷开发往往是快速迭代，程序设计不足，因此经常需要不断重构代码，而重构的前提是测试就绪，这样重构的质量就可以通过运行已有的测试得到快速反馈。因此，有了 TDD，程序员就有底气进行设计或代码的快速重构，有利于快速迭代和持续交付。

> 重构是指在不改变代码外在行为的前提下对代码做出修改。
> ——《重构：改善既有代码的设计》

ATDD 和 UTDD 都属于 TDD 思想指导下的优秀实践，可以看作 TDD 具体实施过程的两个层次，如图 5-2 所示。

1）ATDD 发生在业务层次，在设计、写代码前就明确需求（用户故事）的验收标准。

2）UTDD 发生在代码层次，在编码之前写单元测试脚本，然后编写代码直到单元测试通过，这里的 UTDD 相当于传统概念（如极限编程）的 TDD。

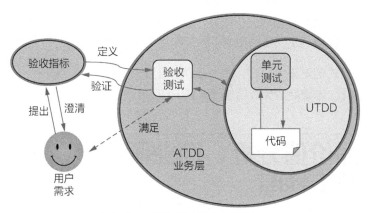

图5-2 ATDD和UTDD之间的关系

在过去的开发实践中，UTDD 在备受推崇的同时，也有广泛且持久的争议。例如，戴维·H. 汉松是著名的 Web 开发框架 Ruby on Rails 的开发者，他在 2014 年发表了一篇文章《TDD 已"死"，测试"永生"》（"TDD is dead. Long live testing"），对 TDD（文中的 TDD 实际上指 UTDD）提出了公开的质疑和否定。汉松认为，TDD 引导大家更重视单元测试，而单元测试为了能执行得足够快，大量采用 mock 技术隔离依赖对象，几千个测试脚本在几秒内就能运行完，但是根本验证不到系统集成后真正的业务功能。因此，汉松认为不应该过分重视单元测试，而应该多做端到端的系统测试。

这篇文章一发表就引发了广泛讨论，赞成者认为说出了自己的心声，当然也趁机表达了自己的意见，比如：工期紧、时间短，根本来不及写单元测试；TDD 对开发人员的要求过高，推行的最大问题在于很多开发人员不会写测试用例，也不会重构代码。反对者则认为汉松对 TDD 的理解是片面的、不正确的，因为汉松的文章其实把 TDD 等同于 UTDD，TDD 中的测试等同于单元测试，而忽略了 TDD 还包括 ATDD。

这里暂时不对 UTDD 进行详细讨论，就目前的情况来看，UTDD 虽然没有"死"，但推行效果也不好。我在 2020 年年初公布了 2019 年软件测试调查结果，其中显示只有 21% 的团队在做静态代码分析、单元测试，更别提 UTDD 了。

而相比 UTDD，面向业务层面的 ATDD 推行起来就比较容易，而且是必需的，因为需求模糊、需求不具有可测试性，推行敏捷、重视研发效能的研发团队能接受吗？模糊的需求往往意味着返工和浪费，没有可测试性也就意味着无法开展测试。因此，团队按照验收标准来实现用户故事，以终为始，是不是理所当然？

5.1.5　如何具体实施ATDD

在项目中实施 ATDD，一般是以 BDD 结合需求实例化（RBE）落地的，如果单独实施 ATDD，也是可以的，就是在需求分析阶段，团队协同工作，为每个用户故事添加相应的、一致认可的验收标准。在每一次迭代结束前，团队成员根据验收标准进行用户故事的验收测试。

而采用 BDD 模式相对来说更好，因为 BDD 相当于 ATDD 的实例化，以结构化的语言将验收标准更加明确化。本章后续会介绍如何实践 BDD 和 RBE。

5.2　产品价值分析：商业画布、影响地图与用户故事地图

为什么需要在敏捷测试中讨论产品价值分析？

首要原因是我们应该坚持业务驱动测试，从业务的角度出发进行测试需求分析、测试设计并制定测试计划。当一个项目开始进行测试时，要清楚项目的上下文，这就是敏捷测试中"上下文驱动"的思维方式，而产品和业务是最重要的测试上下文之一。

再者，敏捷特别强调交付"价值"给客户，团队必须开发对客户有价值的产品。因此，无论是开发还是测试，都需要关注产品的价值。测试具有保证质量的责任，之前谈质量，更多是从质量模型所定义的质量特性（如功能、性能和安全性等）出发，而在敏捷开发中，从客户价

值出发更有意义。

产品价值分析也就是对业务需求进行分析，需求阶段的测试活动是需求评审，敏捷开发中的需求评审是伴随着需求分析持续进行的，因此做好需求评审的前提是团队在业务需求分析中的集体参与和充分协作。

5.2.1 产品价值是基础

产品价值是软件研发的基础，用户只有认可产品的价值才会购买并使用它。敏捷团队首先需要了解的是产品可以带给用户什么价值，以及谁才是目标用户；其次才是需求分析和功能特性的实现。在传统的开发模式中，研发团队往往不太关心公司做一个产品的目的是什么，只知道是由产品经理给出建议，由高层管理者来做决定，最后落实到研发团队。而敏捷团队应该是自组织的、全功能型团队，产品的价值分析是团队的重要任务。

根据 PMI（Project Management Institute）发布的年度报告，在 2017 年有 14% 的 IT 项目宣告失败，其中的 39% 是因为不正确的产品需求导致的，这也是项目失败的首要原因。为什么会这样呢？我们可以看看图 5-3，它用漫画的形式形象地描述了客户的需求是如何一步步"走样"，最后"面目全非"的。参与项目的每个角色对需求的理解都不一样，需求文档又很简单，客户的需求主要靠角色之间的沟通和交流来传递，最后做出来的东西和客户想要的结果有很大偏差。

图5-3 一个秋千的故事

有意思的是，第一张图里客户描述的需求和最后一张图里所揭示的客户真正的需求也不一样，正如乔布斯所说，客户其实不知道自己真正需要什么。但根本的原因在于一开始就没有挖掘出客户真正的需求。福特汽车公司的创始人亨利·福特曾经说过："如果我当年去问顾客想要什么，他们肯定会告诉我，他们需要一匹更快的马。"客户真实的需求是一匹马吗？不，他们真正的需求是"更快的交通工具"。

由此可见，理解用户真正想要什么进而交付满足需要的产品，并不是一件容易的事，也不要假设产品经理要求你实现的功能一定是客户真正想要的。在做产品之前，多问问为什么用户需要这个产品或者某个功能特性，也许可以帮助团队纠正需求的偏差或者发现被忽略的隐性需求。

下面介绍的 3 款工具可以帮助我们明确产品价值和产品定位，以便更好地进行需求分析和管理。它们有一个共同的特点，就是在一页纸上可以包含所有的内容，特别适合敏捷开发模式，也特别适合敏捷团队进行需求方面的沟通和澄清，是非常高效的沟通工具。

5.2.2　商业画布

"商业画布"的概念来自《商业模式新生代》这本书，全称是商业模式画布（Business Model Canvas）。它是一个适合敏捷的商业模式分析工具，可以帮助研发团队快速地对产品的价值和市场定位有一个整体的认识。

> **商业模式定义：**
> 　商业模式描述了企业如何创造价值、传递价值和获取价值的基本原理。
> 　　　　　　　　　　　　　　　　　　　　　　　　——《商业模式新生代》

商业画布由 9 个模块组成，如图 5-4 所示。每个模块其实有很多种可能性和替代方案，分析的目标就是从这些可能的方案里找到最佳的组合。好的商业模式往往不是一蹴而就的，需要在经营过程中不断调整，比如阿里巴巴最早的业务是企业对企业形式的，但今天更有价值的是淘宝、天猫、蚂蚁金服等。一旦企业形成极具产品价值的商业模式，即使企业在短期甚至很长一段时间不能盈利，但在好的商业模式下，赚钱可能就是迟早的事，比如亚马逊，成立于 1994 年，直到 2015 年才实现第一次季度盈利，现在的市值早已超过万亿，远远甩开零售巨头沃尔玛。

研发团队可以用商业画布去收集相关信息作为需求分析的输入。如果能邀请产品经理坐下来一起完成一个产品的商业画布，一边制作，一边沟通、澄清，效果更好。

用商业画布进行商业模式分析的过程基本如下。

1）找到产品的目标客户群（客户细分）。

2）分析客户的需求（价值主张）是什么。

3）探讨怎样才能获取到客户（渠道）。

4）如何建立和维持客户关系以便留住客户（客户关系）。

关键合作伙伴 （key partnerships）	关键业务活动 （key activities）	价值主张 （value propositions）	客户关系 （customer relationships）	客户细分 （customer segments）
	核心资源 （key resources）		渠道 （channels）	
成本结构（cost structure）			收入来源（revenue streams）	

图5-4　商业画布构造图

5）应该用什么样的方式实现盈利（收入来源）。

6）发掘产品目前拥有什么样的核心资源，如资金、技术和人力等（核心资源）。

7）列出必须要交付的业务功能（关键业务活动）。

8）找出重要的合作伙伴（关键合作伙伴）。

9）分析投入产出比是怎样的（成本结构）。

如图 5-5 所示为一个在线教育 App 产品的商业画布示例。从测试角度来看，应该重点关注客户细分、价值主张、客户关系、关键业务活动、渠道 5 项内容。

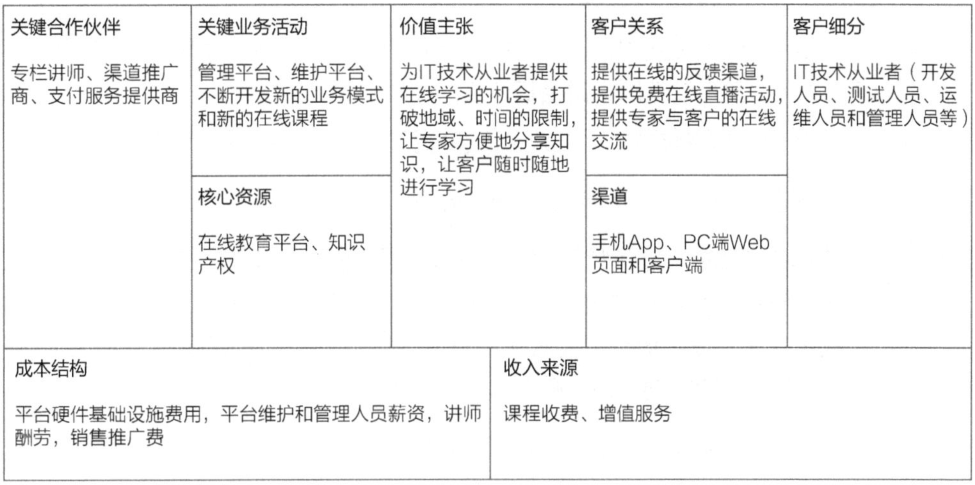

关键合作伙伴	关键业务活动	价值主张	客户关系	客户细分
专栏讲师、渠道推广商、支付服务提供商	管理平台、维护平台、不断开发新的业务模式和新的在线课程	为IT技术从业者提供在线学习的机会，打破地域、时间的限制，让专家方便地分享知识，让客户随时随地进行学习	提供在线的反馈渠道，提供免费在线直播活动，提供专家与客户的在线交流	IT技术从业者（开发人员、测试人员、运维人员和管理人员等）
	核心资源 在线教育平台、知识产权		渠道 手机App、PC端Web页面和客户端	
成本结构 平台硬件基础设施费用，平台维护和管理人员薪资，讲师酬劳，销售推广费			收入来源 课程收费、增值服务	

图5-5　在线教育App商业画布示例

5.2.3　影响地图

影响地图（impact map）是《影响地图：对软件产品和项目产生重大影响》（*Impact Mapping: Making a Big Impact With Software Products and Projects*）这本书提出的一个用于业务分析的可视化工具，它从"why-who-how-what"这 4 个方面，按照"目标—角色—角色的影响方式—具体方案"的顺序进行讨论，逐步提取出达成业务目标的解决方案。

利用这个工具，研发团队从"为什么要做这个产品或者功能"出发，与业务负责人一起讨论并制定一个产品或功能要实现的业务目标，然后识别出哪些角色会影响这个目标的实现，影响方式是什么，每种方式具体要做什么。研发团队可以从中识别出产品需要设计哪些功能特性，同时帮助实现业务目标。

这里仍然以在线教育 App 产品为例来讲解影响地图的使用。假设产品经理希望添加一个课程分销的功能，App 用户可通过这个功能把课程推广出去，并获得收益。

它的"why-who-how-what"这 4 个方面内容如下。

- why：包含两个方面的内容。第一，为什么需要这个功能？例如"分销功能"是为了实现课程推广的裂变效应，从而提高销售额。第二，通过这个功能可以实现什么样的业务目标？设定的业务目标应该是明确、清晰、可衡量的，并且是可以实现的，例如在 3 个月内课程销售额通过分销功能增加 20%。

- who：哪些角色会影响目标的达成？这些角色既可以帮助我们实现业务目标，又可能阻碍目标的实现。在此案例中，识别出影响目标的角色，包括 App 用户、市场推广人员、课程审核人员和课程讲师等。

- how：需要用什么样的方式影响上述角色的行为来达成目标，既包含产生促进目标达成的正面行为，又包含消除阻碍目标达成的负面行为。

- what：对于每一种影响方式，需要采取哪些具体方案。

如图 5-6 所示就是为这个分销功能制作的影响地图。

从这个例子的具体方案中，是不是可以识别出不少需要研发团队实现的功能特性？比如推广海报的制作、收益查看、提现和微信链接等。如果分析出来的功能特性比较多，那么团队需要对它们进行优先级排序，按照功能特性对业务目标的影响大小来决定哪些功能必须要有、哪些功能无关紧要，以及哪些功能要先做、哪些可以后做等。

通过影响地图，研发团队可以清晰地知道产品或功能如何帮助企业实现业务目标，这样就会对自己做的产品更有信心，工作也会更有动力。

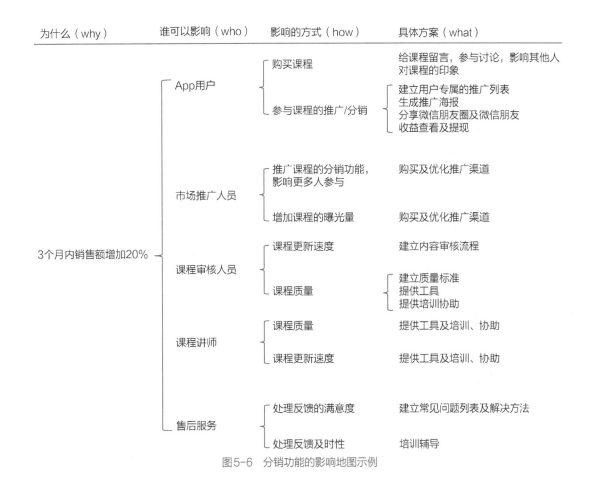

图5-6 分销功能的影响地图示例

5.2.4 用户故事地图

使用商业画布和影响地图可以帮助团队明确产品的价值、目标、用户、主要功能特性等，在这些问题解决之后，接下来团队就可以动手编写用户故事。一般情况下，首先编写史诗级的用户故事，Epic，然后将每个Epic拆分成若干个用户故事。下一节将会详细介绍如何进行用户故事的拆分和评审。这些不同的用户故事组成要实现的产品待办事项列表。但这样形成的待办事项列表所呈现的用户故事是零散的，因此呈现的产品需求也是零散的，缺乏系统性。这时就需要引入用户故事地图（user story mapping）——一种生成用户故事的团队协作沟通的新方法。

用户故事地图的概念来自杰夫·巴顿创作的一本书《用户故事地图》，敏捷团队可以利用用户故事地图协作产生用户故事，也可以用其进行需求分析管理。每一个用户故事地图体现了产品完整的用户故事。用户故事地图为敏捷团队解决下列问题：

- 团队协作产生用户故事；

- 系统化地呈现软件要提供的全部功能；

- 识别出要交付软件的最小化可行产品（minimum viable product，MVP），目的是以最小的投入快速交付对用户最有价值的软件，这一点对于敏捷开发尤其重要，它可以很好地服务于迭代增量开发；

- 呈现不同粒度的用户故事之间的关系（Epic 和用户故事）；

- 识别用户故事的优先级。

用户故事地图需要敏捷团队成员共同完成，可以采用大家坐在一起进行"头脑风暴"的方式。这里还是以在线教育 App 这个案例来设计一个用户故事地图，如图 5-7 所示，它从购买课程的用户角色出发，按照课程购买发生的活动顺序从左到右排列。最上面一行是 Epic，下面是每个 Epic 拆分出来的细粒度的用户故事，从上到下显示了用户故事的优先级，按照轻重缓急把用户故事分成 3 批进行交付，最有价值的用户故事放在第 1 批，成为第一个可交付软件的MVP，次要的放在第 2 批，其他的放在第 3 批。

图 5-7   用户故事地图示例

在一个软件产品中，不同用户角色对应不同的用户故事地图。例如，对于在线教育 App，还可以给"课程讲师"这个角色制作一个用户故事地图。

5.3　从 Epic 到用户故事完成需求评审

传统的需求评审是通过评审会，产品、开发、测试等人员坐在一起来完成市场需求文档（market requirements document，MRD）或产品需求文档（product requirements document，PRD）的评审，以发现文档中需求缺失、无意义的需求、模棱两可的描述等问题。一般在评审前，需要明确评审标准，使评审有据可依。敏捷开发中的需求评审伴随着需求分析、沟通和澄清随时进行。在一定程度上，无论是传统的需求评审，还是敏捷需求评审，有些标准是通用的，具有普适性，例如，需求的可测试性就是通用且必要的。我们先来看看通用的评审标准有哪些。

5.3.1　通用的评审标准

除可测试性以外，需求评审标准还包含可行性（能够实现）、易修改性（文档容易维护）、正确性、易理解性和一致性等。有些要求，比如正确性、易理解性，看似简单，要做到也是不容易的，我们针对其中一个可以提出一系列的问题，想一想我们平时的需求文档是否都能给出明确、正确的回答，恐怕很难吧！

正确性问题如下。

- 需求定义是否符合软件标准、规范的要求？
- 每个需求定义是否都合理并经得起推敲？
- 是否所有的功能都有明确的目的？
- 是否存在对用户无意义的功能？
- 采用的算法和规则是否科学、成熟和可靠？
- 哪些证据说明用户提供的规则是正确的？

一致性问题如下。

- 所定义的需求内容前后是否存在冲突和矛盾？
- 是否使用了标准术语和统一形式？
- 使用的术语是否是唯一的？
- 所规定的操作模式、算法和数据格式等是否相互兼容？

除正确性、易理解性、一致性、可测试性、可行性和易修改性以外，还需要考虑需求的完备性和可追溯性，这两点更具挑战性，要做到完备几乎是不可能的，在敏捷中也不追求功能特性的完备性，而是先交付高价值的特性，再交付中等价值、低价值的特性。但是，用户故事的验收标准需要考虑其完备性，尽量考虑或挖掘出各种输入/输出、条件限制、应用场景或操作模式，不但包括正常的输入/输出、应用场景和操作模式，而且包括非法的输入/输出、异常的应用场景和操作模式等。针对数据项，甚至需要考虑其来源、类型、值域、精度、单位和格式等。

需求的可追溯性主要是指每一项需求定义是否可以确定其来源，其问题如下。

- 来自哪项具体的业务？

- 由哪个用户提出来？

- 是否可以根据上下文找到所需要的依据或支持数据？

- 后续的功能变更是否能找到其最初定义的功能？

- 功能的限制条件是否可以找到其存在的理由？

5.3.2 Epic 的评审

对于敏捷项目，需求如何评审呢？一般敏捷的用户故事也是由特性拆解出来的，一个特性可以拆出很多个用户故事。从具体评审来看，就是要评审特性的描述和用户故事的描述，但在敏捷中，可能没有具体的特性描述，或者说，特性的评审属于传统的范围，可以按照上面讨论的通用标准来进行评审。而在敏捷中，面对的两个具体评审对象是用户故事和 Epic。我们可以先从宏观（Epic）开始，再到微观（具体到每一个用户故事）。

Epic 在敏捷中的应用还是比较普遍的，但不同的人对 Epic 理解是不一样的，容易引起一些争议。Epic 最早由迈克·科恩在《用户故事与敏捷方法》一书中提出，即"当一个用户故事太大，有时候就称之为史诗"（When a story is too large, it is sometimes referred to as an epic）。这里，Epic 是史诗般的大用户故事，也符合 Epic 这个词的本意。例如，提到一部"动作冒险"电影，自然少不了一场汽车追逐、一场格斗或一场枪战等；上文提到的在线教育 App 的案例，自然也会有发现课程、购买课程、分销课程等这样的大故事。

但也有公司（如 Atlassian 公司）认为 Epic 是一种与用户故事有区别但包含用户故事的积压项目：Epic 是大块头的工作项，它可以分解为许多较小的用户故事（An epic is a large body of work that can be broken down into a number of smaller stories），可以被视为图 5-7 的一列，如"账户管理"中的一组用户故事。

总而言之，把 Epic 看成更大的故事，这没错，可以用如图 5-8 所示来区分特性、Epic、用户故事和任务（task）之间的关系。

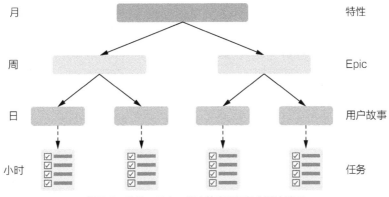

图5-8 特性、Epic、用户故事和任务之间的关系

下面就来讨论 Epic 的评审，还是以在线教育 App 为例，从购买课程的用户角色出发，按照课程购买发生的活动顺序从左到右排列，从账户管理开始，到课程搜索、课程购买、课程管理，最后以课程分销结束。评审时，我们会提出下列这些问题。

- 这个过程合理吗？符合时间顺序吗？
- Epic 名称是否合理？
- Epic 每个特性下面的用户故事（列）设置合理吗？
- 优先级设置是否合理？

例如，在图 5-7 中，从购买课程的用户角色来看，检查一下是否能发现下列这些问题。

- "账户管理"是不是可以往后排列？
- "课程搜索"后是否要增加"课程试读"内容？"课程搜索"更换为"课程发现"是不是更贴近用户习惯？
- "综合查询"在表达上比较模糊，也没必要，改为"关键词查询"是否更明确呢？
- "课程管理"改成"课程学习"是否更为合理？
- "收益管理"是不是可以拆成"收益提现"和"收益详情"？
- "拼团购买"目前比较流行，也能吸引更多新用户参与，是否可以添加进来呢？
- 为吸引更多用户参与，在"课程分享"中是否增加一个"影响力榜"？
- 课程学习后是不是要做学习笔记？发现某一课程讲得很好，是否要收藏？
- …………

经过评审之后，解决评审中所提出的问题，就形成了新的、更合理的用户故事地图，如图 5-9 所示。

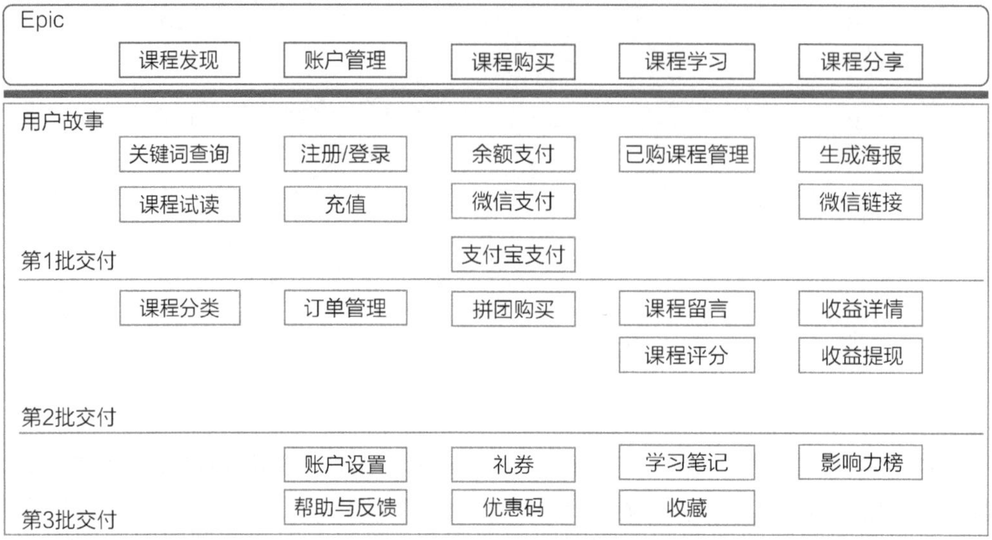

Epic					
	课程发现	账户管理	课程购买	课程学习	课程分享

用户故事					
	关键词查询	注册/登录	余额支付	已购课程管理	生成海报
	课程试读	充值	微信支付		微信链接
第1批交付			支付宝支付		
	课程分类	订单管理	拼团购买	课程留言	收益详情
				课程评分	收益提现
第2批交付					
		账户设置	礼券	学习笔记	影响力榜
第3批交付	帮助与反馈	优惠码	收藏		

图5-9　评审通过的用户故事地图示例

5.3.3　用户故事的评审

完成 Epic 的评审，就可以进入用户故事的评审。用户故事的评审相对具体、有标准，常用的标准就是 INVEST 标准，如下所示。

> independent（独立的）；
> negotiable（可协商的）；
> valuable（有价值的）；
> estimable（可估算的）；
> sized Appropriately or Small（大小合适的）；
> testable（可测试的）。

这个 INVEST 标准清单最早起源于 Bill Wake 在 2003 年写的文章"INVEST in Good Stories, and SMART Tasks"，该文章也将特定的、可衡量的、可实现的、相关的、限时的英文首字母，重新用于用户故事的技术分解所产生的任务。他还在 2012 年写了以下 6 篇系列文章：

1)《INVEST 模型中独立的故事》（"Independent Stories in the INVEST Model"）；

2)《INVEST 模型中可协商的故事》（"Negotiable Stories in the INVEST Model"）；

3）《INVEST 模型中有价值的故事》（"Valuable Stories in the INVEST Model"）；

4）《INVEST 模型中可估算的故事》（"Estimable Stories in the INVEST Model"）；

5）《INVEST 模型中大小合适的故事》（"Small - Scalable - Stories in the INVEST Model"）；

6）《INVEST 模型中可测试的故事》（"Testable Stories in the INVEST Model"）。

其中以第一篇文章为例，他举了一个极端的例子，想象一组功能，具有 6 个能力 {A, B, C, D, E, F}。

如果我们也写了 6 个用户故事，分别覆盖了其中一些功能，如下所示：

1）{A, B}；

2）{A, B, F}；

3）{B, C, D}；

4）{B, C, F}；

5）{B, E}；

6）{E, F}。

这种重叠（耦合）是不是让用户故事之间都相互依赖不能独立开发完成？因此，一定要让每个用户故事相对独立，这样不但有利于实现，而且有利于理解和沟通。

当初是为了整合成一个容易记住的缩写词，因此 INVEST 由每个单词的首字母组成，但字母的先后顺序并不代表优先级。从评审的过程来看，先看这个用户故事有没有价值，这种价值是指对客户 / 用户的价值，而不关心对开发人员或测试人员有没有价值；如果没有价值，其他的"INEST"就不用看了。因此，评审的过程是从是否有价值开始，再检查其独立性、可协商性、可测试性、可估算性等，如图 5-10 所示。

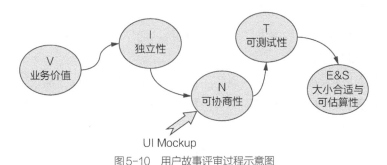

图 5-10　用户故事评审过程示意图

一个用户故事越大，其估算的误差就越大，另外，可测试性在前面已经介绍过，因此可估算、可测试性等比较容易理解，这里不再一一说明。

不容易理解的是"可协商的"，因为我们之前说过，需求越明确越好，不希望出现"快""大概""可能""几乎"等这样的词，越模糊就越不可测。可协商的是否意味着不明确呢？其实不是，只是说用户故事不是功能的约定，将来是可以调整的，即用户故事的细节在未来开发过程中可以由客户和开发人员去协商，包括测试思路。但可协商的要求和可测试的要求是矛盾的，而且和我们之前说的 ATDD 也是有冲突的。如果在设计、编程之前就把用户故事的验收标准等明确下来，那么在未来开发过程中协商的空间就很小了。

用户故事越明确，越有利于可测试性和可估算性。规模小，有时具有迷惑性或欺骗性，太小也不一定是好事情。迈克·科恩和肯特·贝克合著的《用户故事与敏捷方法》中提到了故事太小是第一个不良征兆，还举了一个例子，即下面的两个用户故事就应该合并为一个用户故事。

搜索结果可以保存为 XML 文件。

搜索结果可以保存为 HTML 文件。

用户故事的大小可以控制在几个人天的工作量，比尔·韦克认为故事通常最多只能代表几个人周的工作量。在系统规模不大的情况下，用户故事的工作量是几个人天；如果是大规模系统，用户故事的工作量可以达到几个人周。

用户故事需要满足 3C 原则: card（卡片）、conversation（会话）和 confirmation（确认）。

- 卡片：一张卡片书写一个用户故事，卡片的空间很有限，可以促进用户故事简洁，捕获需求的精髓或目的。
- 会话：类似前面"可协商的"，强调需求的细节是在开发团队、产品负责人及利益相关者之间的会话中暴露和沟通的，用户故事仅作为建立这个会话的一个承诺。
- 确认：用户故事还要包含满足条件形式的确认信息，这些就是之前所说的、用于澄清期望行为的验收标准。

从用户故事需求评审来看，还有一点要注意，它是表达客户的真实需求还是表达客户给出的解决方案。我们需要的是客户的真实需求，而不是解决方案，解决方案倒是我们开发团队所要做的事情。

笔者经常会举一个简单的例子，你去食堂吃饭，你的同事在路上碰到你，并对你说：帮我买几个馒头回来，我就不去食堂了。"买几个馒头"是用户的需求，还是用户基于某个需求给出的解决方案呢？他的真实需求可能会是哪些呢？

5.4 不可忽视的设计评审

与需求评审不同，传统开发模式下测试人员很少参加设计评审，总觉得设计评审和测试的关系不大，其实，这样的认知是错误的。

记得在一次会议的演讲之后，一位与会的测试人员提问：如何进行可靠性测试？

如果是你的话，可能会将可靠性计算公式告诉他，然后告诉他用压力测试、故障注入的方式来进行可靠性测试，你甚至可能想到现在比较流行的混沌工程，但这些并不是非常有效的方法。

更好的做法是告诉他，首先要加强设计评审。在评审时，询问系统架构师或系统设计人员下列问题。

- 他们是如何来保证系统可靠性的？
- 关键组件有冗余设计吗？
- 故障转移机制有没有？
- 如果有故障转移机制，那么是如何设计的？
- 可以在线上进行演练吗？
- 系统一旦失效，估计花多少时间恢复？
- 用户数据是实时备份的吗？
- 用户数据是否有被攻击的漏洞？
- 线上数据库遭受破坏，数据能恢复吗？
- 数据恢复需要多长时间？

了解了这些可靠性相关的信息后，验证这些具体措施就相对容易了。

也就是说，我们需要先通过设计评审，即当检查系统设计时是否充分考虑了可靠性的需求，在设计中是否存在考虑不周的问题，并且通过设计评审，清楚如何去验证系统的可靠性；否则，使用压力测试的方法进行高负载测试，无论是从时间上还是从要付出的其他代价上来看，往往很难让人接受。即使有故障注入的测试方法，也需要先了解可能有哪些故障触发点或故障模式，才能把有效的故障数据注入进去。

更糟糕的是，如果没有设计评审，或在设计评审时，没有从测试的角度去提问，可靠性、性能、安全性等问题就很难在系统设计时被发现。等到后期系统测试时再发现，往往为时已晚，团队将付出很大的代价，需要修改设计和代码，再重新测试。这就体现了设计评审的价值和重要性，

5.4.1　设计评审的价值和重要性

通过设计评审，可以给我们带来下列 3 点收益。

1）更好地确保软件设计的可测试性，包括系统的功能、性能、安全性和可靠性等。

2）更重要的是能够提前发现设计上的缺陷，避免直到系统测试时才发现问题，大大降低了系统的质量风险、项目管理风险和软件研发成本。

3）更好地了解系统是如何实现的，以及由哪些组件、服务构成，更深入地了解系统架构、关键组件和关键接口等，有助于实现分层测试、面向接口的测试，从而提高测试方案、测试设计的有效性和效率。

在敏捷开发模式下，我们更强调测试左移和持续测试，这就少不了设计评审。从设计评审的角度来看，无论是传统开发，还是敏捷开发，都有一些基本的评审标准，比如设计的规范性、开放性、可测试性、可扩展性和一致性等，设计应力求简单、合理、清晰，做到高内聚、低耦合。同时，最终设计必须能满足需求，所有功能特性都有相应的组件去承载，并且它们之间的映射是合理的。

下面就来说说如何高效地完成敏捷开发模式下的设计评审。

5.4.2　如何完成架构评审

在敏捷开发模式下，即使文档再少，首先，系统架构图不能省略，其次，接口定义文档也不能省略。因此，在敏捷开发中，设计评审重点应放在架构评审和接口定义文档的评审上。

首先，我们展开系统（逻辑）架构设计图，如图 5-11 所示。针对这个架构图，先整体评审，再对每层进行评审，从 UI 层开始，深入 API 层、安全（security）层、核心（core）层、存储（storage）层、工作流引擎（workflow engine）、搜索引擎（search engine）、目录和元数据引擎（catalog & metadata engine），以及状态与报告（status & reporting）等组件。

在系统架构设计评审时，如上文开始所说的，可以就性能、可靠性、安全性等进行提问，了解系统整体架构设计是否合理、是否有缓存机制、是否有冗余设计、是否存在单点失效等问题；在整体上，则需要了解选型是否合理、是否是分布式架构、是否更应该选用微服务架构等问题。如果具体到非功能特性，那么有以下这些原则或规律可循。

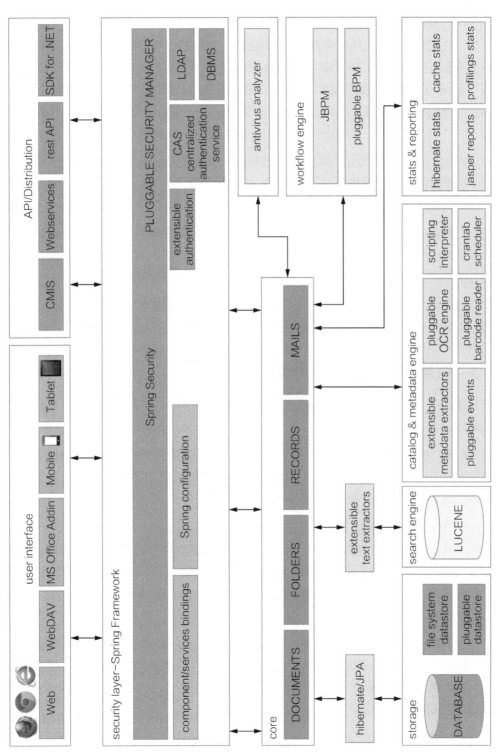

图5-11 某软件系统逻辑架构示意图

1）性能。一般在设计上会考虑分层架构，分布式架构，（文件）系统缓存机制，轮询式任务分配，数据服务器和应用服务器分离，数据分片和数据读写分离，以及 CDN 等措施。例如，现在普遍采用的内容分发网络（content delivery network，CDN）技术，能够将站点内容发布至遍布各地的海量加速节点，使其用户可就近获取所需内容，避免网络拥堵、地域、运营商等因素带来的访问延迟问题，有效提升访问速度、降低响应时间，获得流畅的用户体验。

2）安全性。数据和系统的分离，将系统权限和数据权限分别设置，以及基于角色的访问控制设计等都可以提高系统的安全性。如图 5-11 所示，设计中间层可以隔离客户对所存储数据的直接访问，进一步保护数据库的安全。

3）可靠性。采用多节点分布式体系架构，这样单个节点失效不会造成整个系统失效，从而确保系统的可靠性。而且，负载也能均衡地分布在不同节点上，不会像单体系统受到集中式负载压力冲击而引起类似"拒绝服务"（DoS）的问题，以保证服务的可用性。

4）可扩展性。区分可变和不可变业务，采用多层分布体系架构，基于不同的组件或层次为不同的业务提供开放的服务接口（API、SDK），并尽可能简化架构，降低模块间的耦合性等。

5.4.3　有层次的（组件）评审

在整体评审通过后，我们会继续就系统的各个层次或各个组件进行更为细致的评审，逐层往前推进。

1）UI 层。检查是否采用了类似 GWT（谷歌 Web 工具包）的 Web 2.0 用户界面框架，从而能够支持 Firefox、IE、Safari、Google Chrome 等浏览器的最新版本，以及是否适用基于 JQuery Mobile 的移动设备、WebDAV 和 CIFS 协议等。

2）API 层。检查是否支持 OASIS 开放标准的 CMIS（content management interoperability services）协议，即是否允许使用 Web 协议互连，并控制各种文档管理系统和存储库；检查是否支持 OpenAPI 标准，能否通过 Web 服务（SOAP）和 REST 提供完整的、开放的 API，从而实现与第 3 方应用程序的集成；检查是否提供了用于 Java、.NET 和 PHP 等二次开发的SDK。

3）安全层。涉及用户身份的验证，以及注册用户和未注册用户访问权限的管理、安全控制等。如图 5-11 所示，该架构采用了 Spring Security 实现基于用户的凭据集中管理用户的访问权限、通过 Access Manager 模块实现安全控制、通过 CAS（authentication centralized service）服务实现身份验证等。

4）存储模块。检查是否足够安全、可靠和开放。图 5-11 所示的系统架构使用了 Hibernate

进行对象关系映射（Object Relation Mapping，OMR），并能支持不同的关系数据库，而整个元数据层则存储在数据库（database）中。

5）其他组件。例如，检查搜索引擎、目录和元数据等组件设计是否合理。如果选择第 3 方开源产品，那么需要了解它是否是成熟的组件、属于哪一类开源许可协议，以及有没有法律风险等。

5.4.4 接口定义的评审

架构评审完之后，就需要深入各个组件详细设计的评审。而在这之前，需要针对接口详细设计文档进行评审，这也是值得我们特别关注的。因为接口关系到每个开发人员能否相对独立、高效地进行工作，还关系到之后众多组件能否集成为可正常运行的系统。

接口分为多种，如资源接口、操作接口和页面接口。前面两种接口相对简单，要求按照 RESTful 方式定义即可，而对于页面，可能涉及太多接口，不能一个个进行调用，这样会导致系统性能比较差，严重影响用户体验。因此，我们需要在后台把数据处理好，然后形成一个聚合型接口提供给前端来使用。

从接口定义来看，要求遵循 RESTful 风格、采用 UTF-8 统一接口编码方式，接口应具备可扩展性，接口拆分合理、粒度合适，接口描述清晰、一致，标注请求方式并能区分 GET、POST 等不同方式的应用场景，比如获取数据用 GET，新增 / 修改 / 发送数据用 POST；接口地址（URL）使用相对路径，从而尽量减少参数传递；参数命名准确并符合统一的命名规则，同时标注参数数据类型、值域范围、是否可为空等；接口必须提供明确的数据状态信息、统一的标识调用状态（无论是成功还是失败）。

从接口性能来看，数据格式采用 JSON 格式比 XML 好，这是因为它的数据量少，而且尽量按需传递数据，前端需要什么数据就返回什么数据。为了实现更好的性能，还要设置缓存机制，包括文件缓存、Memcache 等。

从安全性来看，包括验证签名机制、接口访问授权机制、数据传输加密、客户端身份验证和时间戳验证等，同时选用合适且安全的算法。对于核心数据的 ID 字段，不要使用自增的数字类型，而应使用 Hash 算法产生随机的字符串类型，避免核心数据被轻易抓取等。

5.4.5 设计的可测试性

可测试性不仅在需求阶段非常重要，在设计环节也同样重要，读者可能注意到人们经常会提到"可测试性设计"（design for testability，DFT）和"设计驱动开发"（design-driven development，DDD）。通过设计可以确保系统结构的简单性、可观察性和可控制性，如 MVC 设计模式、接口单一性、各个模块有明确的接口定义等。在设计上改善软件的可测试性，主要是通过设立观察点、控制点、驱动装置和隔离装置等来实现的。

1）测试驱动设计方法，比如先确定验收测试用例，再设计具体的功能，先确定性能、可靠性等测试用例，再考虑如何实施架构设计，以满足不同特性的要求。

2）选用开放、先进而成熟的设计模式和框架，在一定程度上能保证系统结构的低耦合性、单一的依赖关系，具有较高的可测试性。

3）可控制性设计，包括业务流程、模块、场景、全局变量、接口等的可控制性设计，即在外部提供适当的方法、途径，直接或间接地控制相应的模块、全局变量和接口等。这些途径可能包括设立 XML 配置文件、暴露 API、统一接口等操作。

4）数据显示与控制分离，通过分层，增加了系统的可观察性和可控制性。这样，就可以通过接口调用，分别完成相应的业务逻辑、数据处理等的测试。

5）遵守设计原则（如接口隔离原则），并针对模块，尽量分解到相对稳定、规模合适的程度，以确保模块的独立性和稳定性，有利于独立开展对模块的测试活动。

6）设计易理解性，包括明确的设计标准、规范的设计文档、明确的接口及其参数的定义，使设计有据可依，层次清晰，设计文档易读。

5.5　BDD及其自动化实践

前面已经介绍了 TDD、UTDD 和 ATDD，讨论了需求的可测试性，通过测试在前的敏捷开发理念，比如先建立用户故事的验收标准，来提升需求的质量。在 ATDD 的基础上，再进一步，就是 BDD 的开发模式。

5.5.1　什么是BDD

行为驱动开发（behavior-driven development，BDD）是由丹·诺思提出的，他在 2003 年开发了一个称为 JBehave 的工具：一个更加关注代码行为的测试工具，强调用自然语言编写测试脚本，可以代替 JUnit。后来经过几年的实践，在 2006 年，诺思与克里斯·马茨合作提出了 BDD，把软件行为转化为 Given-When-Then（GWT）格式进行描述，将 BDD 的范围从测试扩展到业务分析，BDD 至此正式诞生。

但是直到 2009 年，诺思才给出了关于 BDD 的定义，不过仍然让人难以理解究竟什么是 BDD。后来他和另外两位合作者一起又给出了一个新的定义，如下所示。

> BDD 是一个过程，旨在通过改善工程师和业务人员之间的沟通来促进开发项目的交付。BDD 确保所有的开发项目始终关注要交付产品的实际业务需要，即满足用户的所有需求。
>
> ——康斯坦丁·库德里亚绍夫、阿利斯泰尔·斯特德和丹·诺思

BDD 的首要目的是促进团队沟通业务需求，关注真正对用户有价值的需求。BDD 强调团队成员（业务分析人员、开发人员和测试人员）之间通过协作定义软件的行为，即用户与软件进行交互的方式。同时，BDD 关注业务领域，提倡采用简单且结构化的通用领域语言描述需求，不懂代码的业务人员也可以看懂并且参与编写，以此避免不同领域背景的团队成员之间在理解上的偏差。

正是基于以上两点，BDD 从业务角度可以帮助研发团队快速交付有价值的产品。在采用 BDD 的敏捷开发中，采用 GWT 格式的自然语言来描述一个用户故事可能遇到的应用场景，并以此作为用户故事的验收标准，如下所示。

- Given：给定什么上下文 / 条件 AND/OR 其他条件。
- When：当什么事件 AND/OR 其他事件被触发。
- Then：产生什么结果 AND/OR 其他结果。

示例如下。

```
As a driver,
I want the vehicle to determine the speed limit and set the speed to that limit
So that I do not have to pay attention to speed limits

Acceptance Criteria:

Scenario 1:
Given a speed limit
when the car drives
Then it is close to the speed limit but not above it

Scenario 2:
Given the car is moving
when the speed limit changes
Then the speed changes without excessive force
```

5.5.2　BDD和测试的关系

虽然诺思在提出 BDD 概念的时候认为 BDD 是升级版的 TDD，但同时他也在命名的时候用 "behavior"（行为）代替了 TDD 中的 "test"（测试）。后来，他一直提醒大家不要以为 BDD 就等同于测试或自动化测试，因为 BDD 更关注系统行为和业务需求的沟通。那么，究竟

如何理解 BDD 和测试的关系呢？

BDD 强调通过协作和沟通保证业务需求的正确性，而业务需求是软件测试最重要的上下文之一，前面已经多次强调过这一点。因此，BDD 和测试关系紧密，BDD 为软件测试提供了更为准确、可靠的测试需求。

BDD 使用业务领域的自然语言来描述用户故事的具体场景，让验收标准更加明确，保证了用户故事的可测试性。因此，BDD 可以看作 ATDD 的实例化，即 BDD 是通过上述 GWT 格式所描述的具体场景来建立 ATDD 中的验收标准。BDD 和 ATDD 都是在业务层次上实践 TDD：首先编写验收测试用例，然后驱动产品的设计与代码，以此保证软件功能特性被正确实现。而 UTDD 是在代码层次上，先编写单元测试脚本，在没有开发代码的情况下运行测试脚本自然会失败，再开发并修改代码直到测试能够通过。随后根据需要可以重构代码，直到新的代码也可以通过单元测试。

图 5-12 展示了 BDD 和 UTDD 的关系和工作流程。首先在业务层面为用户故事添加场景化的验收标准，并在此基础上生成验收测试用例。随后，工程师编写代码来实现这个用户故事。但先需要开发能够验证所实现的功能的单元测试脚本，再开发代码让测试通过，需要时通过重构代码改善代码质量，重构后的代码也必须通过单元测试。这时，我们就可以在业务层面对这个用户故事进行验收测试了。如果需求有了变更，那么验收标准和验收测试用例也需要更新，然后又开始上述循环。

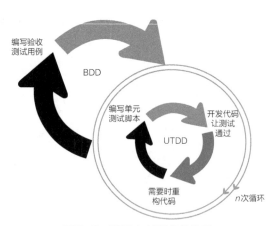

图 5-12　BDD 与 UTDD 的关系

BDD 实践时不一定必须实现完全的测试自动化，但规范化的验收标准为测试自动化提供了良好的基础。或者说，为了更容易、更准确地实现自动化测试，BDD 要求用 GWT 这样的规范格式来描述用户场景。目前有多种能够很好支持 BDD 的自动化测试工具和框架，可以编写并执行自然语言风格的测试用例，并且支持与多种测试执行工具的集成。图 5-13 展示了 BDD 实践下的用户故事验收测试过程：

1）业务负责人（产品经理）和敏捷团队沟通业务目标及功能特性；

2）业务分析人员、开发人员和测试人员协作编写用户故事；

3）建立用户场景，以指导研发人员编写产品代码及自动化测试代码；

4）测试人员手工执行不能自动化的部分；

5）提交用户故事验收测试报告，即提供质量反馈。

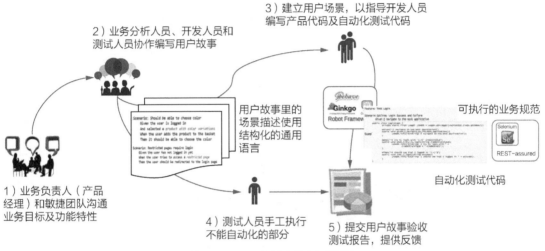

图5-13 BDD与用户故事验收测试

5.5.3 现有的BDD自动化测试框架

BDD 自动化测试框架的共同特点是可以编写并执行自然语言形式的测试用例，从产品的用户价值和业务需求出发，从而实现 BDD。在第 4 章中，我们从验收测试框架的角度了解了支持BDD 的自动化测试框架 Karate 和 Ginkgo。这里将重点介绍倍受推崇的 Cucumber，然后看看其他几个常用的 BDD 自动化测试框架，即 Robot Framework、Behave、Gauge。

Cucumber 是基于 Ruby 语言的自动化测试框架，可以和 Ruby on Rails、Selenium、PicoContainer、Spring Framework 等框架集成，而且既支持 Web UI 的自动化测试，又支持 API 的自动化测试。

Cucumber 还能同时进行服务器和手机端的功能测试。Calabash 是一个服务于移动端 App 的验收测试框架，其中核心是 Cucumber，通过 Cucumber 将 Android 的测试框架 Robotium，以及 iOS 的测试框架 Frank 封装起来，使得 Cucumber 的 Step 可以调用 Robotium 或 Frank 进行测试。

如图 5-14 所示是 Calabash 的工作原理图，其中 Features 相当于前面所说的 Cucumber 的 .feature 文 件，Ruby Client Library 提 供 API 支 持 并 与 Instrumentation Test Server 或 Calabash HTTP Server 连接，即实现 PC 端与模拟器或手机真机进行通信，驱动被测应用执行 UI 自动化操作。

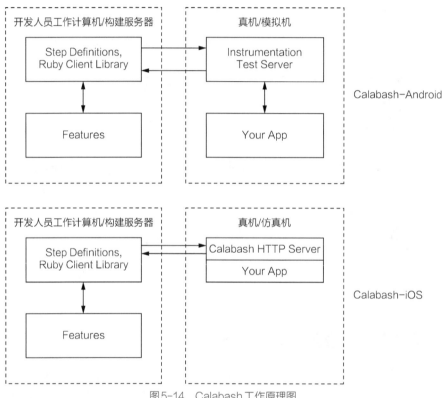

图5-14　Calabash工作原理图

Cucumber 做到了业务规范和具体的测试代码分离，并且非研发人员也可以编写业务规范。不仅如此，GWT 风格描述的用户场景让软件系统的行为更清晰，因此 Cucumber 不但是一个自动化测试框架，而且是一个团队进行需求沟通和协作的工具。但是单纯地从自动化测试的角度来看，很多人觉得固定语法常常让人感觉写起来费时又费力。

虽然 Cucumber 几乎是 BDD 的代名词，但它不一定是最好的或最适合你的，可以看看其他 BDD 自动化测试框架是不是更适合自己。下面就将几个 BDD 自动化测试框架各自的特点做一个比较，如表 5-1 所示，从而帮助你做出更明智的选择。

表5-1 常用的BDD自动化测试框架的特点

BDD自动化测试框架	特点
Cucumber	• 基于Ruby开发的测试框架，支持多种语言的测试代码； • 提供与多种测试框架和测试工具的集成，既支持UI测试，又支持API测试； • 支持Gherkin语言以Given-When-Then格式编写测试用例，支持中文在内的多种语言； • 测试用例和自动化测试代码分离，测试用例通过Given、When、Then等关键字驱动测试代码
Robot Framework	• 基于Python开发的、可扩展的通用框架，支持关键字驱动、数据驱动和行为驱动； • 通过测试库识别、操纵被测对象，其框架周围有一个丰富的生态系统，由各种通用测试库和工具组成，如Selenium2Library、SSH库和Scrapy等； • 提供友好的测试用例编写环境——RIDE，支持中文在内的多种语言； • 拥有丰富的关键字库； • 测试用例和自动化测试代码分离，测试用例通过Given、When、Then等关键字驱动测试代码
Behave	• 有多种Behave框架，每种框架支持特定的语言，如支持Java的JBehave，支持Python的Behave； • Given-When-Then格式编写测试用例； • 测试用例和自动化测试代码分离，测试用例通过Given、When、Then等关键字驱动测试代码
Ginkgo	• 支持Go语言，支持并行测试、异步等待； • 支持第3方测试库，如GoMock、Testify和Agouti等； • 自定义的DSL语法（Describe/Context/It）可以方便地编写测试用例； • 在同一个文件里描述用户场景和编写测试代码
Gauge	• 支持多种语言； • Markdown语言编写测试用例，在编写格式上更加自由； • 测试用例和自动化测试代码分离，通过测试用例中书写的关键字驱动测试代码
Karate	• 基于Cucumber-JVM构建的开源测试工具，因此具备Cucumber的很多特点； • 最大的优点是不需要额外编写Java、Python等编程语言的自动化测试代码； • 支持多线程并发测试

5.5.4 BDD实例

让我们一起看看如何通过 Cucumber 开发 BDD 需求规范以及自动化测试脚本。Cucumber 的自动化脚本分为两部分。

• 一部分是 .feature 文本文件，用 Gherkin 语言描述用户场景，并且采用 GWT 格式编写，支持包括中文在内的多种语言。一个 Feature 用来描述一个特性、功能点或用户故事。Scenario 是其中定义的用户场景，说明业务规则的具体示例。.feature 文件相当于可执行的测试用例，也称为**可执行的规范**（executable specification），是把 BDD 需求文档脚本化。在执行过程中，它通过 Given、When、Then 等关键字驱动测试代码。

- 另一部分是 Step Definition 文件，针对软件行为的描述编写测试代码，测试脚本支持 Ruby/JRuby、Java、Groovy、JavaScript、C++ 等多种语言。

以在线教育平台查看课程分销收益详情的用户故事为例，一个简单的 .feature 文件示例如图 5-15 所示。

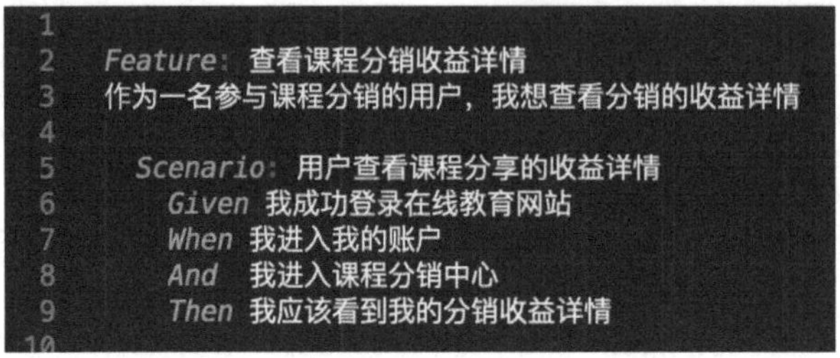

图 5-15   Cucumber 中的 .feature 文件

Cucumber 自动把测试用例转译成 Step 代码，这样就可以方便地添加相应的测试代码。Step 代码如下所示。

```
package com.example;
import io.cucumber.java8.En;
import cucumber.api.java.en.And;
import cucumber.api.java.en.Given;
import cucumber.api.java.en.Then;
import cucumber.api.java.en.When;
import sun.security.util.PendingException;

public class StepDefinitions implements En {
    @Given("^我成功登录在线教育网站$")
    public void 我成功登录在线教育网站() throws Throwable {
//Write code here that turns the phrase above into concrete actions
    throw new PendingException();
    }

    @When("^我进入我的账户$")
    public void 我进入我的账户() throws Throwable {
//Write code here that turns the phrase above into concrete actions
    throw new PendingException();
    }

    @And("^我进入课程分销中心$")
    public void 我进入课程分销中心() throws Throwable {
//Write code here that turns the phrase above into concrete actions
    throw new PendingException();
    }

    @Then("^我应该看到我的分销收益详情$")
    public void 我应该看到我的分销收益详情() throws Throwable {
//Write code here that turns the phrase above into concrete actions
```

```
        throw new PendingException();
    }
}
```

为了方便理解，这里用中文编写用户场景，在实践中完全可以替换成英文。除 Given-When-Then 以外，Cucumber 常用关键字还包括 Feature、Background、Scenario、Scenario Outline、And、OR 和 But 等。如果在一个 .feature 文件中的所有场景重复相同的 Given 步骤，那么可以归并为 Background（背景）。以课程分享功能里面的生成海报这个用户故事为例，其中的主要用户场景的 .feature 文件如图 5-16 所示。

```
 1
 2  Feature: 生成海报
 3  作为一名拉勾教育的用户，我想参与课程分享的活动，这样我就可以方便地
 4  把好的课程推荐给其他人，并且还可以得到分销提成。
 5
 6  Background: 拉勾教育手机App登录
 7      Given 我打开拉勾教育手机App
 8      When  我选择微信登录
 9      Then  我应该成功进入App并看到课程列表
10
11    Scenario: 在推广列表里选择一个课程生成推广海报
12      Given 我进入了课程分销中心
13      When  我进入课程推广列表
14      Then  我应该能为一个课程生成推广海报
15      And   我可以把海报保存到手机
16      And   我可以复制海报的链接
17
18    Scenario: 在已购课程列表里选择一个参加了推广活动的课程
19      Given 我进入了已购课程列表
20      When  我选择一个参加了推广活动的课程
21      Then  我应该能为这个课程生成推广海报
22      And   我可以把海报保存到手机
23      And   我可以复制海报的链接
24      When  我进入课程推广列表
25      Then  我在推广列表里可以找到这个课程
26
27    Scenario: 在已购课程列表里选择一个未参加推广活动的课程
28      Given 我进入了已购课程列表
29      When  我进入一个课程
30      But   我找不到可以参加课程分享的信息
31      When  我进入课程推广列表
32      Then  我发现这个课程不在推广列表里
33
34    Scenario: 在课程列表里选择一个参加了推广活动的课程
35      Given 我进入了首页的课程列表
36      When  我进入一个课程
37      Then  我应该能为这个课程生成推广海报
38      And   我可以把海报保存到手机
39      And   我可以复制海报的链接
40      When  我进入课程推广列表
41      Then  我在推广列表里可以找到这个课程
42
43    Scenario: 在课程列表里选择一个未参加推广活动的课程
44      Given 我进入了首页的课程列表
45      When  我进入一个课程
46      But   我找不到可以参加课程分享的信息
47      When  我进入课程推广列表
48      Then  我发现这个课程不在推广列表里
```

图 5-16　Cucumber 中的 .feature 文件

如果几个场景只是取值不同，即业务的输入或输出数据是变化的，这时就可以使用 Scenario Outline（场景大纲），通过 Examples 表合并需要执行的数据，也就是完成了需求实例化，.feature 文件如图 5-17 所示。

```
 1
 2   Scenario Outline: Login check
 3   Given I am on the login page
 4   When I enter "username" username
 5   And I enter "Password" password
 6   And I click on the "Login" button
 7   Then I am able to login successfully
 8
 9   Examples:
10      | username          | password |
11      | '18611666666'     | '1234'   |
12      | '8618611666666'   | '1234'   |
```

图 5-17　Scenario Outline

相应的 Step 测试代码如下所示。

```java
@RunWith(Cucumber.class)
public class MyStepDefinitions {

    @Steps
    LoginPage loginPage;

    @Steps
    HomePage hp;

    @Given("^I am on the login page $")
    public void i_am_on_the_login_page() {
        loginPage.gotoLoginPage();
    }

    @When("^I enter \"([^\"]*)\" username$")
    public void i_enter_something_username(String username) {
        loginPage.enterUserName(username);
    }

    @When("^I enter \"([^\"]*)\" password$")
    public void i_enter_something_password(String password) {
        loginPage.enterPassword(password);
    }

    @When("^I click on the \"([^\"]*)\" button$")
    public void i_clicke_on_the_submit_button(String strArg1) {
        hp = loginPage.submit();
    }

    @Then("^I am able to login successfully\\.$")
    public void i_am_able_to_login_successfully() {
        Assert.assertNotNull(hp);
    }
}
```

在自动化测试中，这个 Scenario Outline 会执行两次，对应 Examples 表中的每一行数据运行一次。关于需求实例化，5.6 节将会详细讲解。

5.5.5　BDD实践中的常见问题

BDD 作为敏捷方法的一项重要实践，已在很多公司得到推广，其中比较重要的 BDD 测试框架 Cucumber 自 2008 年问世以来，累计下载量已经超过 4 千万次。但是，也有很多公司在实践 BDD 的过程中发现效果并没有期望的那么好。例如，有的公司仅仅是把 BDD 当作提高自动化测试覆盖率的手段，搭建 BDD 的测试框架，按照 BDD 的格式要求编写用户故事、实例化的可执行规范、测试代码，然后执行自动化测试，却发现自动化测试并不能帮助发现更多的缺陷、提高开发的效率，反而需要花大量的时间去维护这些测试用例。

这就是敏捷实践中所谓的形似而神不似。自动化测试并不是实施 BDD 的唯一目的，更重要的是作为一种开发模式保证软件按照真正的业务需求来开发并验收。如果在编写业务需求规范的过程中只是走形式，或者根本没有业务人员参与讨论，制定出来的需求规范很难保证正确地定义了系统行为，当然就不能有效地指导自动化测试开发，也不能解决因为需求错误或理解不一致而导致的效率低下问题。

总之，软件产品的开发从理解产品价值、业务目标，到定义容易理解的、正确的用户故事的验收标准，TDD 和 BDD 都是为了保证研发人员按照用户的需求实现产品的功能特性，并保证团队内外相关人员对需求理解的一致性，从而高效、快速地交付真正有价值的产品给用户。

5.6　再进一步，让实例化需求落地

5.6.1　什么是实例化需求

ATDD 是 TDD 思想在需求层的实现，BDD 可以看作 ATDD 的实例化，将验收标准归为场景，并用 GWT 格式描述。而实例化需求（requirements by example，RBE）则是在 BDD 的基础上再进一步，真正让需求成为可执行的测试，因为 BDD 中的场景还不能执行，必须转化为具体的实例才能执行。实例化需求真正将需求和测试合二为一，彻底践行"测试驱动开发"的理念。

实例化需求是一组方法，它试图通过具体的实例来描述用户的需求或计算机系统的功能和行为，使业务人员、产品负责人员、开发人员和测试人员等不同的利益相关者对需求有相同的理解，从而帮助团队交付正确的软件产品，其实和 BDD 没有本质区别。

如果觉得这样的描述比较抽象，就让我们一起来浏览下面这段对话，如图 5-18 所示，从而体会是如何一步步逼近实例化需求的。这个对话的背景是你在和产品或业务人员讨论需求，然后你问以下问题。

- 这是什么样的需求？（这是了解要解决的问题，一般通过功能特性来解决。）
- 用户会怎么使用？（这是了解用户行为，可以用之前讨论的 Epic/ 用户故事来描述。）
- 如果在某种具体的应用场景下，结果会怎样？（已经提出了某种具体的应用场景，在这种具体的场景下，会发生什么新的情况？即到了 BDD 应用的场景。）
- 再例如……？（举出具体的例子，就来到了这里所讨论的"实例化需求"。）
- 还有……？（最后询问例子是否完整。）

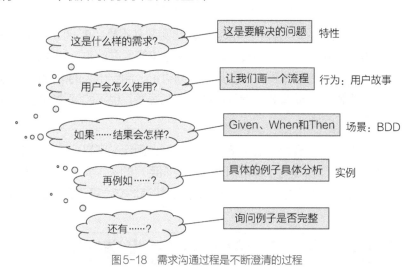

图 5-18   需求沟通过程是不断澄清的过程

我们还是以在线教育 App 的"课程分销"相关的用户故事为例，来讨论需求的实例化。"课程分销"下面有"收益详情""收益提现"等用户故事。例如，"收益详情"可以描述成如表 5-2 所示内容。

表 5-2   "收益详情"用户故事的需求实例化示例

	累计返现（元）	返现笔数	邀请人数
初始化	0	0	0
之后新增的数据	60	6	5
用户第 1 次浏览结果	60	6	5
之后新增的数据	40	4	4
用户第 2 次浏览结果	100	10	9

而"现金提成"有一条规则，每次提现金额不低于 2 元，而且必须是真实名字，那么其实例化可以描述成如表 5-3 所示内容。

表5-3 "现金提成"用户故事的需求实例化示例

可提现金额（元）	提现金额（元）	输入姓名	提现后剩余金额（元）
1	无法提现		
1.99	无法提现		
2	1.9	正确姓名	提现失败
2	2	错误姓名	提现失败
2	2	正确姓名	0
120.9	100	错误姓名	提现失败
120.9	100	正确姓名	20.9
120.9	120.9	正确姓名	0

需求实例化的作用如图 5-19 所示。需求实例化可通过例子来澄清需求，而这些例子也就成为验证这个需求的测试用例，而且例子总是明确的、完整的和真实的，并且是易于理解的，这可以从表 5-2 和表 5-3 得到证实。因此，借助实例化需求，业务（产品）人员、开发人员和测试人员在需求理解上达成共识，消除分歧，从而有利于后续的开发和测试。

- 基于已被澄清的需求，开发人员进行系统的设计、编程。
- 基于已被澄清的需求，测试人员可以直接开发自动化测试脚本。

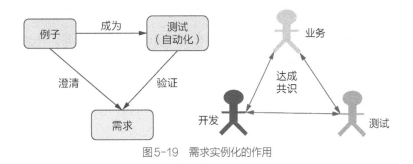

图5-19 需求实例化的作用

5.6.2 实例化需求的过程

在清楚了"实例化需求"的概念之后，如何实现一个需求实例化的过程呢？可以用一张图来描述，如图 5-20 所示，这个过程从业务目标出发，经过 7 个步骤，最终将业务需求转换为活文档——可执行的测试（自动化脚本）。下面就介绍一下这 7 个步骤。

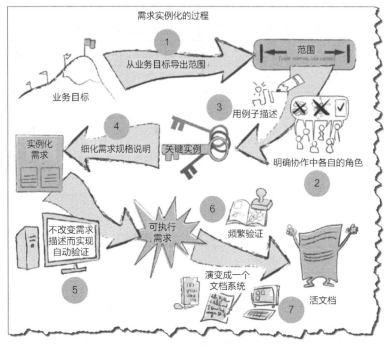

图5-20　需求实例化的过程

　　1）从业务目标导出范围（见图 5-21）。也就是从客户的业务目标开始，团队充分地和客户沟通，挖掘客户的真实需求或要解决的问题，确定可以实现目标的范围。这里要注意：不能交由客户去编写用户故事、用例清单等，否则就等同于让客户去提供一个具体的、高层次的解决方案。划分问题域、讲好用户故事，是开发团队的责任，包括问下面两个问题。

- 为什么这东西有用？（通过提问，引导客户用具体的事例来回答为什么某个功能有用，以及如何给他的业务带来帮助。）
- 有什么可替代的方案？（通过寻找可替代的方案，帮助客户从另一个角度思考和认识自己的业务目标，同时给团队实现需求提供新的思路，并判断当前的提议是否已经是最佳方案。）

图5-21　从业务目标导出范围的过程

这个过程是一个不断分解、细化的过程,是从 Why 到 Who、How、What 的过程(简记为 WWHW 过程),如图 5-22 所示,其中应用了上文介绍过的业务分析工具——影响地图,描述了产品定位、产品特性、功能设置、Epic 和用户故事之间的映射,以及最终交付哪些价值给用户。

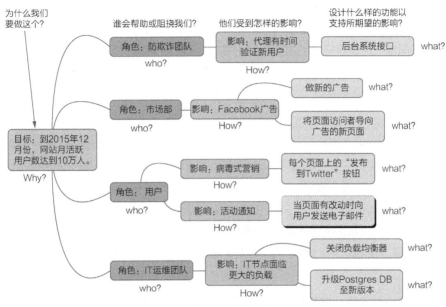

图5-22 从业务目标导出范围的WWHW过程

2)明确协作中各自的角色。需求实例化过程就是在项目利益相关者协作的过程中,不但让需求更加规范、明确,而且在需求实例化过程中,让产品负责人、设计人员、开发人员和测试人员都参与进来,发挥各个角色的特长,从不同的角度来审视需求,尽量减少单个角色认知的局限性所带来的问题。

而之前,就软件需求说明(specification)往往没有达成一致,开发人员看到的是一堆需求,而测试人员看到的是一堆测试用例,开发人员和测试人员各行其是。若由开发人员撰写需求说明,该需求说明可能会因为过于贴近模型设计而充斥大量的模式、架构元素,反而变得难以理解;若由测试人员独立撰写,可能会因为太过琐碎和零散而变得难以维护,最终迷失在各种测试的细节之中,没办法用于双方的沟通,这样更无法帮助开发人员去组织整个系统的各个部分,也无法通过自动化测试驱动整个开发过程。

由于这些测试均不支持自动化测试,或者不容易被其他人理解,因此协作是必需的,而且需要更广泛的、具体的协作,在协作的过程中需要项目利益相关者共同建立项目的领域模型(如系统的工作流、活动图和业务流程图等),但不讨论技术细节、UI 等,并在讨论中要严格遵循领域模型,这样能确保大家对于术语和概念的认知是一致的,讨论是在共同的语境中进行的。

在构建领域模型时，不但要关注系统间的调用关系，而且要识别出系统间的数据传递，识别越明确，对于后续举例越有帮助。

3）用例子描述。这是需求实例化的关键环节，因为团队中不同角色的背景、知识和经验等都不同，对系统功能特性的理解也往往不尽相同，所以通过用例子描述的方式可以让目标更一致。而且只有当场景描述具有很强的带入感时，才能激发客户参与讨论的热情，才更容易达成共识，并发掘潜在的概念和需求。用例子描述的方式，对于共同认识和理解某个场景是非常有益的，避免产生误解，正如前面所说：例子总是明确的、完整的和真实的，而且是易于理解的。但例子是为需求服务的，因此应围绕用户和系统之间（业务上）的交互来举例说明，而不是关注系统本身的处理流程。

4）细化需求规格说明。虽然通过用例子描述，需求看起来已经是明确的、具体而真实的，不同角色的人们就需求达成了共识，但前面讨论的过程可以看作头脑风暴的过程、发散的过程、分解的过程，得到的实例往往比较发散，而且包含很多不必要的细节。原始的例子就像未经雕琢的钻石，只有提炼后才是关键的、易理解的、方便转换为可执行（自动化测试）的关键实例（key example）。早期写市场需求文档时，也会给出用例，但无须给出全部用例，而是给出典型的用例。因此，这里强调需求实例的精简，提炼出关键的实例，但这些关键实例也需要具备一定的完整性，足以说明业务。这些提炼好的实例本身在未来就是产品交付的验收条件，即满足：

- 是专注的、明确的、自解释的、不言自明的和可测试的；
- 是具备领域意义的、真实的互动，而不是简单的脚本；
- 是业务功能相关的，而不仅是软件设计意义上的结果；
- 不要与代码、UI 等技术实现细节耦合太紧。

举个例子，某个应用有一个为购买图书的 VIP 客户免费送货的功能。当 VIP 客户购买至少5 本书时，提供免费送货，但免费送货不提供给普通客户或购买非图书类商品的 VIP 客户。在如下所示的需求说明中，列出了 5 个经过提炼的需求说明的实例：当一个 VIP 客户购买 5 本书时、当一个 VIP 客户购买 4 本书时、当一个 VIP 客户购买的不是书而是 5 台洗衣机时、当一个VIP 客户购买 5 本书和一台洗衣机时，以及当一个普通客户购买 10 本书时。经过提炼的 5 个需求说明实例如图 5-23 所示。

5）不改变需求描述实现自动验证。经过提炼的实例化的需求说明应该成为自动化测试中可直接执行的，这意味着用自动化的方式验证的需求与团队已经澄清、提炼过的总是保持一模一样。实例化需求的自动验证既可以是 UI 自动化测试，又可以是 API 自动化测试。因此，需要考虑自动化测试的金字塔模型，也需要从需求说明、设计、代码 3 个维度考虑自动化测试的可测试性。同时，自动验证可用基于 BDD 的自动化测试框架，选择适合自己的工具来实现验证。

借助这些工具，只验证系统做的事对不对，而不需要验证系统是怎么做的（这些用例可以在后续自动化测试用例中，而不是在实例化需求验证中），尽量减少测试用例，这与上文提到的"细化需求规格说明"是一致的。

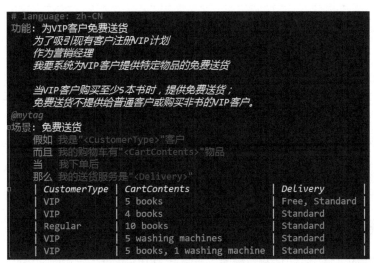

图5-23　经过提炼的5个需求说明实例

6）频繁验证。这就是本书一直倡导的持续集成和持续测试，要做到这点，就必须实现更彻底的自动化，从需求开始实现自动化测试，而且如前面所说，只验证系统做的事对不对，尽量减少测试用例数。而在传统的开发模式下，详尽的需求说明书往往跟不上开发中实际的需求变更，从而导致需求文档和代码之间不同步，开发人员只信任他们的代码，测试人员只信任他们的测试用例，两者又往往分离，导致开发人员和测试人员之间常常发生冲突。现在，需求成为测试，开发人员和测试人员共享相同的测试需求说明，而且可以被频繁验证，以确保需求说明和代码是同步的。如果没有同步，能够及时发现它们之间的差异性，及时修改。这时，开发人员和测试人员对需求也更有信心了，不再只是信任代码。频繁的验证需要测试工具的支持，如 Cucumber、Selenium、Appium 等，如图 5-24 所示。

7）演变成一个文档系统——需求成了活文档，即基于规范的实例化需求说明和如图 5-24 所示的工具支持，需求说明就成为组织良好的、规范的、可执行的测试（活文档）。这个可以这么理解，与传统软件开发相反。传统软件开发是基于需求文档开发的自动化测试脚本，而在需求实例化中，基于自动化测试脚本抽取相关的内容，自动生成

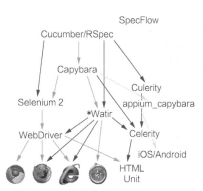

图5-24　频繁的验证需要测试工具支持

HTML/PDF 格式的需求文本，而且也不需要维护，需要时就生成，因此，在任何时候，需求文档都不是支离破碎的，可以生成完整的，而且是最新的版本，是"鲜活"的文档，如表 5-4 所示。

表5-4　同时支持需求及其验证的活文档

角色	功能	文件
作为营销经理	我想让客户通过加入 VIP 计划注册个人信息	我想让客户通过加入 VIP 计划注册个人信息.feature
	我要系统为 VIP 客户提供特定物品的免费送货	我要系统为 VIP 客户提供特定物品的免费送货.feature
	……	……
作为现有客户	我希望能收到特价优惠的信息	我希望能收到特价优惠的信息.feature
	……	……

5.6.3　RBE 的自动化实现

现有的支持 BDD 的自动化测试框架，如 Cucumber、Robot Framework、Behave、Ginkgo、Gauge、Karate 等，同样支持需求实例化的自动化实现。如图 5-18 和图 5-24 所示都是采用支持 Gerkin 语言的 BDD 自动化测试框架编写的 GWT 风格的测试用例。Cucumber 通过 Examples 关键字在测试用例的 .feature 文件中给出实例，Robot Framework 通过在 User Keyword 中设置参数并赋值而实现实例化，同时这也是很多自动化测试框架所支持的参数化和数据驱动功能。测试代码示例如下。

```
*** Settings ***
Documentation   登录测试1
Resource              myresource.robot

*** Test Cases ***
手机号码登录成功
[Documentation]            用户用手机号码成功登录
[Tags]             登录
[Template]                 手机号码登录数据
打开在线教育网站
进入登录界面
输入手机号码               ${username}
输入密码                   ${password}
提交登录信息
应该登录成功
[Teardown]                 Close Browser

*** Keywords ***
```

手机号码登录数据		
[Arguments]	${username}	${password}
	1861166○○○○	1234
	861861166○○○○	1234

5.7　单元测试是否必须 TDD

单元测试必须 TDD 吗？这里的 TDD 等同于 UTDD。这个问题的答案很简单，回答"否"就可以。通过前面的学习，相信读者具备了上下文驱动思维，认定不会只存在一种情况，而是根据上下文（比如所处的行业、产品特点和团队能力等）有不同的选择，即使在众多互联网公司中，其单元测试也是参差不齐的。因此，你既可以按 TDD 方式进行，又可以按普通的方式进行，即先写一个产品代码类，再写一个测试类。但有一点需要强调，无论是哪一种方式，单元测试都要尽早进行、持续进行，编程和单元测试是形影不离的。

但也有坚持敏捷开发模式的人会认为 TDD、持续集成是敏捷开发的核心实践，必须推行 TDD。虽然笔者更强调要做好敏捷开发，但是 ATDD 是必需的。

如果没有 TDD，那么工作量大且效果不好。我们经常会在网络上看到人们有如下抱怨。

> - 需求分析还没理解清楚，就开始写代码；
> - 结果代码写了一半写不下去了，因为需求细节不明确，只好去跟业务人员确认；
> - 沟通好几次，终于写完这个单元的代码；
> - 然后编译，准备运行程序来进行测试，结果无法运行，只好进行调试；
> - 调试也没有那么容易，调试好久，终于可以运行了；
> - 提测，即交付给测试，结果质量保证人员测出一批 bug；
> - 开发人员只好不断 debug（指排除程序漏洞或缺陷）、改代码，提交测试；
> - 几个来回后，代码终于可以工作了；
> - 过一段时间，换一个程序员，再看这些代码，发现无从下手；
> - 但又不得不改动，结果引起大量的 bug，测试人员只好加班，还有抱怨。
> - 开发人员的日子就这样日复一日、年复一年。

5.7.1　为何 TDD 是必需的

为什么说 TDD 是必需的？理由如下。

质量是构建的。美国质量大师克劳士比极力推崇零缺陷质量管理，他写了《质量免费》一书，就是为了纠正人们错误的观点——要想获得更高的质量，就需要付出更高的代价。如果第一次把事情做对，那么效率是最高的，成本也是最低的。在代码层次推行 TDD，先写测试代码，再写产品代码，一方面会迫使开发人员把需求搞清楚、澄清需求细节，而不是像前面所说，没搞清楚就写代码，写了一半就写不下去；另一方面，所有写的代码是让测试通过，也就是充分地保证第一次把代码写对。这样，真正推行了"零缺陷质量管理"，研发效率是最高的。

单元测试，只能是自己做，不适合交给别人。对于开发人员自己做测试，如果开发人员先实现产品代码，再进行测试，那么可能会有思维障碍和心理障碍。因为测试的思维会受实现的思维影响，所以开发人员一般会认为自己的实现是正确的，就像我们平时写文章，有些明显的错误自己看不见，其他人一眼就能看出，似乎印证了"当局者迷，旁观者清"。心理障碍是指开发人员对自己的代码不会"穷追猛打"，发现了一些缺陷，很可能会放任不管。

我们知道，实际上缺陷越多的地方越有风险，越要进行足够的测试。但开发人员测试自己的代码和测试人员测试开发的代码，其心理完全不同：开发人员会只按正常路径操作；测试人员则会大胆尝试各种可能使软件失效的方式。如果是采用 TDD 实践，开发人员先写测试代码，测试在前，就不存在思维障碍和心理障碍，这样才能更好地保证测试的有效性、充分性，也就更好地确保了代码的质量。

TDD 是测试在前，开发在后，自然也保证了代码的可测试性，而且确保 100% 的测试覆盖率，是最为彻底的单元测试，相当于测试脚本在每个时刻都是就绪的，任何时刻单元测试都已经是先于代码完成的，真正能做到持续交付，即真正确保敏捷的终极目标——持续交付的实现。没有 TDD，就没有真正的持续交付。

当初在极限编程中提出 TDD，设计 TDD 那样的模式，如图 5-25 所示，也是考虑"写新代码"和"代码重构"共用一个模型。而在敏捷开发中，开发节奏快，代码经常需要重构，而重构的前提是单元测试的脚本就绪，你才敢大胆地重构、有信心重构。因此，从代码重构角度来看，TDD 也是必需的。TDD 做得好，重构会持续进行，代码修改一般也不会出现什么缺陷，即使出现 1 ~ 2 个 bug，也是小问题，很容易修改，并及时补上测试代码。代码的"坏味道"能及时被消除，从而让代码变得整洁。

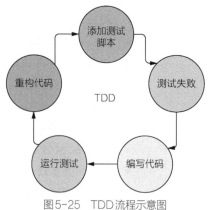

图5-25　TDD流程示意图

5.7.2　如何做好 TDD

TDD 从根本上改变了开发人员的编程态度，开发人员不能再像过去那样随意写代码，要求写的每行代码都是有效的代码，写完所有的代码就意味着真正完成了编码任务。而在此之前，代码写完了，实际上工作只完成了一半，远没有结束，因为单元测试还没执行，可能会发现许多错误，一旦发现缺陷比较多，就比较难以定位与修正缺陷。

开发人员如何做好 TDD 呢？

TDD 是逐步构建的，因此，单元测试是持续的，每次测试的东西也比较少，发现问题很容易定位，运行很快，可以快速得到反馈。除此之外，测试代码一定要简单，易于阅读和理解，否则就进入"死"循环，即测试代码还需要测试。

测试是否容易开展，还取决于被测的对象——组件或具体的产品代码，如将程序组件打磨成高内聚、低耦合的组件，使测试容易进行，即单元测试能够独立执行，而且我们还构建持续集成的开发环境，确保研发环境能够对代码小的变化做出快速响应。这也就要求用户故事分解到位，之前也提到过用户故事评审标准 INVEST 中的 small——即用户故事要足够小。

5.7.3　UTDD 测试原则

肯特·贝克在极限编程中给实施 TDD 定义了以下 2 个简单的规则。

- 只有在自动化测试失败时，才应该编写新的业务代码。这一点就是确保编写新的业务代码是在测试的指引下，也是确保了彻底的 TDD，否则今天退让一点，明天再退让一点，最后还是会放弃 TDD。
- 应该消除发现的任何重复，使测试代码简单，易于复用，有利于测试维护。

更为苛刻的规则是下面 3 条。

- 除非是为了使一个失败的单元测试通过，否则不允许编写任何产品代码，确保任何产品代码都来自需求。
- 在单元测试中，只允许编写刚好能够导致失败的一个测试用例（脚本），确保测试的单一性，容易维护。如果单元测试的粒度过粗，不但使测试长时间不能通过，增加开发人员的压力，而且后期测试维护成本过高。
- 只允许编写刚好能够使一个失败的单元测试通过的产品代码，否则产品代码的实现超出当前测试的功能，那么这部分代码就没有测试的保护。

上述这些规则，使开发人员更为关注业务需求，关注可持续的快速开发，用最快的方式实现一个个产品的小需求（小步快跑）。不过，话又说回来，定义这些规则是次要的，更重要的是开发人员能够认可 TDD 的价值，愿意主动去做 TDD。如果是主动去做，那么在具体实践中遇到问题就会设法解决问题或做出改进；如果是被强制实施 TDD，即被动地去做 TDD，不但不寻求改进，而且还可能会出现"上有政策，下有对策"的局面。

5.7.4　UTDD 的具体实践

下面用一个例子来介绍 UTDD 的具体实践。假设我们有一个需求是为一个应用开发登录的功能：用户输入用户名和密码，然后单击"登录"按钮登录应用。

第 1 步，我们编写一个单元测试脚本用于验证这个功能，如下所示。

```
@Test
Public void checkLogin(){
    LoginPage.enterUserName("UserName");
    LoginPage.enterPassword("Password");
    HomePage homePage = LoginPage.submit();
    Assert.assertNotNULL(homePage);
}
```

第 2 步，我们先执行这个测试脚本，因为还没有实现相应的软件功能，这时测试结果一定是"Fail"（"失败"）。

第 3 步，现在我们编写登录功能的代码，如下所示。

```
public class LoginPage{

    String username;
    String password;

    //store username
    public void enterUserName(String username){
    this.username = username;
    }

    //store password
    public void enterPassword(String password){
    this.password = password;
    }

    //match username and passowrd in db and return home page
    public HomePage submit(){
        if(username.existsInDB()){
            String dbPassword = getPasswordFromDB(username);
            if(dbPassword.equals(password){
            Return new HomePage();
            }
        }
    }
}
```

第 4 步，再次运行单元测试脚本，这时测试结果是"Pass"（"通过"）。（当然，如果代码中有错误，这时测试结果仍然会显示"Fail"，开发人员需要修改代码直到测试脚本执行通过。）

第 5 步，开发人员有必要重构这段代码中的 submit() 方法，当密码输入错误时，增加返回信息提示。重构的代码在重新执行上述单元测试脚本时结果应该仍然显示"Pass"，否则应该检查并修改代码直至通过。这就是在不改变代码既有功能的前提下通过重构代码来提高代码质量。重构后 submit() 方法的代码如下所示。

```
//match username and password in db and return home page
public HomePage submit(){
    if(username.existsInDB()){
        String dbPassword = getPasswordFromDB(username);
        if(dbPassword.equals(password)){
            Return new HomePage();
        }
        else{
            System.out.println("Please provide correct password");
            return;
        }
    }
    else{
        System.out.println("Please provide correct username");
    }
}
```

接下来就可以重复上述步骤，填加新的测试脚本，开发应用代码实现新的功能等。

概括一下，TDD 带来的收益主要有：

- TDD 促进高质量代码的开发，从而提高了研发效率，看似在编程之前花了比较多的时间，但在后期维护、重构中省时又省力；
- TDD 克服了开发的惯性思维和心理障碍，确保单元测试的有效性；
- TDD 确保了可测试性，并确保单元测试的充分性；
- TDD 加快了编程反馈节奏，单元测试始终就绪，彻底支持持续交付。

本章小结

测试左移让测试活动从需求分析阶段开始，敏捷团队共同参与到需求分析中，共同对需求的质量负责。

TDD 强调"测试在前"，很多人以为 TDD 就是指 UTDD，实际上 TDD 包含两个层次，即代码层次的 UTDD 和业务层次的 ATDD。

相比 UTDD，业务层次的 ATDD 更容易推广实施，要做好敏捷测试，ATDD 是必需的。在需求（用户故事）中明确验收标准，是后续开展各项测试活动的保证。

比 ATDD 更进一步的是 BDD，通过规范化的用户故事场景描述，进一步确保了需求的可测试性。而 RBE（需求实例化）进一步让实例化的需求可以直接用自动化的方式来执行并验证。

测试左移包括多项符合质量内建的敏捷思维的优秀实践，即把质量和审核贯彻到研发的每一个步骤和环节。想要在实际的敏捷开发项目中让测试左移带来更多的价值，需要我们在各项测试活动中持续关注可测试性，实实在在地做好需求 / 设计评审，大力推行 ATDD、BDD 和需求实例化，并且彻底实现自动化测试。

延伸阅读

在《单元测试的艺术》一书中给出了一个案例：开发能力相近的两个团队 A、B，同时开发相近的需求。A 团队进行单元测试，B 团队不做单元测试。虽然 A 团队在编码阶段花费的时间要多一倍，从 7 天增加到 14 天，但是，A 团队在集成、系统测试上却表现得非常好，如 bug 数量少、定位 bug 快等。最终，相对 B 团队，A 团队整体交付时间短、缺陷数少。

Ruby on Rails 的开发者戴维 · H. 汉松在 2014 年的 RailsConf 中发表了开幕主题演讲，对 TDD 的价值进行了质疑甚至是否定。之后汉松又写了两篇文章进一步阐述了他的观点，一篇是本章提到的《TDD 已 "死"，测试永 "生"》，另一篇是《测试引起的伤害》（"Test-induced design damage"）。汉松的观点在社区引起了广泛的讨论，更由此引发了福勒、汉松和贝克的一系列精彩讨论。TDD 是极限编程的核心实践之一，而极限编程是由贝克提出的。福勒作为《重构：改善既有代码的设计》一书的作者，当然是拥护 TDD 的。这也是为什么这 3 个人会一起讨论这个话题的原因。如果希望更多地了解大师们的观点和论据，那么可以在福勒的个人网站上找到相关讨论的视频和记录。

第 6 章 敏捷测试的分析与计划

导读

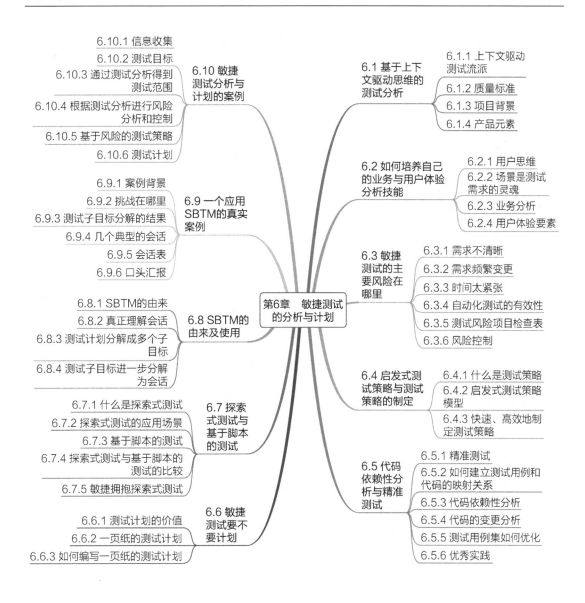

敏捷测试的分析与计划应该建立在测试左移的基础之上，即团队成员通过参与需求的定义和评审对产品和目标用户已经有了全面的了解，在此基础上进行测试需求的分析、测试风险分析、测试策略制定，并最终为每个迭代定义测试计划。

同时，敏捷测试分析是以上下文驱动的思维为基础的，团队成员根据需求变更、新的测试范围和新的测试风险及时地调整测试策略，不断优化测试计划。这更加体现测试的敏捷化。敏捷测试中虽然也有"测试计划制定和评审通过"的里程碑，但更强调测试计划是一项活动或者一个过程，而不是一个复杂的文档。

6.1   基于上下文驱动思维的测试分析

关于上下文驱动的测试思维，我们在第 2 章的敏捷测试思维方式中简单介绍过，它是指我们要关注项目的上下文（所处的环境、所要满足的条件），并认识到上下文是会变化的，测试策略和方法要根据上下文来制定，并根据其变化及时调整、不断优化。上下文驱动的测试思维是主要的敏捷思维方式，也是敏捷开发模式下做好测试分析的基础。

6.1.1   上下文驱动测试流派

软件测试有几个主要流派，如图 6-1 所示，包括分析流派、标准流派、质量流派、上下文驱动测试流派和敏捷测试流派。其中敏捷测试流派有敏捷测试的思维、原则、流程及一系列实践，如 UTDD、ATDD/BDD、持续测试等。对于上下文驱动测试流派，虽然使用它的人不是很多，但是你一旦理解它，就会深受影响，对软件测试也会有崭新的理解：测试在你眼里不再是一项简单、重复的劳动，而变成了一项极具创造力的工作，并且它会赋予你充分的空间，以展示你的才华和能力。

上下文驱动测试流派最初是由 4 个人发起的，其中塞姆·卡纳、詹姆斯·巴赫和布雷特·皮蒂科德在 2001 年合著了一本经典之作《软件测试经验与教训》，并在书中正式提出了上下文驱动测试流派及其 7 个原则。

1）任何实践活动的价值都取决于它所处的上下文。(The value of any practice depends on its context.)

2）只存在特定上下文中的优秀实践，而没有最佳实践。(There are good practices in context, but there are no best practices.)

3）在一起工作的团队成员是项目上下文中非常重要的组成部分。(People, working

together, are the most important part of any project's context.)

4）项目经常按照难以预测的方式逐渐开展。(Projects unfold over time in ways that are often not predictable.)

5）产品是一种解决方案。如果提供的方案不能解决问题，那么产品就是无用的。(The product is a solution. If the problem isn't solved, the product doesn't work.)

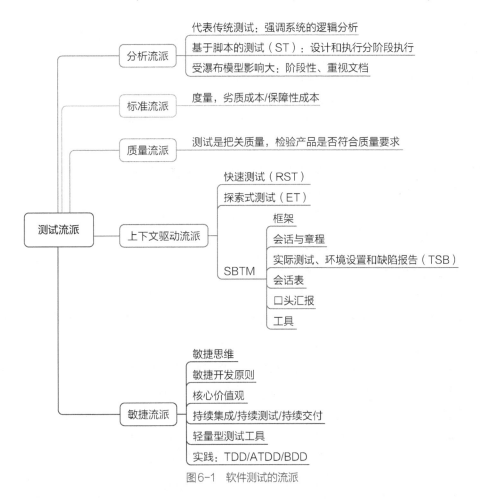

图6-1　软件测试的流派

6）好的软件测试是一个富有挑战性的智力过程。(Good software testing is a challenging intellectual process.)

7）只有通过判断和技能，并在整个项目过程中大家持续协作并实践，我们才能在正确的时间做正确的事情，以有效地测试我们的产品。(Only through judgement and skill, exercised cooperatively throughout the entire project, are we able to do the right things at the right times to effectively test our products.)

巴赫是上下文驱动测试流派的代表人物，多年以来，他和迈克尔·博尔顿一直在实践和发展上下文驱动的思想，包括他提出的探索式测试、启发式测试策略模型、基于会话的测试管理（session-based test management，SBTM）和快速软件测试（rapid software testing，RST）方法论。可以说，巴赫的整个测试理论体系都是建立在上下文驱动的测试思维基础之上的。

上下文驱动的测试是一种思维方式，认为只有优秀实践，没有最佳实践，因为他人的最佳实践不一定适合我们。即使我们有自己的最佳实践，也只能说明在昨天是最佳的，并不代表今天和明天是最佳的。软件测试也一样，需要根据不同的上下文制定不同的测试方案，选择不同的测试技术和工具，并对它们运用自如，然后去发现影响产品价值的缺陷。这有点像中医看病，同样的病，针对病人的不同情况，会开出不同的药方，而且根据病情的变化，增减不同的药，调整每味药的剂量，你能说哪个药方是治疗某种病的最好药方吗？

因此，上下文驱动的测试认为不存在"放之四海而皆准"的最佳实践，而只有根据上下文不断调整的优秀实践。也正因为如此，软件测试才是一项有创造力、需要不断磨练和提升自己的工作。

下面是一些上下文驱动测试的具体例子。

- 在项目进行中，以前开发某一重要模块的开发人员离职了，现在换了一个没有经验的开发人员。这一模块的风险是不是要重新评估？测试范围是不是需要调整？
- 公司准备把产品的目标用户拓展到医疗或者航天领域，是不是必须遵守医疗或者航天领域的行业规范和安全标准？
- 敏捷模式强调测试左移，如果项目很好地实践了需求评审、设计评审和代码评审，那么你的测试策略是怎样的？如果没有，那么你的测试策略又该怎样制定？

上下文驱动的思维方式提倡灵活和变通，与之对立的是固执己见，墨守成规。一旦陷入后面这种思维方式，就很难有所突破。与上下文驱动的软件测试相对立的实践是**标准流派**，它主张一切皆有标准可以参考，可以按部就班地进行测试，按照标准所要求的方法、流程和步骤进行测试。标准不但明确，而且稳定、很少变化，基于标准去做测试，就简单得多，几乎不需要动什么脑子，只要对照标准去做检查（check），检查产品是否符合标准的要求。然而，以巴赫等为代表的上下文驱动测试流派则认为这种"检查"不是测试。许多人喜欢标准流派的测试方式，因为操作简单、上手快、容易复制，也容易实现度量，成熟度也能一级级提升。

而上下文驱动的测试正好与标准流派相反，它认为测试是不能标准化的，因为软件研发中没有任何一个上下文是相同的，不同的上下文就需要不同的测试策略和测试方法，提倡关注对于业务需求的测试覆盖和发现对用户有影响的缺陷。

上下文驱动不但是敏捷测试，而且是敏捷开发的重要基础。敏捷模式强调拥抱变化，快速响应客户需求。实践上下文驱动的软件测试就是要根据项目的变化及时调整测试策略和测试方法，快速和持续地给出反馈。

基于上下文驱动的启发式测试策略模型（heuristic test strategy model，HTSM）是用来进行测试分析并制定测试策略的重要工具。它侧重从质量标准、项目背景、产品元素 3 个方面考虑对于在项目所选择的测试技术、方法、工具的影响，每个方面都包含多项因素，即各种上下文因素，在此基础上制定测试策略并最终向用户交付满足其质量标准的产品，如图 6-2 所示。只有把上下文各种因素的影响弄清楚，基于上下文驱动的测试思维才能落地。下面我们就来详细分析、讨论这些上下文因素。

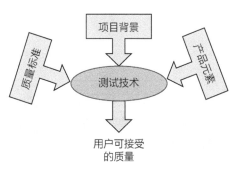

图6-2 启发式测试策略模型示意图

6.1.2 质量标准

软件的质量标准，从根本上来说，就是为了引导和满足用户的需求。软件测试的目标，在一定意义上来说，就是为了保证软件产品质量具有较高的水平。产品的质量主要依靠构建，也在很大程度上依赖于软件测试的投入以及执行的结果。因此，要做好测试工作，必须认真回答下面几个问题。

1. 软件给谁用

用户是谁？有天天离不开它的核心用户，也有偶尔使用它的外部用户，如系统后台维护、技术支持的用户。当前的用户构成是怎样的？拿到的用户画像是怎样的？用户根据年龄、职业、受教育程度等是如何分布的？未来哪些人会成为新的用户？软件测试人员要站在用户角度想问题，分析、设计软件测试。6.2 节会专门讲解作为测试人员如何培养自己的业务与用户体验分析技能。

2. 用户对质量有什么具体要求

根据 ISO 25000 系列标准，软件产品质量包含 8 个质量特性：功能适应性、兼容性、可靠性、易用性、安全性、效率（性能）、可维护性和可移植性。每个质量特性还进一步细分为多个子特性，如图 6-3 所示。

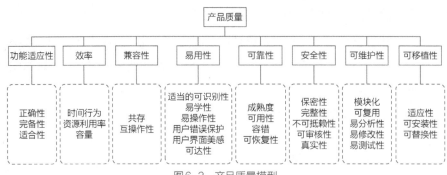

图6-3 产品质量模型

基于这些特性，结合用户、业务和产品特点等进行更深入的分析，以了解对质量的具体要求，以及哪些质量特性需要优先关注。例如，对于运营商定制的手机产品，不同的运营商有不同的验收测试体系和质量标准，如美国 AT&T 制定的 10776 等系列标准，对手机稳定性的要求非常高。

3. 参照哪些质量标准或行业规范

产品必须要遵守哪些质量标准或行业规范？这个问题是需要认真解决的。无论是航空航天、汽车、电子行业，还是金融、运输行业，除通用的国际 / 国家标准以外，还有特定的行业质量标准或规范。了解了用户来自哪个领域或行业，就要收集和熟悉该行业的规范和标准。例如，如果项目是证券行业应用系统的开发，那么这属于金融行业范畴的项目，就会有 200 多项相关规范或标准。

对于产品的特定功能，也有相应的规范和认证，如支持蓝牙功能的产品，如果想在产品外观上贴上蓝牙标志，则必须通过 BQB（Bluetooth Qualification Body）认证，否则会被蓝牙技术联盟视为侵权。这时，企业需要考虑如何开展预测试，以保证产品在预期的时间内拿到认证。

6.1.3 项目背景

软件测试是软件项目的一部分，要做好软件测试，自然要清楚项目的背景，特别是和软件测试相关的项目背景。获取、分析和综合理解与这些背景相关的详细信息，可以更好地明确测试目标、测试范围、测试进度安排、测试资源和测试环境等，并且可以采用相适应的测试方法和策略，更好地开展测试活动。需要收集的项目背景包括以下几个（见图 6-4）。

- 项目目标：测试是为了实现项目的目标，或者说，测试目标是在项目目标的基础上制定的。
- 交付物：在每次产品发布中，研发团队不但要交付相应版本的软件，而且要交付相关的文档，包括用户手册、管理员手册等。交付物也直接影响测试范围和测试工作，如果要交付用户手册、管理员手册等，那么这些文档也需要验证；如果要交付测试计划、测试用例，那么自然必须要有而且需要规范、易读。

- 质量标准：这里的质量标准是指当前项目（即敏捷中的每次迭代）对质量的具体要求。例如，这次迭代中待实现的某个功能要求团队特别关注，而另一个功能只是尝试，这样在功能测试项的优先级安排上，前一个功能的优先级要高得多——尽早测试、充分测试；又如，这次迭代系统能支持的用户并发数要比上次迭代提高 30%，这决定了性能测试验证的具体指标值。

- 项目范围：在敏捷开发中，每次迭代的目标是产生一个可交付的软件，但不一定每次迭代后都必须交付或发布给用户，很多团队选择几次迭代发布一次。每个要发布的版本及其中每次迭代的用户故事列表就构成了项目范围，项目范围是决定测试范围的关键要素。

- 进度：项目（每次迭代）开始和结束日期，以及其间重要的里程碑等会影响测试计划的制定。例如，在每次迭代中，持续测试、用户故事验收测试及后续的端到端的验收测试都需要参考项目进度计划来制定。

- 可用的资源：每项测试活动都需要资源，而资源是有限的，清楚项目的预算和资源，包括可用的人员、工具和环境等，对测试人员的安排、测试环境的准备是有必要的。

- 项目类型：项目是长期性的产品开发还是一次性项目？项目是独立项目还是多方合作的综合性集成项目？与合作方的合作方式是什么？项目是本地项目还是外包项目？

- 研发团队：是指研发团队的人员数量及技术水平。开发人员、测试人员、业务分析人员的相关经验如何？单元测试是否充分？代码评审效果以往表现如何？这些对测试策略、测试工作量都有较大影响。

- 开发工具和编程语言：开发工具使用哪一款？对于不同的编程语言，使用其中一种还是多种编程语言组合使用？开发工具和编程语言的选择对测试环境搭建、自动化测试实施等也有影响。

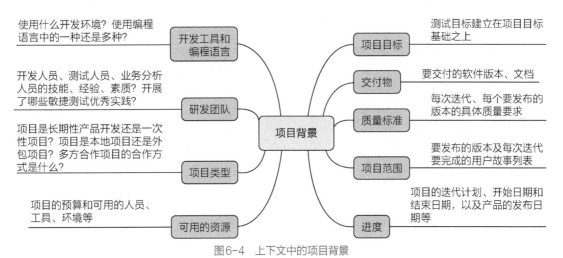

图6-4 上下文中的项目背景

6.1.4 产品元素

产品就是我们的测试对象，自然要更加受关注。项目一旦启动，测试就要尽早介入，了解产品需求，了解产品的架构设计、界面设计、可用性设计和安全性设计等，并参与相关评审，通过这些活动，能够更好地掌握被测系统。

为了更好地分析被测对象，我们可以从以下几个方面进行分析，如图 6-5 所示。

- 结构：软件系统的结构体现在层次性、组件化和接口标准化等。基于这些信息，能够考虑是否可以进行分层测试、面向接口进行测试，以及如何构建 Mock 对象等。

- 功能：产品的业务需求是通过软件功能承载的。同时，还需要了解系统功能之间的依赖关系、功能之间的交互作用等，基于这些信息，我们才能更有效地开展功能测试以及功能之间的交互测试。

- 数据：从测试覆盖来看，可以分为两部分，即控制流和数据流。**控制流**体现在代码逻辑覆盖、基本路径覆盖和业务流程覆盖上，而**数据流**则体现在业务数据的输入 / 输出、存储和恢复等方面的覆盖上。一些业务规则也是由数据构成，甚至可以说，整个计算机系统就是在处理数据，因此，在许多时候，数据是测试研究的重要对象。

- 平台：软件运行的平台，包括操作系统、数据库、浏览器、虚拟机、云平台及平台参数的组合，是测试环境设置、兼容性测试重点考虑的因素。

- 操作：用户的行为、操作方式，一般是指产品提供的遥控器操作、用户界面触摸操作。对于触屏设备，是指手指的触摸方式。另外，还包括异常操作、恢复出厂设置操作等。

- 时间：在测试实时应用系统或对时间敏感的应用系统时，如在线视频系统、嵌入式系统、工业物联网等，需要特别关注时间。

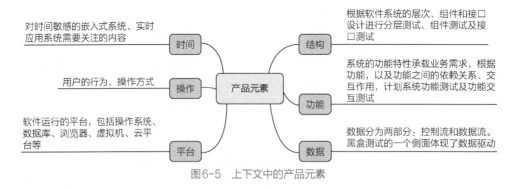

图6-5 上下文中的产品元素

另外，谷歌还有对产品研究的一个模型——ACC，即特性、组件和能力。

- 特性（attributes）：区分竞争对手、提升产品质量的表现，如快、安全、稳定和优雅等。

- 组件（components）：系统构成的单元等，如 Google+ 的个人信息、通知、帖子、评论和照片等。
- 能力（capabilities）：特定组件要满足系统特性所需要的能力，如在线购物系统需要使用 HTTPS 处理交易、在购物车里添加商品、显示库存、计算总额、按交易量排序等。

6.2 如何培养自己的业务与用户体验分析技能

上文介绍了敏捷测试思维方式中的上下文驱动思维，下面介绍敏捷测试思维方式中的用户思维，它不但和质量因素相关，而且更加有助于测试需求分析和用户体验分析。

6.2.1 用户思维

之前我们所说的用户思维，就是一切从用户角度出发，站在用户角度去思考产品的功能特性，扮演用户角色进行测试。在敏捷中，强调交付价值给用户，这种价值是对用户有价值，而不是对开发人员、测试人员等有价值，则需要更强的用户思维。因此，在敏捷中，用户思维可以定义为：不要打造更好的产品，而要打造更好的用户，即由原来重点关注如何提升产品质量转移到如何帮助用户完成目标，让用户获得成功。

这与思科的文化非常吻合，因为思科从来没有提过"让客户满意"的口号，而是帮助客户，让客户的业务获得成功。在思科员工佩戴的工卡上，有"客户成功"（CUSTOMER SUCCESS）的口号，如图 6-6 所示，这就是典型的用户思维。

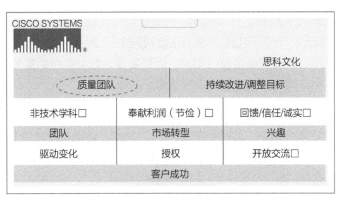

图6-6 思科文化

正如凯西·赛拉在《用户思维 +：好产品让用户为自己尖叫》一书中揭示的有点残酷的事实：用户并不关心你是谁，能做什么，他们只关心自己看起来怎么样，不会因为真的喜欢产品而说喜欢，而是因为他们自己喜欢。而某款产品之所以能够成功，也只有一个原因，那就是**它成就**

了用户（make users awesome）。

有了这样的认知，用户思维又上升了一个台阶，即更关注用户的真实愿望，会主动和用户交流，聆听用户的心声，挖掘用户的真实需求。

在实际的业务需求分析中，要完全站在用户的角度去看问题，从用户的心情出发，反过来质疑产品。我们可以扮演用户的角色，进入角色所处的整个业务操作的环境中，获取一种浸入式体验，从而更好地理解产品的应用场景或发现更多的应用场景。

6.2.2　场景是测试需求的灵魂

美国经济学家、政治学家、认知科学家、1978 年诺贝尔经济学奖得主、1975 年图灵奖得主赫伯特·西蒙曾经指出，因为规律是从具体的场景中抽离并综合得到的，所以还原或运用时需要结合具体的、即时的场景。

测试就是对原来抽象的业务需求的一种还原，通过还原来验证需求。因此，产品的应用场景是测试特别关注的：一方面是上文提到的用户故事的验收标准，需要场景去覆盖，则尽可能捕获各种场景覆盖验收标准；另一方面是后面将会谈到的探索式测试，需要有想象力，在测试设计、执行和学习中不断发现新的场景，这样才能更好地完成敏捷测试。所以说，**场景是敏捷测试需求的灵魂**。

有人说，"场"是时间和空间的结合。任何行为一定发生在特定的空间中的某一个瞬间，时空组合产生许多美妙的上下文，让我们在这美妙的时空中看到不同的情景，这就需要我们和用户有心灵的沟通，和产品有更多的交互，从而去发现场景。在发现新的场景后，也会产生新的情绪，会促进新的想象空间，从而会发现更多的场景。这个过程也给测试增加了不少乐趣。

有一个例子能说明上述观点。有段时间，佳能公司为了提高佳能相机的销量，策划了一个名为"感动常在"的活动：征集用佳能相机拍摄的那些感人瞬间的照片，然后把这些照片拿出来进行市场宣传。佳能公司没有直接宣传相机，而是宣传无数个美丽或富有朝气的"你"。购买相机的其实就是你，你是用户，通过相机来塑造更好的你。

相机再美观，也是为了塑造拥有它的用户，这就是前面所说的用户思维。但仅仅拥有用户思维还不够，还需要让用户相信上面提到的这一点。为此，佳能广泛地收集照片，从而发现那些感人至深的场景，如运动、演唱、户外活动等，因为只有这些真实的场景才会真正感动用户。如果能感动用户，那么他们就会很自然地去购买相机。

基于场景的测试方法，目前是敏捷测试中常用的方法，包括事件流、状态树等方法。它们都和场景有关，我们会在后面的章节中详细讨论这些方法。测试中生动的场景，不但涉及不同的环境，同一种环境的不同配置和配置组合，而且包括前置条件、后置条件、异常操作、异常数据的输入 / 输出等。

6.2.3 业务分析

需求不能简单地被看作用户需求，而是要将其分为 3 个层次，具体如下。

- 业务需求：为满足各种业务目标而对业务实际运行、操作的要求，是业务分析的主要对象，也是软件系统必须满足的、最基本的要求。

- 用户 / 利益相关者需求：用户 / 利益相关者都是服务于业务的，他们在业务中扮演着不同角色，发挥不同的作用，自然对软件系统有着各自特定的需求，就像前面 Epic、用户故事、场景所描述的。

- 系统功能和非功能性需求：为了满足上述两层需求而要求软件系统所具备的特性。

针对业务需求，我们要厘清业务角色、业务实体、业务活动、业务流程，以及它们之间的关系，如图 6-7 所示。但业务涉及的内容，不局限于这些，还包括业务规则、业务操作、业务数据、业务安全性、业务可管理性和业务发展等。业务分析的核心还是业务实体关系图和业务流程图，前者更有利于弄清楚业务数据，而后者有利于弄清楚业务活动、业务角色，以及它们之间的关系。进行业务分析，一定要画出业务流程图，业务角色、业务活动和业务规则等也会慢慢展现出来。业务规则需要细致地进行梳理，从而进一步完善业务流程（往往会增加一些业务流程的分支）。业务流程图和业务规则的完善是相互促进的过程。

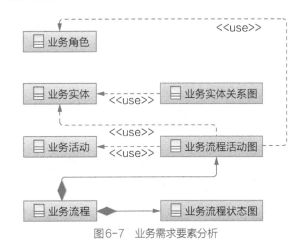

图6-7 业务需求要素分析

针对用户需求，我们还可以进行下列分析工作。

- 用户细分。不同的用户群有不同的需求，创建细分用户群（即将具有某些共同关键特征或者共同需求的用户划分成组）更加能够揭示用户的真实需求。不同用户群的需求也有可能是彼此矛盾的，在使用相同功能时，需要考虑让不同的用户群选择不同的操作方式。

- 可用性和用户研究，包括通过问卷调查、卡片排序法、焦点小组、任务分析、用户测

试等方法 / 工具来获取用户信息、了解用户行为等。

- 创建人物角色。基于上面的用户研究，从中提取出可成为一些典型的虚拟人物，从而更好地展现用户使用产品的场景。

6.2.4　用户体验要素

基于用户思维，设身处地地为用户着想，不断挖掘用户的需求和期望，以及产品的应用场景，这些是敏捷测试人员应具备的基本素质。在此基础上，要做到真正更好地运用用户思维，洞察业务需求及其应用场景，审视产品的各个维度，判断其是否符合用户的需求，则需要培养对用户体验的感性认识和专业理解。

感性认识通常通过平时多观察，并与用户经常沟通而获得。这里侧重讨论专业理解。根据相关研究，影响用户体验的额外两个因素是内容和技术，其中**内容**要符合用户的实际需求和偏好等，而**技术**从性能、稳定性和功耗等多个方面来提供对用户体验的保障措施，以确保用户能够流畅、稳定地使用产品。

为了更好地分析用户体验，我们可以进行分层研究。《用户体验要素：以用户为中心的产品设计》一书中介绍了"五层模型"。

1）表现层，所呈现的具体细节，用户感知体验主要来源于这一层。

2）框架层，信息设计、界面设计或空间布局，确定了在 UI 交互界面上交互元素的位置和排列方式，允许用户以不同的方式浏览，并帮助用户理解及使用。

3）结构层，确定元素之间的逻辑关系，包括系统各种特性和功能最合适的组合方式，例如用户如何到达某个页面，以及处理完去哪里。框架是结构的具体表达方式，而结构层则用来设计、指引用户如何到达某个特定的页面。

4）范围层，定义软件的需求及其优先级，即特性和功能构成了系统的范围层，包括创建怎样的功能规格或内容需求，以及具体实现哪些功能。

5）战略层，实现产品目标，关注并考虑如何满足外部用户的业务需求，这是在设计用户体验过程中做出每一个决定的基础。产品目标：我们要通过这个产品得到什么。用户需求：我们的用户要通过这个产品得到什么。

在进行用户体验分析时，还需要从用户角度来理解"交互组件将怎样工作"。这时需要建立人们熟悉的概念模型，并审视软件使用方式与现实经验是否一致、交互方式在整个系统中是否保持一致。为了预防错误出现，如银行系统，用户能输入的东西很少，大部分是选择，即将系统的操作方式设计成不容易或不可能犯错的方式。如果出错，那么系统能帮助用户找出错误并提示改正，如提示比较恰当、显著，并能向用户提供从操作失误中恢复的方式。

系统结构包括层级结构、矩阵结构和线性结构等。系统结构的关键是结构要合理，无论是自上而下还是自下而上，逻辑要清晰，让用户可以更有效地进行操作。

除这些要素以外，还有下列一些注意事项。

1）成功的界面设计可以让用户一眼就发现"最重要的东西"，如通过对比把用户的注意力吸引到重要的部分。

2）帮助用户理解"他们在哪里""他们能去哪里"和"哪条路距离目标更近"，如借助图标、标签、排版和颜色等视觉需要进行指引。

3）每个操作步骤都是合理的，当前步骤要自然延续上一个步骤中的任务。

4）杂乱的设计会导致视觉混乱，因此要体现足够的差异性，让用户能分辨出某个设计选择是有意为之。设计的一致性能避免用户出现困惑和焦虑。

5）一个产品的标准配色方案中所使用的色彩是为了它们在一起工作而专门挑选出来的，它们之间是互补而不冲突的。

6）不要使用非常相似但又不完全一样的风格，也不要使用过于广泛和多样的风格，只有在你需要传达不同的信息时才使用不同的风格。

7）遵循"使用用户语言"并且"保持一致性"的命名原则，同时避免"语义歧义或者不解"。

8）提供的功能和内容越多，猜测就变得越不可靠，总有一部分用户会猜错的，好的产品经理会做"减法"。

想要成为用户体验专家，需要持续不断地与用户交流，不断获得用户的反馈，以及不断提升感性和理性的双重认知。

6.3　敏捷测试的主要风险在哪里

测试分析的一个重要任务是识别测试风险并在测试策略中给出应对措施。在通常情况下，无论采用什么方法和技术，测试都是不彻底的。首先，测试是不可能穷尽的，测试不能做到对业务、数据、代码路径等全方位的完全覆盖；其次，测试的时间极其有限，总是没有足够的时间完成所需的测试，这一点在敏捷测试中尤其突出。

因此，我们不能保证经过测试的、交付的软件版本不存在任何缺陷。这就意味着软件测试总是有风险的，基于风险的测试策略是不可或缺的。因此，软件测试风险的分析和控制就变得非常重要。在软件测试风险中，我们更加关注产品质量风险，即由于测试的深度或广度不够，从而导致出现遗漏缺陷的情况。测试风险管理包括测试风险的识别、分析和控制，如图 6-8 所示。

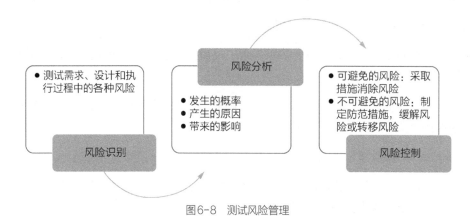

图6-8　测试风险管理

相比传统的软件测试，加之我们处在 VUCA 时代，敏捷测试要面临更大的挑战。测试风险主要来自 4 个方面：需求不清晰、需求频繁变更、时间太紧张及自动化测试的有效性。

6.3.1　需求不清晰

在第 5 章中，我们一直在强调产品需求分析过程的重要性，也介绍了很多适合敏捷模式的工具以及优秀实践，以实现需求从产品价值、商业目标到实例化需求的落地过程，如图 6-9 所示。

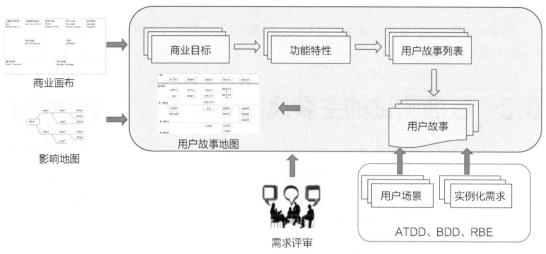

图6-9　敏捷开发中的需求管理工具

如果你的团队这样去做或者在进行类似的优秀实践，那么需求问题带来的测试风险自然会在很大程度上降低。但现实与理想总是有很大的距离。敏捷项目周期短，因而留给团队沟通和澄清需求的时间少。造成需求不清晰的因素包括项目的复杂程度、人员的素质和经验、团队的沟通和协作，以及流程。常见的问题如下。

- 敏捷团队在需求沟通、协作和管理方面做得不好，对于业务需求的整体理解会有偏差，包括为什么做、为谁做、做什么等。需求不清晰的情况包括需求不完整、需求比用户实际需要的多、需求定义有错误、团队成员理解不一致，以及优先级定义有误等。
- 负责软件测试的人员没有充分参与到需求的沟通和协作过程中，对需求不了解。
- 用户故事中没有定义清晰的验收标准。

需求不清晰造成的测试风险还是很严重的：在设计合理性和 bug 确认方面造成困难；有很大可能会漏掉真正对客户有重大影响的缺陷；如果因为需求错误而导致产品的某些功能特性需要重新设计和实现，则测试相关的活动也要返工，进而造成巨大的浪费和对项目进度的巨大影响。

6.3.2　需求频繁变更

相对传统的开发模式来说，敏捷开发在应对需求变更方面有很大的优势，因为其采取迭代开发的方式，每次交付小批量的功能特性。在 Scrum 模式下，每次迭代持续 2 ~ 4 周，而且在每次迭代开始之前，都有机会重新澄清、变更需求，或者调整需求的优先级。尽管如此，需求频繁变更引起的测试风险还是比较常见。需求变更相关的一些常见的风险如下。

- 在开发过程中，紧急增加新的用户需求，需要变更用户故事列表和优先级。
- 在线上版本发现重大缺陷需要立刻修复时，由于研发团队人手不够，需要重新讨论待办事项中的优先级。
- 测试人员没有参与需求变更的讨论和沟通，测试执行相关的测试用例失败时才发现原来需求更改了。
- 开发人员在实现用户故事时，发现原来定义的用户场景不合理或者和已实现的其他功能有冲突，则擅自更改了用户场景但没有通知测试人员。

需求是开发和测试的源头，需求变更自然会导致测试计划、测试设计和工作量的变化，从而给项目进度或者产品质量带来风险。

6.3.3　时间太紧张

很多人认为软件测试是敏捷开发的主要瓶颈。软件测试确实有很多方面需要持续改进以适应敏捷的需求，如通过提高测试自动化水平、测试左移、探索式测试等实践让测试做得更快、更好。另外，在敏捷开发流程中，对测试的考虑比较少，可能是因为制定流程的人不太了解测试，认为测试比较简单或者任何测试都可以用自动化的方式来完成，因此留给测试的时间少之又少。

在一次迭代中，软件测试既要完成用户故事的验收测试，同时又要编写自动化测试脚本，还要为下一次迭代的测试做准备，并且需要参加需求评审、设计评审等活动。本来时间紧、任务重，如果再加上人手不够、测试任务安排不合理、自动化测试程度低等因素，则在测试范围和测试深度上肯定会大打折扣，从而影响软件的交付质量。

6.3.4　自动化测试的有效性

自动化测试的有效性与研发团队想通过自动化测试达到什么目的有关。不过在敏捷测试里，自动化测试的目的比较明确：缩短测试反馈周期，提高持续交付高质量软件的能力。自动化测试有效性方面的挑战主要包括以下几点。

- 高度的测试自动化目前来看还比较理想化，落地实施仍面临着很大挑战。研发团队的自动化水平普遍比较低，根据调查数据显示，只有 4% 的团队自动化测试率超过了 90%。

- 很多团队没有遵循自动化测试金字塔去进行合理的分层测试。单元测试覆盖率低，测试自动化还集中在 UI 层。自动化测试发现缺陷的能力比较弱，大部分缺陷还要靠手工测试来发现。

- 软件测试基础设施建设比较薄弱，没有实现测试自动化和持续集成 / 持续交付环境的集成，也没有使用 Cloud 和容器技术，大量时间花费在测试环境的部署和维护上。

- 测试用例集缺乏维护，很多测试脚本在新的软件版本上可能已经失效，但是没有及时删除或更新，导致自动化测试不能发现有效的缺陷。

- 自动化测试执行时间过长，提供反馈的速度比较慢。对于大型复杂的软件系统，随着新的功能特性的增加，自动化回归测试的用例集越来越庞大，执行一次全回归测试的时间也越来越长。

自动化测试水平低、发现的缺陷少，手工测试的工作量降不下来，那么测试也就快不起来。要想快，只能缩小测试范围，但这样会增加质量风险。

6.3.5　测试风险项目检查表

对测试风险进行识别的有效办法是建立测试风险项目检查表，按风险内容进行逐项检查，逐个确认。对于测试的风险，可以给出如表 6-1 所示的测试风险项目检查表。

表6-1 敏捷软件测试风险项目检查表

类别	内容	示例
需求风险	研发团队对业务需求不清楚，在开发过程中需求变更频繁影响正常迭代进度	• 不清楚产品的商业目标、目标用户，以及对用户的价值。 • 用户故事描述不清楚，没有明确的验收标准。 • 需求变更讨论和决策没有测试人员参与。 • 需求变更后测试用例没有及时更新、回归测试不足等
自动化测试	自动化测试覆盖率、有效性等	• 自动化测试覆盖率低，不能满足快速测试、快速反馈的需求。 • 自动化测试发现缺陷的能力比较弱
人员风险	测试人员的状态、责任感和行为规范等	因个人工作疏忽而漏掉缺陷；某个员工生病、离职等，造成资源不足，使测试不够充分或缩小了测试范围；开发和测试比例不合理，测试资源不足
环境风险	在多数情况下，测试环境是一个模拟环境，很难和实际运行环境一致	用户数据量、运行环境的"垃圾"数据
测试范围（广度）	很难完成100%的测试覆盖率，有些边界范围容易被忽视	测试很难覆盖模块之间接口参数的传递、成千上万的操作组合等
测试深度	对于系统容量、可靠性等，测试深度不够	对互联网上的应用，以及操作行为和习惯等研究不够，测试时达不到实际的用户数
测试技术	借助一些测试技术完成测试任务，可能有些测试技术不够完善，有些测试技术存在一定的假定，这都会带来风险	如正交实验法在软件测试中应用时，很难达到其规定的条件
测试工具	测试工具经常是模拟手工操作，模拟软件运行的状态变化、数据传递，但可能与实际的操作、状态和数据传递等存在差异	如性能测试工具模拟1000个并发用户同时向服务器发送请求，这些请求从一个客户端发出。而在实际运行环境中，这1000个用户可能从不同的地方、不同的机器发出请求，请求的数据也不同

6.3.6 风险控制

在测试风险分析中，逐项检查，确认风险之后，要找出对策，以避免风险产生或降低风险所带来的影响。表6-2给出了敏捷测试中常见的风险，风险发生的可能性，对测试的影响及影响程度，以及相应的控制措施。

表6-2　敏捷软件测试风险类别和控制措施

类别	可能性	潜在的影响	严重性	控制措施
需求不清晰、变更导致测试需求及范围发生变化	高	导致测试计划、工作量等发生变化	较严重	和用户充分沟通，做好研发团队内部及外部的需求沟通和协作，引入适合敏捷模式的需求分析和 ATDD/BDD，以及实例化需求等优秀实践，加强需求评审，调整测试策略和计划
测试时间不足导致测试范围缩小	高	测试不充分，遗漏对用户有重大影响的缺陷	较严重	• 制定合理的测试计划。 • 合理安排测试活动，如采用探索式测试，先进行手工验证再实现测试自动化。 • 优化测试范围，提高测试自动化覆盖率
自动化测试率低，主要依靠手工测试，为了不影响项目进度，缩小了测试范围，导致产品的质量风险增加	中	测试不充分，遗漏对用户有重大影响的缺陷	严重	对测试自动化进行合理的分层测试，提高单元测试和接口测试的覆盖率
自动化执行时间太长，如十几小时才完成一轮完整的回归测试	中	对软件质量反馈时间长，影响项目进度	一般	• 自动化并行测试和精准测试，快速发现新的功能对已有功能的影响。 • 及时维护自动化测试用例集
测试环境需要手工部署或维护，测试效率低且进度慢	中	测试效率低会影响测试的充分性，遗漏对用户有重大影响的缺陷	一般	在持续集成/持续交付环境中实现自动部署和维护
由于代码评审、代码静态测试和单元测试不够，导致开发代码质量低	中	bug太多，问题严重，反复测试的次数多，工作量大	严重	提高编码人员的编码水平，进行代码评审、代码静态测试、单元测试

测试风险的控制方法如下。

- 根据风险发生的概率和带来的影响确定风险的优先级，然后采取措施避免那些可以避免的风险。假如测试环境不对，可以事先列出要检查的所有条目，在测试环境设置好后，由其他人员针对所列条目进行逐条检查。

- 转移风险。有些风险带来的后果可能非常严重，可以通过一些方法将它们转化为不会引起严重后果的低风险。例如产品发布前，发现某个不是很重要的新功能给原有的功能带来了一个严重的 bug，此时处理这个 bug 所带来的风险就很大，对策是去掉那个新功能，转移这个风险。

- 有些风险不可避免，就设法降低风险程度。例如，"程序中未发现的缺陷"造成的潜在风险总是存在，此时就要通过提高测试用例的覆盖率来降低这种风险。

- 为了避免、转移或降低风险，事先要做好风险管理计划，例如，把一些环节或边界上有变化、难以控制的因素列入风险管理计划中。

- 对于风险的处理，还要制定一些应急的、有效的处理方案。例如，为每个关键岗位的技术人员培养后备人员，做好人员流动的准备。

- 对于计划的制定，在估算人力资源、时间和预算等时要留有余地。

6.4　启发式测试策略与测试策略的制定

上文讨论了敏捷测试的风险，有风险就会有应对措施，在这些措施中，蕴含着测试策略。有个比较激进的说法认为没有测试风险，就不需要测试策略。但实际情况是，风险总是存在，而且在敏捷开发模式中，测试风险更严重，如需求、时间、自动化测试方面的风险，因此更加需要测试策略。

6.4.1　什么是测试策略

有一定测试工作经验的人，可能会谈到测试策略，但如果让他解释什么是测试策略，往往解释不清楚。为此，我曾经还写过一篇文章《究竟什么是测试策略》，以帮助测试人员理解什么是测试策略。测试策略在维基百科上的解释：测试策略是软件研发过程中所有测试方法的概述，其目的是提供从组织的高层目标到实际测试活动的合理推论，以实现质量保证这方面相关的目标。看到这个解释，可能有些读者还是不能完全理解什么是测试策略。下面给出笔者对于测试策略的解释：**软件测试策略就是在测试质量和测试效率之间的一种平衡艺术，即制定或选择更合适、更有效的测试方式、测试方法和技术等，其目的是以最低的时间或人力成本最大程度地揭示产品的质量风险、尽快完成测试（即达到特定的测试目标）等。**

测试策略体现在测试方式、测试方法和测试过程的策划上，并基于这些因素做出决定。

- **测试方式**。包括：手工方式与自动化方式、主动方式与被动方式，以及静态方式与动态方式等的选择与平衡；探索式测试与基于脚本的测试，团队自己测试与众测、外包等的平衡。

- **测试方法**。包括黑盒测试与白盒测试，基于数据流的方法与基于控制流的方法，完全组合测试方法与组合优化测试方法，以及错误猜测方法与形式化方法等的平衡。

- **测试过程**。先测什么，后测什么，以及对测试阶段的不同划分等。

自动化测试的金字塔模型其实就是指导我们进行自动化测试所采用的正确的测试策略，尽可能不做 UI 层自动化测试，而应该把更多的精力放在单元测试和接口测试上，从而降低自动化测试脚本的开发和维护的成本，提高测试效率。有时，选择合适的测试方法也体现了测试策略。例如，当我们面对一个被测功能时，它涉及了很多个参数，而这些参数又是相互关联的，此时需要进行**组合测试**。

例如某保险业务功能，如果采用完全组合测试，其测试用例数高达 30 万，即使采用面向接口的测试，一个用例执行时间为 0.1 秒，那么也需要 3 万秒的时间，相当于 8 个多小时。这在敏捷中是不能承受的，一般需要控制在半小时之内就能得到测试结果的反馈。这时采用三三**组合测试**（如果觉得两两组合覆盖率偏低的话），将测试用例数降到 1000 以内，则只需要 100 秒（不到 2 分钟）就完成了测试，从而极大地提高了效率，测试覆盖率却只是略微降低了一些。

6.4.2　启发式测试策略模型

在敏捷测试中，我们常常采用启发式测试策略模型，如图 6-2 所示，它是启发我们进行策略分析的工具，更强调如何更好地适应上下文的变化。在敏捷开发中，上下文变化是正常的，不变是不存在的，这对敏捷测试提出了更大的挑战。那么我们如何更好地适应上下文的变化，采取合适的测试方式、测试方法来完成测试任务呢？

我们可以从《孙子兵法》中获得一些灵感，以帮助我们实施上下文驱动的启发式测试策略。2012 年，我和几个同事合著了《完美测试：软件测试系统最佳实践》一书，其中一章就讨论了如何在测试中应用孙子兵法中的"三十六计"，我们引用了其中的 16 个计策，包括"欲擒故纵""趁火打劫""连环计""顺手牵羊""偷梁换柱""无中生有"等。

启发式测试策略，则是根据质量标准、项目背景和产品元素来选择合适的测试技术，最终达到用户可接受的质量。启发式测试策略涉及质量标准、项目背景和产品元素 3 个方面的众多的影响因素，如图 6-10 所示（篇幅有限，未全部展开）。如果我们要全面考虑这么多的因素，再制定测试策略，则需要的时间特别多，效率不高；如果不考虑这些因素，直接凭感觉来制定测试策略，那么过程很不科学，也无法产生很好的效果。因此，启发式测试策略虽然能够被普遍使用，但是不能快速、高效地指导具体的测试工作。测试人员需要因地制宜，才能发挥测试策略的威力。那么，如何快速、高效地制定测试策略呢？

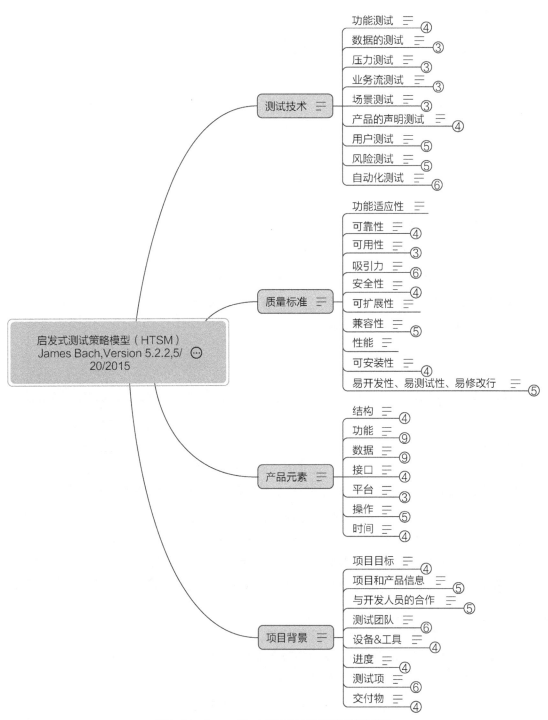

图6-10 James Bach制作的启发式测试策略模型

6.4.3   快速、高效地制定测试策略

要想快速、高效地制定测试策略，需要利用思维导图，因为思维导图不但能够灵活、快速、方便地增加因素或想法（其实是节点）、调整自己的想法（如删减节点），而且可以增加标记、注释、连接等图元（其中标记可以突显重要的元素，注释可以给出更详细的信息，连接可以建立元素之间的关联关系）。

制定测试策略的过程是向自己（团队）提问的过程，是自我反思、自我启发的过程。这个过程中的关键是会提问。例如，我们快速地自问以下问题。

- 当前项目重点需要考虑哪些限制因素？

- 哪些产品元素与当前测试任务相关？

- 系统会在哪些平台上运行？会产生哪些不兼容的问题？

- 针对实时性，产品有什么风险？可能会有什么缺陷？

- 通过什么测试可以发现这类缺陷？

- 采用什么样的测试技术可以更快地测试它们？

- 哪些因素的组合会产生新的风险？

但是，此过程没必要像图 6-10 所示那么复杂，一般也不能使用通用模型，那么我们就必须找到适合自己的启发式测试策略模型。每个团队会针对特定的行业（如汽车电子、金融和物流等）开发特定的产品，这样就决定了团队所面临的特定质量标准、特定行业背景、特定产品类型等。对于质量标准、项目背景和产品元素，某些因素是不需要考虑的，某些因素相对固定，可能只有少量因素是动态的而且在当前项目中比较特殊，则这些是值得我们特别关注的。

例如，如果要开发某个车载系统（属于汽车电子行业），则需要考虑 ISO 26262 标准。而且由于涉及典型的 V2X 网络，因此不仅要考虑这种网络的安全性，还要考虑实时性要求，包括时间同步等方面的验证。在测试技术方面，则会引入网络接口测试工具、仿真技术等。借助这些测试技术，让测试不依赖于硬件（汽车），而且测试执行速度会更快，可以覆盖更多的异常场景。

在项目中，也要特别了解本项目的进度快慢，以及处在哪个阶段。如果项目还处于尝试阶段，那么不会直接上线，对安全性、兼容性等质量要求会低一些。在产品元素方面，可以了解是否分层、有哪些 API，以及 API 文档定义是否已完成等。

这样我们就可以完成该项目特有的启发式测试策略模型（HTSM），如图 6-11 所示。

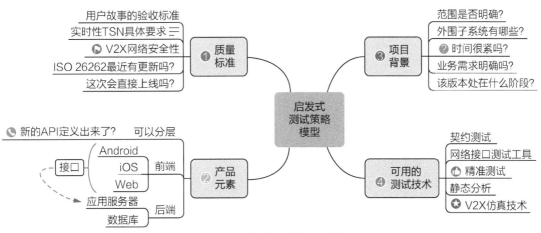

图6-11　定制的HTSM示意图

定制HTSM的过程是应用HTSM的过程，也是训练我们的系统思维、创造性思维的过程，经过不断思考、启发、再思考的过程，快速地在深度和广度探索，及时捕获调整上下文因素、风险，产生好的想法。经常做这种练习，思维自然会更敏捷，操作起来也会更快。上一个版本定制的HTSM也可以直接借用，然后在其上进行调整，实现测试资产的复用，这样测试策略的制定速度是不是更快些？而且这也是一个完善、优化的过程，形成更有价值的测试资产。

制定测试策略还有一种方法，即事先维护上面所说的测试资产之一——过去采用过的或所有已知的各项测试策略（测试方式的组合、方法的运用等），标识或说明各项测试策略的应用场景。随着时间的推进，虽然它也需要更新，即删除过时的、不能发挥作用的测试方式、方法和技术等，添加新的、更有效的测试方式、方法和技术等，但是对一个团队来说，只要维护唯一的一张思维导图就可以了。这种做法相对稳定，而且在制定测试策略前，它基本就绪，如图6-12所示。然后，结合另外一张思维导图，列出当前这个项目所遇到的困难和风险，针对每一个困难或风险标上其优先级，按照优先级，快速地逐项分析，再在如图6-12所示的思维导图中找到相对应的测试策略，这样就能够更快完成测试策略的制定工作。

对于测试策略的制定，首先要明确测试目标，这是根本。测试目标包括质量标准、测试交付物。接着，分析各个测试项可能存在的风险、阻碍测试目标实现的问题，了解之前重复提到的项目背景、产品元素（结构、功能、数据和平台等）。然后，根据各测试项的风险优先级，由高至低来确定合适的测试策略，包括选择合适的测试方法、技术和工具。

如果所选的测试策略之间存在冲突，那么以服从测试目标为宗旨，并基于风险的测试策略为敏捷测试的根本策略，即质量风险越高，其策略的优先级就越高。有效的测试策略就是指在有限的资源下完成给定的测试任务，其中可能会舍弃某些非常低或较低优先级的测试任务（缩小了测试范围，增加了一些测试风险）。因此，我们需要正确取舍，建立合适的测试策略，以在测试目标和测试风险之间达到最佳平衡。这是测试策略制定过程中的基本原则。

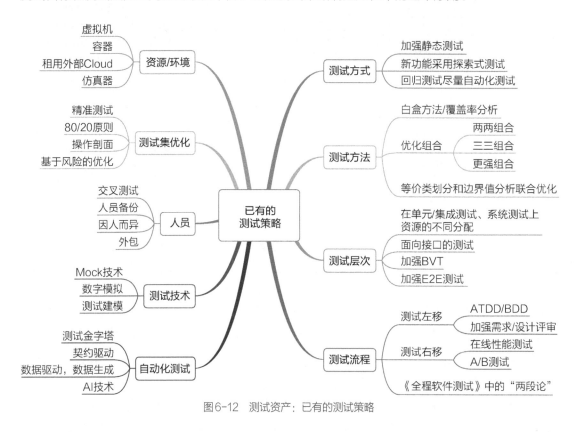

图6-12　测试资产：已有的测试策略

6.5　代码依赖性分析与精准测试

在传统的开发模式中，产品上市前通常会做一次完整的回归测试。在这个阶段，由于担心引入重大缺陷，项目团队会严格控制代码的改动。这种**全量的回归测试**的工作量会很大，而且其中有一部分测试用例的执行是没必要的，是一种浪费，这是因为被测试的部分没有受到影响。如果在测试过程中发现了不得不修复的缺陷，那么在代码修改后就只能凭测试人员的经验选取有限数量的测试用例来做针对性的回归测试，此时如果选取很少的测试用例，风险就比较大，而且缺少科学依据。

在敏捷开发中，没有很长的时间留给回归测试。因此在每一次迭代中，可通过持续的自动化测试进行回归测试，即**面向业务的系统级别测试**。使用自动化测试的好处之一就是可以加大回归测试的频率和力度。我们在 6.3 节中提到过，敏捷测试的主要风险是自动化测试的有效性，包括日益庞大的自动化测试用例集维护起来比较困难、发现缺陷的能力弱、执行时间长等问题。例如，对于一个线上的软件系统，研发团队紧急修复了一个缺陷，等待发布，此时却需要进行起码几小时的回归测试。

那么，如何提高自动化测试的有效性，进而提高敏捷测试的效率呢？精准测试技术在这方面提供了很好的解决方案。

6.5.1 精准测试

精准测试是一种软件测试分析技术，借助算法和工具，自动建立黑盒测试的测试用例和软件代码之间的可视化追溯，同时分析代码依赖性，从而基于影响的代码，精准选择受影响的测试（用例），以最大程度地优化要执行的测试范围。精准测试可以实现的功能包括：统计测试用例集的代码覆盖率、优化测试范围、迅速定位软件缺陷，以及分析和改进软件架构设计和代码结构等。

精准测试的基本过程（实现的原理）：

- 借助代码覆盖率分析技术，建立代码和测试用例的映射关系，为每一个测试用例和代码的方法 / 代码块建立对应关系；
- 对代码进行依赖性分析，了解代码中的类、方法和代码块之间的相互关联或调用关系；
- 拿到新的软件版本，与上一个软件版本进行代码差异（code diff）的比较，确定哪些代码被改动了；
- 基于代码和测试用例的映射关系和代码依赖关系，确定受影响的测试（用例）；
- 执行受影响的测试（用例）。

当某个测试用例开始执行时，被测系统被驱动运行，程序内部代码执行逻辑和测试数据就会被记录并同步进行计算和分析，然后我们就可以得到测试用例和代码之间的映射关系。

基于用例和代码之间的映射关系，精准测试可以自动发现还没有被测试用例覆盖的代码，提醒研发人员补充新的测试用例；当某些代码发生改动，精准测试可以自动筛选出需要执行的回归测试用例。这就是精准测试的含义：既不多测，也不少测；软件实现了什么，就测试什么；修改了哪里，就测试哪里。

精准测试可以实现软件缺陷的迅速定位。对于黑盒测试中发现的缺陷，测试人员一般会提供基于业务的功能性描述，然后配合开发人员重现缺陷、分析定位问题。在此过程中，往往会花费很多时间才能定位到引入缺陷的代码。而精准测试依据的是测试用例和代码之间的映射关系，如果测试用例执行失败，那么可以追溯到可疑代码块。这种数据化的沟通方式可以有效地提高缺陷定位和修复的效率，从而提高研发团队的工作效率。

　　精准测试旨在提高测试效率,是对现有的黑盒测试技术的补充,在软件测试过程中加入监听,以及数据收集和分析,可以配合人工在设计用例、执行用例的过程中进行数据的采集、计算和分析,也可以和自动化测试系统进行对接。精准测试对于缩短自动化测试时间有帮助,对手工的回归测试(虽然在敏捷中建议用自动化方式来完成),甚至探索式测试有更大帮助。

6.5.2　如何建立测试用例和代码的映射关系

　　精准测试的核心是建立测试用例和代码之间的映射关系,通过记录每个测试用例在执行过程中对应的程序内部的执行细节,可以追踪到方法或代码块级别。如果测试人员关注某个方法或者代码块,那么也可以追溯测试过这段代码的测试用例,如图 6-13 所示。

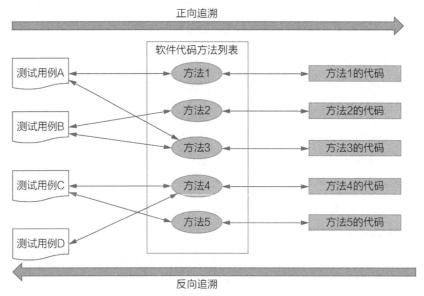

图6-13　测试用例和代码的双向追溯

　　通过从测试用例到代码的正向追溯,当测试用例在执行过程中发现软件缺陷时,可以直接定位到缺陷所在的代码,包括系统测试中难以复现的缺陷,因此可以帮助开发人员快速修复缺陷。

　　通过从代码到测试用例的反向追溯,可以进行软件不同版本之间的代码差异化分析,从而得到代码修改部分所影响的测试范围,以确定回归测试中包含的测试用例。如果新的版本中有新增的代码,系统则会自动提示研发人员补充新的测试用例来覆盖。

　　如果要实现测试用例和代码的关联,那么需要在测试用例执行时获取被测试应用在代码级别的方法调用链。下面就来介绍一下具体的实现技术。

6.5.3　代码依赖性分析

代码之间的依赖关系是比较复杂的，当执行一个测试用例时，从被测系统的代码层次来看，是调用了一系列的方法。软件代码的依赖关系包括：

- 应用中一个功能模块内部方法之间的直接调用、参数传递等；
- 应用中功能模块之间的接口调用，包括同步调用和异步调用等；
- 应用之间的调用和依赖关系。

在一个应用内部获取方法之间的调用关系时，有静态分析方法和动态分析方法。在实践中，一般通过静态分析方法和动态分析方法相结合的方式获得更为完整的调用关系拓扑图。

静态分析方法是指在不运行程序时通过对字节码分析获取程序中方法之间的调用关系，如字节码操作工具 ASM 和 Javassist（一个开源的分析、编辑和创建 Java 字节码的类库）。

动态分析方法通过程序插桩的方式获取方法或代码块的依赖关系，即在保证被测系统原有逻辑完整性的基础上，在程序中插入批量的探针，当测试用例驱动程序运行时，通过探针抛出程序运行的特征数据，然后对这些数据进行分析，从而可以获得程序的控制流和数据流信息，包括方法调用链数据。对于 Java 应用，通过 Java Agent（也称 Java 探针）以字节码注入的方式获取程序方法级别的调用链关系。团队可以选择自己创建 Java Agent 实现调用链分析功能，或采用开源的代码调用关系获取工具，如 java-callgraph。

java-callgraph 支持两种方法获取代码调用关系。javacg-static 支持静态分析，从 JAR 文件中读取类，遍历方法并输出方法之间的调用关系表。这种方式比较简单、有效，但会遗漏某些调用关系，如反射（reflection）调用。

javacg-dynamic 支持动态分析，在运行 Java 应用时，通过运行 Java Agent 来跟踪类、方法之间的调用关系，当退出 JVM 时，会输出调用关系表。javacg-dynamic 利用 javassist 在方法的入口点和出口点插入探针以解析其所有的依赖类。动态分析方法可以获得较为精准的方法调用关系，但在处理多线程程序和异常处理方面还不够完善。

对于应用之间的调用链关系，目前有一些成熟的应用调用链追踪的开源工具，如 Pinpoint、SkyWalking 等。以 Pinpoint 为例，它用于大型分布式系统的全链路监控，可以获取不同服务之间、服务与数据库，以及服务内部的方法的调用关系，还可以监控方法调用时长、可用率和内存等。Pinpoint 不需要修改服务的代码即可加载 Agent，从而实现无侵入式的调用链采集。其核心是运用 JVM 的 Java Agent 字节码增强技术，通过在被测试服务的启动命令中添加 JVM 参数来指定 Pinpoint Agent 加载路径。如下所示。

```
-javaagent:/home1/irteam/apps/pinpoint-agent/current/pinpoint-bootstrap-1.8.3.jar
-Dpinpoint.applicationName=ApiGateway
-Dpinpoint.agentId=apigw01
```

　　下面是来自 Pinpoint 官网的一个例子，图 6-14 显示了服务 ApiGateway 在一次调用中服务之间的调用链，以及与数据库、第 3 方应用的调用关系。图 6-15 显示了服务内部代码级别的调用关系，可以细化到方法级别。

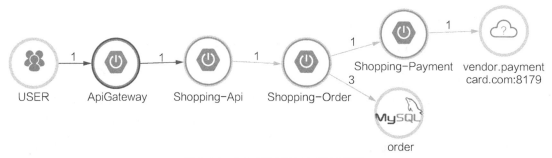

图 6-14　分布式系统服务之间的调用链

Method	Argument	StartTime	Gap(ms)	Exec(ms)	Exec(%)	Self(ms)	Class	API	Agent	Application
Servlet Process	/v1/shopping/orders/7a...	09:13:35 6...	0	986		0		TOMCAT	apigw01	ApiGateway
http.status.code	200									
REMOTE_ADDRESS	127.0.0.1									
invoke(Request.request, Response r...		09:13:35 6...	0	986		0	StandardHostValve	TOMCAT_METHOD	apigw01	ApiGateway
processShoppingOrder(String o...		09:13:35 6...	0	986		0	ApigwController	SPRING_BEAN	apigw01	ApiGateway
processOrder(String order...		09:13:35 6...	0	986		1	ShoppingServiceImpl	SPRING_BEAN	apigw01	ApiGateway
execute()		09:13:35 6...	0	985		0	RealCall	OK_HTTP_CLIENT	apigw01	ApiGateway
intercept(Interce...	http://...	09:13:35 6...	0	985		985	BridgeInterceptor	OK_HTTP_CLIENT	apigw01	ApiGateway
http.status.	200									
Servlet P...	/shopping/orders/7abd...	09:13:35 6...	2	983		0		TOMCAT	shopping.api01	Shopping-Api
http.st.	200									
REMO.	127.0.0.1									

图 6-15　代码级别的调用链

　　另外，精准测试技术可以帮助研发人员理解并优化软件架构设计。软件架构要尽量做到"高内聚、低耦合"，如图 6-16 所示，尽量把相关功能内聚到一个模块，减少模块之间的关联和依赖。如果代码之间的依赖度高、模块之间的耦合性强，那么其中一个方法的改动影响的方法或功能模块就会很多，这样不但给单元测试造成困难，而且为精准测试识别出的测试影响范围也会很大，也就失去了精准测试的意义。

　　精准测试技术可以根据收集的数据建立一个软件系统关系图并且以可视化的方式呈现出来，包括方法之间、系统模块之间和外部系统之间的调用关系，以及数据库。研发人员可以清楚地了解代码之间的依赖关系，并据此进行系统架构和代码结构的优化，尽量降低耦合度。

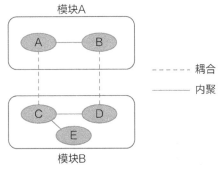

图6-16 软件系统的耦合和内聚

6.5.4 代码的变更分析

实现回归测试用例集的精准选择离不开对代码进行变更分析，即通过新的软件版本与上一个软件版本的对比，获取新的软件版本中有哪些代码变更，然后根据差异选择测试用例或补充新的测试用例。代码分析工具（或者一些代码版本管理工具自带的命令）可以对源代码进行对比，如 svn diff、git diff 等，但会把增加的注释、空白字符、空行等与业务逻辑无关的改动认为是代码变动。在精准测试中，可以通过 javaparser 进行语法树分析，获取每个方法的方法体，通过比较新的代码的方法体和原来代码的方法体得知哪些方法被改动了。

6.5.5 测试用例集如何优化

优化黑盒测试用例集：精准测试通过代码覆盖率的统计及等价类划分功能，自动发现测试用例集中的冗余部分以及需要补充的测试用例。如果两个测试用例属于同一等价类，那么其中一个测试用例就是冗余的，可以删除。对于有大量脚本的自动化测试集，据此进行优化，从而降低对自动化用例的维护成本。

对应的精准测试过程如图 6-17 所示。首先执行每个自动化测试用例，通过代码依赖性分析获取测试用例和方法之间的映射关系，以及方法之间的调用关系，然后给出测试范围优化建议。同时，在此基础上建立一个知识库，为回归测试范围的优化提供基础。知识库包括两部分内容：测试用例和方法之间的映射关系，方法之间的调用关系。

自动筛选回归测试用例集：通过代码变更分析，以及用来存储测试用例和代码映射关系的知识库，就可以为新提交的软件版本智能地筛选回归测试用例集，如图 6-18 所示。

首先分析新的软件版本有哪些变更，然后根据已经建立的知识库，得出改动的代码影响了哪些功能，需要执行哪些测试用例，这样就可以减少针对每个版本的自动化测试用例集，缩短自动化测试的运行时间。

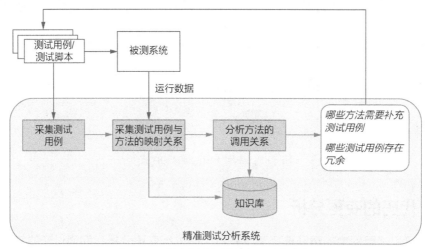

图6-17　测试范围优化以及知识库的建立

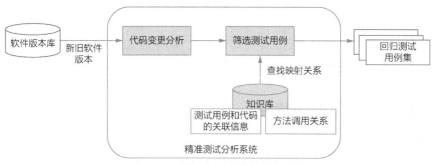

图6-18　回归测试用例集的自动筛选

6.5.6　优秀实践

目前国内不少公司的研发团队根据精准测试的技术理论开发了自己的技术框架，实现了测试用例和代码的可视化的双向追溯，回归测试用例集的自动筛选甚至智能选取，代码覆盖率分析、缺陷定位，以及测试用例聚类分析，与自动化测试平台的集成等功能。

在国际上，类似的实践和技术被称为 Intelligent Test Execution 或者 Smart Test Execution，我们可以翻译成智能的测试执行。例如，SeaLights 公司的测试工具，采用机器学习算法，针对代码变更进行测试影响分析，识别并执行最小的测试用例集；通过动态代码分析对 UI 测试、API 测试、手工类型的测试，以及自动化测试所覆盖的测试范围进行分析，识别冗余测试范围，并且对那些还没有被现有的测试覆盖的代码进行不同的风险等级提示。该公司的测试工具的亮点在于，其不但基于代码和测试用例建立的双向追溯进行分析，而且会结合过往的测试执行结果和生产环境中的用户行为等多种上下文进行分析，用户执行不到的代码从产品价值上来说不需要测试。这应该是未来的方向，采用人工智能技术处理多个数据来源让测试更加精准和智能。

6.6　敏捷测试要不要计划

如果没有事先进行计划和准备，就不能获得项目的成功，这充分体现了计划的重要性。虽然在《敏捷宣言》中有这样一句话："拥抱变化胜于遵循计划"，但是在敏捷开发模式下，没有计划是不可行的。在《敏捷宣言》的末尾，特别提醒我们右侧项也是有价值的，即"遵循计划"是有价值的，只是"拥抱变化"更具有价值。

一方面，我们需要写一个简洁的测试计划书，以指导后续的测试工作；另一方面，计划也是一个过程，正如我们常说的，计划不是一个阶段性的活动，不只是为了写一个计划书，而是贯穿整个研发项目周期的计划过程，于是计划要用"Planning"表达，强调它是一个基于上下文的、不断优化的计划过程。

6.6.1　测试计划的价值

在敏捷开发中，即使开发节奏再快也要有计划，否则结果会很糟糕。在制定计划的过程中，让我们系统审视项目可能遇到的问题，尽早识别出潜在的风险，做到未雨绸缪、防患于未然，这对成功完成测试是很有帮助的。

在制定测试计划时，首先要明确测试目标，这个目标不是测试人员自己确定的测试目标，而是整个团队共同确定的测试目标。明确正确的测试目标很重要，因为后续所有的测试活动就是为了达成这个测试目标而进行的。另外，测试目标会引导我们在后续开展测试活动。计划往往是评价实施的依据，基于测试计划可以更好地评价测试效果。

事先制定测试计划，也能帮助我们界定项目的测试范围，即事先知道哪些要进行测试，哪些可以不用测试，这是测试估算、资源安排的基础，也是后续测试分析、测试设计和测试执行的基础。从这个角度来看，制定测试计划是必要的。

制定测试计划可以帮助我们理顺测试的思路，制定一个切实可行的测试方案，即解决如何测试的问题，我们反思过去做得不够好的地方，然后在当前项目上进行改进。简洁的测试计划可以为以后的测试提供历史测试信息和可追溯性，从而推动测试的持续改进。

如果团队和项目利益相关者一起评审计划，并一致认可这个测试计划，也就说明计划中所定义的测试范围、所需的资源、所安排的进度等被大家一致接受，计划就成为团队和项目利益相关者之间的一种约定，从而为后续的具体实施、协作提供了有力保障。

6.6.2　一页纸的测试计划

虽然测试计划有价值，但其中更重要的工作还是测试的分析与设计，例如如何通过分析找出更多的场景，然后设计测试用例或脚本覆盖它们。而且，本书一直强调上下文的变化，我们会根据上下文来调整测试计划。因此，在敏捷中，测试计划要尽可能简单，如用"一页纸"的方式来体现敏捷测试计划。当然，你可以写两三页甚至更多页的测试计划，但我们建议你在测试计划中只写下那些有价值的内容。

在写敏捷测试计划时，我们可以摒弃一些通用的做法，改变一些惯例。例如，在每次写当前迭代的测试计划时，会将上一个迭代计划复制到当前这个计划中，这是在传统软件测试计划编写过程中经常做的事情，但在敏捷测试中就不要做了。有些惯例，如环境的例行检查、通常的入口/出口准则、上线前要做的例行检查等，都可以转化为一些清单又称检查表（checklist）。在迭代测试计划中，我们只记录那些本次迭代特有的内容。

在传统测试计划中，工作量的估算是基础，特别是项目越大，团队规模就越大，这时工作量的估算会更受关注，从而决定需要多少人力资源。而在敏捷测试中，一方面，团队规模很小，相对稳定；另一方面，在做发布计划时会有估算，以决定这个需求（如用户故事）是否可以放入当前的迭代中，一旦需求放入迭代中，整个团队就要努力把它实现。即使遇到估算不够准确的问题或其他困难，此时迭代周期也不会调整，而是依赖于团队的协作和努力。例如，在前期，测试人员可以帮助开发人员做一些事情，在后期，开发人员可以帮助测试人员做一些事情。分工不要那么明确，更强调团队的协作力量，这时，估算就不那么重要了。在传统测试计划中，进度安排也是很重要的一项，但敏捷中完全有可能省去，因为我们更强调持续测试，在一个迭代中，没有明显的里程碑，即使有，也已成为惯例，因为迭代周期是相对固定、有节奏的。例如，前两天要完成测试需求分析和测试计划，最后一天要完成一个全回归测试等已成为惯例或者流程的一部分，团队遵守它们就好了，没必要在每个迭代计划中重复出现。

经过上面的讨论，在敏捷测试计划中，必须写下来的主要事项有以下 10 个。

1）测试目标：在业务上如何更好地确保已有业务不受影响，以及在易用性、性能、安全性、测试覆盖率、测试效率等方面的具体、明确的目标。

2）交付内容：交付哪些有价值的内容给客户？交付哪些功能特性？交付哪些文档或工作件（如测试计划、自动化脚本等）？可以包括整体的验收标准。

3）测试项：我们将测试什么、不测试什么。我们要明确要测试的功能、性能等，同时要明确要做哪些合规性检查、需要测试哪些环境 / 平台等。

4）人员安排：每一个测试任务都有对应的团队成员负责。

5）假定：有没有一些假定条件？例如，这次待发布的版本只限于特定的用户使用。

6）依赖性：前端发布依赖于后端某个版本的发布，以及组件之间的依赖性等。

7）测试风险：可能会出什么样的质量问题、可能面对的测试挑战、可能无法覆盖的某些测试点等，涉及人员、测试范围、环境、时间和资源等不确定因素或潜在的负面影响。

8）测试策略：会采用什么测试策略？采用哪些测试方法或工具？

9）测试环境：会做哪些改变或需要进行哪些新的配置？

10）其他：如参考的文档资料。

6.6.3　如何编写一页纸的测试计划

在上文我们已经讨论了代码依赖性分析，基于上下文驱动思维的测试分析，基于用户思维的场景挖掘，测试风险识别与分析，以及测试策略的制定。这些工作做好了，测试计划就会水到渠成，剩下的问题就是如何描述这个测试计划。

之前，我们喜欢用 Word 方式来编写测试计划，但在敏捷测试中，是时候换一种方式来表达了，即在以简洁的方式呈现测试计划的同时，团队成员也方便浏览，即使有问题，也相对容易发现。对于这样的要求，我们自然会想到利用 Wiki、仪表板和思维导图等方式来表达。

1. Wiki方式

Wiki（一种名人协作的写作系统）方式可以为测试计划创建一个页面，就如同墨客文档、腾讯在线文档，可以引用一个合适的模板（如表格方式的模板），团队成员可以在相应的地方进行添加、修改等编辑工作，这种方式特别适合团队协作。我们也可以让之前所设置的测试负责人先完成一个测试计划的初稿，然后召开（在线）会议，团队成员一起快速浏览、评审这个计划，不同的团队成员可以直接在这个文档上提出自己的建议或进行修改，最后由测试负责人定稿，并持续维护这个文档。

2. 仪表板方式

仪表板（dashboard）方式可以使团队成员以更好的视觉方式查看测试计划，一目了然。在仪表板上，我们可以加上色彩，以突出重点，将团队成员的视线吸引到某个特定的区域，如测试风险、测试策略等区域，如图 6-19 所示。

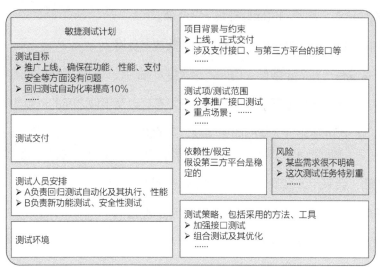

图6-19　仪表板方式的测试计划

3. 思维导图方式

在创建敏捷测试计划时，我们推荐思维导图方式，因为它可以与之前的测试需求分析、风险分析等较好地进行衔接。例如，整理测试项、测试风险项等工作，均是一个先发散、后收敛的过程，我们可以进行头脑风暴，无论对错，先增加内容，再删去不合理的内容，因为增加节点、删除节点是经常发生的事，而且制定敏捷测试计划是一个相对变化比较频繁的动态过程，也是一个不断完善的迭代过程。

思维导图采用一种直观的视觉方式，可以增强创造性思维和记忆力，也能体现测试计划编写的思维方式，真正能做到"一页纸"的测试计划——就是一张图，如图 6-20 所示。

针对测试项、测试风险和测试策略等，可以在思维导图上标注优先级。如果团队成员不确定某些内容是否可以删除，那么可以添加注释。在对某个测试风险、测试项、场景的讨论过程中，如果产生一些好的想法，也可以及时添加注释。如果有些风险和策略有关系，有些测试项之间有依赖关系，那么可以标注这些关系。

采用思维导图来制定测试计划，不需要再花一整天或好几天时间，只要 2 ~ 3 小时就能完成。团队成员更愿意参加这种讨论，因为这种方式不但效率高，而且有趣、互动性强。这种方式制定的测试计划可以灵活展开、折叠，在手机上也可以方便浏览。而且，我们随时可以添加或删除测试项，随时可以调整和完善测试计划。我们也可以将测试计划贴在墙和白板上，使测试计划随时可见，如在每日站会上，可以结合敏捷测试计划，审查项目的实际进展。

综上所述，采用思维导图方式创建和维护测试计划是可行的，效果也不错。现在有些公司已经开发了企业内部的思维导图在线网站，从而可以像 Wiki 方式那样团队协作完成测试计划，只是这样的测试计划不是纯文字形式，而是一张内容丰富的图。

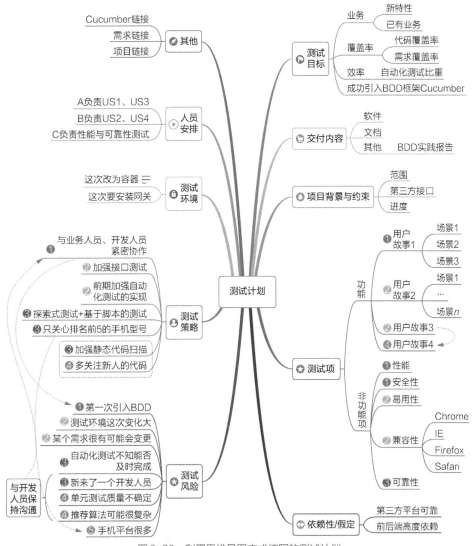

图6-20　利用思维导图方式编写的测试计划

要写出有效的测试计划，团队需要约定一些测试计划制定时的原则，如：

- 测试计划必须给出产品价值的衡量方法或验证方法；
- 测试目标必须明确，符合 SMART 原则等；
- 测试项必须列出应用场景，标注优先级；

- 测试风险不要多，只要列出排名前 5 的测试风险；

- 测试策略能够消除或缓解测试风险，并确保测试目标的实现；

- 依赖性、假定等不可或缺。

6.7   探索式测试与基于脚本的测试

本章前面的内容已经介绍了如何完成"测试计划"相关的内容，按照正常逻辑，本章可以到此结束了，但是考虑到探索式测试在敏捷开发中的应用，又增加了后面的内容。探索式测试是指"测试设计、执行和学习同时进行"。这种测试方式，只影响测试的设计和执行，与计划没有什么关系，为何要在这个模块来讨论探索式测试呢？

没错，探索式测试是指"测试设计、执行和学习同时进行"的测试方式，但要比较彻底地推动探索式测试的实施，或者说，如果期望在敏捷测试中采用纯粹的探索式测试，就需要引入基于会话的测试管理（session-based test management，SBTM），这会涉及测试计划，把测试目标分解、会话分解都可以归为测试计划的一部分，可以将其看作原来测试计划的延续。

为了讲解 SBTM，需要先介绍什么是探索式测试，以及它与基于脚本的测试的区别。

6.7.1   什么是探索式测试

探索式测试（exploratory testing，ET）在 1984 年塞姆·卡纳编写的《计算机软件测试》一书中首次出现，其比较明确的定义是詹姆斯·巴赫在 1995 年给出的"测试设计、执行和学习同时进行"，这里的设计，应该是指测试用例的设计（测试的详细设计）。2007 年，卡纳在和众多的上下文驱动测试流派的测试人士（包括巴赫）讨论之后，给出了探索式测试比较全面的定义。

> 探索式测试是一种软件测试风格（style），它强调独立测试人员（individual tester）的个人自由和职责（personal freedom and responsibility），为了持续优化其工作的价值（value），将测试相关的学习（test-related learning）、测试设计（test design）、测试执行（test execution）和测试结果分析（analysis）作为相互支持的活动，在整个项目过程中并行地执行。

从这个比较全面的定义来看，探索式测试有以下几个要点：

- 探索式测试不是测试方法、测试技术，而是一种软件测试方式（不要写成"探索性测试"），各种测试方法、测试技术依旧可以应用于探索式测试的方式中；

- 以人为本，强调测试人员的价值，给他们更大的自由发挥空间；

- 持续测试，测试设计、执行、学习和结果分析同时进行，没有明确的阶段划分；

- 持续优化测试工作；

- 不只是一种辅助的测试方式，它可以贯穿整个项目生命周期。

其中以人为本、持续测试和持续优化，与敏捷的价值观和原则是相同的，因此敏捷开发和探索式测试更加吻合。多年前，笔者发表过一个演讲，其主题就是"敏捷开发紧紧拥抱探索式测试"。

探索式测试的执行可以用循环的方式来表示，如图 6-21 所示，这个循环只是完成一个测试（用例）。这种从测试设计、执行、分析到学习持续循环的方式，可以被看作以螺旋方式不断上升的过程。

因此，这个循环过程有以下 4 个好处。

1）在头脑中进行设计。过去，我们设计测试用例时是要写下来的，估计一个用例要用掉几分钟或更长的时间，而利用这种方式时，我们只是在头脑中进行设计，一般只要花费几秒时间，效率会高很多。

2）开始执行测试，在过去，我们想到一个测试用例，就写下来，思路是断断续续的，而利用这种方式时的思路是连贯的，思维也会更加敏捷。

图 6-21　探索式测试就是持续循环的过程

3）根据上下文及其测试结果进行分析，也就是说，下一次测试循环是要根据上一次测试的结果来决定是否要做出调整。如果测试的结果没有达到测试人员的期望，比如没有发现 bug，这时就需要分析，判断测试思路可能错在哪里，如何进行调整或改进，从而在头脑中重新设计测试用例，进行下一个循环。

4）从执行和分析的过程中学习，快速改进。一个循环只有几分钟，在这么短的时间内很可能有学习的机会，而获得改进；持续下去，一年下来改进是很大的。

探索式测试是上下文驱动流派的具体实践与体现，它强调软件研发过程中上下文（需求、进度、人员和风险等）是不断变化的，只有测试人员才能及时适应这种变化，对测试范围、思路和方法，以及软件的操作等做出调整，不断优化测试，从而尽快、尽早、尽可能多地发现软件缺陷，提高测试的有效性和效率。

6.7.2　探索式测试的应用场景

探索式测试天生具有根据上下文灵活调整测试范围、测试技术和测试方法，并且对测试结果做出综合判断的"基因"，因此，其更具备在敏捷模式下应对各种不确定性因素和变化的能力。

当产品的一个新功能的需求不够明确时，需求和设计往往经常变更，不仅业务场景不够明确，测试结果的判断准则也不清晰。这时采用探索式测试可以一边测试一边了解新的功能特性，通过不断地进行质疑和澄清在团队协作中逐渐确定需求和设计，并且发现真正有效的缺陷。

探索式测试不需要提前写测试用例，开发完一个功能特性，就测试一个功能特性，从而可以在很大程度上节省手工测试的时间，提高测试效率。因此，当测试时间不足，需要采用手工测试对软件版本的质量进行快速反馈时，探索式测试在测试效率上比基于脚本的手工测试更有优势。

而且相比基于脚本的手工测试，探索式测试挖掘测试场景、发现缺陷的能力更强，更能贯彻基于风险的测试策略，觉得何处质量风险高，就多测试那里。即使在有自动化测试覆盖的范围内，也可以根据情况安排探索式测试，帮助发现隐藏很深的缺陷。

因此，如果需要更好地应对需求和设计的变化，提高测试效率，发现更多有价值的缺陷，就需要引入探索式测试。这些应用场景不但存在于敏捷开发模式中，而且存在于传统的瀑布式开发模式中，只不过在敏捷开发中需求变化的问题更加突出，对测试效率的要求更高，因此更需要探索式测试。

6.7.3　基于脚本的测试

与探索式测试不同的是，基于脚本的测试（scripted testing，ST）先完成测试脚本，再执行测试脚本，有明确的阶段划分；前面一段时间专注于测试脚本的设计与开发，后面一段时间专注于测试脚本的执行。这里的测试脚本，包括手工执行的测试用例和工具执行的自动化测试脚本。

基于脚本的测试与传统开发的瀑布模型的思维方式是一致的，与瀑布模型的具体实施过程也是匹配的。在瀑布模型中，阶段划分也是非常明确的，从需求分析、设计到实施，一个阶段接一个阶段地往前推进，测试自然也是先分析，再设计，最后执行。在传统的开发方式中，这样做有其可行性，也不得不这样做。

- 在传统的开发方式中，需求文档、设计文档规范、详细，基于这样的需求文档、设计文档，能够清楚地理解产品需求和设计，能够开展测试用例的设计工作。
- 在传统的开发和测试中，有一个"开发提交测试"的里程碑，即存在一个测试阶段，一旦开发人员将构建的版本提交给测试人员即意味着测试执行阶段开始，而在这个里程碑到来之前，开发人员没有交付版本，测试人员无法执行测试，只能进行测试的设计。

这也进一步证明了有什么样的开发模式就有什么样的测试模式，如图 6-22 所示。

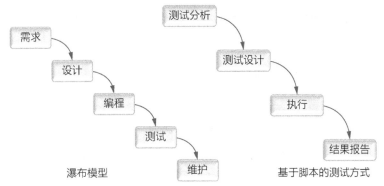

图6-22　有什么开发模式就有什么测试模式

6.7.4　探索式测试与基于脚本的测试的比较

为了让读者更好地理解探索式测试，我们可以将它和基于脚本的测试进行比较。首先，基于脚本的测试和探索式测试之间是有联系的，当基于脚本的测试中的脚本粒度越来越粗的时候，基于脚本的测试正逼近探索式测试。探索式测试也不同于 ad-hoc 测试，它不是随机测试，而是有角色扮演、有场景的设计，即在进行探索式测试之前也是有准备的，甚至有粗粒度的设计，如图 6-23 所示。

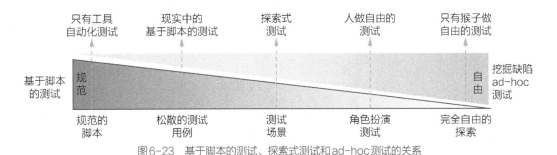

图6-23　基于脚本的测试、探索式测试和ad-hoc测试的关系

如图 6-24 所示，基于脚本的测试与传统研发模式比较吻合，其阶段划分明确，来自于软件测试的分析流派和标准流派，注重文档及其规范性，依赖测试用例的评审来保证测试用例的质量，有利于管理和测试资产的复用，整个方式相对严谨和规范。而探索式测试则是软件测试上下文驱动流派的代表，注重发挥测试人员的个人能力，特别是在缺乏明确的测试结果判断准则（而

图6-24　探索式测试与基于脚本的测试的比较

是启发式的测试预言）的情况下，它更能发挥作用。而且，探索式测试直接针对被测产品进行测试，关注与产品的交互，不断质疑产品，我们从中也获得了测试的乐趣。

6.7.5   敏捷拥抱探索式测试

测试人员直接针对产品进行测试，开发人员对产品进行修改，测试人员就进行相应的测试。探索式测试不需要写测试用例，也不需要维护测试用例，因此探索式测试是最能适应产品变化的。探索式测试关注产品，直接与产品进行交互，这和《敏捷宣言》中的“可工作的产品胜于详尽的文档”这个价值观是吻合的。这些进一步说明敏捷开发拥抱探索式测试。

测试人员与产品交互的过程不是普通的对话过程，而是运用批判性思维不断质疑产品的过程，即不断把问题抛给被测系统，并观察被测系统如何反应。这样，我们可以给“软件测试”重新下一个定义，即软件测试就是测试人员不断质疑被测系统的对话过程，如图 6-25 所示。这时，如果将测试人员当成客户端，将被测系统当成服务器，测试的过程就是在客户端和服务器之间建立一个会话的过程。通过这样的举例方式还可以帮助读者更好地理解 6.8 节中介绍的 SBTM 中的会话。

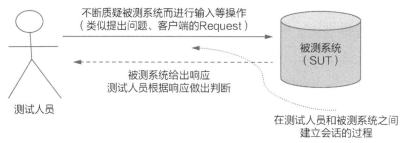

图 6-25   从探索式测试角度重新理解软件测试

为了更好地应对需求变化、适应快速迭代的节奏、提高测试效率，以及解决测试的判断准则不够明确的问题（如需求文档不清晰），我们就需要引入探索式测试。敏捷测试和探索式测试是息息相通的，主要体现在以下几个方面。

- 价值驱动或业务驱动。敏捷测试和探索式测试都强调做对客户有价值的事情。
- 持续学习和改进。上下文驱动，不断学习，不断改进，精益求精。
- 以人为本。敏捷测试和探索式测试都强调人是最重要的，要挖掘每一个研发人员的潜力。
- 效率优先。更侧重效率，强调快速完成任务，持续工作，持续交付。
- 拥抱变化。更具有适应性，能够快速响应变化，认可“拥抱变化胜于遵循计划”这样的价值观。
- 关注产品本身。认可“可工作的产品胜于详尽的文档”这样的价值观。

6.8　SBTM 的由来及使用

SBTM 是在探索式测试的基础之上被提出来的，虽然它已经出现 20 年了，但目前国内真正了解它的测试人员并不多。软件测试不缺乏好的技术和方法，但我们为什么没有把它们应用到工作中呢？这个问题值得大家思考。

本节主要介绍 SBTM 的由来，以及如何使用 SBTM 进行从测试计划到具体的测试任务的分解。

6.8.1　SBTM 的由来

在敏捷测试中，提倡以**探索式测试**为主要方式的手工测试。虽然探索式测试事先不写测试用例，充分发挥测试人员的技能和思维能力，但这并不意味着探索式测试活动不需要计划、组织和管理；相反，我们会基于风险的测试策略完成整个软件产品的测试，测试任务也需要分解并按照优先级和工作量分配到个人，测试结果需要汇总，并根据测试结果安排和调整下一步的测试任务。

SBTM 是乔纳森·巴赫和詹姆斯·巴赫在 2000 年提出来的。乔纳森·巴赫在《基于会话的测试管理》（"Session-Based Test Management"）这篇文章中提到，在采用探索式测试的方式进行测试的过程中，他作为测试负责人需要每天和团队中的测试人员沟通，以了解测试情况，然后向关心测试进度的人进行汇报，但他发现通过口头交流得到的反馈内容因人而异，因为有人喜欢讨论细节，有人喜欢谈论缺陷，有人没有什么反馈，这给他了解测试进度并进一步安排测试任务带来了困难。

因此，他和他的哥哥詹姆斯·巴赫就希望设计一套方法，既能更好地组织和管理探索式测试，又不影响测试人员在测试活动中的自由度和灵活性。另外，他们还注意到，测试人员在一天之内不仅要做测试，还有许多其他任务，为了让测试人员在测试中更专注于"探索"，不受其他事情的干扰，会话（session）——只用来做测试的最小工作单元——的概念随之产生。SBTM 就是用来有效管理这一工作单元的系列方法。

6.8.2　真正理解会话

SBTM 需要结合探索式测试的特点来理解。探索式测试可以看作"不断地问系统或质疑系统"的过程，因此，一个会话可以理解为"测试人员和被测试系统的一次对话"，而不只是一个"时间盒"。在 SBTM 方法中，一次完整的会话过程如下所述。

测试人员在一个不受打扰的时间盒（timebox）内，针对一项清晰、具体的测试任务进行探索式测试，这个时间段通常是 90 分钟左右。在测试结束后，测试人员提交形式简单的文字报告，即会话表（session sheet），并且尽快向测试负责人进行口头汇报（debriefing）。会话要执行的具体测试任务需要书面描述，在 SBTM 中称之为章程（charter）。测试负责人可以是敏捷团队的负责人、传统测试团队的负责人，也可以是指定的资深测试人员。

　　另外，还需要把 SBTM 和测试计划结合起来以理解它的整体框架，如图 6-26 所示。从图 6-26 中可以看出，SBTM 是在一次迭代中测试计划之后进行的，并且"监控"和"测试完成"这些环节没有变化。我们该怎么做测试计划就怎么做，测试过程依旧需要监控，衡量测试能否结束的定性 / 定量标准也是一样的，最终要实现测试计划所定义的测试目标。

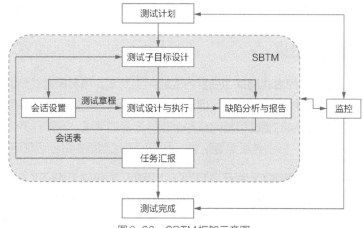

图6-26　SBTM框架示意图

　　首先，把测试计划中的测试目标分解为一系列清晰的、具体的测试子目标（mission），每个测试子目标代表一个测试任务。一个特定的测试子目标，需要通过一个或几个具体会话来完成。每个会话中要执行的具体任务需要一个指导书来描述，就是测试章程。测试计划、测试子目标、会话和章程之间关系的描述如图 6-27 所示。

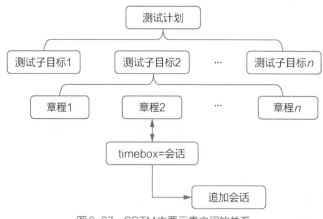

图6-27　SBTM主要元素之间的关系

6.8.3　测试计划分解成多个子目标

6.6 节已经讲解了测试计划，敏捷测试中要为每一次迭代制定一个简单的测试计划。SBTM 根据测试计划把测试目标分解成若干个子目标，这里的子目标可以看成对测试会话进行分类。那么，探索式测试可以承担哪些测试子目标呢？

简单回顾一下第 2 章介绍的敏捷测试流程，在一次迭代中主要的测试活动包括持续测试和版本验收测试。前半段是持续测试，主要目的是发现缺陷，包括单元测试、集成测试、新的用户故事的测试等功能性测试，也包括性能测试、安全测试、兼容性测试等非功能性测试。后半段是版本验收测试，既包括用户故事的验收，又包括系统端到端的验证。至于测试方式，总体原则是新功能用探索式测试，回归测试采用自动化方式。至于版本验收测试，如果团队采用 ATDD、BDD，并且有人手编写自动化测试脚本，那么可以用测试自动化方式进行验收测试。否则，探索式测试也可以用来对用户故事进行验收并且进行系统端到端的验证。

探索式测试侧重功能测试，既包括单个用户故事的验证，又包括端到端的功能交互的验证，同时在测试中兼顾兼容性、安全性和易用性等。我们可以根据产品特点和项目风险计划一些专项测试，如从易用性和用户体验的角度对 UI 进行探索式测试；或者专门针对各种外接设备进行兼容性测试。有时，还需要计划一些功能性的专项测试，如系统临界状态下的边界测试，以及与操作系统本身、第 3 方应用相关的交叉事件测试。探索式测试对有些产品比较重要，如移动端 App，但是又难以实现测试自动化。

由此可见，从测试计划到测试子目标并没有一个严格的划分标准，而是根据项目所处的上下文分解成合适的子目标。不过这本来就符合基于上下文驱动的测试思维：没有最佳实践，只有优秀实践。

因此，这里列出测试计划可以分解的测试子目标种类，在实践中，读者还需要根据项目的上下文具体分析如何分解。

- 新功能特性测试子目标：验证单个新的用户故事是否符合验收标准。

- 功能交互测试子目标：验证新的功能特性之间，以及与已有功能特性的交互是否正常。这里既包括对于某个 Epic 内功能之间的交互，如课程购买，又包括涉及多个 Epic 的面向业务的端到端的测试，如一个用户从搜索课程到购买，再到学习的综合应用场景。

- 各类专项测试子目标：包括非功能性的，如验证被测系统的易用性、安全性和兼容性等；还包括功能性的，如验证被测系统在边界状态、复杂网络环境等条件下的系统功能是否正常。

这样，测试计划分解出的测试子目标如图 6-28 所示。

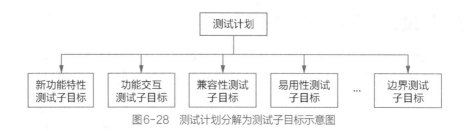

图6-28　测试计划分解为测试子目标示意图

6.8.4　测试子目标进一步分解为会话

测试子目标需要进一步分解为若干个会话，即在 90 分钟左右可以完成具体的测试任务。实际上，对于时间没有严格的要求，1 ～ 2 小时之内的时间都可以。每个会话管理一个特定的测试目标或任务，一系列会话相互支持，有机地组合在一起，周密地完成整个产品的各项测试子目标。

对于新功能特性测试子目标，一个会话可以针对一个用户故事的几个应用场景开展测试。有的用户故事比较小，几小时就可以完成测试；有的用户故事比较大，测试可能需要几天时间，对应的场景也会比较多，需要根据用户故事的场景复杂度分解成若干个会话共同完成对用户故事的场景覆盖，如图 6-29 所示。

从时间安排上来说，一个测试会话是 90 分钟左右，那么可以为测试人员一天计划 3 ～ 4 个测试会话；在每个测试会话结束后，测试人员填写会话表，并及时向测试负责人进行口头汇报，也可以上午集中进行一次，下午集中进行一次，但最好当天完成测试任务的口头汇报。这样的方式体现了 SBTM 中的面对面沟通机制，又一次表明了探索式测试和敏捷的价值观是一致的。

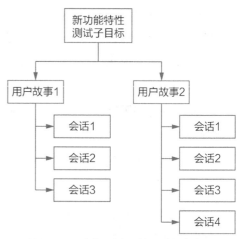

图6-29　测试子目标到会话分解示意图

对于每个会话，需要事先定义清楚具体的测试任务、目标，以及需要准备的数据、环境等，然后在章程里进行描述，侧重描述测试什么（哪些测试点）、如何测试和测试目标。但与测试用例相比，其层次是不一样的，在上文我们介绍探索式测试和基于脚本的测试的关系时曾经说过，当基于脚本的测试中的脚本粒度越来越粗的时候，它正逼近探索式测试。章程就可以看作粗粒度的脚本，站在更高层次上指导一次 90 分钟左右的测试，而一个测试用例执行时间往往是 5 ～ 10 分钟，甚至更短。因此，章程的粒度更粗，不需要具体描述测试步骤，只列出需要执行的测试场景或要点等。如图 6-30 所示是一个测试章程的格式的示例，可以用清单（checklist）格式，也可以用思维导图方式。

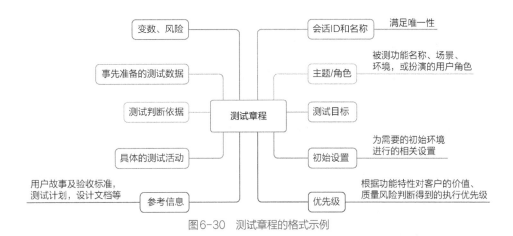

图6-30 测试章程的格式示例

在探索式测试中，每个会话相对独立，这时采用角色扮演方式来模拟客户的业务处理或操作思路会比较好。例如，对于拉勾教育 App 的测试，读者可以扮演新用户、已经购买过课程的用户、课程编辑人员、专栏讲师和参加课程分享的用户等角色。每个会话一般由单个人独立完成，或者根据需要两个人一起结对测试。例如，有经验的测试人员带着新手一起完成一个会话；又如，两个人配合进行测试（如对于视频会议 App 的会议场景，需要至少两人参加会议）。关于角色扮演、场景挖掘，将会在下文详细介绍。

在采用 SBTM 进行管理的过程中，我们经常会发现原来的会话分解需要调整：有的会话太大，一次做不完，需要后续拆解成两个；或者，有的会话已经对某个功能及其交互功能都做了测试，则其他只涉及同样功能及其交互功能的会话就可以减掉。这也是对于测试计划进行动态调整的过程。

6.9 一个应用 SBTM 的真实案例

在本节中，我们继续以在线教育 App 为例进行介绍，应用 SBTM 完成测试子目标和会话的分解，以及对探索式测试的执行结果进行管理。通过对本节内容的学习，读者将掌握如何在真实项目中实施 SBTM。

6.9.1 案例背景

一个采用 Scrum 模式的敏捷团队有 3 名测试人员，他们负责对手机端的在线教育 App 进行测试。之前 App 计划了 3 个版本，第 1 批功能特性已经交付，相应的软件版本 App 1.0 已经上线。

总体测试策略是探索式测试加自动化测试。现在需要针对软件版本 App 2.0 进行测试。这次交付定义了为期 4 周的迭代，需要实现订单管理、拼团购买、收益详情、收益提现、课程留言、课程评分和课程分类这 7 个用户故事。用户故事地图如图 5-10 所示。

团队采用自动化测试对用户故事进行验收测试。但是，对于新的用户故事，还是先用探索式测试快速发现缺陷，随后开发自动化测试脚本。

回归测试的自动化测试集（test suite）包括功能测试、性能测试、兼容性测试和安全扫描等。

在实际的项目中，对于移动端，需要覆盖针对 Android 系统的手机和平板电脑、Apple 系列手机和平板电脑，以及微信小程序的测试。本案例以 Android 系统的手机 App 为例介绍测试子目标和会话的分解。

6.9.2　挑战在哪里

目前，团队内的测试人员人数比较少，需要手工测试的部分又比较多，在有限的时间内提高测试效率将会是一个很大的挑战。

相比 App 1.0，App 2.0 的 UI 设计改动比较大，导致 UI 自动化回归测试脚本的维护工作量不小，另外，手工测试需要覆盖 UI 的易用性和用户体验需求。

对于兼容性测试，需要测试的手机品牌、型号、屏幕分辨率，以及 Android 操作系统的版本都比较多。兼容性测试的自动化测试覆盖了智能遍历的兼容性需求，在探索式测试中，还需要覆盖与具体功能相结合的深度兼容性需求。本案例需要支持 4 种主流手机品牌（华为、OPPO、vivo 和小米），需要支持的 Android 系统版本为 Android 10、Android 9 和 Android 8，需要支持的网络环境为 Wi-Fi、3G、4G 和 5G，可见测试组合比较多，任务比较重。

对于安全测试，我们需要计划一些手工的回归测试以对安装包、信息加密、手机权限限制等方面进行测试。

一些功能性的专项测试没有实现测试自动化，包括边界测试、弱网络测试、交叉事件测试，因此团队需要计划相关的回归测试。

6.9.3　测试子目标分解的结果

在本次迭代中，采用 SBTM 一共分解出下列 4 项测试子目标，并按照优先级和执行的先后顺序进行了排序。

1）新功能测试子目标：验证当前版本新的用户故事是否符合验收标准，并包含深度兼容性的验证。

2）功能交互测试子目标：重点是验证在新的功能特性之间，以及新的功能特性和已有的功能特性交互时工作是否正常，测试过程中需要兼顾深度兼容性的验证。

3）专项测试子目标：新功能的专项测试主要测试易用性，验证新的 UI 的易用性（用户体验），快速验证界面的实现与其设计是否一致。这部分需要依靠测试人员的主观判断，因此计划进行探索式测试。在测试过程中侧重于不同屏幕分辨率手机上的界面的美观性，以及界面中的功能的可操作性，兼顾兼容性测试。

4）专项回归测试子目标：是专项测试的回归测试，包括交叉事件测试、弱网络测试、边界测试和安全测试。

6.9.4　几个典型的会话

每个测试子目标包含若干个会话，分解结果如图 6-31 所示。由于篇幅有限，因此每项子目标中只给出部分会话。

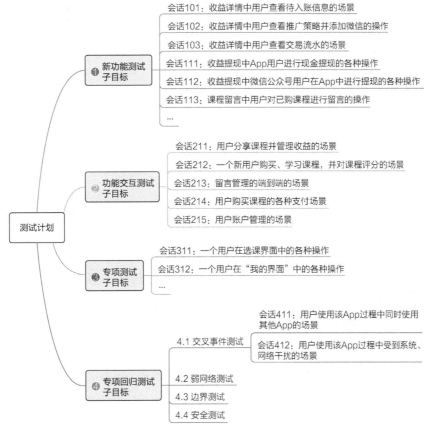

图6-31　App 2.0中测试子目标的分解结果

下面是测试计划分解说明。

1）对于新功能测试子目标，每个用户故事定义了按照不同用户场景划分的几个会话。这部分测试会话需要在本次迭代中对用户故事进行持续测试，如图 6-32 所示，是为课程留言这个会话定义的章程。

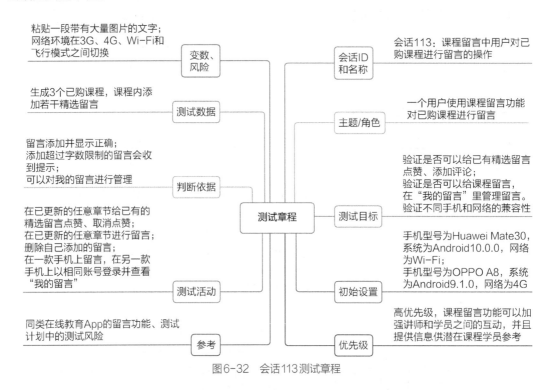

图6-32   会话113测试章程

2）对于功能交互测试子目标，我们列出了 5 个分解出来的会话覆盖功能交互的场景，并且从不同的角色角度进行了场景组合。例如"会话 212：一个新用户购买、学习课程，并对课程评分"，会覆盖用户注册、登录、课程搜索、支付、课程学习和评分等多个场景；又如会话 213，在用户故事测试中，只覆盖了作为用户对课程进行留言的相关场景。在系统功能测试中，增加了课程编辑和讲师的角色，与用户一起完成从添加留言、将留言选为精选留言到页面显示等整个留言管理过程，并且有的操作是在个人计算机上完成的，相关测试章程如图 6-33 所示。

3）对于专项测试子目标，针对 UI 的易用性给出两个会话示例，分别对"选课界面"和"我的界面"进行测试。针对拉勾教育 App，读者可以想想是否需要增加新的会话，如不同的用户角色。

4）对于专项回归测试子目标，前面已经说过，需要对 3 项专项测试进行手工的回归测试。图 6-34 是交叉事件测试中的会话 411 的章程，在这个会话里，需要考虑多个 App 同时运行、交替切换，以及共用视频、音频设备等场景。

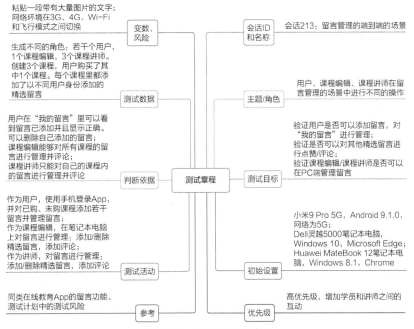

图6-33 会话213测试章程

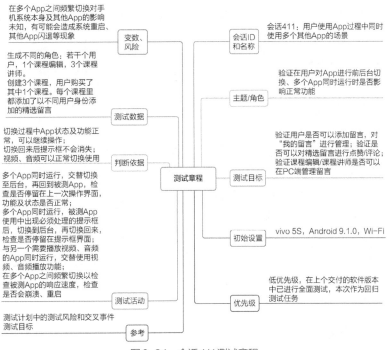

图6-34 会话411测试章程

6.9.5　会话表

至此，我们已经完成了测试子目标和会话的分解，以及章程的定义，相当于明确了每一次探索式测试要完成的具体的测试任务。在下一步，我们把会话任务分配给每个测试人员执行，具体的测试场景需要测试人员在测试过程中进行设计，也就是在一次会话中循环进行设计、执行、分析和学习，第 7 章中将详细介绍。这里先介绍一下与 SBTM 相关的内容，也就是在一次会话结束后探索式测试要做的事情。

根据 SBTM，在探索式测试执行完一个会话后，测试人员需要记录一个会话表，也就是会话结果报告。我们只需要遵循简单的格式，如利用"#"标记各项内容，就可以产生易于自动分析的会话表，然后通过特定工具进行汇总，生成总的测试报告。如图 6-35 所示是会话 113 测试结束后的会话表，要填写的内容还是比较简单的。

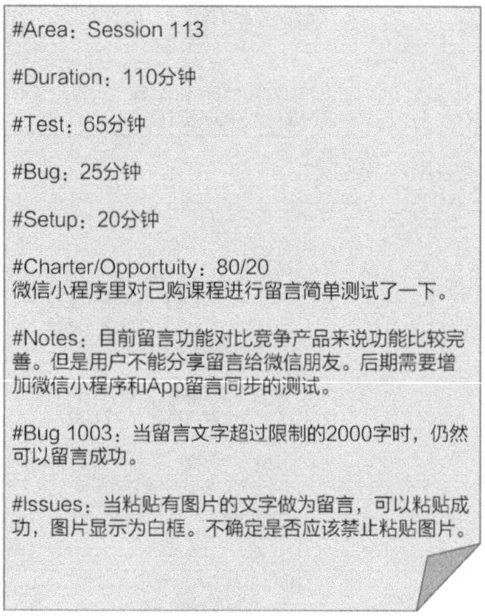

下面是对会话表中的各项内容的简单说明。

- #Area：测试的范围，即进行了哪些功能点或平台的测试。

- #Duration：总的测试时间。

- #Test、#Bug 和 #Setup：分别表示实际测试、缺陷报告，以及环境设置这 3 项各自花费的时间，可以用来估算测试速度，评估测试效率。例如，我们能够了解用在测试执行的平均时间有多少、是否需要提醒某个测试人员分析缺陷的时间太长了。

- #Charter/Opportunity：规定的测试任务时间占比 / 新发现的测试区域时间占比。例如，80/20 是指 80% 的时间用在规定的测试任务，20% 的时间用来测试新发现的区域。一方面，尽量完成章程规定的任务；另一方面，如果发现更具有风险的区域，可以跳出事先定义的任务进行测试，目的是发现更多的缺陷，降低质量风险。

- #Notes：测试人员的感想，包括怎么测试的、为什么这样测试、哪些地方质量不够好，以及哪些地方需要加强测试等。

- #Bug 1003：确认是缺陷的记录。

- #Issues：问题或疑问，但不能确定是不是缺陷的记录。

#Area：Session 113

#Duration：110分钟

#Test：65分钟

#Bug：25分钟

#Setup：20分钟

#Charter/Opportunity：80/20
微信小程序里对已购课程进行留言简单测试了一下。

#Notes：目前留言功能对比竞争产品来说功能比较完善。但是用户不能分享留言给微信朋友。后期需要增加微信小程序和App留言同步的测试。

#Bug 1003：当留言文字超过限制的2000字时，仍然可以留言成功。

#Issues：当粘贴有图片的文字做为留言，可以粘贴成功，图片显示为白框。不确定是否应该禁止粘贴图片。

图6-35　会话113的会话表

6.9.6　口头汇报

只有文字报告还不够，测试人员最好及时向测试负责人口头汇报测试情况。既然有文字报告了，那么为什么还需要口头汇报呢？这其实可以类比一下简历和面试的关系，我们都知道，再好的简历也不能取代面试。认真的面试官事先会仔细阅读简历，然后准备几个问题，以便在面试中对候选人进行更深入的了解。不仅如此，口头汇报也是一次共同反思的过程，测试负责人通过提问发现测试计划的问题、测试执行的问题，思考下一步如何改进。测试人员也利用交流的机会提出自己的顾虑之处和建议。

好的口头汇报，可以用"PROOF"（past、result、obstacle、outlook 和 feeling）来描述。

- past（过去）：这个会话已经做了哪些测试？
- result（结果）：在这个会话中达到了哪些具体的测试目标？
- obstacle（障碍）：测试没有做好或做得不够充分的问题或障碍是什么？
- outlook（展望）：还需要做哪些测试？加强哪些测试？
- feeling（感觉）：整体测试或这部分质量感觉如何？

下面就以会话 113（用户对已购课程进行留言的操作）为例模拟一次口头汇报。测试人员戴维带着已经写好的会话表与测试负责人汤姆就上午的测试会话进行了交流。

> **汤姆**：章程中定义的测试任务完成情况如何？
>
> **戴维**：对于已购课程的留言功能的各种场景都做了测试，而且我在两部手机上分别测试了这些场景。
>
> **汤姆**：覆盖了哪些具体测试目标？
>
> **戴维**：功能性和兼容性的测试目标都覆盖了，除会话表里记录的疑问以外，没发现其他问题。
>
> **汤姆**：你记录的那个问题为什么不能确认是缺陷？
>
> **戴维**：没找到相应的测试依据。在用户故事的验收标准中，没有明确是不是可以添加图片，我建议找业务人员和开发人员一起确认，补充进去。
>
> **汤姆**：好的。微信小程序的课程管理功能也在开发中，由加文团队负责测试，留言同步属于功能交互的测试目标，你有什么建议？
>
> **戴维**：我建议我们这边增加一个会话任务专门测试一下 App 和微信小程序的功能交互，不仅是留言。
>
> **汤姆**：好的，我们找加文商量一下，然后更新我们的测试计划和会话计划。

通过这次对话，汤姆和戴维发现了 App 和微信小程序的功能交互需要增加测试，测试计划和会话计划都要做相应的修改。

一位从事软件测试的工程师对我说："我以前一直觉得探索式测试很高深，现在我才知道，原来我们一直都在进行探索式测试。由于我们的测试用例粒度比较粗，没有具体的测试步骤，因此一个用例需要执行 1 ~ 2 小时。"也许有些读者一直进行探索式测试，只是自己没有意识到而已。

同时，他又告诉我，他们的团队一直沿用测试用例通过率作为衡量软件质量的一个指标，但是项目前期基本上没有测试用例能标成"Pass"。他们的测试负责人需要了解进度并编写报告，只能参考缺陷报告，并且找每个测试人员具体了解测试情况。

我很期待，在他了解了 SBTM 以后，是不是会说："原来我们也一直在应用 SBTM，只是没有这么正规。"他需要进一步思考如何才能把 SBTM 的理论和实践相结合，这样才能把探索式测试做得更好。

6.10   敏捷测试分析与计划的案例

作为本章的最后一节，让我们运用前面学到的测试分析和测试计划的知识，用一个案例来体会如何从测试分析开始一步步制定出测试计划。我们仍然沿用在线教育 App 第二次迭代的软件开发项目，也就是将 App 2.0 作为案例，项目背景可参考 6.9 节中的相关介绍。

本节的目标是为 App 2.0 制定一个测试计划，包括以下几个步骤：

1）基于启发式测试策略的分析模型进行测试分析，收集项目的上下文信息；

2）根据项目目标和质量标准制定测试目标；

3）根据上下文信息，完成测试需求分析，明确测试范围，包括功能性测试和非功能性测试；

4）根据收集的项目上下文信息进行风险分析，识别出排名前 5 的测试风险并制定预防 / 处理措施；

5）制定基于风险的测试策略；

6）基于测试目标和测试策略等内容制订测试计划。

6.10.1　信息收集

我们采用启发式测试策略的分析模型，从产品元素、质量标准、项目背景、可用的测试技术 4 个方面收集上下文信息并分别进行归纳整理，如图 6-36 所示。在归纳整理过程中，主要聚焦 App 2.0 版本发生了哪些变化（与 App 1.0 版本比较），从而了解到变化主要发生在质量标准和项目背景这两个部分：在质量标准中，要考虑用户大幅提升之后在性能方面的挑战；在项目背景中，单元测试覆盖率只有 40%，开发人员和测试人员有变动。这些都是在后续需要识别、分析的测试风险。

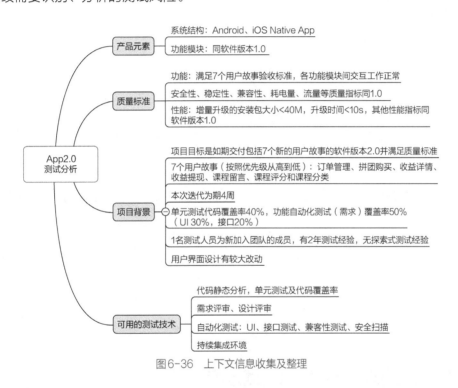

图6-36　上下文信息收集及整理

6.10.2　测试目标

从测试分析中得到项目的目标是在 4 周内如期交付 App 2.0，包括 7 个新的用户故事，对于安全性、稳定性、兼容性、耗电量和流量等方面的质量标准与 App 1.0 相同。结合其他因素，如目前的测试自动化率、时间和人员的情况，可以制定如图 6-37 所示的测试目标。在图 6-37 中，测试目标按照 4 项测试子目标分别给出具体的目标，这 4 个子目标分别是单元测试子目标、功能测试子目标、性能测试子目标和专项回归测试子目标。

1）单元测试子目标定义为单元测试的代码行覆盖率在 70% 以上。

2）功能测试子目标包括新需求的测试和回归测试：App 2.0 的新需求的测试覆盖率为 100%，回归测试自动化率要达到 100%。

3）性能测试子目标既包括新需求，又包括回归测试。由于软件升级属于新需求，因此性能测试在新的软件包安装、升级中的需求覆盖率应达到 100%，包括升级时间和软件包安装时间等。其他性能测试的回归测试自动化率目标为 100%。

4）专项回归测试子目标的测试项包括稳定性、安全性、易用性、耗电量、流量、交叉事件、弱网络、边界等。稳定性测试和基础兼容性测试的自动化率目标为 100%；其他专项测试基本是手工测试，其手工测试覆盖率目标是达到 60%，最高为 65%，最低为 50%，并且优先级为 P1 的测试用例应 100% 执行。

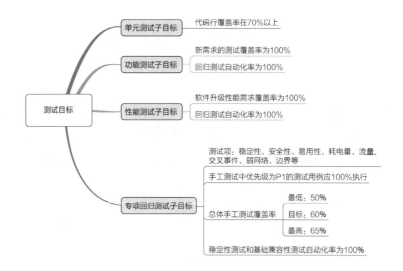

图6-37　App 2.0测试目标

6.10.3　通过测试分析得到测试范围

通过测试分析过程中收集的信息，可以得出如下测试范围：

1）新功能特性，包括 7 个用户故事的功能以及功能之间的交互；

2）新版本的专项测试，新的软件包的升级、安装、启动和卸载；

3）已有功能的回归测试，验证已有功能是否受到新的改动影响；

4）功能性的专项回归测试，包括交叉事件测试、弱网络测试和边界测试；

5）非功能性的回归测试，包括稳定性、兼容性、性能、安全性、易用性、耗电量和流量等测试。

测试范围按照测试项进行了划分，如图6-38所示。

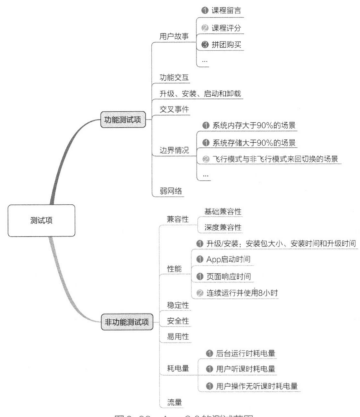

图6-38　App 2.0的测试范围

6.10.4　根据测试分析进行风险分析和控制

根据测试分析的结果并应用6.3节的知识，分析测试风险并制定预防／处理措施，如图6-39所示。这里识别出排名前5的测试风险，按照风险从高到低进行排序。

1）单元测试的代码覆盖率可能达不到70%的测试目标，这会导致代码质量低、缺陷多，进而导致产品质量风险。

2）在App 2.0中，用户界面需求有较大变更，原来的UI自动化测试脚本不能直接执行，会导致测试自动化率降低，从而引起遗留重大功能缺陷的风险。

3）需要兼容的手机品牌、型号，以及屏幕分辨率种类太多，兼容性测试不充分将会导致产品出现质量风险。

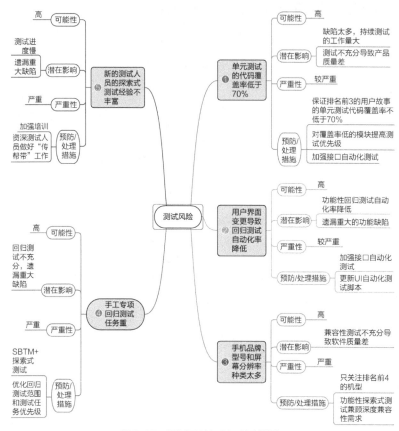

图 6-39　测试风险识别和控制措施

4）手工专项回归测试任务重，在测试时间紧张的情况下，专项回归测试不充分，会由于遗漏重大缺陷导致出现产品质量风险。

5）新的测试人员的探索式测试经验不丰富，对测试场景覆盖不足，会导致测试不充分、遗漏重大缺陷这样的产品质量风险。

在识别出的每一个测试风险中，按照风险发生的可能性、潜在影响、严重性对风险进行描述和分析，并且给出预防 / 处理措施，目标是尽可能地消除、降低或转移风险。对于风险的处理措施，会体现在接下来制定的测试策略中。

6.10.5　基于风险的测试策略

根据测试范围分析和风险分析的结果，我们就可以为 App 2.0 制定测试策略，如图 6-40 所示。

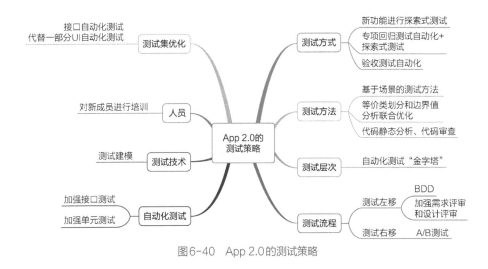

图6-40　App 2.0的测试策略

因为我们是在 App 1.0 的基础上制定测试策略，所以重点是针对 App 2.0 的测试目标及存在的测试风险在测试什么和怎么测试方面提出应对措施。

在测试方式方面，新功能采用探索式测试，回归测试尽量采用测试自动化，有些回归测试不能自动化的就采用探索式测试来覆盖；用户故事的验收测试采用自动化的方式。

在测试方法方面，静态测试和动态测试相结合。静态测试方法包括代码静态分析和代码审查，动态测试方法主要采用基于场景的测试方法，同时用等价类划分和边界值分析等测试方法联合优化测试范围。

由于我们已经识别出单元测试代码覆盖率低是主要的测试风险，因此提出：确保高优先级的用户故事的单元测试覆盖率达标，并且加强接口自动化测试。针对用户界面变更导致的自动化测试率降低的风险，测试策略中规定：按照自动化测试"金字塔"的原则，加强接口自动化测试，以其代替一部分 UI 自动化测试；同时，加强单元测试尤其是高优先级的用户故事的单元测试，也是为了降低这一测试风险。

在测试流程方面，采用测试左移、测试右移等优秀的敏捷实践。在测试左移中，引入BDD，并加强需求评审和设计评审；在测试右移中，引入 A/B 测试。

6.10.6　测试计划

现在我们就可以开始制定测试计划了。我们已经在前面制定了测试目标、测试项、测试风险和测试策略，覆盖了测试计划中的大部分内容。在此基础上，我们添加关于人员安排、测试交付物，以及测试依赖性 / 假定等内容，最后的测试计划如图 6-41 所示。

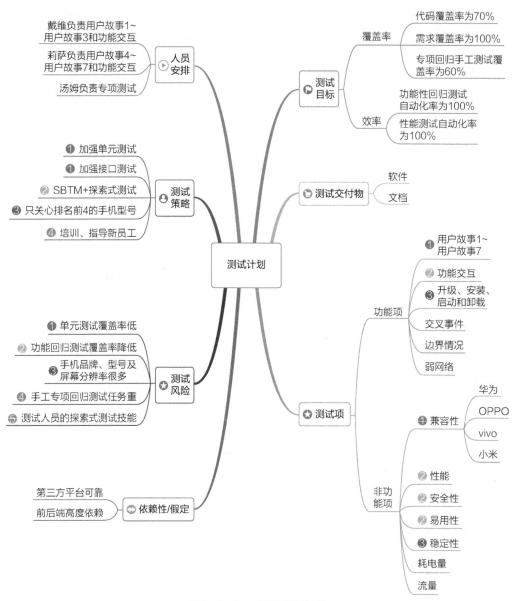

图6-41   App 2.0的测试计划

在测试计划制定的过程中，首先要明确测试目标，因为后续的测试分析、测试策略都是为了更好地实现测试目标。在这个过程中，我们采用思维导图的方式，可以很好地支持发散性思维和系统性思维的运用，快速完成测试计划中的几个关键环节：测试范围的确定、测试风险分析、测试策略的制定，以及测试计划的制定。而且，测试计划中的每一项内容都标注了优先级，体现了基于风险的测试策略在敏捷测试中是不可缺少的，有助于我们更高效地完成测试。

本章小结

在敏捷开发模式下，强调持续交付、持续测试，整个测试过程是动态的，因此，我们必须关注上下文的变化，基于上下文来制定测试策略。在敏捷测试中，我们仍然需要测试计划，但更强调动态调整和不断优化。

在软件测试顺应和拥抱敏捷模式的同时，我们也应该充分认识到敏捷所带来的测试风险。本章探讨了敏捷测试中 4 个主要的测试风险：需求不明确、需求频繁变更、时间太紧，以及测试自动化的有效性。我们在制定测试策略和测试计划时应考虑适合自己所在项目和被测产品的应对措施。

敏捷测试中的手工测试应以探索式测试为主，产品的各项功能都通过探索式测试完成，因此需要 SBTM 加强对探索式测试的计划和管理，通过流程保证测试任务的分解、测试报告的收集，并根据测试结果和测试人员之间的交流及时调整测试任务。

另外，我们需要提醒自己时刻关注大的技术环境和趋势，在测试分析和测试计划中尝试运用新的测试技术。精准测试可以帮助我们根据代码变更选取回归测试范围，分析新增代码的测试覆盖率，最直接的收益在于缩短测试周期 / 时间，提升同样时间内的缺陷发现率。

延伸阅读

如果读者想更多地了解精准测试，那么可以阅读《不测的秘密：精准测试之路》。这本书以故事的形式讲述了一个团队在精准测试方向的技术探索，相信会给读者实践精准测试提供较好的思路并带来技术实现细节的启发。

詹姆斯·巴赫近年来专注于软件测试咨询和培训，在他创办的咨询公司 Satisfice 的网站上有很多关于启发式测试策略、探索式测试和 SBTM 的文章，值得一读。尤其值得我们关注的是，近年来，在这些测试理论的基础上总结出了快速软件测试方法论，它强调在软件测试中以人为中心、工具为辅助，通过制定更好的测试策略提高测试效率。

第 7 章　敏捷测试的设计与执行

导读

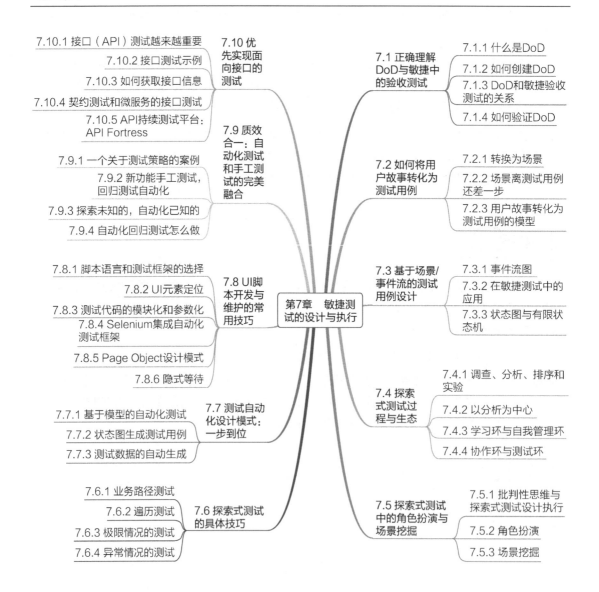

7.10.1 接口（API）测试越来越重要

7.10.2 接口测试示例

7.10.3 如何获取接口信息

7.10.4 契约测试和微服务的接口测试

7.10.5 API持续测试平台：API Fortress

7.10 优先实现面向接口的测试

7.9.1 一个关于测试策略的案例

7.9.2 新功能手工测试，回归测试自动化

7.9.3 探索未知的，自动化已知的

7.9.4 自动化回归测试怎么做

7.9 质效合一：自动化测试和手工测试的完美融合

7.8.1 脚本语言和测试框架的选择

7.8.2 UI元素定位

7.8.3 测试代码的模块化和参数化

7.8.4 Selenium集成自动化测试框架

7.8.5 Page Object设计模式

7.8.6 隐式等待

7.8 UI脚本开发与维护的常用技巧

7.7.1 基于模型的自动化测试

7.7.2 状态图生成测试用例

7.7.3 测试数据的自动生成

7.7 测试自动化设计模式：一步到位

7.6.1 业务路径测试

7.6.2 遍历测试

7.6.3 极限情况的测试

7.6.4 异常情况的测试

7.6 探索式测试的具体技巧

第7章　敏捷测试的设计与执行

7.1 正确理解DoD与敏捷中的验收测试

7.1.1 什么是DoD

7.1.2 如何创建DoD

7.1.3 DoD和敏捷验收测试的关系

7.1.4 如何验证DoD

7.2 如何将用户故事转化为测试用例

7.2.1 转换为场景

7.2.2 场景离测试用例还差一步

7.2.3 用户故事转化为测试用例的模型

7.3 基于场景/事件流的测试用例设计

7.3.1 事件流图

7.3.2 在敏捷测试中的应用

7.3.3 状态图与有限状态机

7.4 探索式测试过程与生态

7.4.1 调查、分析、排序和实验

7.4.2 以分析为中心

7.4.3 学习环与自我管理环

7.4.4 协作环与测试环

7.5 探索式测试中的角色扮演与场景挖掘

7.5.1 批判性思维与探索式测试设计执行

7.5.2 角色扮演

7.5.3 场景挖掘

　　测试设计指的是测试用例、自动化测试脚本的设计，以及探索式测试执行过程中的设计。在敏捷测试中，与传统测试一样，测试计划仍然是测试设计的基础，测试设计仍然是测试执行的基础，而测试计划和测试设计都必须在执行中才能得到贯彻和体现。但与传统测试中分阶段进行不同的是，在敏捷测试中，测试计划和测试设计几乎总是需要在执行过程中根据上下文不断地进行调整和完善。因此，敏捷测试执行是与测试计划、测试设计等活动循环交替进行的。

7.1　正确理解 DoD 与敏捷中的验收测试

7.1.1　什么是 DoD

　　理解 DoD（definition of done）并没有什么难度，其字面意思是任务完成的定义，也就是它通常以清单的形式定义一项任务完成的准则是什么。在敏捷开发中，DoD 最初应用在 Scrum 流程的迭代中，如图 7-1 所示，是为一个迭代任务定义的 DoD，可以称之为迭代 DoD。它在每次迭代的计划阶段由团队一起制定。在验收阶段，对照着 DoD 清单中的每一项检查完成情况，如果都完成了，那么这个迭代才可以认为是"完成"的。

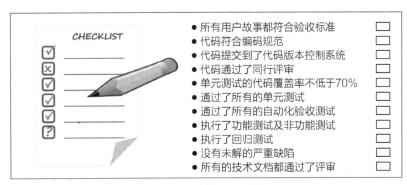

图 7-1　迭代 DoD 示例

　　但就是这样一个简单的任务清单，在敏捷开发里其实起到了非常重要的作用，甚至"没有定义 DoD 或错误地定义 DoD"被认为是导致敏捷实践失败的最重要的原因之一。

　　这也并不奇怪，有一本值得阅读的书，名为《清单革命：如何持续、正确、完全地把事情做好》，作者是一名外科医生，他收集了大量案例证明了清单工作法在许多行业的价值，特别是在临床医学、航空业和建筑业这些对安全操作要求极高的行业。该书的作者阿图·葛文德认为，今天的人类掌握了越来越多的知识，很多挑战来自如何持续地、正确地运用这些知识，人们总是不可避免地犯错，有些错误是因为我们不懂，没有掌握相关的知识，但更多的错误往往是因为我们明明知道，可是该做的时候却没有做。航空业每一次安全飞行的背后都是"清单的胜利"。

2009 年，全美航空的萨伦伯格机长将飞机成功地迫降在哈德逊河上，这是整个机组集体创造的奇迹，他们在危急时刻严格执行各自的操作清单，在几分钟内完成了所有该做的事情，挽救了机上所有人的生命。对于个人也是一样，一名基金管理人花了 65 万美元拍下了与巴菲特共进午餐的机会，事后他说，巴菲特的脑子里有一张清单，他用这张清单对潜在的投资机会进行评估。后来，这个人也在投资决策中坚持使用清单，这让他管理的基金表现优异。

阿图·葛文德在书中提到：清单从来不是大而全的操作手册，而是理性选择后的思维工具。由此可知，迭代 DoD 的背后体现的是简单、有效的敏捷思维。

DoD 的作用可以概括为以下 3 点。

- 帮助团队明确目标，提高效率。在计划阶段制定 DoD，可以帮助团队检查是否所有的主要目标都已经考虑到了。在《高效能人士的七个习惯》这本书里介绍的第二个习惯就是以终为始，希望达到什么目标，那么一开始就要首先明确目标。我们把这一节放在本章的开头，也就是贯彻了这种以终为始的思想。

- 促进团队协作的机制。在敏捷团队中，每个人的角色不同，承担的任务也不同。这很容易造成每个人只关心自己要完成的任务的局面，从而对团队要完成的任务缺乏统一的认识。如果在团队里有专职的测试人员，那么典型的情况就是：开发人员认为一个 Feature Done（功能特性完成）就是编码完成，顶多再加上单元测试完成；而对于测试人员来说，Feature Done 则意味着编码完成加所有测试通过。这时就更加依赖 DoD 帮助团队统一认识，促使团队成员互相支持，共同完成目标。

- 避免出现低级错误的工具。团队可以把 DoD 用于在执行阶段随时提醒团队需要执行哪些任务，以避免遗漏。团队要让 DoD 对每个团队成员来说都能够可见，包括每一项任务的进度，这样做有利于保证在每一次迭代中团队都在持续地做正确的事情。

7.1.2　如何创建 DoD

DoD 最早应用于迭代 DoD，后来又扩展到其他的交付节点，比较典型的有 3 种：针对每个用户故事、每次迭代，以及要发布的一个软件版本制定相应的 DoD。用户故事（US）、迭代（sprint），以及发布的软件版本（release）之间的关系如图 7-2 所示。每一个用户故事、每一次迭代，以及每个要交付的软件版本都要通过验收才能结束，DoD 就是验收需要遵循的原则。

以迭代 DoD 为例，应该在迭代计划阶段由团队成员一起讨论决定；DoD 的每一项都是可验证的，一经制定，就应该成为团队共同承诺要完成的目标。同时，DoD 需要团队根据具体情况制定合适的清单并且根据变化进行及时更新。例如，在这一个迭代中，团队采用了 BDD，就把 BDD 添加到 DoD 中；到了下一个迭代，团队目标是加强单元测试，在 DoD 中就需要体现新的、要求更高的代码覆盖率目标。

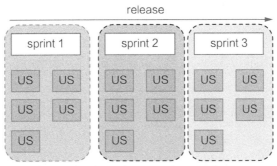

图7-2　用户故事、迭代和版本发布

下面分别是用户故事 DoD、迭代 DoD，以及发布版本 DoD 的任务清单示例，如图 7-3 所示。

图7-3　用户故事 DoD、迭代 DoD 和发布版本 DoD

（1）用户故事 DoD

- 用户故事采用 BDD 描述验收标准。

- 通过了用户故事验收测试。

- 新增代码通过了代码静态分析和代码评审。

- 代码都提交到了版本管理系统。

- 单元测试覆盖率达到了 70%。

- 通过了所有的单元测试。

- 通过了功能测试和功能交互测试。

- 产品负责人批准了用户故事通过验收。

（2）迭代 DoD

迭代 DoD 在所有用户故事通过了其 DoD 的基础上，增加了功能测试、非功能测试、回归测试等测试项，以及对缺陷状态的检查。

- 所有用户故事通过了其 DoD。
- 执行了功能测试和非功能测试，需求覆盖率达到了 100%。
- 执行了回归测试。
- 没有未解决的严重缺陷（P1/P2）。

（3）发布版本 DoD

发布版本 DoD 在所有的迭代通过了迭代 DoD 的基础上，增加了类生产环境的回归测试、文档评审，以及对市场人员、运维人员的培训。

- 所有迭代通过了迭代 DoD。
- 通过了在类生产环境上的回归测试。
- 没有未解决的严重缺陷（P1/P2）。
- 产品文档已全部更新并通过了评审。
- 对运维人员、市场人员、客服人员的培训（针对新功能）已完成。
- 利益相关者批准了版本的交付。

7.1.3　DoD和敏捷验收测试的关系

从 DoD 的清单可以看出，DoD 和测试的关系非常密切，其中每一项几乎都和测试相关，如静态测试、持续集成、持续测试，以及各种测试活动的结果是 DoD 任务清单中不可缺少的检查项。如果敏捷团队中有专职的测试人员，那么对市场人员的培训通常是由测试人员来负责的，并且他们在文档评审中也发挥着重要作用，这是因为测试人员最了解业务场景层面的细节。

敏捷中的验收测试可以简单地理解为用户故事的验收。在建立了上述 3 个层次的 DoD 的基础之上，敏捷测试流程（如 Scrum）中的验收测试可以理解为：根据 DoD 对用户故事、迭代或要发布的版本进行验收。在每次迭代验收阶段，先对一个个用户故事进行验收，再对整个迭代的可交付软件进行验收。几个迭代形成一个要发布的版本，并对这个要交付出去的软件版本进行总体验收。

对用户故事的验收侧重**各个用户故事的功能和功能交互测试**。在用户故事验收测试的基础上，迭代的验收侧重对整个系统端到端的业务测试，包括系统的非功能性测试和回归测试。软件版本的验收测试是在类生产环境中进行系统的验证，包括基于用户数据的业务测试和性能、兼容性等的验证，部署、回滚和备份等专项测试，以及伴随软件从研发团队交付出去的其他交付物（如用户手册等）的验证。这样就可以建立一个系统的验收测试体系。

7.1.4　如何验证DoD

验证 DoD 在敏捷开发里是一个持续的过程，不但发生在验收阶段，而且在开发过程中需要持续跟踪每一项的进度。团队的测试基础设施的建设，以及和持续集成 / 持续交付环境的集成会为 DoD 的验证提供良好的支持。持续集成和持续交付让许多结果持续可得并可见，如单元测试，代码静态分析、代码评审，以及 BDD 自动化验收测试、自动化回归测试等。

我们经常听到有人说一项任务完成了 80% 或 90%，对于 DoD 来说，这种说法是不可取的，只有 DoD 里的每一项都完成了，整个任务才算完成，才可以交付。因此，在验收阶段对 DoD 的验证首先要遵循这样的行为准则，团队在一起认真地检查每一项内容是否已经完成，这样才能促使每一个人重视 DoD。

7.2　如何将用户故事转化为测试用例

单纯的用户故事是不具有可测试性的。如果让用户故事具有可测试性，就需要增加验收标准。例如，在第 5 章中介绍 ATDD 时，我们就给出了下面这个例子。

用户故事示例：

　作为购物网站的买家，我要通过商品名称查询历史订单，以便查看某个订单的详细信息。

此时，这个用户故事是不可验证的，测试人员一定会有很多疑问，因此需要为用户故事增加相关的验收标准：

1）默认是查询过去一年的历史订单；

2）如果没查到，那么询问用户是否选择一个查询的时段，不选择就退出；

3）用户可以选择任意的起始时间、结束时间，但起始时间最早为 10 年前，跨度不超过 3 年；

4）支持模糊查询；

5）按匹配度来排序，而不是按时间排序；

6）每页最多显示 10 个记录；

7）查到后只显示订单号、商品名称、价格和日期；

8）如果想继续查看，那么可单击订单查看详情。

之后，我们又讨论了 BDD，进一步将用户故事的验收标准转换为场景。那么，上面这个用户故事如何转换为场景呢？

7.2.1　转换为场景

用户故事是描述特定用户的行为，而行为是不会发生在真空中的，一定是发生在特定的场景中，而且不同的场景其行为的表现是不一样的。这里，用户角色是"买家"，其行为是：输入某个关键字进行查询。对于这个行为，会有哪些使用场景呢？

在上面的验收标准中，第 4 ~ 8 条看起来不像应用场景，而是对输出提出的要求，即有助于我们建立测试用例的期望结果。但仔细研究后发现，既然是验收标准，就一定是测试的验证点，也就可以转化为应用场景。这就像等价类划分和边界值分析方法，不但适合系统输入的应用，而且适合系统输出的应用。更准确地说，从测试充分性来看，不但要覆盖系统输入数据的等价类和边界值，而且要覆盖系统输出结果的等价类和边界值。因此，上面的验收标准可以转换成下列应用场景：

1）只输入关键字，没有选择时间段，且查询到几项结果；

2）只输入关键字，没有选择时间段，且查询到几项结果，然后单击其中一项，仔细查看内容，最后退出；

3）只输入关键字，没有选择时间段，且查询到几项结果，然后单击其中一项，仔细查看内容，感觉还不是自己所需的结果，返回，单击结果中的另一项，再仔细查看内容；

4）只输入关键字，没有选择时间段，且查询到很多项结果；

5）只输入关键字，没有选择时间段，且没有查询结果；

6）输入关键字，并且选择了一个有效的时间段；

7）输入关键字，但选择了一个无效的时间段；

8）什么都没输入，直接查询。

这就是"查询"这个动作的应用场景。如果只是进行手工的探索式测试，到这一步就可以了。在执行过程中，测试人员会一边执行一边探索新的应用场景。实际上，所执行的测试会超过上面 8 种场景。但如果进行自动化测试，那么工具还无法按照上面的描述执行测试，或者说，在这样的描述下还无法完成自动化测试脚本的开发。

7.2.2　场景离测试用例还差一步

从场景到测试用例，这中间缺少什么呢？

例如第一个场景，输入关键字时，一定要明确具体的字符串。例如，输入"敏捷测试"，查询购买"敏捷测试"这一类书的订单，上述应用场景中描述为：查询到几项结果、查询到很多项结果，究竟是多少项内容并不清楚，因此就无法构造已有的订单数据为这项测试服务。上述场景中还描述了"选择了一个有效的时间段"，那么究竟是从哪一天到哪一天呢？

因此，只有基于"查询"行为而列出的场景还不够，需要加上测试数据，才真正生成我们所需的测试用例，或开发出相应的自动化脚本，实现自动化测试。上面的输入"敏捷测试"也属于测试数据，为了测试的充分性，则需要引入等价类划分和边界值分析等方法，以确定所需的测试数据集。示例如下。

- 关键字数据，包括"敏捷测试""敏捷 测试""/ 敏捷测试""\ 敏捷测试""| 敏捷测试""< 敏捷测试 >""<script> 敏捷测试 </script>"等。
- 构造测试数据，使查询的结果正好只有 1 条、10 条、11 条等（主要是验证分页是否正确）。
- 有效的时间段，包括只有一天、起始时间正好 10 年前、时段正好 3 年等。假定今天是 2020 年 5 月 4 日，那么需要构造这些测试数据："2020 年 5 月 1 日 ~ 2020 年 5 月 1 日""2010 年 5 月 5 日 ~ 2011 年 5 月 1 日""2017 年 5 月 1 日 ~ 2020 年 4 月 30 日"等。
- 无效的时间段。还是假定今天是 2020 年 5 月 4 日，那么需要这样构造测试数据："2020 年 5 月 3 日 ~ 2020 年 5 月 1 日""2010 年 5 月 3 日 ~ 2011 年 5 月 2 日""2017 年 5 月 1 日 ~ 2020 年 5 月 2 日"等。

这样，之前的场景加上这些测试数据，这个用户故事的测试用例就算真正完成了。通过这样一个过程，读者可以看到，其实在敏捷开发中，如果 ATDD 实施得比较好，那么测试用例生成是一件容易的事，测试不应该成为敏捷开发中的瓶颈（虽然之前的调查显示：测试是敏捷开发持续交付的最大瓶颈，而没有推行 ATDD 或 BDD 是主要原因之一）。

7.2.3　用户故事转化为测试用例的模型

我们可以用"用户故事转化为测试用例的模型"更好地说明这个问题，如图 7-4 所示，顶层是一个产品的业务需求，业务需求可以被分解成业务的功能特性。根据图 5-8，特性比 Epic

还大，但又有人认为 Epic 是产品的完整故事或完整的业务故事。不过，如果系统规模不太大、不太复杂，那么也没有必要分那么多层。例如，之前介绍的在线教育 App 就没有这么多层，这时可以把 Epic 那一层看作和功能特性是同一层。

我们这里仍然以在线教育 App 为例进行说明。

- 在线教育 App 的需求分解为课程发现、账户管理、课程购买、课程学习和课程分享等特性，这个层次可以对应特性团队，即跨职能或称为全功能的团队。

- 以"课程学习"特性为例，它可分解为已购课程管理、课程留言、课程评分、学习笔记和收藏这几个用户故事。用户故事就是敏捷开发中需求描述的基本形式，但如果用户故事不包含验收标准，那么它是不可测试的。

- 这里以"已购课程管理"用户故事为例，它可以进一步分解为从未购买课程、只购买了专栏课程、只购买了视频课程，以及购买了专栏课程和视频课程等一系列场景。只有分别确定了在这些场景下，用户单击了"已购"按钮，将会呈现什么样的结果，用户故事才具有可测试性。也就是说，在设计、编程前，为每个用户故事加上验收标准，即做到了 ATDD。当以场景作为验收标准时，ATDD 即是 BDD。虽然到了这个层次，用户故事具有了可测试性，但离测试用例还有一步之遥。

- 针对每个场景加上测试数据，如只购买了 1 个或 2 个专栏课程。这样，我们就得到所需的测试用例，可以开发相应的自动化测试脚本。

读者从图 7-4 中可以感受到，功能特性做到 100% 覆盖是根本没有意义的。例如，对于在线教育 App，我们只要设计 5 个测试用例，即为课程发现、账户管理、课程购买、课程学习和课程分享中的每个特性分配一个测试用例，就做到了功能特性 100% 覆盖，但测试必定很不充分。

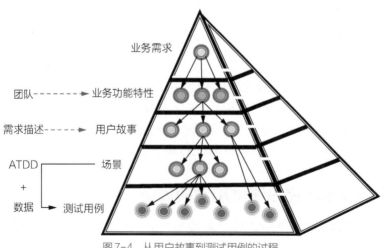

图7-4   从用户故事到测试用例的过程

因此，我们必须将功能特性进行分解，且分解到不能分解为止，最后设计测试用例覆盖最后一层的测试点，这样的覆盖率数据就有意义了。通过从功能特性、用户故事到场景、测试用例的分解过程，在敏捷开发中就会很自然、一气呵成且高效地完成测试设计。如果做到了ATDD/BDD，即当我们做好了敏捷的需求工作——在需求上达成共识且具有可测试性，那么这时离测试用例就只有一步之遥。在此基础上，加上测试数据又相对简单，也就是让敏捷测试设计变成了一项简单的工作。因此在敏捷开发中，我们应尽力推动 ATDD 或 BDD 的实施。

7.3 基于场景／事件流的测试用例设计

前面介绍了从用户故事、场景到测试用例的分解或设计的过程，它主要是为单个用户故事的测试设计服务的，但只有针对用户故事的测试是不够的，还需要在业务层次针对整个系统进行端到端的测试，才能更好地确保软件系统的质量。

针对整个系统进行端到端的测试设计方法就是本节所要讨论的基于场景的用例设计或基于事件流的用例设计，而且这样的方法也很适合敏捷环境下的快速测试，更适合探索式测试。在启动一个探索式测试的会话之前，首先列出所有的场景，基于场景及其组合画出事件流图。然后，基于**事件流图**就可以生成**端到端**的测试用例，甚至不需要生成测试用例，即根据事件流图进行探索式测试。

7.3.1 事件流图

想要画出事件流图，就要先理解什么是事件流。事件流可以理解为由多个处理操作构成的、有先后次序的某一业务事件的操作流程，同一事件不同的触发顺序和处理结果形成不同的事件流。事件流一般分为基本流、扩展流和异常流。

- 基本流：程序从开始执行直到成功结束所经过的最短路径，或者说，事件处理过程一切顺利，正常结束。
- 扩展流：一个扩展流可能从基本流或另一个扩展流开始，在特定条件下偏离基本流，执行额外的一些环节，然后重新加入基本流中。
- 异常流：一个异常流可能从基本流或扩展流开始，在特定条件下偏离基本流，出现异常，无法再加入基本流，无法完成事件的处理就终止过程。

事件流图就是描述某项业务不同事件处理的流程，以事件为节点，如图 7-5 所示。在事件流图中，通过有方向的箭头来表示事件处理的先后次序，以及事件之间的交互关系，基本流作为事件流图的主干线，而扩展流、异常流作为事件流图的分支。

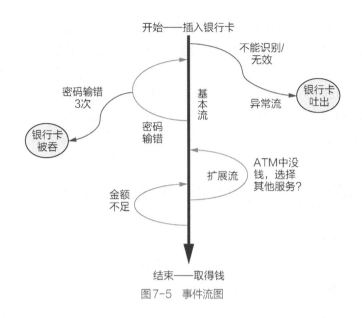

图7-5   事件流图

7.3.2　在敏捷测试中的应用

在敏捷测试设计中，可以将特性或 Epic 描述的需求转化为事件流，相当于完成业务流程的分析，能够梳理出一些场景，产生事件流图的主干及分支——基本流、扩展流和异常流。为了尽可能生成所有的事件流，对梳理出的场景可以进行可能的组合，从而产生多个可能存在的事件流。

例如，以在线教育 App 的"课程购买"为例，它涉及余额支付、微信支付、支付宝支付、拼团购买、礼券和优惠码等多个用户故事。在 7.2 节中，侧重对每个用户故事进行测试，现在则是对"课程购买"这个特性进行完整的业务测试，把这些用户故事串起来进行测试。更准确地说，首先将把每个用户故事遇到的场景列出来，然后不是将用户故事串起来，而是将用户故事的某些场景串起来，形成新的扩展流和异常流。而基本流则是选择要购买的课程，然后选择支付方式，支付相应的费用，一切顺利，购买到课程。

而在这过程中，可能会遇到网络不通、余额不足而需要充值等问题，或者不是遇到问题，而是有礼券或优惠码可以使用。礼券一般可以用于各个课程中，以抵扣部分课程费用，而优惠码一般和课程绑定，用于免费购买课程。

基于实际业务并考虑以上因素，我们就可以绘制出事件流图。如图 7-6 所示是一个简化的版本，实际情况可能更复杂，如课程优惠期购买、拼团购买和单击他人分享链接之后购买等场景。

事件流图完成之后，就可以生成测试用例了，即遍历根节点"开始"到所有叶节点"结束"的路径。如果遇到循环，那么其路径可能是无限的。这时，如果质量要求不高，可以考虑完成一次完整的循环；如果质量要求高，则需要完成两次或更多次的循环，以保证更高的测试充分性。

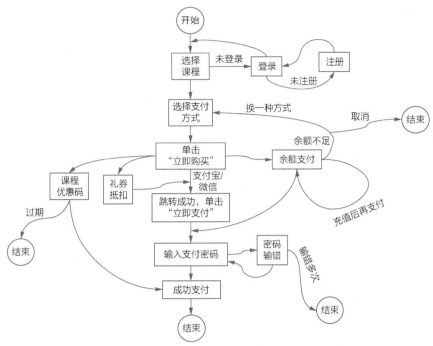

图7-6　简化的"课程购买"事件流图

从图 7-6 所示的事件流图，可以生成图 7-7 所示的从根节点到叶节点的端到端的测试用例，从基本流开始，然后是扩展流、最后到异常流。这里没有列出所有的测试用例：对于扩展流，如图 7-7 中间所示的 5 个测试用例再加上"登录""注册""余额不足换一种支付方式"这3 个，总共是 8 个测试用例；对于异常流，如图 7-7 所示右边两个测试用例再加上"密码输错多次"，共 3 个测试用例。因此，总共有 12（1+8+3）个测试用例。

这里没有考虑测试数据，如课程优惠折扣、大额度充值、大数据量和异常值等。

事件流依赖于场景的挖掘，7.5.3 节会详细讨论"场景挖掘"。此时，我们也可以设想一下如何让场景进行更有意义的组合，从而产生更多的场景。例如，将课程优惠期购买、拼团购买和单击他人分享链接之后购买等不同的场景进行组合，就会增加一些新的场景，示例如下：

- 课程优惠期 + 拼团购买；
- 单击他人分享链接 + 拼团购买；
- 课程优惠期 + 单击他人分享链接 + 拼团组合购买。

如果再结合事件处理的流程，那么可以再丰富事件流图，然后会设计出业务覆盖更充分的端到端的测试用例。

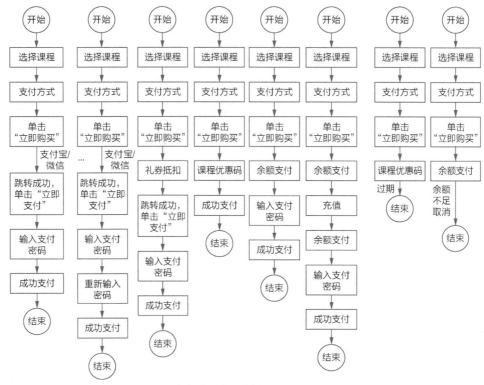

图 7-7　从根节点到叶节点的端到端的测试用例

7.3.3　状态图与有限状态机

之前，读者可能学过功能图方法，它是一种动态方法。基于输入域的方法可以看作静态方法，但功能图的本质是状态图，认为程序的运行可以看作在不同状态之间不断迁移的过程，如在线教育 App 中的"课程购买"就是在等待输入、登录成功、等待选择、等待支付和支付成功等一系列状态之间进行切换。状态图不同于事件流图，因为事件流图的核心是事件处理的流程，与业务流程图和活动图更接近。

状态图的核心是软件系统所处的各种状态及其之间的迁移，也可以看作业务流程状态化。从一个状态迁移到另一个状态可能是由时间、消息触发的，也可能是由事件触发的。状态图的关注点还是状态，特别是对嵌入式系统或状态明显的控制程序，适合采用状态图，如电梯控制程序，如图 7-8 所示。

状态图有对应的数学模型，包括有限状态机（finite-state machine，FSM）、扩展有限状态机（extended finite-state machine，EFSM）等。例如，有限状态机可以描述成五元组，即 Q、Σ、δ、q_0、F，其中：

- Q 表示有限状态的集合；

- $\varSigma$ 表示有限、非空的输入字母表；

- δ 表示一系列转换函数，完成状态的迁移；

- q_0 表示初始状态；

- F 表示可接受（或最终）状态的集合。

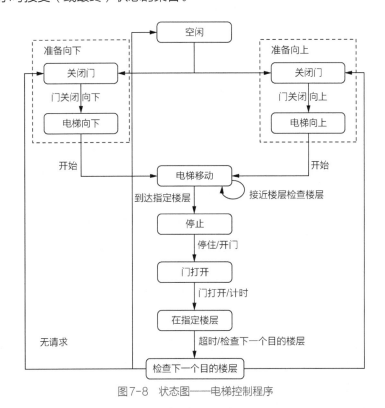

图7-8　状态图——电梯控制程序

　　这是不是很像图灵机了？这样基于数学模型就可以进行类似定理证明那样的工作，即用形式化方法进行验证，以确保程序完全正确，这对像电梯控制程序、发动机控制程序、核电站控制程序等关键性软件是非常必要的。但它已经不是我们通常所说的测试，日常工作中的测试只是实验，不是数学证明。

　　扩展有限状态机模型是对有限状态机模型的一个扩展，它在有限状态机模型的基础上增加了变量、操作，以及状态迁移的前置条件，被描述成六元组。基于扩展有限状态机测试的输入应该包含两个部分：测试输入序列及其包含的变量值（输入数据）。手工选取这些测试数据的工作相当烦琐，一般需要采用自动选取的方法，如聚类方法、二叉树遍历算法和分段梯度最优下降算法等，从而极大地提高实际测试工作的效率。

7.4　探索式测试过程与生态

与其他测试方式不同的是，围绕探索式测试已经建立了一个良好的测试生态，通过对这个测试生态的了解，相信读者对于探索式测试会有更深的理解。

7.4.1　调查、分析、排序和实验

探索式测试的执行过程是从测试设计、测试执行、分析到学习的持续循环，这个循环还可以用 IAPE 测试环来表示，如图 7-9 所示。我们经常把探索式测试比喻成侦探破案，从这个测试环中更加能够体现这一点，因为它展示了探索式测试其实是一个调查、分析、排查线索，然后付诸行动，直到发现缺陷的过程。

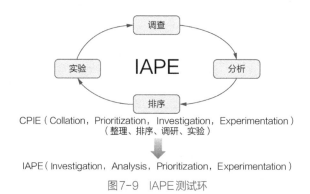

图7-9　IAPE 测试环

- 调查（Investigation）：在测试开始时，测试人员浏览并操作待测试的功能及其相关功能。这是一个快速了解要测试的功能、收集信息的过程。

- 分析（Analysis）：分析收集到的信息，并且开始设计具体的测试场景。在头脑中产生出一些具体的测试路径和需要覆盖的业务场景。

- 排序（Prioritization）：对设计好的测试场景进行排序。如果一些路径和场景更为关键，或者更可能存在缺陷，就先测试那里。

- 实验（Experimentation）：测试人员不断地尝试不同的操作路径及业务场景。这里需要测试人员根据被测系统反馈的信息和新发现的缺陷，不断调整自己的测试方向，扩展测试场景，甚至可以跳出原来的测试任务，抓住新的机会，从而挖掘出更多的缺陷。

7.4.2　以分析为中心

一个完整的探索式测试生态由 5 个部分组成，如图 7-10 所示，其核心是测试分析，再加

上测试环、协作环、学习环和自我管理环。测试分析的基础是上下文驱动的思维，因此才有可能形成和其他 4 个环节的互动，让分析成为"大脑"，在各个环节中无处不在，并支持着探索式测试随时根据上下文的变化进行调整。探索式测试中的分析最重要的是对风险的识别和处理策略，除此之外，还包括对测试范围、测试结果的判断依据，测试中发现的缺陷，测试价值和成本，以及对当前的各种资源和限制条件等的分析。

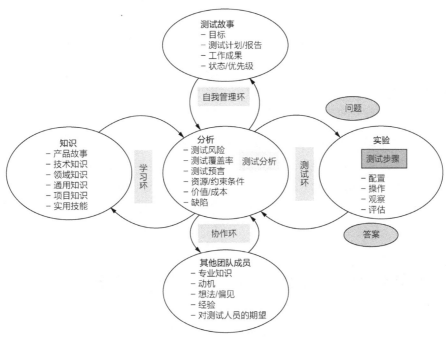

图 7-10　探索式测试生态

7.4.3　学习环与自我管理环

学习环：为测试人员提供探索式测试必备的技术能力和产品信息，并在分析和测试实践中不断得到反馈，不断完善团队及个人的知识体系。探索式测试强调以人为本，充分发挥测试人员的个人能力。因此，测试人员需要不断地通过学习提高自己的测试技术能力，包括软件开发和测试技术能力、领域知识、业务理解能力，以及质量和项目管理能力等，并且需要将学到的知识不断付诸实践。

自我管理环：体现了对于探索式测试生命周期中各项活动的管理。探索式测试的测试管理体系是 SBTM，在计划阶段完成从测试计划到测试子目标，再到具体的测试会话的分解。随后，每个测试人员领取测试任务，根据会话章程理解自己的测试目标，掌握测试的要点，在每个相对固定的时间盒内按照测试优先级执行具体的测试。在测试后，测试人员在会话表中按照一定格式报告测试结果，并对测试负责人进行口头汇报。同时，我们需要在测试过程中通过上下文不断地调整测试策略和测试计划。

7.4.4   协作环与测试环

协作环：探索式测试是上下文驱动思维的具体体现，因此更提倡团队协作。作为测试人员，需要不断地从产品经理、业务人员、开发人员那里收集相关的信息，并且反馈自己对项目的建议和测试的结果。测试人员之间也需要互相指导和帮助，分享经验，以便更好地完成测试任务，如分享如何挖掘测试场景，以及测试过程中采用哪些测试技术发现了有价值的缺陷。

测试环：也称执行环，是探索式测试中真正的测试执行，即在一个测试会话中准备好测试环境和必要的测试数据，然后开始测试。这个过程很像是在做科学实验，测试人员全神贯注地开展对被测系统和功能的研究，具体包含了收集信息、观察、设计和执行等一系列活动。

测试人员通过学习和团队协作获得初步的信息（学习环、协作环），从而识别出测试风险，明确测试范围，制定测试策略和测试计划（自我管理环），随后开展测试执行（测试环）。在执行过程中，不断收集、分析测试中的发现，包括对缺陷的调查，对风险、测试范围、测试预言和所需资源的新的认知，这些又促使测试人员完善对于产品和业务的知识，修正测试的优先级和测试任务 / 计划，并且向团队成员输出自己获得的知识和经验。

7.5   探索式测试中的角色扮演与场景挖掘

软件测试就是测试人员运用批判性思维不断质疑产品质量的过程。对于探索式测试尤其如此，测试人员把自己代入特定的用户角色，通过向产品"提出"各种问题，不断地扩展出各种业务场景以进行更深入的测试，当然，也可能会发现更多的缺陷。

7.5.1   批判性思维与探索式测试设计执行

"批判"这个词有批驳、否定的含义，在写本节内容的时候，笔者想了解一下大家会不会受到字面意思的误导，于是做了一个调查。5 位调查对象来自 IT 公司里不同的工作岗位，我请他们按照自己的理解快速地告诉我什么是批判性思维。其中有 4 个人的回答中包含"挑刺"或者"挑毛病"这样的词；有 2 个人分别用了"有攻击性"和"容易得罪人"这样的词汇。随后我把表 7-1 所示的内容转发给那 5 位朋友，其中有 3 位朋友看完后表示这与他们平时对批判性思维的认知不太一样。那么，在了解什么是批判性思维之前，也请你想一想，你认为什么是批判性思维呢？

表 7-1 总结了批判性思考者和非批判性思考者的区别，这些内容来自《超越感觉：批判性思考指南》这本书。现在请你来对照一下，这和你对批判性思维的理解一致吗？

表7-1 批判性思考者与非批判性思考者的比较

批判性思考者	非批判性思考者
以诚待人，承认自己所不知道的事情，认识自己的局限性，能看到自己的缺点	假装自己知道的比做的还多，无视自己的局限性，并假设自己的观点无差错
把问题和有争议的议题视为令人兴奋的挑战	把问题和有争议的议题视为对自我的损害或威胁
尽力领会复杂性，对其保持好奇心和耐心，并准备花时间去解决难题	对复杂性缺乏耐心，宁可困惑不解也不努力搞明白
把判断建立在证据而不是个人喜好上；只要证据不充分，就推迟判断。当新证据揭示出错误时，他们就修改判断	把判断建立在第一印象和直觉反应上。他们不关心证据的数量和质量，并且顽固地坚持自己的观点
对他人的思想感兴趣，因而愿意专心地阅读和倾听，即使他们往往不同意他人的观点	只关注自身和自己的观点，因而不愿关注他人的观点。一看到不同意见，他们往往会想怎么能够反驳它
因为认识到极端的观点（无论是保守的还是自由的）很少正确，所以他们避免走向极端，践行公正性并且寻求平衡的观点	忽视平衡的必要性，优先考虑支持他们既成观点的看法
践行克制，控制自己的感情而不是受感情所控制，三思而后行	容易遵从自己的感情和以冲动的方式行动

很明显，批判性思维不等于挑刺，也不带有攻击性。相反，具有批判性思维的人更加理性、更加开放、尊重事实、不走极端。至于是不是容易得罪人，这就要看个人的沟通技巧，以及交谈的对象是不是一个批判性思考者。批判性思维是每个人都应该具备的思维方式和思维能力，对各种信息以事实为依据进行分析和推理，审慎地做出判断。当然，每个人在培养自己批判性思维能力的同时，也要提高自己的综合素质，包括协作和沟通的能力。

对于希望具备批判性思维的人来说，需要培养的最重要的技巧就是善于提问，也就是问问题能不能问到点子上。探索式测试的核心（出发点）就是质疑系统，不断深入系统的每一个业务入口、应用场景、业务操作和数据输出等进行质疑，质疑某个地方存在某类缺陷：开发人员对需求的误解、需求的遗漏、错误的代码实现和数据输入缺乏保护等。

因此，批判性思维特别适合探索式测试。测试人员不断地向系统"提出"问题（质疑系统），然后审视系统所做出的回答（系统的响应），从而根据启发式的测试预言做出判断：系统的响应是否符合我们的期望。测试人员的每一次操作都是向被测系统"提出"一个问题，输出结果就是被测系统给出的"回答"。接着，测试人员对系统返回的结果进行分析、评估，然后决定下面的操作和输入。就这样不断地变换操作，每一步的操作环环相扣，直到你确信整个操作过程符合预期结果，或者，直到你发现了一个疑点，然后针对这个疑点展开调查、分析和取证，也就是进行缺陷定位。

7.5.2 角色扮演

探索式测试特别适合采用基于场景的测试方法，测试人员设计出需要扮演的用户角色，并设想用户角色在使用产品时会遇到哪些典型的应用场景，然后在测试中轮流扮演这些用户角色，覆盖典型的用户场景，并根据具体测试情况不断挖掘新的场景。

用户角色的创建不是由测试人员凭空想象出来的。一个用户画像（persona）可以理解为一个代表大多数用户目标、行为和观点的原型。迈克·科恩在《用户故事与敏捷方法》中介绍了在定义用户故事之前敏捷团队需要为用户角色建模。这说明在需求阶段，测试人员就应该已经参与到用户角色的创建，但这并不是为产品创建用户角色的起点。一个产品不可能满足所有用户的需求，因此，团队需要通过市场调研，提炼出典型用户的需求和个人特征，然后把用户塑造成真实可信的具体人物，每一个用户角色代表一类典型用户。为了让用户角色逼真，还会给每个典型用户起名字，描述其年龄、性格、职业，总之越逼真越好。通常这是产品经理进行产品定义、需求分析的第一步。敏捷团队在为用户故事创建角色时理应参考上述用户角色。

测试人员参考这些已经创建的用户角色来设计在探索式测试中需要扮演的角色。例如，可以为一个在线教育 App 设计下面两个用户角色。

利奥：男，25 岁，一名刚从大学计算机系毕业的软件工程师，性格内向，结交的朋友大多是和他一样的 IT 工程师。利奥刚刚加入一家互联网企业，有很强的求知欲，热衷于学习各种先进的 IT 技术。每天上下班都坐地铁，在路上要花费两个半小时，其间通过 App 上的音频或视频进行学习，希望能了解技术细节，对课程每一讲的时间没有要求。

南希：女，31 岁，一名有 8 年工作经验的研发部门经理，性格开朗，喜欢在朋友圈分享专业知识和心得体会。平时开车上下班，经常早出晚归，避开上下班高峰，每天花在路上的时间是 40 分钟。她崇尚学习型团队的构建，经常给团队寻找一些培训资源。她希望自己的团队能够系统地学习软件开发技术，并且逐渐提高自己的综合素质，如沟通技巧、思维方式等。在上下班路上，她会收听音频课程。她也常常在办公计算机上浏览课程的文字内容。

另外，我们也可以尝试设计一些极端人物角色，这样常常会帮助我们关注一些正常情况下测试不到的场景。

汤姆：一名 IT 部门的工程师，他热衷于获取未授权的、喜欢的内容并转发给同事或朋友，哪怕这是侵权行为。

7.5.3　场景挖掘

确定了要扮演的角色，接下来测试人员就要把自己代入这个角色，想象这个角色会遇到哪些场景，会发生哪些故事。这时，就需要测试人员充分利用发散性思维（像编写剧本一样），去讲述一个个测试故事。当我们发现 bug 时，故事进入高潮，开始围绕缺陷进行分析，直到能够定位缺陷。

下面笔者就开始为 IT 职场新人利奥编写一个测试故事。

周一的早晨，利奥正在乘坐地铁赶往公司，他今天想开始学习一门关于大数据的课程，于是打开在线教育 App 进行搜索，找到了几门相关的课程。他一一试看之后选中了其中一个课程，要付款的时候突然想起来前两天有个朋友在朋友圈里分享过这门课。于是他找到了朋友分享的课程海报，通过二维码购买了课程。然后，他戴上耳机开始听课了。当听到第 3 讲时，他发现对一个技术点不太明白，于是他按了暂停键，在这一讲的下面给讲师留言（问了一个问题），并希望能尽快得到讲师的答复。这时候该下车了，他决定等下班的时候再继续学习。因为这个课程不错，所以他也生成了自己的海报，并把它分享到了朋友圈。

这个测试故事至少覆盖了下面的测试点：

- 在手机 App 里搜索课程；
- 课程试看；
- 通过分享海报购买课程；
- 戴着耳机通过音频＋视频方式进行课程学习；
- 课程留言；
- 生成自己的海报并分享。

对于上面每一个测试点，还可以继续挖掘更加具体的测试场景，如图 7-11 所示，相当于 Leo 的测试故事的第 2 层场景（更具体的测试点）。

对于第 2 层场景的每个测试点，我们还可以继续挖掘出第 3 层场景，这里只举一个例子，在第 4 个测试点中的场景提到利奥发现手机电量不多了。那么，这个场景如果继续挖掘的话，第 3 层的场景可以描述如下。

利奥担心手机电量不足以支撑到他到公司，于是他把 App 放到后台运行，一边听课，一边进入手机"设置"中的电池管理，并进行了"一键省电"操作，关闭了正在运行的其他 App，设置成"省电模式"，然后回到 App 继续听课。过了一会儿，手机提示电量不足 10% 了，于是他暂停听课，让 App 后台运行，再次进入电池管理，设置成"超级省电模式"，然后回到 App 继续听课。

到此，想必读者已经理解了引入角色扮演和进行场景挖掘的必要性。如果测试人员能把自己真正代入一个具体的角色，就会替这个用户角色想象出各种场景，这还不包括在测试中根据测试情况随时调整测试思路，即兴发挥挖掘出的更多场景。

对于热衷于获取未授权内容的汤姆，我们会想到他可能会试图复制课程文字内容并分享出去。如果 App 还没有阻止内容复制的功能，那么这很可能是一个新的产品需求，而且优先级应该比较高。

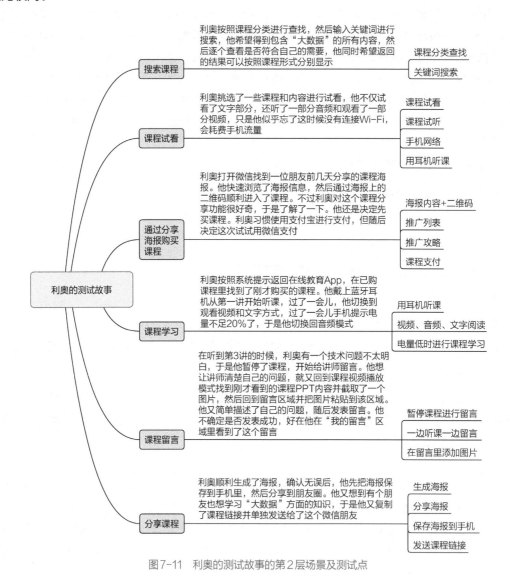

图7-11   利奥的测试故事的第2层场景及测试点

7.6   探索式测试的具体技巧

在敏捷测试中，我们提倡采用 SBTM 管理探索式测试，而 SBTM 中的会话章程相当于粗粒度的测试脚本，对每个测试任务定义了需要扮演的用户角色、场景及测试环境。因此，敏捷测试中的探索式测试是基于场景的、不同于完全自由风格的测试。在计划和设计阶段，测试人员需要综合运用各种测试方法和技术进行测试任务设计、场景扩展和数据准备，如事件流图，以及等价类、边界值、决策表等。在测试执行过程中，事先设计好的应用场景、环境和测试数据也需要测试人员运用测试方法和技术根据上下文来调整。因此，虽然探索式测试本身不是一种测试技术，但测试人员需要掌握一些具体的技巧和方法，以便更好地设计和执行测试，这不但包括上述通用的软件测试技术，而且包括针对探索式测试提出的一些具体技巧。

在詹姆斯·A. 惠特克所著的《探索式软件测试》一书中介绍了两种基于场景的测试技巧：一种是在基础场景中加入操作变化，衍生出更多的场景；另一种是通过漫游测试法引入变化。漫游测试法把测试人员想象成一个旅游者，介绍了在不同的区域（商业区、历史区和娱乐区等）如何通过漫游进行测试，在不同的场景下如何引入变化，其中包含 20 多种具体测试技巧。在史亮和高翔合著的《探索式测试实践之路》中，对多位测试专家提出的测试方法结合实践重新做了总结和梳理。本节将着重介绍几种适合敏捷测试的探索式测试技巧。

7.6.1　业务路径测试

会话章程中定义的是这个测试任务要覆盖的核心用户场景，测试人员在测试开始前最好根据用户角色和测试任务挖掘更多的场景，列出围绕核心场景的所有衍生场景，并在此基础上画出事件流图或者系统状态图，然后在测试过程中，根据事件流图或状态图进行探索式测试。场景操作法既可以用于测试前对场景的挖掘和完善，又可以在测试过程中针对事先设计好的场景注入变化，如插入步骤、删除步骤、替换步骤、重复步骤、替换数据和替换环境，从而得到扩展或衍生的场景。场景操作模型如图 7-12 所示。

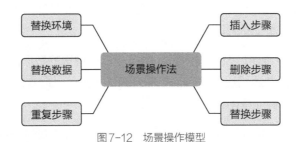

图7-12　场景操作模型

1）插入步骤：在基础场景中增加额外的步骤，从而测试更多的功能，这包括给场景增加更多的数据，增加一些附加输入，访问与基础场景有关的新的界面。这样做的目的是通过多样性的数据验证功能及其相关功能的正确性。这里我们仍然以在线教育 App 的测试为例。

示例如下。

- 场景要求购买一个课程，测试人员可以购买几个不同类别的课程，增加已购课程的数据。
- 场景要求为一个课程写一条留言，测试人员可以在写完留言后，再对其他学员的留言进行评论和点赞。
- 场景要求在分销中心里进行收益提现的操作，测试人员可以先单击"收益详情"界面查看"待入账"金额，以及"交易流水"信息，然后进行收益提现操作。

2）删除步骤：在执行测试场景时，去掉可选的步骤，使场景的步骤尽可能减少。这样做的目的是验证产品在缺少信息或从属功能时的正确性。

例如，场景要求登录在线教育 App、查找课程、试听、购买课程、退出当前账号，最后退出 App。新的场景中可以逐渐删除其中的步骤，如购买课程后直接退出 App，或者查找课程后直接购买。

3）替换步骤：如果场景中某些步骤有多个不同的选项，在执行时就可以选择替换选项形成新的操作步骤和场景进行测试。这样做的目的是验证产品中不同的选项和功能的正确性。

例如，场景要求使用礼券支付的方式购买课程，同时又提供了余额支付、微信支付和支付宝支付等多种购买方式。在新的场景中，测试人员会多次购买课程，每次选择一种不同的支付方式。

4）重复步骤：通过重复场景中的单个步骤或一组步骤来改变执行顺序。这种方法可以测试新的代码路径，发现那些可能与数据初始化相关的缺陷，用来验证初始化的完整性。

例如，场景要求登录 App、查看余额、充值、通过"余额支付"购买课程、退出 App。测试人员可以在购买课程后再次查看余额、充值、通过"余额支付"购买课程，然后再次查看余额。

5）替换数据：修改或替换产品使用的数据源来改变场景的条件，如把测试环境中的数据库替换成线上的数据库和真实数据进行测试。

例如，按照关键字搜索课程及课程内容，由于测试环境里的数据库存储的课程数据有限，因此系统响应速度很快，并返回正确信息。于是，测试人员可以把数据源切换到导入了线上真实课程数据的数据库，以验证查询速度和是否响应报错。

6）替换环境：主要是兼容性测试，测试产品与其所依赖的硬件以及第 3 方软件的不同型号、版本之间的兼容性。另外，测试人员还可以修改软件所依赖的一些本地设置，如手机中的定位服务、蓝牙开启状态和安全输入模式等。

例如，某些手机 App 依赖蓝牙进行通信。在测试中，可以关闭手机蓝牙功能，然后打开 App，以验证软件是否弹出打开蓝牙的提示信息。

7.6.2　遍历测试

遍历测试是漫游测试法中的一种，测试人员按照功能特性的相似程度对它们进行罗列并分类，然后对每类特性按照特定计划、路径顺序进行访问，从而快速遍历完所有的特性。用该方法的好处是测试人员可以更加系统地测试和识别其他方法可能忽略的功能特性。遍历测试法更加关注多个相似的、有顺序关系的特性之间是否正确流转，它先选定一类目标，然后使用最短路径遍历目标中的所有功能特性，这种方法有助于提高功能交互测试的覆盖率。

例如，列出在线教育 App 中所有用到分享键的功能，如课程分享、课程内容分享、留言分享和推广海报分享等，测试每个分享功能提供的各种分享途径。

7.6.3　极限情况的测试

极限情况的测试就是探索软件系统在允许范围内的临界情况下的运行状况，以检验系统的承受能力。测试人员创建出各种临界、极限场景，然后进行各种输入、操作，以及面向业务路径的测试，以验证系统功能和稳定性。

探索式测试通常关注被测系统功能方面的极限情况，一种是**对被测系统进行各种非常规的输入和操作**，利用等价类和边界值等方法，找出输入的边界值，以及无效等价类，另外通过各种非常规的操作验证系统的承受能力，如在使用在线教育 App 时，连续插拔手机上连接的耳机设备，连续单击播放按钮、暂停按钮等。

在应用程序的代码中，包含输入检查代码（if-else 语句实现）和异常处理代码（try-catch），当输入数据被判定为非法输入时，程序应该返回特定的错误信息并保护程序免遭非法数据的破坏。在探索式测试中，测试人员设计各种无效等价类的数据 / 操作，用来检查程序是否仍然可以正常运行，是否正确区分了合法输入和非法输入，对于非法输入是否返回了正确的报错信息，信息中是否提示了何为正确的输入。这里列举几种常用的输入方式。

- 必填项的非法输入：在必填项不输入任何数据。例如，当用户名和密码输入空白时就单击登录按钮，系统应该提示输入有效的用户名和密码。
- 特殊字段类型的非法输入：对于身份证、日期、手机号码、邮编等特殊字段，输入不应该被接受的数据类型，如输入带有小数点的数字，以及字母等。
- 日期的非法输入：系统不能处理的未来日期，与闰年相关的非法输入。
- 超过系统限定的数据长度：系统限定用户名不超过 8 位、密码为 6 ~ 16 位，而输入时试图设置超过 8 位的用户名、小于 6 位或超过 16 位的密码等。
- 超过系统限定的重试次数：当密码输入重试次数超过限制时，查看系统是否封锁账户，并显示提示信息。

当因非法输入或频繁、重复操作导致了应用程序失效，如闪退或重启，这时，测试人员应该继续探索下去，从而验证及检查引起程序失效的规律和原因，查看日志中记录的异常信息是否能够帮助快速定位问题。

另一种是**测试面向业务场景的边界和冲突**。在移动 App 端，在手机电量低（如低于10%）、存储占用高（如大于 95%），或者内存占用高（如大于 90%）的场景中，进行注册、登录、查询和购买等业务操作，从而验证软件系统的功能和稳定性；另外，还包括各类交叉事件，如 App 之间的切换、在不同网络之间的切换，以及内置设备与外接设备间的切换。在服务器端，在服务器的 CPU、内存占用高的情况下，测试人员进行业务操作。

另外，产品性能方面的极限测试也可以通过探索式测试的方式来执行，测试人员构造出高并发的业务场景，然后执行某些测试任务，从而查看页面响应时间，以及是否报错等。

7.6.4　异常情况的测试

异常情况的测试是指通过人为制造各种异常情况验证被测系统的容错能力，找出产品在应对异常情况时的缺陷。测试人员利用每个可能的机会人为地创建恶劣的运行环境，如内存占满、网络不可用、数据库连接断开和服务器"死"机等。这类测试属于基于故障注入的测试，在第8 章会有更详细的介绍。

在介绍事件流图时我们讲过，事件流包括基本流、扩展流和异常流。首先画出基本流，然后添加扩展流，最后在基本流或扩展流开始添加异常事件。因此，异常事件的设计可以从审查基本场景和衍生场景开始，在每一个需要测试人员访问资源的时候，在资源调用处设计破坏活动。例如，移动 App 离不开网络环境的支持，包括网络连接、带宽和网络速度，那么在测试手机 App 时，我们就需要测试 App 在各种网络异常情况下的各项功能。在测试中，使用模拟网络异常的测试工具模拟网络延迟、丢包和频繁断开等情况，来测试系统各项功能是否正常。

最后需要强调的是，探索式测试人员可以通过学习和实践掌握一定的测试技巧，但最重要的还是借助思维方式的转变和思维能力的培养，在测试过程中根据上下文构造出更多的场景，完善测试的覆盖范围。

7.7　测试自动化设计模式：一步到位

在讨论基于事件流图的测试设计时，我们就已经触及基于模型的测试（model-based testing，MBT）。基于模型的测试是指从抽象模型自动生成抽象的测试用例集（abstract test suite），再从抽象的测试用例集生成具体的测试数据 / 脚本等所包含的过程和技术。事件流图、有限状态机等可以看作测试模型，基于模型的自动化测试才是更为彻底的自动化测试。因为基于模型的自动化测试可以自动生成测试用例或对应的自动化测试脚本，然后自动执行相应的测试脚本，而日常我们讨论的自动化测试，只能算半自动化测试——测试执行自动化，而脚本的开发还是手工的。

基于模型的测试中的模型是基于需求或业务分析而创建的，之前在介绍 BDD 及其自动化实践时已经讨论过：通过 BDD 自动化框架 Cucumber 的 Feature 文件实现可执行的业务规范，直接让需求可执行（"活"文档）。也就是说，从软件开发的源头——需求着手，将需求直接转换为自动化测试脚本，真正实现了"一步到位"的自动化测试。.feature 文件如下所示。

```
Scenario Outline: A user withdraws money from an ATM
    Given <Name> has a valid Credit or Debit card
    And their account balance is <OriginalBalance>
    When they insert their card
    And withdraw <WithdrawalAmount>
    Then the ATM should return <WithdrawalAmount>
    And their account balance is <NewBalance>

Examples:
    | Name   | OriginalBalance | WithdrawalAmount | NewBalance |
    | Eric   | 100             | 45               | 55         |
    | Pranav | 100             | 40               | 60         |
    | Ed     | 1000            | 200              | 800        |
```

另外，我们是不是可以通过设计模式实现测试数据的自动生成？通过讨论上述内容，你将了解有哪些测试自动化设计模式可用，如何做到比较彻底的自动化测试，即"一步到位"的效果。

7.7.1　基于模型的自动化测试

基于模型的自动化测试，可以从大家熟悉的决策表、因果图开始。Bender RBT 工具提供了因果图辅助设计，并能根据因果图自动生成决策表，从而生成对应的测试用例。提到组合工具，还有微软公司的 PICT（pairwise independent combinatorial testing tool）和 NIST 的 ACTS（automated combinatorial testing for software），能够生成不同强度组合的测试用例。

7.7.2　状态图生成测试用例

如果回到我们前面所说的事件流图或状态图，那么为实用的软件系统编写状态机并不是一件轻松的事情，特别是当状态机本身比较复杂的时候，需要投入大量的时间与精力才能描述状态机中的各种状态，因此，开发人员不得不尝试开发一些工具来自动生成有限状态机的框架代码，如基于 Linux 的有限状态机建模工具 FSME（finite state machine editor）等。FSME 能够让用户通过图形化的方式来对程序中所需要的状态机进行建模，并且还能够自动生成用

C++ 或者 Python 实现的状态机框架代码。又如，专业的分析设计工具 MathWorks 可以基于有限状态机，自动发现发动机或飞机控制程序的缺陷。

同样是基于状态图模型生成测试用例的工具，如微软的 Spec Explorer，可以基于 C# 来描述一组规则，并结合一种小型的配置语言 Coordination Language 生成代码，以及选择特定的测试场景，然后通过依据所构建的模型自动生成状态图，并可以将它们转换成"二叉树"形式的树结构，而遍历二叉树的算法是成熟的，这样就可以生成测试用例。

测试用例一旦生成，就可以在单元测试框架（如 NUnit）中独立于模型运行，其中测试序列去控制被测系统，同时观察待测试系统的返回值，并与预期值进行比较，然后做出判定：测试是通过还是失败。对测试结果的判定是对被测系统的一个重要反馈，因为测试失败，也不意味着是被测系统的缺陷，可能模型的预期行为是错的，即模型需要修正。但基于模型的测试与传统人工测试相比的最大优势就在于模型维护方便，修改模型相对容易，一旦修改结束，测试用例可以重新生成。

下面通过一些直观的展示让读者更好地了解基于模型的测试用例生成的实现。我们知道，如图 7-13 所示的状态图可以描述成五元组，其测试用例可以表述成 $\Gamma = \{P_r, s, r, G, P_o\}$，其中：

- P_r，节点或状态的前置条件；
- s，节点的输入值或触发器；
- r，转换后的一组输出值 / 结果节点；
- G，转换的防卫条件集合；
- P_o，节点或状态的后置条件。

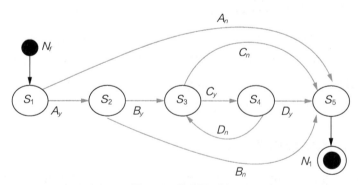

图 7-13 状态图示例

图中的 S_1，S_2……S_5 表示不同的状态，A、B、C、D 表示条件，其中下标"y"表示条件成立，下标"n"表示条件不成立。

我们还可以用对象限制语言（object constrained language，OCL）来描述前置条件和后置条件，可以设置不同的前置条件，示例如图 7-14 所示。

Context ATM :: withdraw (amount : Integer) : Boolean
Pre: bank.atm.valid=true;
Pre: bank.network.alive=true;
Pre: customer.account.balance>=0 and
account.balance>= amount.

图7-14　前置条件

给定前置条件下的后置条件，示例如图 7-15 所示。

生成的测试用例的伪代码，示例如图 7-16 所示。

Context ATM :: withdraw (amount : Integer) : Boolean
Pre: pinAccepted and withdraw=true
Post: if (withdraw=true)
　then customerAccountClose
　and
　result=AtmCardReturn::true
　　else if(numberOfPinTrials>3)
　then customerAccountClose
　and
　result=AtmCardReturn::true
endif

图7-15　给定前置条件下的后置条件

```
Take all paths δ={δ₁, δ₂, ···, δₙ} from the start to end node in
DFSM.
          FOR each path δᵢ∈δ do
                    Nc←Nf
                    Γᵢ←Φ //Initially testcase for the operation
                            //scheme OpScmᵢ will be empty.
                    Nc←Nn //Move to next node of OpScmᵢ
                    WHILE (Nc≠N₁)
                    Ec=(tᵣ, S, R, G) //The event of Nc.
                              IF G = Φ THEN
                                        Γ= {Pᵣ, Σₛ, Σᵣ, Po}
                                        Γᵢ=Γᵢ U  Γ
                              ENDIF
                              IF G ≠ Φ THEN
                                        Γ= {Pᵣ, Σₛ, Σᵣ, G, Po}
                                        Γᵢ=Γᵢ U  Γ
                              ENDIF
                    Nc←Nn+1 //Go to next node of Nn
                              //on the pat δᵢ.
                    Γ=Γ U  Γᵢ
          ENDWHILE
          Determine the final output Σᵣ and Po from
          the operation scheme OpScmᵢ stored in N₁.
          Γ= {Pᵣ, Σₛ, Σᵣ, G, Po}
          T← T U Γ //Add the test case to test set
ENDPOR
ENTURN (T)
STOP.
```

图7-16　生成的测试用例的伪代码

我们不但可以基于基于模型的测试方法生成测试用例，而且可以基于规范的接口文档生成测试用例。即使不采用人工智能技术，采用一般的技术也能基于规范的 API 文档生成测试用例，因为接口测试设计实质就是要解决接口参数的测试数据设计。例如，接口文档采用 Swagger 或 Open API 3.0 规范来描述，GET 接口传递 query 参数，POST 接口传递 formData 参数等，这样通过解析 Swagger 的 JSON 数据，就可以自动生成测试代码。

GET 接口定义示例如下。

```
parameters:
-in: query
  name: offset
  type: integer
  required: false
  default: 0
  minimum: 0
  description: The number of items to skip before starting to collect the result set.
-in: query
  name: limit
  type: integer
  required: false
  default: 20
  minimum: 1
  maximum: 100
  description: The number of items to return.
```

POST 接口定义示例如下。

```
paths:
  /survey:
  post:
    summary: A sample survey.
    consumes:
      -application/x-www-form-urlencoded
    parameters:
      -in: formData
        name: name
        type: string
        description: A person's name.
      - in: formData
        name: fav_number
        type: number
        description: A persons's favorite number.
    responses:
      200:
        description: OK
```

7.7.3　测试数据的自动生成

在测试中，有时测试用例就是测试数据，如果能生成这类测试数据，就相当于生成测试用例；而有时是构造业务数据，为功能测试服务，有时是构造大量的数据，为性能测试服务。总之，无论是作为测试用例的数据，还是作为支撑测试的数据，这类数据可以统称为测试数据。

因此，测试数据的生成一直是我们所关注的。之前，我们可能借助正则表达式、数据库

SQL 语句、存储过程或 JDBC 接口等批量生成测试数据，现在可以借助一些工具完成，如阿里巴巴的数据管理 DMS，开源的 TestDataBuilder（Java）、python-testdata 等。例如，阿里巴巴的数据管理 DMS 可以根据需求选择目标数据库和数据库表，然后配置表的各个列的生成方式，如随机、自定义、逻辑依赖和枚举等。

这里以 Python 开发的 python-testdata 为例，说明如何生成所需的测试数据。python-testdata 不但提供 DictFactory 类来生成数据，而且提供特定的扩展功能。每个 Factory 实例均可用于生成用户所需要的特定个数的数据，生成数据可以存储到数据库或基于数据库的文档。

python-testdata 提供了下列一些类（功能）：

- Factory，所有工厂的基类；
- DictFactory，允许子类创建具有特定模式、字典的 Factory；
- ListFactory，在每次迭代时，返回给定 Factory 调用中返回的 elements_per_list 项目的列表；
- Callable，获取可调用对象作为参数，并在每次迭代时返回调用该对象的结果；
- DependentCallable，获取可调用对象作为参数，并在每次迭代时，返回作为参数传递的对象的调用结果；
- ClonedField，复制另一个 Factory 值的 Factory；
- RandomDateFactory，生成两个日期之间的随机日期；
- DateIntervalFactory，从基数开始生成日期时间对象，同时在每次迭代中向其添加增量；
- RelativeToDatetimeField，相对于另一个 datetime 字段生成 datetime 对象。

生成测试数据的代码示例如下。

```
import testdata

EVENT_TYPES = ["USER_DISCONNECT", "USER_CONNECTED", "USER_LOGIN", "USER_LOGOUT"]
class EventsFactory(testdata.DictFactory):
    start_time = testdata.DateIntervalFactory(datetime.datetime.now(), datetime.
timedelta(minutes=12))
    end_time = testdata.RelativeToDatetimeField("start_time", datetime.
timedelta(minutes=20))
    event_code = testdata.RandomSelection(EVENT_TYPES)

for event in EventFactory().generate(100):
    print event
```

生成的测试数据如下所示。

```
# {'start_time': datetime.datetime(2013, 12, 23, 13, 37, 1, 591878), 'end_time':
datetime.datetime(2013, 12, 23, 13, 57, 1, 591878), 'event_code': 'USER_CONNECTED'}
# {'start_time': datetime.datetime(2013, 12, 23, 13, 49, 1, 591878), 'end_
time': datetime.datetime(2013, 12, 23, 14, 9, 1, 591878), 'event_code': 'USER_LOGIN'}
# {'start_time': datetime.datetime(2013, 12, 23, 14, 1, 1, 591878), 'end_time': datetime.
datetime(2013, 12, 23, 14, 21, 1, 591878), 'event_code': 'USER_DISCONNECT'}
```

对于模糊测试（fuzz testing）方法，一方面可以看作基于模型的测试，另一方面它通过模糊控制器生成测试数据，即通过一个自动产生数据的模板或框架（称为**模糊控制器**）来构造或自动产生大量的、具有一定随机性的数据作为系统的输入，从而检验系统在各种数据情况下是否会出现问题。它最早是由麦迪逊大学的巴顿·米勒教授开发的一个基本的命令行模糊控制器，以测试 UNIX 程序，即通过这个模糊控制器产生大量的随机数据来"轰炸"UNIX 程序直至其崩溃。之前模糊测试应用不多，而当互联网应用越来越普遍时，软件系统的安全性成为人们关注的焦点，模糊测试方法又重新得到重视。

模糊测试方法可以模拟黑客来对系统发动攻击测试，除在安全测试上发挥作用之外，还可以用于服务器的容错性测试。模糊测试方法缺乏严密的逻辑，不去推导哪个数据会造成系统破坏，而是设定一些基本框架，在这些框架内产生尽可能多的杂乱数据进行测试，以便发现一些意想不到的系统缺陷。在模糊化的过程中，测试数据会随着对可疑行为的进一步了解而不断完善。例如，HTTP 客户端发出的请求最初包含了随机数据，随后可能会增加各种已知的有效数据或错误数据来进行更深入的验证。

模糊测试一般分为两类，也就是根据产生数据的方式不一样来分类。

- 变异测试（mutation-based fuzzer），通过字符替换、翻转、数据删除、数据增加等变异技术实现。

- 生成测试（generation-based fuzzer），基于符合协议规范的消息模型（数据模型）从零开始构建异常信息。

通过上述的讨论，我们可以认识到，要达到测试自动化"一步到位"的程度，有 3 种主要的自动化设计模式来实现，即：

- 用一种特定的领域语言，如 BDD 的 GWT 格式、Open API 规范或其他标记性语言，来描述需求文档，基于需求文档生成自动化测试脚本，让需求成为活文档；

- 将测试需求抽象成模型，如事件流图、状态图等，然后基于模型生成测试用例；

- 基于开源工具、自定义工具或模糊测试工具等生成所需的测试数据。

7.8 UI 脚本开发与维护的常用技巧

通过测试"金字塔"我们可以知道，要尽量多做单元测试和 API 自动化测试，而 UI 自动化测试要少做，因为脚本开发和维护的成本会很高，执行起来还不稳定。但从业务的角度来说，UI 自动化测试最接近用户对产品的操作，因此也最接近用户需求。另外，在获取不到 API 的情况下，UI 自动化测试也不得不做。因此，还是有必要介绍一下 UI 自动化测试脚本的开发和维护。

7.8.1 脚本语言和测试框架的选择

UI 自动化测试的脚本语言有很多选择。在目前流行的编程语言中，Java、Python、JavaScript、Ruby 都适合编写自动化测试脚本。自动化测试的脚本语言和被测软件开发语言没有关系，无论选择哪种语言，作为测试人员，需要有扎实的编程基础和代码调试的经验。相对来说，Python 和 Ruby 语言更容易学习和掌握，对于编程能力较弱的初学者来说是不错的选择。近几年，在人工智能、机器学习方面，Python 语言的应用越来越广泛。根据 JetBrains 发布的调查报告，Selenium 是目前主流的 Web UI 自动化测试框架，Selenium 支持多种浏览器和多种开发语言，还支持在多台机器上的并发测试（Selenium Grid）；Appium 是目前移动端的主流 UI 自动化测试工具，支持 Android 和 iOS 平台上的原生应用、Web 应用，以及混合应用（Hybrid）的自动化测试。

上述 UI 自动化测试框架提供了操作 Web/App 的方法，在实际使用中最好结合其他的自动化测试框架提供对测试用例的组织和运行管理，如前面提到的 BDD 自动化测试框架 Cucumber、通用测试框架 Robot Framework，以及单元测试框架 pytest、unittest 等。这样会让测试用例更有结构，执行和管理更加方便，还可以统计测试用例的执行结果。

另外一款优秀的开源 Web UI 自动化测试工具是 Cypress，它是快速崛起的"后起之秀"。与 Selenium 相比，Cypress 目前支持的浏览器类型较少（Chrome 和 Firefox），也只支持 JavaScript 语言，因此，对于不熟悉 JavaScript 语言的工程师来说，有一定的入门门槛。但由于 Cypress 采用了不同于 Selenium 基于 Web Driver 的运行机制，因此其运行速度更快。另外，由于 Cypress 可以访问并操作系统网络层和文件系统，因此 Cypress 可以自上而下地控制自动化测试的整个进程，这有助于提高测试运行中的稳定性。

无代码化（codeless）是自动化测试未来的重要趋势。无代码化的 UI 自动化测试工具几乎都是基于 Selenium 和 Appium 进行增强和扩展的。无代码化是指测试人员无须编写代码就可以生成自动化测试用例。Katalon Studio 是最有代表性的无代码化开源测试工具，它的主要功能介绍如下。

- 支持 Web，以及 Android、iOS 移动应用的 UI 测试，包括浏览器、移动应用及桌面应用。
- 支持 RESTful 和 SOAP 的 API 测试。
- 通过两种方式实现 UI 测试的无代码化：一种是录制—回放，通过 Web recorder utility 接收应用程序上的所有动作，转化成测试用例；另一种是通过 object spy 功能在界面上捕获元素对象来支持用户自己编写测试用例。
- 提供 UI 测试用例自愈（self-healing）功能：在测试用例运行时，当使用默认的定位方法（如 XPath）定位不到这个元素时，工具会自动尝试其他的定位方式进行元素定位（如 CSS），让测试得以运行。
- 支持 Selenium 测试脚本的迁移。
- 支持与多种测试管理工具、持续集成 / 持续交付管理工具的集成。

与 Selenium IDE 提供的浏览器中的录制—回放功能相比，Katalon Studio 的强大之处在于支持所有主流的浏览器，录制和执行测试都无须安装额外的浏览器；在一种浏览器上录制的用例可以直接选择其他浏览器运行；在录制测试步骤的同时捕获记录需要操作的界面元素以供编辑和重用等。

这里还是以 Selenium 和 Python 语言为例，并且结合 unittest 测试框架讲解 Web UI 自动化测试脚本的开发和维护技巧。

7.8.2　UI元素定位

Selenium 经历了 3 次大的版本演变，目前 Selenium 3.0 延续了从 Selenium 2.0 开始对 WebDriver 的支持，其原理是使用浏览器原生的 WebDriver 对 HTML 页面对象进行定位和操作。UI 自动化测试的核心就是对于 UI 中的元素进行定位（识别）和操作。

Web UI 测试的操作步骤一般分为两步：

1）定位网页上的 UI 元素，并获取元素对象；

2）对元素对象进行单击、双击、拖曳或输入等操作。

Selenium 提供了 8 种不同的定位方法，开发脚本时需要综合运用这些定位方法。表 7-2 列举了不同的定位方法和对应的 Python 方法。

表7-2　Selenium提供的UI元素定位方法

UI元素定位方法	Python方法
id定位	find_element_by_id()
name定位	find_element_by_name()
tag定位	find_element_by_tag_name()
class定位	find_element_by_class_name()
link_text定位	find_element_by_link_text()
partial link text定位	find_element_by_partial_link_text()
XPath定位	find_element_by_xpath()
css _selector定位	find_element_by_css_selector()

WebDriver 对 UI 元素的常用操作和对应的 Python 方法见表 7-3。

表7-3　Selenium提供的UI元素操作

UI元素操作	Python方法
清除文本	clear( )
模拟按键输入文本	send_keys (value)
模拟鼠标单击元素	click( )
获取元素的文本、当前页面的URL、当前页面的标题，用于信息验证	text,current_url,title
返回一个元素是否用户可见（True或False）	is_displayed( )
模拟鼠标各种操作，可以用来操作悬停菜单	ActionsChains( )

基于对这些元素的定位方法和操作，现在可以编写一个 UI 自动化测试脚本，如下所示。

```python
from selenium import webdriver
from selenium.webdriver.common.by import By
import time

# 创建Chrome浏览器的webdriver对象
driver = webdriver.Chrome()
# 打开拉勾教育网页
driver.get("https://kaiwu.     .com/")

# 最大化网页
driver.maximize_window()
# 单击页面上方的"登录"按钮
```

```
driver.find_element_by_link_text("登录").click()
# 修改登录方式为用户名和密码登录
driver.find_element_by_class_name("change-login-type").click()
# 输入用户名和密码
driver.find_element_by_xpath('//input[@type="text"]').send_keys("如电子邮箱地址")
driver.find_element_by_xpath('//input[@type="password"]').send_keys("Password123")
# 单击"登录"按钮
driver.find_element(By.CSS_SELECTOR, ".sense_login_password").click()
# 单击已购课程开始学习
driver.find_element_by_xpath('//span[text()="高效敏捷测试49讲"]').click()
# 单击"开始学习"按钮
driver.find_element_by_class_name("button-wrap").click()
# 判断课程标题是否正确
assert driver.find_element_by_class_name("title").text == "高效敏捷测试49讲"
# 输出当前页面title
print(driver.title)

# 退出登录
driver.find_element_by_class_name("unick").click()
driver.find_element_by_link_text("退出").click()

# 关闭网页
driver.quit()
```

上述示例代码执行的操作步骤如下：

1）打开 Chrome 浏览器；

2）打开拉勾教育首页；

3）然后进行登录操作，即单击页面上方的"登录"按钮，选择"密码登录"，在弹出的登录界面中输入用户名和密码，接着单击"登录"按钮；

4）进入一个已经购买的课程，在课程主页面选择课程"高效敏捷测试 49 讲"，单击"开始学习"按钮，验证页面中显示的课程名称是否正确；

5）对于退出登录操作，先定位到页面上方的账户名称，再在悬停菜单中单击"退出"按钮；

6）关闭 Chrome 浏览器。

以其中实现用户名和密码输入的相关代码为例，对密码输入框的定位采用了 XPath 的定位方式，利用"type"属性的值进行定位。图 7-17 展示了测试代码行、HTML 代码，以及登录界面的密码输入框之间的对应关系。

图7-17　XPath定位密码输入框

7.8.3　测试代码的模块化和参数化

虽然 7.8.2 节中的这段测试代码可以执行，但是有以下 3 个缺点。

- 所有的操作步骤都混合在一起，可读性比较差。UI 自动化测试是最接近真正业务流程的模拟操作，但是上面这段代码即使添加了注释，给人的感觉也比较混乱，需要花时间理解这个测试用例的主要目的。

- 所有的输入数据都以硬编码（hard code）的形式写在测试代码中，代码的灵活性就比较差。例如，如果想换一个账户进行登录，或者换一个已购课程进行检查，就需要修改测试用例中的登录信息或课程名称。

- 会产生大量的重复代码，代码的可维护性比较差。在实际测试中，大量的测试用例会在登录之后执行，并且在执行完退出登录。这意味着很多测试用例需要包括"登录"和"退出登录"的实现代码。如果登录界面有所变动，会导致测试脚本的元素定位或操作有变化，那么就需要修改所有包含"登录"和"退出登录"的测试用例。

为了解决上述问题，我们需要对上面的测试代码进行改造，解决方案就是实现代码的模块化和参数化。模块化是指把可重用的业务流程封装成一个个操作函数以供多个测试用例调用，参数化是指把测试数据从测试代码中分离。

7.8.2 节中的那段代码经过改造后，生成了两个代码文件。

在第一个代码文件中，创建了一个类：Lagou，这个类包含了 3 个业务操作函数：登录、进入课程、退出登录。每个封装的函数都可以单独执行一个业务操作，并且可以被多个测试用例调用。操作函数代码如下所示。

```python
from selenium.webdriver.common.by import By
from selenium.webdriver.common.action_chains import ActionChains

class Lagou:
    """ 初始化方法，接收driver驱动并赋值给self.driver """
    def __init__(self, driver):
        self.driver = driver

    """ 登录 """
    def login(self, username, password):
        # 单击"登录"按钮
        self.driver.find_element_by_link_text("登录").click()
        # 修改登录方式为用户名和密码登录
        self.driver.find_element_by_class_name("change-login-type").click()
        # 输入用户名和密码
        self.driver.find_element_by_xpath('//input[@type="text"]').send_keys(username)
        self.driver.find_element_by_xpath('//input[@type="password"]').send_keys(password)
        # 单击"登录"按钮
        self.driver.find_element(By.CSS_SELECTOR, ".sense_login_password").click()

    """ 进入课程 """
    def access_course(self, courseName):
        # 回到课程主页面
        self.driver.find_element_by_xpath('//a[text()="课程"]').click()
        # 打开一个课程
        self.driver.find_element_by_xpath('//span[text()="'+courseName+'"]').click()
        # 进入课程内容页
        self.driver.find_element_by_class_name("button-wrap").click()

    """ 退出登录 """
    def logout(self):
        above = self.driver.find_element_by_class_name("unick")
        ActionChains(self.driver).move_to_element(above).perform()
        self.driver.find_element_by_link_text("退出").click()
```

第二个代码文件是测试用例，在调用函数时，通过参数把测试数据传递给函数，实现了测试数据和测试代码的分离。可以看到，测试用例的代码简单多了，在业务层面上也更好理解。测试用例代码如下所示。

```python
from selenium import webdriver
from lagou import Lagou

# 创建Chrome浏览器的webdriver对象
driver = webdriver.Chrome()
# 打开拉勾教育首页
```

```
driver.get("https://****.lagou.com/")
# 调用Lagou类并传入driver驱动
lagou = Lagou(driver)
# 登录
lagou.login("用户名", "Password123")
# 进入一个已购课程
lagou.access_course("高效敏捷测试49讲")
assert driver.find_element_by_class_name("title").text == "高效敏捷测试49讲"
# 退出登录
lagou.logout()
driver.quit()
```

7.8.4　Selenium 集成自动化测试框架

在实际测试中，每个项目一定会有多个测试用例，有的是测试相同功能点的不同操作，有的是对不同功能点的测试。如何对它们进行组织和管理呢？通过讲解下面这个测试用例文件，读者可以感受到 Selenium 与其他自动化测试框架集成所带来的好处。这里以 unittest 测试框架为例，虽然它被称为单元测试的自动化框架，实际上也可以支持 UI 自动化测试。

新的测试用例代码中包含了两个测试相同功能点的测试用例，同时把登录操作作为执行这两个测试用例之前的准备步骤，把退出登录和退出浏览器的操作作为两个测试用例执行完毕后的操作步骤。Selenium 集成 unittest 测试框架后的测试用例代码如下所示。

```
from selenium import webdriver
import unittest
from ddt import ddt, data, unpack
from lagou import Lagou

@ddt
class CheckCourseTest(unittest.TestCase):
    @classmethod
    def setUpClass(cls):
        cls.driver = webdriver.Chrome()
        cls.driver.get("https://kaiwu.*****.com/")
        lagou = Lagou(cls.driver)
    username = "用户名"
    password = "Password123"
        lagou.login(username, password)

    @data({"course_name": "高效敏捷测试49讲"},
          {"course_name": "分布式技术原理与实战45讲"})
    @unpack
    def test_check_paid_course(self, course_name):
        lagou = Lagou(self.driver)
        lagou.access_course(course_name)
        assert self.driver.find_element_by_class_name("title").text == course_name
        assert self.driver.find_element_by_class_name("button").text == "查看详情"
```

```
    @data(('即学即用的Spark实战44讲'))
    def test_check_unpaid_course(self, course_name):
        lagou = Lagou(self.driver)
        lagou.access_course(course_name)
        assert self.driver.find_element_by_class_name("title").text == course_name
        assert self.driver.find_element_by_xpath('//div[@class="text inline-block"]').text \
            == "本节为免费试看，购买后解锁全部章节"


    @classmethod
    def tearDownClass(cls):
        lagou = Lagou(cls.driver)
        lagou.logout()
        cls.driver.quit()

if __name__ == "__main__":
    unittest.main()
```

我们具体来看一下，第一个测试用例（test_check_paid_course）是进入一个已购买的课程并且验证课程信息是否正确；第二个测试用例（test_check_unpaid_course）是进入一个未购买的课程并且验证课程信息是否正确。这两个测试用例都调用了函数 access_course()。在组织测试用例时，通常会把测试同一个功能点的几个测试用例放在一个文件中。

setUpClass() 和 tearDownClass() 是 unittest 测试框架提供的两个类方法。两个测试用例在执行前需要执行的操作放在 setUpClass() 里，在这个例子中为"登录"操作；执行完毕后需要执行的操作放在 tearDownClass() 中，这里包括退出登录和关闭浏览器。

unittest 测试框架提供了对数据驱动自动化测试的支持，数据驱动测试（data-driven testing，DDT）是针对 unittest 测试框架涉及的扩展库，通过 @ddt 和 @data 可以使用不同的测试数据来运行一个测试用例。在这个例子中，测试用例 test_check_paid_course 会被执行两遍，每次测试一个已购课程，测试结果中也会显示每一条测试数据对应的测试结果。

另外，unittest 还可以读取保存在文件中的测试数据来驱动测试用例的执行。unittest 可以支持对 CSV、JSON、YAML 文件的读取，数据文件和对应的测试脚本如图 7-18 所示。

图 7-18　读取文件中的测试数据

通过上文的介绍，相信读者已经理解了采用测试框架对测试用例进行组织和管理的好处：让测试用例的编写更加规范，更方便实现数据驱动的自动化测试。特别是在实际项目中的测试用例，一般有上百条，不可能都放在一个测试文件里，因此需要按照所测试的功能拆分成多个文件，甚至需要放在不同的目录下，此时测试框架对多个测试用例的组织和管理的优势就更加明显了。unittest 提供了 TestSuite 类来创建测试套件。测试套件是一组服务于特定测试目标的测试用例集合。

需要提醒的是，自动化测试用例之间尽量不要有依赖关系或者互相调用，并且每个测试用例尽量不要太复杂，否则会给测试结果的统计和分析带来困难。

7.8.5　Page Object 设计模式

到目前为止，我们的测试代码采用了两层结构：一层是操作函数（见 7.8.3 节），另一层是测试用例（见 7.8.3 节），并且通过引入 unittest 自动化测试框架实现了测试用例的规范化和数据驱动。

下面要介绍的 Page Object 设计模式是目前进行 UI 自动化测试的主流设计模式。代码分层是 Page Object 设计模式的核心，以页面为单位把页面上的元素和元素的操作封装起来，把属于同一个页面的元素都放在一个页面类中。操作函数通过调用这些封装的对象来完成对界面的操作。

在图 7-19 中，以操作函数 login() 为例，展示了如何运用 Page Object 设计模式把页面元素的具体操作从操作函数中分离出来。在 LoginPage 类中封装了 4 个登录用到的页面元素操作，而新的 login() 函数调用每个元素操作的具体函数完成登录操作，改造后的 login() 函数其可读性变得更好。当页面元素有更改时，只需要更改对应的页面元素封装函数，代码的可维护性也变得更好。

由此，测试代码由原来的两层结构变成了 3 层结构：第 1 层封装了页面元素和操作，第 2 层封装了业务操作的函数，第 3 层是测试用例。

Page Object 提供了页面元素操作与业务流程相分离的模式，使操作函数的代码更加清晰，可读性更强，同时使得整体自动化测试代码的可维护性也增强了。如果某个页面的元素有了变更，那么只需要更改封装的页面元素类，而不用更改调用它的其他测试类 / 代码。

在敏捷团队中，比较好的实践是，页面元素类由开发人员负责维护并进行测试，相当于对页面元素进行单元测试，因为开发人员最清楚哪些页面元素有了改动，也应该对前端开发的质量负责。然后，专职的测试人员在此基础上进一步开发面向业务的少量的 UI 测试用例。例如，根据"二八"原则，对 80% 的客户会用到的那些 20% 的关键页面操作实现自动化测试。

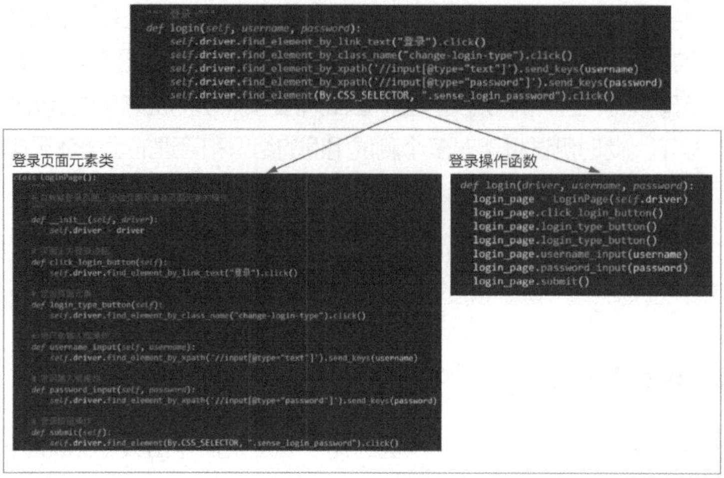

图 7-19 Page Object 设计模式的测试脚本

7.8.6 隐式等待

在上面的测试脚本中，我们都没有添加等待时间。但在实际的测试脚本里，代码在执行过程中经常需要等待页面元素加载完毕才能完成操作，否则会抛出异常，尤其是在发生了页面跳转时。我们可以在元素定位之前添加 time.sleep()（以秒为单位），但要在每个需要等待时间的元素定位之前都添加，而且是固定时间。

另一种方式是添加隐式等待，如 driver.implicitly_wait()。隐式等待是智能等待方式，添加一次就会作用于整个脚本，不会影响脚本的执行速度，设置的时间只是等待的最大时长。当脚本执行到某个元素定位时，如果定位不到，那么将以轮询的方式不断地判断元素是否存在。

7.9 质效合一：自动化测试和手工测试的完美融合

在前面讲解了探索式测试和测试自动化的技巧，现在我们探讨一下，在产品的一次迭代开发中，什么样的测试适合自动化，什么样的测试适合手工测试，以及自动化测试和手工测试怎样结合才能达到更高的质量和效率。据笔者了解，不少团队对这些内容是缺乏思考和明确指导的。

7.9.1 一个关于测试策略的案例

下面所讲的是一个测试团队的真实经历。该团队非常重视测试自动化，自主研发了自动化测试平台，平均测试自动化率达到了 65%，但是自动化测试在每个项目中平均只能发现 10% 的有效缺陷，绝大多数的缺陷还是通过手工测试发现的。测试团队的负责人认为自动化测试应该发现更多的缺陷才更有价值，而之所以效果不理想主要因为下面两点。

第一，能做测试自动化的人手不足：脚本开发由专门的测试开发人员完成，大部分的测试人员只做手工测试，这就造成了测试脚本的开发进度比较慢。对于一个新产品，往往在好几个版本迭代之后，到了项目中后期，测试脚本才勉强开发完成。这时候，大部分的缺陷已经通过手工测试被发现了。

第二，测试开发人员不怎么参与具体的测试执行，对产品和业务的了解不够。因此，在设计测试脚本时，对业务场景的考虑不够全面。

于是，团队要求每一个测试人员开发自己负责的功能模块的测试脚本。经过一系列的培训，这个目标最终达到了，测试人员自己编写的测试脚本在业务流程和功能点的验证方面确实也更全面。

既然人力不足的问题解决了，那么团队负责人认为测试脚本的开发自然是越早越好。于是，团队要求每个项目都要争取在一次迭代内把新功能的部分能自动化的尽量自动化。这样测试脚本就可以尽早投入执行，可以发现更多的缺陷。但是在一两个项目中推行了之后，发现很难做到。测试人员抱怨他们花在脚本开发和调试上的时间太多了，还不如手工测试，因为手工测试可以更快地发现缺陷。后来，这个要求也就不了了之了。

应该说，这个团队在普及自动化测试这方面做得不错。但是在测试执行过程中，测试负责人要求尽早地开始测试脚本的开发是不切实际的，因为迭代开发中的需求和设计往往是逐渐明确的，新的功能也是逐渐"成长"起来的。用户故事的需求在一开始往往不清晰，常常在开发和测试之间不断尝试，以及团队成员不断讨论中才逐渐确定下来。当功能的需求不明确时，无论是 UI 还是接口的自动化测试，都会困难重重，因为界面设计和接口定义都会更改，验收标准也有可能会更改。这时候就开始开发测试脚本只能经历反复修改，并不能在本次迭代中尽早地投入使用和带来效益。

7.9.2　新功能手工测试，回归测试自动化

对于当前迭代的新功能，更有效的方式是借助手工测试，即采用探索式测试的方式。开发人员完成一个特性，测试人员就可以立即展开测试，发现问题后立即和团队其他成员进行沟通，及时纠正，这样能更有效地发现缺陷。敏捷模式实施持续构建，每天都有可工作的软件，但每次要验证的新软件变更并不多，况且人最具有灵活性，增加什么就测试什么，改了哪里就测试哪里。探索式测试不需要写测试用例，效率更高，更灵活，更能应对变化。

对于新功能，其不适合做自动化测试，但回归测试需要依赖高度的测试自动化。在敏捷开

发环境中，一个迭代周期通常是 2 ～ 4 周，最后验收测试只有几天时间，每次迭代都会增加新的功能。在经过一次次的迭代后，回归测试范围不断增加，如图 7-20 所示。在非常有限的时间里，既要完成新功能的测试，又要完成越来越多的回归测试，如果没有自动化测试，这几乎不太可能做到。

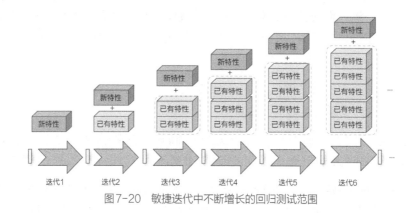

图 7-20 敏捷迭代中不断增长的回归测试范围

探索式测试不用写测试用例，节省下来的时间可以用来开发自动化测试脚本，但并非针对本次迭代的新功能，否则你就会遇到与案例里面的那个团队同样的问题。测试人员应该开发上一次迭代已实现功能的自动化测试脚本，因为上一次迭代的功能特性已相对稳定，自动化脚本开发和调试都没有什么障碍，效率也相对较高。新开发的测试脚本添加到自动化回归测试集，尽量保证回归测试可以全部自动化。

这就是笔者建议的自动化测试和手工测试有机结合的策略：**新功能采用探索式测试，回归测试尽量全部自动化**，如图 7-21 所示。在每次迭代的前半段，针对本次迭代（I_n）的新功能进行探索式测试，并针对上一次迭代（I_{n-1}）实现的功能进行脚本开发；在迭代的后半段，针对以往所有迭代（$I_1 \sim I_{n-1}$）的功能特性进行自动化回归测试。

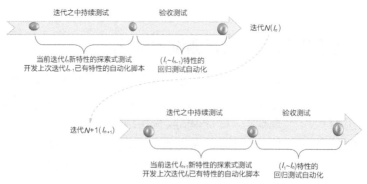

图 7-21 敏捷测试中探索式测试和自动化测试有机结合策略的示意图

7.9.3 探索未知的，自动化已知的

这几年笔者一直倡导要重新认识软件测试。对于软件测试，笔者给出了一个新的公式。

测试 = 检测 + 试验

对于软件产品，可以检测的部分是产品中具有确定性的功能特性，也就是已知的部分。这部分功能的测试目标、测试需求和测试的验证准则等都是明确的，具有良好的可测试性。

而对产品中具有不确定性的功能特性，也就是未知的部分，只能通过试验来验证。不确定性主要是这几个原因造成的：功能需求定义不清楚，处于经常变更的状态；测试范围和数据是无限的，很难直接进行验证。软件系统中未知的、不确定性的部分越来越多，因为我们已经处于移动互联、大数据和人工智能时代，软件系统输入和输出的复杂性、多样性，以及快速变化等特性，都使产品增加了不确定性。

将上述公式再展开，就成为下面的公式。

测试 = 检测已知的 + 试验未知的

在测试过程中判断测试结果是否通过，测试预言的作用举足轻重。对于已知的、具有确定性的功能特性，一般会运用相对明确的测试预言，如清晰的 Spec、竞品参照、一致性测试预言（consistency oracle）。对于已知的部分，适合采用测试自动化的方式进行测试，因为输入和输出都是明确的，测试预言也是明确的。

针对未知的、具有不确定性的功能特性，无论是输入还是输出，都需要不断尝试。测试预言也是启发式的，需要综合判断。未知的试验分为以下两部分。

- 通过工具试验，产生随机、半随机（变异 / 模糊）的数据，进行变异测试 / 模糊测试等。这里可以用统计准则或造成系统异常（如系统崩溃），让测试结果更容易判断，用于安全测试、稳定性测试等。

- 通过测试人员的试验，不断地质疑系统，根据系统的反馈来做出判断，也就是探索式测试的方式。

随着大数据和人工智能的发展，对未知进行测试时遇到的困难，也可以通过人工智能来解决。结合工具的随机 / 半随机测试和人的探索，未知的试验进一步提升为人工智能，不断学习、不断进行数据（输入、输出和 log 等）挖掘，以及不断构造（完善）验证的规则（准则），完成自动的测试，从未知逐步走到已知。

因此，可以将笔者给出的关于测试的新的公式"测试=检测+试验"再进一步明确为下面的公式。

测试=基于模型的、脚本的自动化测试 + 基于人工或人工智能的探索式测试

从测试一开始，即测试需求分析开始，就将测试的范围（测试项）分为两部分：已知的（包括确定性的和稳定的）和未知的（包括不确定的和动态的）。对于已知的测试项，理论上都可以实现自动化；对于未知的部分，也可以用工具进行测试（模糊测试、随机测试等），而更多是依赖人的探索式测试。

在测试执行中，探索式测试和自动化测试有机结合的测试就是一个具体的应用。迭代中的测试范围可以分为两部分：相对稳定的、有明确的测试项的已实现功能，以及不确定的、容易变更的新功能。当新功能处于容易变更的状态时，就采用探索式测试的方式；而对于上次迭代中已经实现的功能，进行自动化回归测试的脚本开发 / 调试。

7.9.4　自动化回归测试怎么做

对于一个长期的软件产品来说，随着功能不断增加，回归测试所占的比重越来越大，即使回归测试实现了高度自动化，一个完整的回归测试也常常需要十几小时甚至几天的时间才能执行完毕。在敏捷测试里，回归测试是持续测试的一部分，每次回归测试都重新运行所有的测试用例是不切实际的。因此，我们也需要考虑有效的回归测试策略。

第 6 章介绍了精准测试，通过代码依赖性分析和代码差异分析优化回归测试范围，即根据每个版本的代码变更选择回归测试的范围。这对于提高回归测试的效率非常有帮助，尤其是在版本即将交付前，修复了一些缺陷，但在非常有限的时间里根本来不及做完整的回归测试。

如果没有引入精准测试，那么团队在选择回归测试策略时需要兼顾效率和风险这两个方面，根据项目的进度和状态进行动态调整。我们平时就要多测试、持续测试，充分利用自动化测试的优势，如把测试分配到不同的测试机上并行执行，把大量的回归测试安排到工作日的夜间或休息日运行。利用自动化测试平台和持续集成 / 持续交付环境的集成，创建定时的测试任务，自动启动测试工具和运行测试脚本。在工作日的夜间执行测试任务，第二天上班的时候就能获得测试结果；在休息日安排执行测试任务，周一上班时就能获得测试结果。

在产品交付之前，如果有代码变更，需要基于风险与基于操作剖面选择测试等策略相结合。基于操作剖面选择测试，即选择测试用例是依据哪些功能是用户最常用的，如 80/20 原则，其中 20% 的常用功能，用户有 80% 的时间在用它们，这部分的测试用例大部分会在 BVT 的测试范围内，作为持续集成测试的一部分。

7.10　优先实现面向接口的测试

从原理上来说，接口测试是模拟客户端向服务器端发送请求，然后检查能否获得正确的返回信息。这里所说的面向接口的自动化测试和 API 测试是一回事。在介绍测试"金字塔"模型的时候已经说过，相对上层 UI 测试，自动化测试更适合进行 API 测试。这里的 API 测试是指面向接口的系统功能测试。接口测试越来越重要，不但因为接口测试与 UI 测试相比性价比更高，而且因为目前软件系统的开发模式和架构风格带来的必然需求。

7.10.1　接口（API）测试越来越重要

目前，前后端分离是业界主流的软件系统开发模式。前端设备种类越来越多，不同的前端与后端都是通过事先定义好的 API 进行交互的，前后端分离当然也应该在开发过程中分别测试。前端测试可以搭建一个 MockServer 模拟后端给出的响应；后端，即服务器端，就可以通过调用 API 直接对其进行接口测试。另外，后端系统的性能测试基本上要依赖接口进行测试，需要关注在各种并发情况下服务器端的响应时间、资源使用情况等。另外，需要通过接口测试对后端系统进行安全测试，如验证前后端传输信息是否加密等。

微服务架构是目前主流的软件系统架构的设计风格。一个软件系统的微服务之间通过 HTTP、RPC 等协议进行通信，通常是基于 HTTP 的 RESTful API，如主流的 Spring Boot 开发框架等。这种架构带来的好处是每个微服务可以独立开发、独立部署，自然需要单独验证每个微服务的功能，而验证的方式就是 API 测试。

不仅软件系统自身正趋向于 API 化，软件产品也通过对外开放的 API 提供与外部系统的集成能力。现在人们更倾向于把 API 作为产品和服务，API 的消费者既包括外部合作伙伴，又包括企业内部的系统维护人员或开发人员。做好这类 API 的测试也是软件测试的目标之一。

7.10.2　接口测试示例

根据接口所遵循的协议，常见的接口包括 HTTP 接口、Web Service 接口和 RPC 接口等。HTTP 接口支持 HTTP 应用传输协议，Web Service 接口一般采用 SOAP；而 RESTful 既可以用于 HTTP 接口，又可以用于 Web Service 接口。

可以支持接口测试的开源工具有很多。常用的 Postman、JMeter、REST Assured 等，就不拿来作为例子了。这里结合在第 4 章已经介绍过的测试工具 Karate 来讲解 RESTful API 的接口测试。

Karate 是基于 Cucumber-JVM 构建的开源测试工具，目前是最好用的 API 测试工具之一。与 Cucumber 一样，它也使用 Gherkin 语言以 Given-When-Then 格式来描述测试场景，因此也是 BDD 风格的工具。

另外，Karate 还具有以下特点：

- 支持多线程并发测试；

- 不但支持包括 RESTful API 和 SOAP 不同风格的 Web Service 接口测试，而且支持 UI 测试和性能测试；

- 可以像标准 Java 项目一样运行测试并生成界面友好的 HTML 报告；

- 可以在配置文件里添加全局的配置信息，作用于每个测试用例，如可以设置全局变量、连接超时时间和重试机制等。

不过，相比其他测试工具，Karate 最显著的特点是不需要额外编写 Java、Python 等语言的测试代码，因此非常容易上手和使用。Karate 的安装配置非常简单，具体可以参考 GitHub 上其官方页面中的介绍，该页面中还给出了大量的代码示例。

现在我们利用 Karate 来开发一个接口测试的测试用例。假定需要对一个可以增加、删除、修改、查询用户信息的 RESTful API 进行测试。

第 1 个场景是请求所有用户信息，它返回的 Response 信息为 JSON 格式的用户列表，如下所示。

```
{
    "success": true,
    "msg": "查询列表成功",
    "data": [
        {
            "id": 1233,
            "name": "David",
            "age": 30
        },
        {
            "id": 1234,
            "name": "Susan",
            "age": 28
        }
    ]
}
```

第 2 个场景是添加 3 个新的用户。第 3 个场景是更新用户 ID 为 1234 的用户信息。第 4 个场景是删除用户 ID 为 1233 的用户。利用 Karate 开发的测试用例的代码（.feature 文件）如下所示。

```
Feature: Test User API

    Background:
        * url 'http://api.example.com'

    Scenario: Get all users
```

```
    Given path '/api/users/'
    When method GET
    Then status 200
    And match response.msg == "查询列表成功"
    And match response.data[1].name == "Susan"

Scenario Outline: Add multiple users
    Given path '/api/users/'
    And request {id:<id>, name: '<name>', age:<age>}
    when method POST
    Then status 200
    And match response.msge == "新增成功"

    Examples:
        | id    | name    | age |
        | 1235  | Nancy   | 23  |
        | 1236  | Susan   | 26  |
        | 1237  | Sherry  | 28  |


Scenario: Update an user
    Given path '/api/users/1234'
    And request {id:1234, name:'Lily', age:56}
    when method PUT
    Then status 200
    And match response.msg == "更新成功"

Scenario: Delete an user
    Given path '/api/users/1233'
    when method DELETE
    Then status 200
    And match response.msg == "删除成功"
```

上面是一个单接口测试的例子，它并不足以展示 Karate 支持复杂场景的强大功能。在实际的测试中，一个业务场景往往是由多个接口的串行调用完成的。而且，一个业务操作会触发后端一系列 API 的级联调用，而后一个 API 需要使用前一个 API 返回结果中的某些信息才能进行测试。如图 7-22 所示是 Karate 官方页面中的一段测试代码，在这段代码中，第二个 API 的调用地址就是第一个 API 返回结果中的 ID 信息。

如果只是单接口的测试，那么使用 Postman 工具进行调试会更方便。在实际的工作中，建议读者把 Postman 和 Karate 结合起来使用：先用 Postman 进行单个接口的测试，验证返回的响应信息是否正确；等到单个接口调试好了，再用 Karate 编写测试脚本把多个 API 串联起来完成面向业务的接口测试。

```
Scenario: create and retrieve a cat


Given url 'http://myhost.com/v1/cats'
And request { name: 'Billie' }
When method post
Then status 201
And match response == { id: '#notnull', name: 'Billie' }


Given path response.id
When method get
Then status 200
```

图7-22　Karate接口调用链的测试

7.10.3　如何获取接口信息

获得完整的接口信息是开展接口测试的基础，否则测试人员不清楚系统定义了哪些 API 需要测试、每个 API 的请求信息怎么写、响应结果根据什么来验证。而接口文档是获取接口信息的重要途径。如果没有接口文档，那么测试人员只能通过抓包工具（如 Fidder、Wireshark 等）访问前端界面获取接口信息，不但费时、费力，而且测试人员相当被动，对于接口的变动总是后知后觉。

接口文档的主要内容应该包括：调用地址（URL）、调用方式（如 GET、PUT 等）、请求信息的格式，以及响应信息的格式及示例等。在前后端分离的系统中，前端与后端的交互只能通过接口来实现。良好的接口文档是加强前后端开发协作的基础，否则很容易发生接口不匹配的情况，从而影响前后端的集成。而对于微服务架构的软件系统，微服务之间的调用关系往往非常复杂，需要定义的 API 也非常多，不同的微服务可能由不同的团队负责开发，接口信息的管理和维护更是一个挑战。

如果是开发人员手工编写接口文档，那么维护工作量比较大，很难做到实时更新。下面介绍两种比较好的接口文档管理方式。

第一种是利用 Swagger 工具动态生成接口文档。Swagger 是一套工具包，提供 API 文档编辑、生成、呈现及共享等功能，还可以执行 API 自动化测试。其中，Swagger UI 通过在产品代码中添加 Swagger 相关的注释，生成 JSON 或 YAML 格式的 API 文件，然后通过 Web 界面呈现，供文档的用户访问和查询。

Swagger UI 对 Spring Boot 的项目提供了很好的支持。由 Swagger 生成的接口文档如图 7-23 所示。笔者在 Gitee 网站 – 开源项目 – 程序开发 –Spring Boot 扩展中找到了一个使用 Swagger 生成在线文档的开源项目"springboot-swagger 2",建议使用 Intellij IDEA 打开，在 POM.xml 中需要添加一个依赖，如下所示。

```
<dependency>
    <groupId>javax.xml.bind</groupId>
    <artifactId>jaxb-api</artifactId>
    <version>2.3.0</version>
</dependency>
```

编译成功后启动 com.xncoding.jwt 目录下的 Application，然后访问 http://localhost:9095/swagger-ui.html，就得到了如图 7-23 所示的动态接口文档。

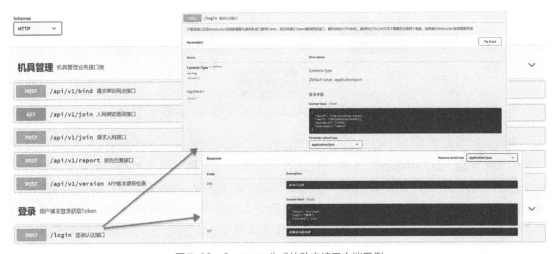

图7-23　Swagger生成的动态接口文档示例

第二种方式是契约形式的接口文档。契约规定的是接口的调用者和被调用者之间约定的 Request 和 Response 数据交互格式。这里不得不提一下契约测试方法，又称消费者驱动契约测试（consumer-driven contract，CDC）。在契约测试里，接口的调用者被称为"消费者"，被调用者被称为"服务的提供者"。其核心思想在于从消费者业务实现的角度出发，由消费者自己定义需要的数据格式及交互细节，并驱动生成一份消费者契约。然后，开发者根据契约分别实现自己的业务逻辑，并在服务提供者端进行测试，验证所调用的接口是否按照契约规定的内容返回正确的信息。主流的契约测试工具包括 Pact 和 Spring Cloud Contract。通过契约测试，可以生成需要的契约文档，该文档存放在代码仓库里。

前端根据这份契约，可以搭建一个 MockServer 模拟后端服务器的响应，在对前端的测试中，所有需要与后端交互的场景下的请求都发往这个 MockServer，以此达到前后端调试的解耦。

7.10.4   契约测试和微服务的接口测试

对于微服务来说，应用契约测试的方法进行接口测试比较高效，只要验证被调用的接口组合（已实现的业务逻辑），没有被调用的接口（用不到的逻辑）无须测试。另外，开展微服务的接口测试也需要根据契约搭建 MockServer 来实现微服务之间的解耦。一个大型软件系统由多个微服务组成，通常完成一个业务操作需要调用多个微服务才能完成。微服务之间的相互调用和依赖关系比较复杂，如图 7-24 所示。

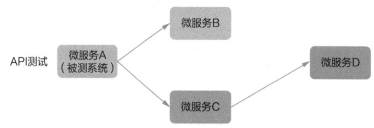

图7-24   微服务之间的相互调用和依赖关系示意图

当我们对微服务 A 进行接口测试时，微服务 A 会调用微服务 B 和微服务 C，微服务 C 又会调用微服务 D，因为微服务都是独立开发的。当微服务 B、微服务 C 或者微服务 D 中的任何一个处于不可用状态时，针对微服务 A 的接口测试就无法进行。要想在测试中解除微服务 A 对其他微服务的依赖，就要用到 mock 技术，这里是指启动 Mock Service 代替微服务 B 和微服务 C 来响应微服务 A 发出的请求，而这时也无须再关心微服务 C 对微服务 D 的调用，如图 7-25 所示。

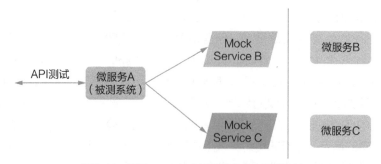

图7-25   利用mock技术解除微服务之间的依赖

接口级别的 mock 工具包括 WireMock、MockServer 和 RAP，以及第 4 章介绍过的服务虚拟化工具 Hoverfly 等，它们都提供了在 API 层面 mock 微服务的功能。在 MockServer 搭建过程中，一个重要方面就是定义需要模拟的请求和响应，上面所说的契约文档在这里就发挥了作用。我们可以根据微服务 A 和微服务 B，以及微服务 A 和微服务 C 之间的契约文件很容易地创建 JSON 格式的请求和响应信息文件，示例如下。

```json
{
    "request": {
        "method": "GET",
        "urlPathPattern": "/api/users/"
    },
    "response": {
        "status": 200,
        "body": {
            "success": true,
            "msg": "查询列表成功",
            "data": [
                {
                    "id": 1233,
                    "name": "David",
                    "age": 30
                },
                {
                    "id": 1234,
                    "name": "Susan",
                    "age": 28
                }
            ]
        }
    }
}
```

当 MockServer 启动后，不必启动真实的应用，MockServer 就可以代替真实应用给出响应。

7.10.5 API持续测试平台：API Fortress

虽然敏捷开发高度依赖自动化测试，但目前自动化测试还有很多痛点需要解决，如脚本的开发与维护的时间和成本较高，以及如果在开发早期对单个 API 进行测试，就要集成 mock 工具模拟不稳定的服务。另外很重要的一点是，自动化测试需要多种工具集成在持续集成 / 持续交付环境中实现持续测试。按照自动化测试"金字塔"模型，自动化测试类型包括单元测试、API 测试和 UI 测试。对于单元测试，持续集成环境中需要集成单元测试工具、代码覆盖率统计工具，以及可视化的代码质量呈现工具等一系列工具；另外，它还需要 mock 工具模拟对数据库、文件系统等有依赖的依赖对象。对于 API 测试，同样如此。为了完成 API 测试，我们常常需要使用 Postman 进行接口调试，使用 WireMock 等 mock 工具来模拟接口响应数据，使用像 Karate、JMeter 这类测试工具进行接口自动化测试。这样我们就需要维护不同的工具，而且在工具之间维护数据一致性的工作量也比较大。

API Fortress 是一个 API 持续测试平台。对于微服务架构的软件系统，API Fortress 提供了接口测试的持续测试解决方案。我们来看一下它提供了哪些功能，以及它如何解决了当前自动化测试中的上述痛点。

- 无代码化的自动化测试，从 Web UI 单击操作、规范文档或录制的流量中自动创建 API 功能测试的测试脚本。
- 可以支持 API 的各种测试类型（包括单个 API 的功能测试、压力测试和性能测试），以及 API 性能监控。
- 在研发早期，通过自带的 mock 功能隔离不稳定的 API 依赖对象对 API 进行测试。
- 支持与多种持续集成 / 持续交付工具，以及测试管理工具的集成，如 Jenkins、GitLab、Axway（API 管理工具）、Zephyr（测试用例管理工具）和 Jira 等。

本章小结

DoD 对敏捷验收测试提供了对用户故事、迭代和要发布的软件版本的验收标准，而各项敏捷测试活动的结果是 DoD 任务清单极为重要的组成部分。

在本章中，我们介绍了基于用户故事设计测试用例的流程，展示从产品需求到功能特性，再到用户故事、场景，最后转化为测试用例的分解过程，而这个过程的顺畅程度是通过在需求阶段实施 ATDD/BDD 来保证的。另外，我们还介绍了基于事件流图、状态图设计系统端到端的测试用例的方法。除这些具体的方法以外，测试用例的设计更依赖于测试人员对于用户角色的把握和业务场景的挖掘，这在手工测试以探索式测试为主的敏捷测试中尤其重要。

目前，大家对于敏捷测试的认识误区普遍是敏捷测试就相当于自动化测试。有效的自动化测试当然越多越好，但从之前的分析中我们也可以看到，现在完全采用测试自动化并不具备条件，因此，新功能采用**探索式测试**结合**自动化回归测试**是敏捷迭代开发中的一条重要的指导方针。

在自动化测试中，做好单元测试是关键，其次是接口测试，而 UI 测试作为补充可以少做。目前，测试自动化技术也面临着更新换代，物联网的测试自动化是新的需求；另外，测试工具的智能化、云化、无代码化和模型化是必然趋势。这些必将带来软件测试面向高度自动化的快速发展。

延伸阅读

　　JetBrains 在 2020 年年中发布了《2020 年开发者生态报告》。通过该报告，我们可以清楚地看到目前编程语言方面的一些趋势，可能对读者选择测试开发语言以及工具 / 框架会有一定的帮助。在开发者首选编程语言中，排名前 3 的是 JavaScript、Java、Python。就受欢迎程度而言，Java 高居第一位，但在使用人数上，JavaScript 则位列第一。在该报告发布的过去 12 个月中，Python 的使用量已经超过了 Java。Go、Kotlin 和 Python 是现今非常受欢迎的迁移对象，这可能预示着接下来几年内开发趋势的转变。尤其是 Python，在人工智能领域做出了巨大贡献，让人们相信在未来它会越来越受欢迎。

第 8 章　测试右移：从敏捷到 DevOps

导读

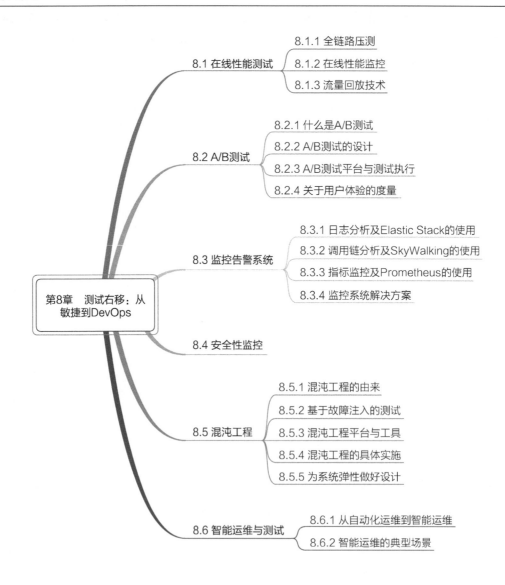

8.1 在线性能测试
- 8.1.1 全链路压测
- 8.1.2 在线性能监控
- 8.1.3 流量回放技术

8.2 A/B测试
- 8.2.1 什么是A/B测试
- 8.2.2 A/B测试的设计
- 8.2.3 A/B测试平台与测试执行
- 8.2.4 关于用户体验的度量

8.3 监控告警系统
- 8.3.1 日志分析及Elastic Stack的使用
- 8.3.2 调用链分析及SkyWalking的使用
- 8.3.3 指标监控及Prometheus的使用
- 8.3.4 监控系统解决方案

第8章　测试右移：从敏捷到DevOps

8.4 安全性监控

8.5 混沌工程
- 8.5.1 混沌工程的由来
- 8.5.2 基于故障注入的测试
- 8.5.3 混沌工程平台与工具
- 8.5.4 混沌工程的具体实施
- 8.5.5 为系统弹性做好设计

8.6 智能运维与测试
- 8.6.1 从自动化运维到智能运维
- 8.6.2 智能运维的典型场景

测试右移指的是软件发布之后的在线测试——在产品运行环境中进行测试（testing in production，TiP），马丁·福勒在其博客上有一篇文章专门介绍了 TiP。如果软件产品作为服务（SaaS）部署在研发公司自己的数据中心或者公有云上，在上线部署后，依然可以监控并分析系统的行为，有问题可以快速修复，并且像 A/B（易用性）测试、性能测试和基于故障注入的测试等可以在线进行。

这也是把软件测试从研发阶段延伸到运维阶段，从研发阶段的持续测试延伸到部署上线后的在线监控和在线测试。新的软件版本上的问题通过监控和测试被及时反馈给研发团队，研发团队快速定位并修复缺陷，这已经成为持续向客户交付价值的必不可少的环节。

8.1　在线性能测试

在敏捷开发和 DevOps 的实践中，软件迭代的速度很快，线上代码变更频繁，在研发环境中，往往没有充分的时间进行性能测试，互联网项目尤其如此。新的功能和代码经常会影响系统性能，如上一个软件版本能够支持的并发请求数是 10000，新的软件版本就只能支持 7000 个并发请求。另外，软件系统经过了研发过程中的性能测试，在研发环境中满足了性能需求，但庞大的用户群体、跨国家 / 地区的用户访问，以及数以万计的移动端设备种类和型号等生产环境中的真实场景，在研发环境中不可能全面覆盖。因此，在生产环境中，直接进行性能测试就变得非常必要。

8.1.1　全链路压测

全链路压测是指模拟真实业务场景中的海量用户请求和数据访问生产环境，对整个业务链路进行全方位的、真实的压力测试，提前找到性能瓶颈点并持续调优的实践。全链路压测的概念最早是由阿里巴巴提出的。随着互联网的发展和交易量的增加，互联网性能测试的技术和经验也一直在实践中逐步改进和完善。2010 ~ 2012 年，每到"双 11"期间，流量就会突增，某些电商平台就会出现一些性能和稳定性方面的问题。实践证明，由于环境和数据的差异，在生产环境高负载的情况下，会发生很多在测试环境中从未出现的问题，因此必须借助真实的环境，模拟真实流量进行压测，以验证业务系统在生产环境中的性能。就像前面提到的，由于交付压力和时间限制，测试环境中的性能测试做得并不充分，本来可以在研发阶段就发现并解决的问题被带到了生产系统中，这也是线上压测不得不进行的原因之一。

在全链路压测出现之前，线上压测是以单机、单系统的方式进行的，就是在生产环境中的单台服务器或单个业务系统中进行压测，将多台机器的请求转发到一台服务器或单个系统上以达到压力测试的目的。但是这种方式在分布式系统中的局限性也很明显：在高负载的情况下，各系统的相互调用会成为性能瓶颈；并且由于系统之间的相互依赖关系，高并发时系统的不确定性带来的误差会增强。由于这些场景无法在单系统的压测中覆盖，因此不能有效地验证整个链路或架构级别的系统性能和容量。

阿里巴巴在 2013 年开始全面实施全链路压测，在"双 11"到来前就通过模拟比"双 11"更高的负载发现并解决暴露出来的问题，为其后的大型促销活动提供了系统可靠性方面的技术保障。根据统计，在 2019 年阿里巴巴又一次平稳地经受了"双 11"的考验，当天天猫商城的流量峰值达到 54.4 万笔 / 秒，是 2009 年第一次开展"双 11"活动时交易峰值的 1360 倍。

目前，很多大型电商平台已经开发出自己的全链路压测解决方案，不但在大规模的促销活动前，而且已经作为常规的在线测试手段来进行。全链路压测是为了解决业务系统在海量数据冲击下的可用性问题：一方面验证系统的各个节点是否能经受住冲击，如果有性能问题，就提前暴露，并提前解决；另一方面也是为了验证系统容量是否满足高负载的要求，在高峰到来前做好容量规划。核心业务模块和非核心业务模块的负载肯定是不同的，通过全链路压测识别出每个业务模块的负载大小，然后有针对性地进行扩容或缩容调整。

全链路压测技术的核心要素是：流量发起、数据构造、流量染色、数据隔离和在线性能监控。其中，如何模拟业务系统的真实流量是全链路压测的技术核心。首先，需要在公网环境中从多个地理位置发起流量，通过多个地域的组合流量向生产系统施加"压力"。因为阿里巴巴本身的 CDN（内容分发网络）节点遍布全球，所以可以借助这些 CDN 节点发起流量。对于不具备这种能力的互联网公司，可以借助一些公司提供的全链路压测服务获得这方面的支持。其次，从生产环境中提取出和高峰流量时同等数量级的数据，经过"清洗"和脱敏处理，作为全链路压测的基础数据，然后结合历史数据，通过相应的预测算法，得到需要模拟的业务模型，构造出相应的压测数据，如按比例放大录制的流量。一般通过对线上流量进行录制的方式提取基础数据，如通过开源的工具 GoReplay 进行流量录制和回放。

全链路压测的所有数据需要在生产环境中做隔离，以避免其对生产环境的"污染"，另外也方便对压测产生的数据进行"清理"。一方面是将压测流量和正常流量进行隔离，全链路压测通常会选择流量低峰时段进行，在生产环境中隔离出一批机器用于压测；另一方面是将正常业务产生的数据和压测产生的数据进行隔离，包括存储、缓存、消息和日志等一系列数据。这里的关键技术包括流量染色与数据隔离。流量染色是指对指定的流量打上标识，并且在整个调用链中始终携带该标识，以对特定的流量进行跟踪和路由。而数据隔离是指当线上系统向磁盘或外设输出数据时，若流量是被标记的压测流量，则将数据写到与线上数据隔离的存储系统中，即影子库或影子表，或者将这些数据进行标识，形成影子数据。这里会涉及对业务系统的技术改造。

为了保证生产环境的安全运行，尽量降低压测对业务的影响，压测平台需要具备全链路风险熔断机制，即当系统达到预先设定的熔断阈值，能够自动降低流量或者直接中断压测，从而防止负载过大导致出现系统风险。因此，压测平台需要集成监控模块或者与全链路监控系统配合使用。当系统性能达到预先设定的阈值时，监控系统会及时地发现异常并发送报警信息给相关人员，在排查并解决了性能瓶颈之后，再继续执行压测。

一个典型的全链路压测平台通常包括 4 个部分：压测管理、压测调度中心、压测引擎和监控系统 / 模块，其架构如图 8-1 所示。

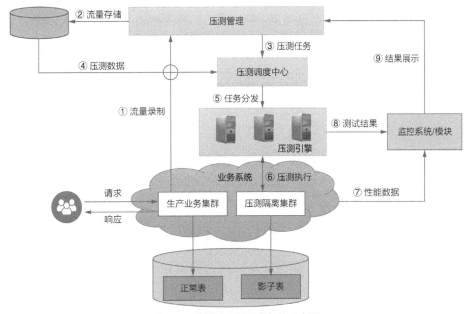

图 8-1　全链路压测平台架构示意图

- 压测管理：负责压测数据构造（流量录制、清洗）、压测环境准备（环境隔离、数据隔离）、场景管理、压测过程管理及压测结果展示等。
- 压测调度中心：负责管理压测任务和压测机集群，分配压测机器并进行测试脚本分发、数据分发等工作。
- 压测引擎：负责发起压测流量，执行压测任务。现在业界普遍采用的是基于开源工具 JMeter 搭建的压测集群。
- 监控系统 / 模块：负责收集各类系统运行时产生的数据，统计分析压测结果，监控各项指标并进行可视化展示，同时具备异常检测、告警、故障诊断和熔断降级等机制。

8.1.2　在线性能监控

由于在线测试是在真实的生产环境中发生的，数据和操作都是真实的，因此在线测试的安全性就很重要，必须保证不能对业务和用户体验产生影响。在线性能监控是指借助监控工具，监控系统性能的实际数据。因为是真实数据，所以它比研发环境中通过工具产生负载得到的测试结果更客观，更有分析价值。

对于规模较小的互联网公司，一个新产品上线时用户可能比较少，对于性能的要求可能不会太高。一般情况下，用户数量是逐渐增加的。在研发环境中做完整的性能测试，既费钱，又费时，因此可以考虑在系统上线后进行在线性能监控，从各项监控指标、日志和调用链分析中发现性能瓶颈、内存泄露等问题，从而实现持续测试和持续调优。这样不但可以为公司节省一大笔开支，而且赢得了快速迭代发布的时间。在线性能监控流程如图 8-2 所示。

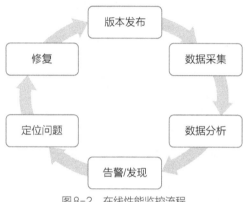

图8-2　在线性能监控流程

在线性能监控系统需要监控的节点有很多，包括客户端、服务器、中间件、数据库和网络等。对于微服务架构的分布式软件系统，还需要通过追踪微服务调用链分析并定位链路上的性能瓶颈。要监控的性能指标也很多，如用户关心的页面加载时间、用户输入响应时间，业务方面需要关心的系统吞吐量、并发用户数，以及技术方面需要关心的内存、CPU 使用情况等。

在线性能监控工具包括 AppDynamics、Datadog、Dynatrace、New Relic、CollectD 和 StatsD 等。分布式系统的应用性能监控工具包括 SkyWalking、Zipkin 和 CAT 等。

8.1.3　流量回放技术

流量回放技术是指把线上真实流量数据导入测试环境中，目的是利用真实流量验证业务系统的功能和性能。在第 4 章介绍发布机制的时候曾经提到过的影子发布，就是采用了流量回放技术。在业务系统中，核心业务模块的升级改造必须确保万无一失，因此利用真实的流量数据在测试环境中先进行验证再发布到生产环境中是比较稳妥的方式。流量回放的具体过程如图 8-3 所示。

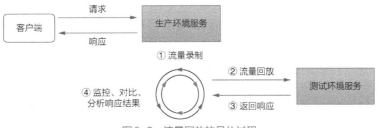

图8-3 流量回放的具体过程

另外，流量回放还可以用于在测试环境和生产环境中对系统进行压力测试，如全链路压测中测试数据的构造。如图 8-4 所示是采用开源工具 GoReplay 进行压力测试的示意图。

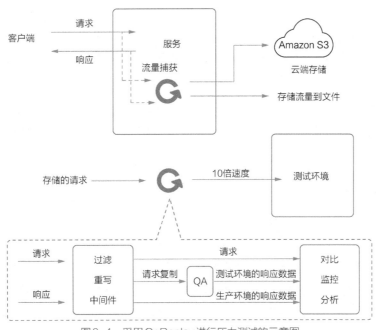

图8-4 采用GoReplay进行压力测试的示意图

GoReplay 是具有流量回放功能的开源工具，它具有 HTTP 实时流量录制和回放功能，可以支持影子测试及各种环境中的压力测试。GeReplay 通过侦听捕获生产环境中服务请求和响应的详细信息，包括请求内容、顺序和频率等，然后存储到文件或云端服务器。在进行测试时，GoReplay 通过命令行格式以指定的速率转发先前存储的流量到目标测试环境中。

GoReplay 通过设置不同的参数提供了请求过滤机制和限速机制。请求过滤机制可以收集需要捕捉的指定路径、HTTP 消息头，或 HTTP 方法的请求流量，如只收集 /api 路径下的 GET 请求。限速机制是指，当生产环境中的流量回放到测试环境时，可以指定每秒发送的请求数、发送请求的比例，还可以支持压力测试中的加速，如以原来 10 倍速率转发请求。

另外，GoReplay 支持 URL 路径、消息头等信息的重写，以适应测试环境中对测试数据的需要。GoReplay 支持多种语言的中间件开发，这样可以实现对数据的复杂操作，把监听服务返回的响应和镜像服务返回的响应进行数据对比以及跟踪分析。

8.2 A/B 测试

8.2.1 什么是 A/B 测试

在互联网企业中，当开发了一个系统的新功能时，我们并不知道新功能会带来怎样的市场效果，这时最好的做法是开展 A/B 测试：把新、旧两个版本同时推送给不同的客户，通过对比实验进行科学验证，从而判断这些变化是否产生了更积极并符合预期的影响力，为下一步的决策或改进提供依据。A/B 测试的目的是帮助企业提升产品的用户体验，实现客户增长或者收入增加等经营目标。

关于 A/B 测试的市场成功案例有很多。我们先来看看其中一个小的改动带来明显效果的例子，以帮助读者理解什么是 A/B 测试。Fab 是一家在线电商，原来的购物车图标是一个购物车的图案，与我们今天线上购物的体验一样，用户浏览商品时可以通过单击购物车图标把商品放进去。这家公司的产品经理设计了两个新的方案：B1 和 B2，把购物车的图形改成不同的文字，期望新的方案能够提高商品加入购物车的转化率。

该公司把实现了 2 个新方案的不同软件版本都发布到了线上，并与老版本同时运行，接着等价、随机地把同一地区的用户分流到这 3 个版本上，然后在线监控该地区的用户转化率。运行一段时间后，得到的结果是：相比老版本 A，新的版本 B1 和 B2 都不同程度地提升了转化率，其中 B1 提升了 49%，B2 提升了 15%。因此，Fab 公司最终选择了方案 B1，向所有用户发布集成了 B1 方案的软件版本。今天，我们在其网站上看到的就是纯文字的设计方案"Add To Cart"，如图 8-5 所示。

目前，A/B 测试在互联网行业的产品迭代周期中得到了广泛且深入的应用，如用来验证新的算法、客户端界面的改动，以及新的运营策略。例如在谷歌的搜索页面，广告位左移几个像素，就有可能会带来营收方面的增长。虽然不能用理论解释，但这也更加证实了 A/B 测试的价值。只有 A/B 测试才能"告诉"我们，产品新功能上线后究竟会有怎样的影响，并且用事实帮助人们做出正确的业务决策。

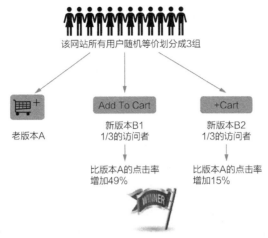

图 8-5 "购物车"的 A/B 测试案例

8.2.2 A/B 测试的设计

A/B 测试是一个持续的实验过程——快速、轻量地进行迭代，每次尽量不要做复杂的、大量改动的测试，这样便于追查原因，从而进行快速优化，然后再迭代、再优化，不断提高用户体验，不断增加公司的盈利。A/B 测试的实验过程如图 8-6 所示。

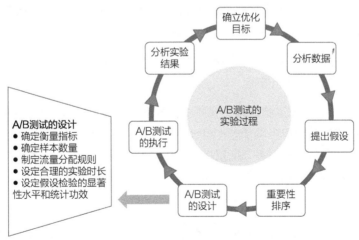

图 8-6 A/B 测试的实验过程

1）确立优化目标。根据现有的业务指标，设立可以落实到某一个功能点的、可实施的和可量化的目标，也就是我们通常说的"可验证性"，如"通过优化购物流程以提高 10% 的订单转化率"。

2）分析数据。通过数据分析，我们可以找到现有产品中可能存在的问题，这样可有针对性地提出相应的优化方案。

3）提出假设。A/B测试的想法是以假设的方式提出的，如把"购物车"的展现形式从图形改成文字，可以促进转化率的提升。在假设阶段，往往会针对某个功能点提出多个假设以供选择，如表8-1所示。

表8-1　A/B测试假设方案

测试假设	不参与测试的用户	测试版本A	测试版本B	测试版本C
把购物车的展现形式从图形改成文字能促进转化率的提升	采用现有实现方案的用户	现有的实现方案	改为文字"Add To Cart"	改为"+Cart"
把"结算"按钮改为"领券结算"按钮能促进转化率的提升	采用现有实现方案的用户	现有的"结算"按钮	"领券结算"按钮	
向用户发送购物车内商品的降价提醒信息能促进转化率的提升	购物车为空的用户	不发送降价提醒信息	发送降价提醒信息	

4）重要性排序。我们在假设阶段往往会针对某个功能点提出多个想法，但由于开发资源、环境和市场等因素的制约，需要根据待解决问题的严重程度、潜在收益和开发成本等因素对所有想法进行优先级的排序，并选择最重要的几个想法进行A/B测试。

5）A/B测试的设计。合理且完善的测试设计是实验成功的保证。在实验前，需要计划如何确定衡量指标、配置实验参数和实验运行多长时间等。

6）A/B测试的执行。根据设计方案在生产环境中进行A/B测试的实验，在A/B测试平台中设定实验运行时的配置并运行实验。

7）分析实验结果。根据实验数据分析测试结果是否证实了假设对选定指标的提升达到了预期的目标。实验结果的分析包括两部分：统计学分析和业务分析，即从统计学的角度分析结果是否可信，并且从业务角度分析各项衡量指标是否符合预期。如果没有达到预期目标，那么要决定是否需要调整实验方案重新运行。

A/B测试的设计需要考虑以下几个主要方面。

- 确定衡量指标。A/B测试不能只衡量单一指标。虽然某个改动的目标是提高订单转化率或者日活跃用户数，但也要跟踪对其他系统指标和用户体验指标的影响，如请求错误率、搜索耗时等。

- 确定样本数量。A/B测试本质上是统计学中的假设检验，用筛选出的样本来验证假设，从而判断假设对于总体是否成立。样本量对于实验的有效性有着重要影响，因此需要结合预期提升效果选取合适的样本量。样本量越小，实验偏差越大，通过 A/B 测试就不能得出科学的结论。

- 制定流量分配规则。确保样本的一致性、平衡性、随机性和独立性。一致性是指同一客户多次进入同一个实验时访问到相同的版本。平衡性是指各版本之间的流量规模一致。随机性是指某个版本的样本选择是随机的。独立性指的是，当有多个测试运行时，各个测试之间不会相互干扰。

- 设定合理的实验时长。虽然 A/B 测试的意义在于快速验证、快速决策，但单个实验需要足够长的时间才能保证结果具有统计意义。如果实验只持续一两天，那么数据的提升不能排除是由于用户的新鲜感造成的。因此根据业务需要进行 1 ~ 2 星期，甚至更长时间的实验，一是保证收集到足够的样本量，二是避免在实验时间段内用户行为的特殊性，三是保证实验结果的稳定性。

- 设定假设检验的显著性水平（α）和统计功效（$1-\beta$）。所有的实验在概率统计学上都是存在误差的。一般来说，只有 A/B 测试实验结果达到 95% 的置信度（$1-\alpha$），以及 80% ~ 90% 的统计功效，才是有意义的，才可以为决策提供参考。

8.2.3　A/B 测试平台与测试执行

要保证 A/B 测试实验结果的科学性，就离不开好的 A/B 测试工具的支持。目前开源的 A/B 测试工具有 Google Optimize，推荐将其与统计工具 Google Analytics 组合使用。中小企业可以选择开源工具，或者使用第 3 方的 A/B 测试服务，如 AppAdhoc、Optimizely 等，将不同的方案通过第 3 方平台发布给用户，根据数据反馈分析方案的好坏。这样，通过购买服务的方式，企业可以让自己快速具备 A/B 测试能力。大型互联网企业通常会开发自己的 A/B 测试平台，将其作为公司基础架构的重要组成部分，以支持频繁和高并发的 A/B 测试实验。

一个 A/B 测试平台应该具备统计分析、用户分流、用户行为记录分析、业务接入、多个实验并行执行和管理等能力。在技术实现上有多种方式，因此要根据需要进行的 A/B 测试的种类，打造适合自身业务需要的测试平台。

- 用户分流模块。根据各种业务规则，通过分组算法实现将流量均匀、随机地分配给各实验版本，需要支持用户、地域、时间和版本等多种维度的分流方式。

- 实验管理模块。创建实验及实验场景，设置实验的分流规则和数据指标，管理并查看实验报表的 A/B 实验操作平台。

- 统计分析模块。负责收集用户行为日志并统计分析实验版本之间是否存在统计性显著差异。

- 业务接入模块。让业务系统和 A/B 测试平台实现对接。一般通过提供一个 A/B 测试 SDK 或者 RESTful 接口的形式供业务系统调用。

一个针对移动端的 A/B 测试实验平台框架如图 8-7 所示。

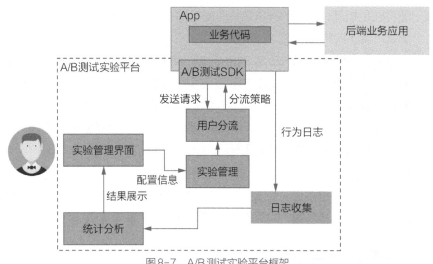

图 8-7　A/B 测试实验平台框架

一个 A/B 测试的执行过程如下。

1）A/B 测试实验管理员通过 A/B 测试平台的实验管理界面创建一个新的实验，并配置实验参数，制定分流策略。

2）当用户通过业务系统的客户端访问系统时，包含分流模块的 A/B 测试引擎把分流策略下发给 App 端的 A/B 测试 SDK，该 SDK 根据策略把客户分配到不同的测试版本。

3）统计分析模块采集日志信息和系统指标数据并进行统计分析，根据事先定义的数据指标生成实验报告并同步到面板。同时，需要实时监控新版本造成的影响。如果发现负面影响，那么应提早结束实验，为用户尽早恢复到之前的版本。

4）实验结果和结论通过面板展示出来。根据事先定义的数据指标和统计分析结果同步到可视化看板。

8.2.4　关于用户体验的度量

很多人认为产品的用户体验是无法度量的，因为用户使用产品时的个人体验是一种主观感受。而《用户体验度量：收集、分析与呈现（第 2 版）》则提出：用户体验是可以度量的，即具有可测试性，并且度量是建立在一套可靠的测试体系之上的。用户体验的度量可以揭示用户和产品之间交互的有效性（是否能完成某个任务）、效率（完成任务时所需要付出的努力程度）和满意度（在执行任务时，用户体验满意的程度）。在选择合适的度量方法时，操作绩效和满意度是要考虑的两个主要方面。通常有 4 种用户体验的度量类型，如表 8-2 所示。

表 8-2　用户体验的度量类型

度量类型	说明	收集的测试数据
绩效度量	针对用户使用的产品制定一个特定任务，对任务完成的情况进行度量	• 用户完成任务的情况，如每个任务的成功率 • 完成任务需要的时间 • 用户在任务过程中出现的错误数 • 完成任务的效率，如页面单击次数 • 产品的易学性，熟练使用产品所需要的时间
可用性度量	对产品可用性方面出现的问题进行度量	• 特定可用性问题的发生频率 • 每个参加者遇到的问题数量 • 遇到某个问题的参加者的比例 • 不同类别中出现问题的频次，如导航类的问题数量、功能类的问题数量
自我报告度量	通过口头、书面或在线调查的形式收集、分析用户的直接反馈	• 对单个任务的难易程度、产品可用性进行评分 • 对产品的有效性、满意度、易用性和易学性等方面进行评分
行为和生理度量	通过眼动追踪、情感测量（皮肤电、面部表情和脑电波）等技术测量用户行为和情感	• 参与者的视线在某个感兴趣区域的停留时间、注视点数量、浏览顺序、重访次数和命中率等 • 测量参与者的情感投入情况 • 反映紧张或者其他负面反应的生理指标：心率变异性、皮肤电反应数据

下面介绍两种常用的方法，它们用来根据收集到的原始可用性数据生成可用性度量指标。一种方法是将一个以上的度量合并为单一的可用性测试指标，另一种方法是将现有的可用性数据与专家观点或理想的结果进行比较。

A/B 测试的主要目的是帮助提升产品的用户体验。企业根据度量结果获得关于用户体验的可靠信息：如用户是否会推荐这个产品；与产品老的版本相比，新版本的用户体验如何；以及与竞品相比，我们的产品用户体验是否更好。然后根据这些信息做出合理决策。

8.3　监控告警系统

在大型分布式系统中，有大量的软件及硬件一起协作，节点之间依靠网络通信，任何节点出现问题都有可能导致整个业务系统出现故障。随着 DevOps 的推广，软件应用的持续部署带来的持续变更给系统的可靠性带来了挑战。要想保证一个分布式系统能够正常运行，在出现故障时能够快速发现并定位问题，监控告警系统已经成为必不可少的组件，同时它也是自动化运维的核心组成部分。监控告警系统对 IT 基础设施，以及业务系统中的大量数据进行收集处理，监测系统运行状况，通过可视化看板展示系统及服务的运行状态、资源使用情况，当异常发生时，及时告警，并帮助运维人员迅速定位问题。

　　虚拟化、微服务和云原生的现代架构思想给监控系统提出更高要求，这其中包括：如何实现对虚拟机及容器集群的监控，如何收集处理复杂多样的实时监控数据，以及如何追踪服务之间复杂的调用关系等。

　　一个监控告警系统可以对分布式系统进行多个维度的监控。我们可以按照系统架构从下至上进行划分。

　　1）基础设施监控：对各种 IT 系统基础设施进行监控，包括操作系统、服务器、虚拟机、容器和网络等。可以监控 CPU、内存和磁盘等资源使用情况和网络通信情况。

　　2）中间件监控：包括对数据库中间件、MQ（消息队列）和 Web 服务器等系统的监控，如一段时间内的请求量、响应时间等指标，以及访问日志信息。

　　3）应用监控：对企业自己开发的业务应用的监控，这里需要监控的内容有很多，如服务依赖关系和接口性能监控。

　　4）业务监控：业务指标不但反映公司的经营状况，而且可以用来诊断系统是否在稳定运行。如果系统出现了故障，那么最先受到影响的往往是业务指标。例如，一段时间内的用户访问量、交易金额和订单数量等出现不正常的波动，就有可能是系统错误或者性能问题影响了用户的正常使用。

　　5）用户体验监控：对影响用户体验的指标进行监控，如用户从客户端访问时的卡顿率、加载时长等。

　　另外，按照需要收集、处理的数据来划分，监控告警系统可以分为 3 类：基于日志（log）分析的监控系统、基于系统指标（metric）的监控系统和基于调用链（tracing）分析的监控系统，也叫链路追踪的监控系统。其中，系统指标数据是指 IT 系统中反映网络、内存、CPU、磁盘、内核、数据库和应用等运行状况的一段时间内的统计指标，如 CPU 占用率、网络带宽使用率、数据库连接数和应用在某段时间内的请求访问量等。

　　而无论是哪种类型的监控告警系统，从功能上来说都包括 3 个核心模块：数据收集、数据处理和数据应用。

1）数据收集：根据监控系统自定义的内容从分布式系统中的各个节点采集信息数据。

2）数据处理：对收集来的原始数据进行整理，包括数据过滤、聚合处理，然后传输并存储到监控系统数据库中。有的监控系统将监控数据保存在 MySQL 中，有的监控系统将数据保存在 MongoDB、OpenTSDB 和 InfluxDB 等时序数据库中。

3）数据应用：包括对数据的展示、检索和告警等应用场景。对于处理后的数据，可以在监控面板上以曲线图、饼状图和仪表盘等直观的方式展示出来，同时根据事先设定的阈值和告警规则监控各项指标和数据的状态，当某个监控项符合告警规则时，系统通过邮件、短信等形式通知研发人员和运维人员，以达到告警的目的。另外，对于各种类型的数据，监控系统应该提供多维度的数据查询方式，如异常日志的上下文查询、监控指标数据的查询等。

8.3.1　日志分析及 Elastic Stack 的使用

日志用来记录系统中硬件、软件和系统的信息，以及在特定时间发生的事件，是以结构化的形式记录并产生的文本数据。线上会产生各种各样的日志信息，包括操作系统输出的日志、应用程序的日志和数据库的日志等。我们还可以获得记录用户行为数据的行为日志，以及服务请求和响应的日志等。在大型分布式系统中，日志是典型的大数据，大多数互联网应用每天产生的日志量就有上百 GB，而且日志文件要求留存一定的时间，如《阿里巴巴 Java 开发手册》中的日志规约规定："所有日志文件至少保存 15 天，网络运行状态、安全相关信息、系统监测、管理后台操作、用户敏感操作需要留存相关的网络日志不少于 6 个月。"这些海量的数据分散在不同的主机节点上，需要专业的日志分析解决方案从每个节点收集日志，进行过滤、聚合、存储和统计等处理，并将数据通过可视化面板展示出来，从而帮助企业进行系统故障诊断及业务决策。

日志分析的作用主要体现在以下两个方面。

一方面，通过对行为日志进行分析获得大量有价值的用户数据，如用户访问 App 时使用的终端硬件信息、软件版本信息、位置信息和行为数据等，帮助企业有效地改善产品的用户体验和提升转化率。

如果我们在在线购物 App 中搜索过某类商品，当再次进入该 App 的时候，页面上呈现的往往是我们搜索过的商品的同类商品。对于这种情况，在背后发挥作用的是**个性化推荐系统**。推荐系统的核心就是利用大数据处理系统对用户的行为数据进行监测、收集和分析。用户对商品的单击、浏览、收藏、加入购物车和购买等行为在用户与商品之间形成行为数据，这些都记录在行为日志中；对日志数据进行分析并结合用户的个人信息（性别、年龄和喜好等），就能够了解用户的个人偏好及购物习惯，然后筛选出符合条件的商品，并通过一定的排序呈现给用户。

另一方面，通过日志分析监控系统运行状态，检测异常，辅助研发人员或运维人员进行问题定位。

日志可以记录系统在任意时间的运行状态，包括系统各节点的运行错误和异常。另外，日志是结构化的文本，很容易通过某种格式进行检索，可以帮助我们发现系统异常并排除故障。

在大型系统中，实时产生的日志数量巨大，需要借助工具进行处理和分析。目前有多种日志分析工具可供选择，包括 Splunk、ELK、Graphite 和 LogAnalyzer 等。开源的日志分析和监控系统首选 ELK，它是由 Elasticsearch、Logstash 和 Kibana 组合而成的技术栈，分别实现了自动搜索与索引、日志收集以及可视化展示等功能。

不过，Logstash 进程在数据量大的时候比较消耗系统资源，会影响业务系统的性能。因此，近几年引入 Beats 代替 Logstash 作为轻量级的数据收集器。Beats 的优点是占用系统资源很少。ELK 最新的名字是 Elastic Stack，由原来的 3 个组件加上 Beats 组成。Beats 支持多种数据源，其中 Filebeat 用于日志数据采集，从分布式环境中的主机节点上采集数据发送给 Logstash，由 Logstash 负责解析、过滤后，再将数据发送到 Elasticsearch 并编入索引，最后由 Kibana 进行可视化。Filebeat 也可以直接把数据发送至 Elasticsearch 或者经过消息队列发送至 Logstash，系统架构如图 8-8 所示。Kafka 作为消息队列在日志收集里具有存储加缓冲的功能，用于防止瞬间流量爆发导致的系统崩溃。

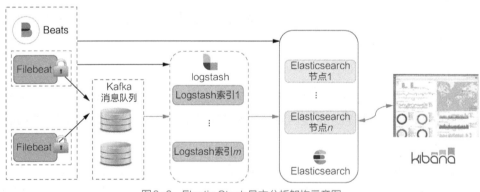

图8-8　Elastic Stack日志分析架构示意图

8.3.2　调用链分析及 SkyWalking 的使用

调用链分析技术是对监控系统中日志和系统指标监控的重要补充。在微服务架构的分布式系统中，当客户端发起一个请求时，往往会调用多个服务，涉及多个中间件，加上系统又分布在多台服务器上，因此，当系统出现问题时，故障诊断就变得非常复杂。调用链分析也称为分布式链路追踪，把每次请求的调用路径完整地记录下来，还原调用链各个环节的依赖关系并记录请求与响应的性能数据，实现对系统性能的监控以及故障的快速定位。

调用链分析技术首次出现于谷歌在 2010 年发表的论文《Dapper，大型分布式系统追踪基础架构》（"Dapper, a Large-Scale Distributed System Tracking Infrastructure"）中，该论文阐述了调用链分析技术的基本原理。其后很多调用链分析工具是在该论文的基础上产生的。目前已经形成了比较成熟的调用链分析和应用性能监控解决方案，包括 Zipkin、Jaeger、SkyWalking、Elastic APM 和 Pinpoint 等。

在第 6 章介绍过 Pinpoint，这里我们介绍另一款开源的工具 SkyWalking。SkyWalking 提供了一个分布式系统的直观的观测平台，用于从服务和云原生基础设施收集、处理及可视化数据，通过监控、告警、可视化和分布式追踪等功能为微服务、分布式以及容器化的系统架构提供了可观测性（observability）。它可以观测横跨不同云的分布式系统，而且从 SkyWalking 6 开始支持下一代的分布式架构 Service Mesh。

同为优秀的开源 APM 工具，Pinpoint 和 SkyWalking 都是采用无侵入式的字节码注入的方式实现链路追踪。SkyWalking 的优势在于支持 OpenTracing 提供的标准 API，并且在大流量的情况下对业务系统的性能损耗低，支持的存储方式更丰富。而 Pinpoint 不支持 OpenTracing，并且只支持 HBase 的存储方式，对系统性能损耗较高。

SkyWalking 在架构上分为 4 个部分，如图 8-9 所示。

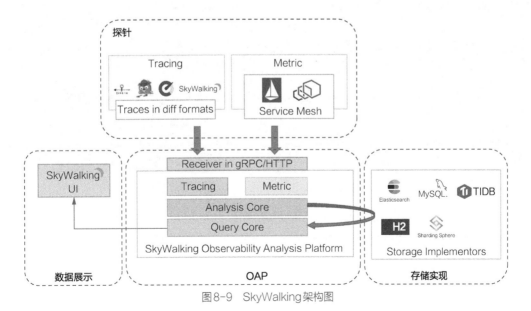

图8-9　SkyWalking架构图

- 探针：用来收集并发送数据到归集器。SkyWalking 探针在使用上是无代码侵入的自动埋点，基于 Java 的 Java Agent 技术。当某个调用链运行至已经被 SkyWalking 代理过的方法时，SkyWalking 会通过代理逻辑进行这些关键节点信息的收集、传递和上报，从而还原出整个分布式链路。

- 可观察性分析平台（observability analysis platform，OAP）：用于数据聚合、数据分析以及驱动数据流从探针到用户界面的流程的后台，由兼容各种探针的 Receiver、流式分析内核和查询内核 3 部分构成。

- 存储实现（storage implementor）：OAP Server 支持多种存储实现，并且提供了标准接口。

- UI：是一个 Web 可视化平台，进行统计数据查询和展现，并允许用户通过定制管理数据。在 SkyWalking 8.1 的 UI 中，提供仪表盘、拓扑图、追踪及告警信息的可视化。

SkyWalking 生成的服务调用关系拓扑图如图 8-10 所示。在该拓扑图中，主要显示存在流量关系的服务间的调用关系，根据线条流向，可以获知调用关系。

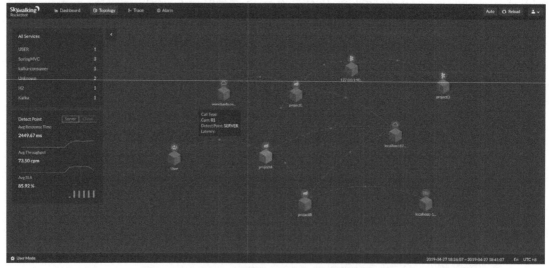

图8-10　SkyWalking UI：分布式系统的服务调用关系拓扑图

通过追踪界面可以获取方法级别的调用关系，可以按照追踪 ID 查询相关接口，并且可以切换不同的调用链展现形式，如图 8-11 所示。

图8-11　SkyWalking UI：链路追踪

8.3.3　指标监控及Prometheus的使用

指标数据记录系统在一段时间内的某个维度的数值，包括反映业务状况、用户体验及系统运行状况的指标等。通过指标监控可以直观地观测到整个系统的运行状况，根据某项指标的波动排查系统出现的问题。同时，还可以通过指标数据了解产品上线之后的真实效果，为业务决策提供支持。

谷歌针对分布式系统提出了在服务层面需要监控的 4 个黄金指标（four golden signal），分别是延迟、通信量、错误和饱和度。现在这些指标已经成为了通用的系统监控指标。

- 延迟（latency）：记录用户服务请求的响应时间。

- 通信量 (traffic)：监控当前系统发生的请求流量，用于衡量服务的容量需求。

- 错误 (error)：监控当前系统发生的错误请求数量，用于衡量错误发生的速率。

- 饱和度（saturation）：监控能够影响服务状态的受限资源的利用率，如 CPU 的使用率、内存使用率和磁盘使用率等。

Prometheus 是 2015 年发布的一套开源的系统监控告警框架。Prometheus 能抓取或拉取应用程序导出的时间序列数据，适用于指标监控维度，但要用于日志监控和分布式链路追踪，还有待完善。Prometheus 系统架构如图 8-12 所示。

Prometheus Server 定期从配置好的 Jobs 或者 Exporters 中拉取指标信息，或者接收来自 Pushgateway 发过来的指标信息。Prometheus Server 把收集到的信息存储到时间序列数据库中，并运行已经定义好的 alert.rules，向 Alertmanager 推送警报信息。Alertmanager 根据配置文件，对接收的警报信息进行处理并发出告警。Prometheus 通过 Prometheus Web UI 进行可视化展示。不过，Prometheus 自带的展示功能比较弱，界面不够美观，因此我们更推荐与 Grafana 结合来实现数据的展示。

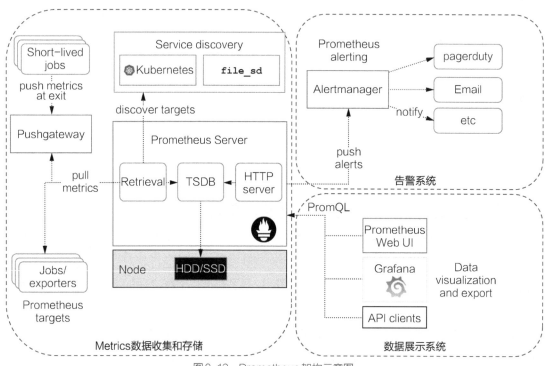

图8-12　Prometheus 架构示意图

Prometheus 自带时间序列数据库进行数据存储，支持独有的 PromQL 查询语言。因为采用拉取数据的方式，所以对业务的侵入性最小，比较适合 Docker 封装好的云原生应用，如 Kubernetes 默认就采用了 Prometheus 作为监控系统。

Prometheus 提供了对 OpenStack 云计算、Docker 容器、Kubernetes 等的监控支持，并对微服务的运行状态进行监控。在基于指标数据的监控方面，Prometheus 在实时性和功能方面有强大的优势。图 8-13 展示了 Prometheus 结合 Grafana 对微服务请求和响应指标进行监控的可视化界面。

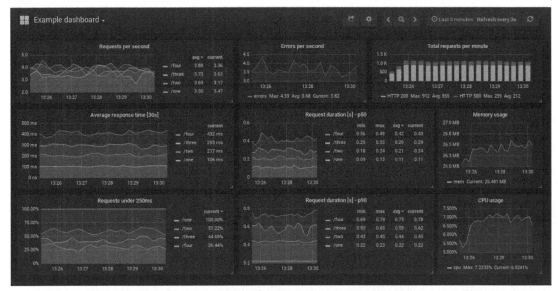

图8-13　Prometheus结合Grafana实现微服务监控可视化

8.3.4　监控系统解决方案

在搭建监控告警系统时，目前有很多优秀的开源工具可供选择。在监控系统中，每个工具都可以以组件形式存在，因此比较方便进行组合替换。

（1）数据收集方面

- Logstash 是 Elastic Stack 的"家族成员"，支持动态地从各种数据源收集数据，并对数据进行过滤、分析和格式化等，然后传输到指定的存储。
- Beats 是 Elastic Stack 的"家族成员"，是一个轻量级的开源数据采集器架构。Beats 组件包括Filebeat、Packetbeat、Metricbeat、Heartbeat、Auditbeat、Journalbeat、Winlogbeat 和 Functionbeat 8 种类型，可以用来采集文件、网络、指标和审计等各类数据。
- Flume 主要用来采集日志类数据，是 Apache 的"家族成员"。
- Telegraf 用来采集各类指标数据。
- CollectD 是一个守护进程，用来定期采集系统和应用的性能指标，同时提供了以不同的方式存储这些指标值的机制。

（2）数据的处理和存储方面

- InfluxDB 是一个开源的分布式时序、时间和指标数据库，支持的数据类型非常丰富，性能表现也非常优秀。

- Elasticsearch 是 Elastic Stack 的"家族成员"，负责数据存储和检索，能对大容量的数据进行近实时的存储、搜索和分析操作。它能够存储日志，也能够存储监控指标和调用链关系，支持丰富的聚合函数。

（3）数据展示方面

- Grafana 集成了非常丰富的数据源，通过简单的配置，即可得到非常专业的监控图。
- Kibana 是 Elastic Stack 的"家族成员"。它通常与 Elasticsearch 搭配使用，对其中的数据进行搜索、分析并以图表的方式展示。它支持 3 种数据类型的展示：日志、指标和调用链。

上面介绍的 Prometheus、SkyWalking 及 Elastic Stack 都是解决方案级别的工具，提供数据采集、处理、展示和告警的完整解决方案。Elastic Stack 的 4 个"家族成员"一起使用，不但支持基于日志分析的系统监控，而且可以通过 Metricbeat 或 Heartbeat 采集系统指标数据实现基于指标数据的监控。SkyWalking 同时支持调用链分析、日志分析及系统指标监控。

每种解决方案有自己的侧重点，可以成为某个领域的首选。在云计算时代，监控告警系统的目标是打造一套支持云原生应用的监控平台，通过对复杂信息系统提供可观测性，及时掌握各种资源的运行状况，支持安全、稳定、高效和持续地运行业务。日志、指标和调用链是监控数据的 3 个重要维度。对于日志分析首推 Elastic Stack。Prometheus 结合 InfluxDB 在系统指标监控方面的表现更为强大。调用链追踪系统方面的开源工具推荐选择支持 OpenTracing 规范的 APM 工具，包括 SkyWalking、CAT、Zipkin 和 Jaeger 等。

同时，SkyWalking 和 Prometheus 都支持 Elasticsearch 作为后端存储系统，将日志、指标和调用链分析数据整合到一起，并在 Kibana 中将它们全部关联起来，从而形成一套多维度观测系统的完整且强大的监控体系。

8.4   安全性监控

在研发阶段，可以进行代码的静态分析、安全性功能验证和渗透测试等，以发现代码和系统级别的安全漏洞。在产品上线后，通过监控和检查，发现系统的安全漏洞并及时修正，也是一项重要的工作。这样的工作可以看作系统安全性的在线测试，是为了保证软件系统操作的合规性和数据的安全性。通过运用各种技术手段实时收集软件系统运行过程中的状态、数据的危险变更和用户操作活动等信息，可以方便集中记录、分析和告警。

实现在线安全监控需要建立一套相对完整的运维安全监控与审计框架，如图 8-14 所示，具备监控、审计、预防、恢复和支撑等功能。

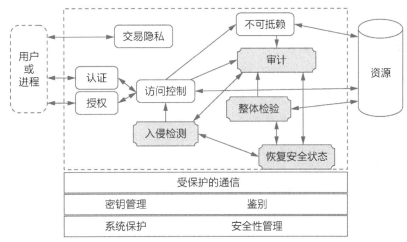

图8-14　系统运维安全监控与审计框架图

在线的安全测试重点关注 4 个方面。

1）身份认证、授权、访问控制和不可抵赖等已整合到软件系统内，经过之前的安全性功能测试和渗透测试，在运维环境中还可以进一步得到验证，就是"审计"。

2）对用户名、访问时间、操作和访问的资源地址等信息进行审计，判断这些信息是否符合规范和要求，以及有没有越权或进行其他不安全的资源访问等。

3）入侵检测用来检测有没有一些用户越过访问控制机制进入系统内部，包括对访问者的IP 地址、用户名、访问时间和访问频率等进行检测，如访问频率过高，就发出警报信息并暂时冻结该用户的访问功能。

4）整体检验是指结合审计结果、入侵检测信息和资源访问日志等进行综合判断，检验当前系统整体运行是否安全，如果不安全，则系统发出通知并启动安全保护模式。

8.5　混沌工程

云平台可能会发生不同类型的线上故障。例如，2018 年 6 月 27 日，发生了大量客户无法正常访问阿里云官网、控制台及部分在线功能的故障，故障发生半小时之后才陆续恢复。随后，阿里云公司对此事件发布了故障说明，其中写到：这一功能在测试环境验证中并未发生问题，从上线自动化运维系统后，触发了一个未知代码 bug。由此可见，对于大规模、高复杂度的服务器系统来说，仅在测试环境进行测试已经无法满足质量需求，在生产环境下进行测试必将会在现在及未来云时代中占据重要位置。混沌工程及其基于故障注入的测试提供了在生产环境中进行科学实验的方法和技术。

8.5.1　混沌工程的由来

混沌（chaos）是指无序和混乱的状态。"蝴蝶效应"就是一种典型的混沌现象，一只小小的蝴蝶扇动翅膀而扰动了空气，在几周后可能导致在遥远的地方发生一场龙卷风。这意味着系统初始条件中微小的变化带来的差异会以指数形式增长，从而造成其未来状态的巨大差别。

系统的复杂性会加剧混沌现象，能够影响系统的因素越多，系统行为的不确定性及不可预测性就会表现得更加极端。当一个业务系统足够复杂时，一个微小的误差也许会导致线上系统在长时间运行中出现大面积的故障甚至崩溃。而由于软件测试不可能做到穷尽，特别是在测试环境中不可能完全还原生产环境的规模和遇到的复杂场景，软件中的缺陷及其导致的误差总是难以避免，因此在生产环境中不可预期的各种故障总是难以避免。

这里需要提一下微服务架构。在 2012 年前后，人们提出了微服务架构，用以取代之前的单体架构。如今大家越来越多地采用基于微服务架构的分布式软件系统，这种架构有利于提高软件系统的可扩展性、可伸缩性及可用性。

Netflix 是美国著名的科技公司，其流媒体播放平台的全球用户数正逼近 2 亿。Netflix 是把微服务架构在生产级别进行尝试的先驱。2008 年 8 月，Netflix 当时的业务系统还是单体架构，其主要数据库发生了故障，导致了系统停机 3 天，DVD 租赁业务被迫中断，大量用户受到影响。Netflix 从 2009 年开始进行服务化拆分，将数据中心迁移到云平台，并进行了一系列组织、流程和工具等的演进。后来，Netflix 将其微服务架构核心技术开源，并称为 Netflix OSS。Pivotal 公司在其基础上封装出 Spring Cloud，其成为目前普遍使用的微服务框架。

在采用了微服务架构后，Netflix 的微服务分布式系统如图 8-15 所示。可以看到，基于微服务的分布式架构引入了新的复杂性。随着服务节点数的增加，系统越来越复杂；各服务之间的调用关系错综复杂，特别依赖网络连接的可靠性；庞大的用户群体制造出各种不可预知的用户行为，因此面临着比以往更多的不确定性和不可预测性；各类硬件、网络、应用本身及第 3 方依赖的服务方面的故障依然层出不穷。

Netflix 的工程师采用了对故障进行主动防御的措施，在 2010 年开发了 Chaos Monkey，这个工具可以随机终止在 AWS 生产环境中运行的 EC2 实例，由此可以快速了解正在运行的系统是否还可以正常提供服务。从此，Netflix 开始了混沌工程的一系列发展和演进。

2011 年，Netflix 开发了"猴子军团"工具集：Simian Army，用于向基础设施及业务系统中注入各类故障。

2014 年，Netflix 提出了基于故障注入的测试（failure injection testing，FIT），通过控制实验的影响范围让实验变得可控。

图8-15　Netflix的微服务分布式系统

2015 年，Netflix 正式提出混沌工程的指导思想。

2016 年，Netflix 发布了混沌工程自动化平台（chaos automation platform，ChAP），在 FIT 的基础上进一步加强了实验的自动化程度，以及对实验中影响范围的控制。

混沌工程通过复杂的技术手段设计和执行一系列的实验让系统在受控的情况下暴露出脆弱环节并进行修复，将故障可能导致的影响降至最低。混沌工程是一套提高技术架构容错能力和弹性能力的实践方法，系统的弹性与其正常运行时间和可用性成正比，系统的弹性越好，意味着其从故障中恢复的能力越强，因此，系统的可用性就会越高。当系统可用性达到 99.99% 时，全年停机状态持续时间低于 53 分钟；而达到 99.999% 时，全年停机持续时间低于 5 分钟。

8.5.2　基于故障注入的测试

基于故障注入的测试通过将故障引入测试 / 生产环境来测试系统的弹性能力。Netflix 在 2014 年推出了名为 FIT 的故障注入测试工具，这个工具允许工程师在访问服务的一类请求的请求头中注入一些失败场景。这些被注入失败场景的请求在系统中流转的过程中，微服务中被注入的故障锚点会根据不同的失败场景触发相应的逻辑。

Netflix 在生产环境中大规模地使用 FIT。在其官方博客中，发表了多篇文章宣传 FIT 及其收益。在未来越来越复杂的云服务时代，对于一个追求质量的系统，FIT 肯定是必不可少的。混沌工程不等于 FIT，但混沌工程通过 FIT 进行实验从而理解系统弹性。

如图 8-16 所示为分布式系统中常见的故障注入场景。

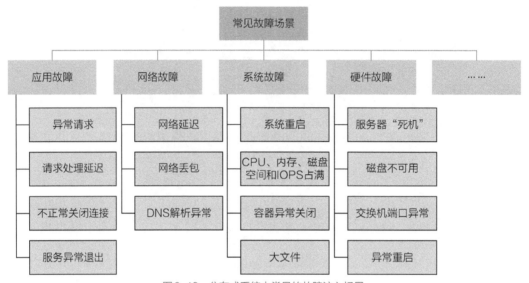

图8-16   分布式系统中常见的故障注入场景

8.5.3　混沌工程平台与工具

目前越来越多的公司逐渐开始实践混沌工程，也推出了不少支持 FIT 的测试工具，其中包括一些优秀的开源工具。

戴尔云管理团队开发的开源工具 Blockade，用来测试分布式系统的网络故障和分区。它通过在 Docker 的宿主机网络管理中创建各种异常场景，包括在容器间创建分区、控制容器数据丢包，以及容器网络延迟注入，影响在 Docker 容器中运行的应用，并且在故障注入测试时进行系统监控。

ChaosBlade 是阿里巴巴开源的一款混沌工程测试工具，提供基础资源、应用服务和云原生服务等多维度的故障模拟能力，其支持的故障场景如图 8-17 所示。

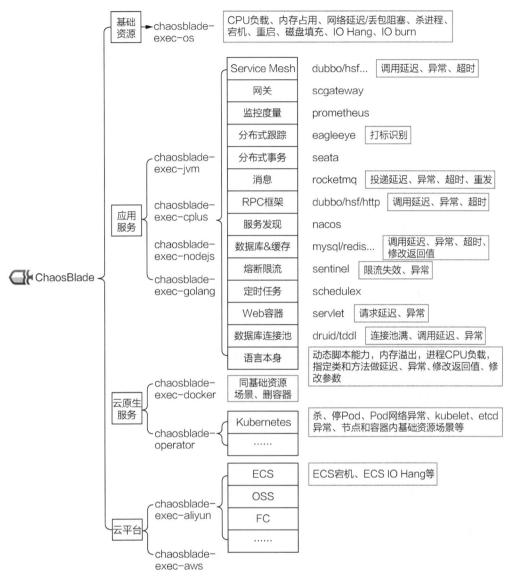

图8-17 ChaosBlade支持的故障场景

ChaosBlade 能够在几个方面帮助提升分布式系统的可恢复性和对故障的容错性，包括衡量微服务的容错能力，验证容器编排配置是否合理、测试 PaaS 层是否健壮，以及验证监控告警的准确性和时效性等。

除支持 FIT 的测试工具以外，混沌工程的实验管理还需要一个自动化平台，可以实现实验的自动创建、运行，以及运行过程中的自动监控和结果分析，并自动结束实验。这不但提升了混沌工程实验的效率，实现了无人值守，而且提升了实验的安全性。毕竟在生产环境中进行实验，控制故障发生时的影响范围，避免对业务产生重大影响是重中之重。

Chaos Mesh 是 PingCAP 公司开源的一款云原生的混沌工程实验平台，用于在 Kubernetes 集群环境中进行故障注入测试。它包括两个核心模块：一个是 Chaos Operator，是对混沌工程实验进行编排的核心组件；另一个是 Chaos Dashboard，是对实验进行管理、设计和监控的 Web 界面。

混沌工程自动化平台（ChAP），可以自动控制实验节点和非实验节点的流量配比，通过比对实验节点和非实验节点的指标检测实验的影响。该平台还引入了断路器以避免发生服务之间的级联故障。同时，当被监控的指标偏离预期时，可以自动终止实验。而且该平台实现了实验之间的隔离，可以在一个环境中并行运行多个实验。ChAP 支持与持续交付工具 Spinnaker 的集成，这样就可以在每次发布新的微服务版本时自动运行混沌工程实验。

8.5.4　混沌工程的具体实施

混沌工程的实验建立在科学的场景设计，有效、实时的系统状态监控，以及高度自动化的基础上，具体实施时应遵循以下原则。

1）建立一个围绕稳定状态行为的假设。通过能够反映客户满意度的业务指标来描述系统的稳定状态。例如，假设当系统的一组节点出现故障不能工作时，所有的服务仍然能正常运行。衡量服务正常运行的业务指标可以是每秒处理的订单数。建立假设的目的是为了在混沌工程试验中通过指标的变化观测故障注入带来的影响。Netflix 采用的业务指标为视频每秒开始播放数（starts per second，SPS），这个指标可以反映用户参与度和业务状况。

2）在实验中引入多样的真实世界的事件。引入真实发生过的各种故障，利用真实事件来评估系统的弹性能力是混沌工程的原则之一。这些故障有业务系统本身的，还有支撑业务系统的各种基础设施的故障。我们还需要根据故障在真实环境中发生的概率和影响程度，同时结合故障引入的风险评估来确定故障注入的优先级。例如，优先考虑那些实施成本和复杂度低，且发生概率高的故障，或者虽然成本高、难度大，但一旦发生将可能对用户影响巨大的故障。

3）在生产环境中进行实验。在与生产环境越近的地方进行实验越好，最好是直接在生产环境中进行实验，以保证实验的有效性。但是设计好的实验场景有必要先在开发/测试和类生产环境中进行验证，然后移到生产环境中进行，否则会带来很大的业务风险。对于非生产环境中的实验，可以采用影子测试的技术，录制并回放生产环境中的真实流量，来验证实验场景和工具的可靠性。

4）持续自动化运行实验。将自动化实验平台和故障注入的测试工具与 DevOps 环境进行集成，当某个微服务发布了新的版本，就会自动触发实验，评估每次改动对系统弹性的影响。

5）注入的故障所影响的范围最小化。混沌工程的实验通过故障注入的方式找出系统的薄弱环节，但关键的一点是要避免实验过程中引发不受控的故障。因此，实验需要建立在科学的评估和受控的基础之上，当计划注入某些故障时，就应当估算故障发生的频率和影响范围，并采用递进的方式，逐渐扩大所影响的范围。例如，一开始的实验可以设计成只把 5% 的流量分流到实验节点，观察这些流量的影响，然后逐渐在后续的实验中扩大流量。

基于上述原则，混沌工程的具体实施步骤可以参考亚马逊官方博客中介绍的实践流程，如图 8-18 所示。

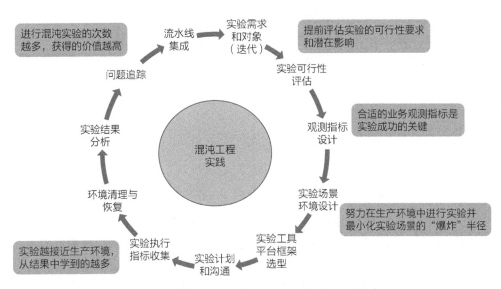

图 8-18　混沌工程的实践流程（来自亚马逊官方博客）

8.5.5　为系统弹性做好设计

正如前面所说，目前越来越多的公司看到了混沌工程的价值，因此开始在非生产环境或生产环境中进行实践。一些公司在此基础上推出了"失败即服务"（failure as a service）或者"弹性即服务"（resilience as a service）的商业服务。作为提高系统弹性的一种手段，我们在肯定和提倡这种实验方法的同时，也应该对它有一个客观的认识。既要看到它的价值，又需要思考它的局限性。其局限性体现在以下几个方面。

- 混沌工程是系统上线后的实验，故障模式是根据过去发生的故障人为设计的，无法注入从未出现过的故障。
- 混沌工程实验是面向一个集成后的复杂系统，系统内部及外部都存在非常复杂的依赖关系，即使发现了系统的薄弱环节，修复起来也会变得非常困难。

- 通过混沌工程发现缺陷并对系统的某一方面进行优化可能会增加其他方面的脆弱性。这就像修复一个缺陷可能会引入新的缺陷。
- 在以优雅的、自动的方式注入故障的同时，给系统增加了新的复杂性，更多的实验可能给系统带来更深的"伤害"。

混沌工程的意义不仅仅是让系统潜在的故障在受控的情况下提前暴露，更重要的是从中可以学习如何为分布式系统进行更好的高可用性和弹性设计。提高系统弹性的关键不在于针对失败的可能进行实验，而在于针对失败的可能设计系统，从而有效地避免缺陷的发生。

对于微服务架构下分布式系统的可用性和弹性来说，与其他质量属性一样，质量内建的思想同样适用。同样需要在研发阶段从需求和设计开始抓起，并且在编码阶段实践防御式编程并遵循提高代码可靠性的质量标准，尽量避免可用性和弹性方面的缺陷。

1）需求是源头，在需求中要明确对于系统的可用性和弹性的质量要求，并实践 ATDD，让可用性和弹性需求具备可测试性。

2）在设计阶段坚持为质量而设计，充分考虑在微服务架构和云环境中提高系统弹性的设计方案。

系统架构要简单、清晰，并且具备水平扩展能力，避免在设计中引入不必要的复杂度和依赖关系。

提高系统可用性的有效措施是增加冗余设计：为了避免单点故障，将系统部署到多个服务器集群，每个集群最好分布在不同的物理位置。当所有系统集群正常工作时，可以通过负载均衡器将业务流量分配到不同的集群中。当一个集群发生故障时，由其他的集群承担所有的请求。

采用多种微服务高可用性设计模式，提高系统容错以及故障转移、恢复能力，避免微服务级联故障。级联故障指的是因依赖关系引发的局部故障导致整个系统崩溃。在高并发的场景中，如果某个微服务发生延迟，那么可能很快导致所有应用资源被耗尽，严重时可导致业务系统瘫痪，也称为"雪崩效应"。微服务高可用性设计模式包括服务冗余、服务无状态、幂等操作、服务超时机制、服务限流、服务降级和服务熔断等技术，具体说明如图 8-19 所示。

3）在编写代码时，应遵循提高系统弹性和可靠性的代码规范并坚持进行代码评审和自动的代码扫描，可参考信息与软件质量联盟（Consortium for Information & Software Quality，CISQ）制定的可自动审计的代码质量标准。图 8-20 列举了代码中的可靠性漏洞，也就是通用缺陷枚举（common weakness enumeration，CWE）。

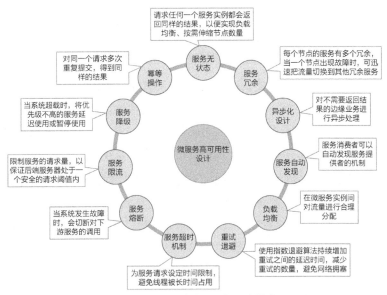

图8-19 微服务高可用性设计模式

缓冲区错误（CWE-119）	返回堆栈变量地址（CWE-562）	父类/子类虚析构函数错误（CWE-1045）
字符串缺少终止字符（CWE-170）	同步错误（CWE-662）	初始化硬编码的网络资源配置数据（CWE-1051）
未检查返回值（CWE-252）	初始化错误（CWE-665）	缺少序列化控制元素（CWE-1066）
对检出的错误不做处理（CWE-390）	资源操作错误（CWE-672）	序列化数据元素错误（CWE-1070）
状态码/返回值错误（CWE-394）	数字类型间转换错误（CWE-681）	浮点数比较错误（CWE-1077）
资源关闭/释放错误（CWE-404）	计算错误（CWE-682）	父类无虚析构函数（CWE-1079）
对候选路径的不恰当保护（CWE-424）	异常情况处理错误（CWE-703）	类实例自毁控制元素（CWE-1082）
资源未清理（CWE-459）	不正确的类型转换（CWE-704）	数据访问错误（CWE-1083）
空指针引用（CWE-476）	依赖错误（CWE-758）	虚拟方法类无虚析构函数（CWE-1087）
使用错误的运算符（CWE-480）	"死"锁（CWE-833）	远程资源无超时同步访问（CWE-1088）
Switch中省略Break（CWE-484）	无限循环（CWE-835）	指针项错误（CWE-1098）
对象引用比较错误（CWE-595）	对未经初始化资源的使用（CWE-908）	

代码可靠性漏洞类型

图8-20 代码可靠性漏洞类型

在《代码大全》这本书中，讨论了防御式编程，简单来说，就是在编写代码时要考虑一切可能发生的错误，让你的程序不会因为其他程序传入的错误数据而被破坏。例如，在程序中，对于输入数据的有效性及合法性进行检查，保护程序免遭非法数据的破坏。

4）通过"基础设施即代码"和虚拟化技术增强业务系统所依赖的 IT 基础设施的健壮性。"基础设施即代码"采用代码可重复、自动的方式配置各类虚拟机、容器及集群环境。当有故障发生时，可以快速且有效地从故障中恢复，从而在很大程度上提高系统的弹性。再进一步，就是要通过智能运维帮助我们快速、准确地发现并定位环境中的故障及其根因。

无论是推广混沌工程还是为提高系统弹性而设计，最重要的还是要在所在组织内建立面向失败设计的技术文化。一开始在需求和系统设计阶段就考虑到各种故障场景，运用各种必要的技术应对可能的故障，并且建立从故障中恢复的策略。推广混沌工程的目的应包括从故障中学习如何更好地对系统的高可靠性和弹性进行设计。

8.6　智能运维与测试

IT 运维负责在软件产品生命周期的各个阶段维护 IT 系统以安全和稳定的状态运行，不但负责业务系统上线后的运行环境，而且负责研发阶段中的各种开发、测试环境，包括各类基础设施（机房、网络、服务器、虚拟机、容器和云平台等）的部署，各类软件应用的维护及升级，以及在生产环境中的应用部署、实时监控和故障处理等工作。

8.6.1　从自动化运维到智能运维

早期的 IT 运维主要面向机房、服务器及业务系统的上线部署、监控，由运维人员手工完成。随着互联网的迅速发展，企业所承担的业务愈发复杂，逐渐过渡到依赖各种工具的自动化运维，越来越多的运维操作通过编写的脚本自动、重复执行，因此运维效率得到很大提升。而最近几年由于虚拟化技术和 DevOps 的兴起，逐渐发展出一套完整的 DevOps 工具链，促进了自动化运维的进一步发展。这其中具有代表性的工具是支持"基础设施即代码"和持续集成 /持续交付的自动化 DevOps 平台、日志分析系统，以及性能、安全监控平台等。

虽然自动化运维在很大程度上提高了运维效率，以及业务系统的可用性，但是愈发复杂的大型分布式系统在生产环境中的各种故障越来越难以预测和避免。虽然自动化运维中的各种监控工具使得系统运行状态的可见度有较大提升，但是当遇到运维故障时，面对海量监控数据和庞大复杂的系统，我们仍然依赖运维人员迅速做出运维决策，这显然是巨大的挑战。

而智能运维（AIOps）通过人工智能赋能相当于给 IT 运维系统配置了一个"大脑"，通过在线监控收集到各种数据,结合机器学习算法捕捉数据中的异常并快速进行降噪处理、故障定位,并且实现故障的实时处理和修复。因此,相对于自动化运维,智能运维在各种运维场景中进一步实现了自动决策,通过海量的数据利用算法来训练机器识别和分析故障的能力,进行自动、准确的判断。

智能运维主要围绕 3 个方面展开:质量保障、成本管理和效率提升(见图 8-21)。成本管理方面的应用场景包括资源优化、容量规划和性能优化,如对现有业务情况进行分析,预测未来所需要的资源使用情况,并且实现免干预的扩容 / 缩容。质量保障方面的基本应用场景包括异常检测、智能告警、根因分析、故障预测和故障自愈等。

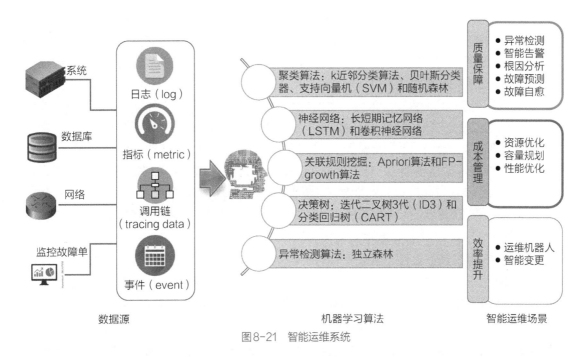

图 8-21 智能运维系统

智能运维的本质是数据加算法结合实现的运维服务,因此首先需要对生产环境中海量的各类实时数据进行采集,经过聚合或关联处理生成的数据存储到后端的时序数据库中。海量及多种数据来源的数据是智能运维的基础,如 IT 系统数据、网络通信数据和服务调用链数据等。

8.6.2 智能运维的典型场景

自动化测试离不开强大的 IT 基础设施的支持,在研发阶段,智能运维能够提供更加可靠的持续集成 / 持续交付环境、自动化测试平台和 IT 运维服务。在生产环境中,通过智能的异常检测以及故障定位和自愈,实现线上测试的智能化。

下面列举一些在质量保障方面智能运维可以实现的典型场景。

- 异常检测：通过机器学习代替传统的基于规则设定阈值的方案，从时间序列类型的数据指标中发现与大部分对象不同的离群对象，即异常波动。异常检测为随后的告警、根因分析和故障告警压缩等提供决策依据。异常检测的有效性可以通过异常检测准确率和报警时效性等指标来衡量。

- 故障智能告警：可以实现对告警事件的收敛和聚合，通过将告警聚合成关联事件减少告警事件和故障误报。自动恢复策略就是将告警和相应的干预手段联合起来，根据告警触发一些干预动作，如自动扩容、系统重启和服务降级等，这样可以直接消除告警，减少人工干预。

- 故障根因分析：也可以称为故障定位。通过关联规则、决策树等算法对检测到的异常指标进行分析，快速、准确地定位引起故障的根因点。传统的故障定位技术需要较多的人工参与和根据经验进行判断，如对告警事件进行分析、查看监控面板的指标，以及对日志进行检查和分析等。而 AIOps 通过事件关联和日志分析可以自动发现故障告警之间的关联，快速、准确地定位到故障根因。例如，关联规则是一种无监督学习的机器学习算法，用于发现事件、错误和告警数据之间的强规则。当一个故障发生时，用关联规则可以判断是独立的告警事件，还是关联的告警事件，如告警事件 A 是否必然会引发告警事件 B，从而确定故障根因。根因分析的有效性可以用故障定位时间、线上事故覆盖率等指标来衡量。智能水平较高的 AIOps 系统可以达到秒级的故障定位能力，以及 95% 以上的线上事故覆盖率。

- 故障预测：通过对 IT 历史数据和历史告警信息的分析，人工智能算法生成故障出现前的数据模型，用于预测未来一段时间内发生某类故障的概率，从而可以提前规划故障处理的窗口，避免对业务的影响。目前相对成熟的故障预测是通过神经网络算法或支持向量机（SVM）算法对磁盘故障进行预测。

　　智能运维的落地会受到算法本身的成熟度、数据量、算法与业务领域结合的深度等因素的影响，在未来还有很大的提升空间，但不可否认的是，从自动化运维向智能运维的迈进一定可以提高系统质量、降低运维成本和提升效率。另外，智能运维在数据驱动业务方面能够帮助企业实现本质的提升，因此是企业进行数字化转型的必备能力。

本章小结

　　测试左移从需求开始，在研发早期介入业务需求的协作和评审，以业务驱动测试；测试右移通过在线测试及在线监控获取在真实环境中的测试数据和系统状态，再输入至下一个软件版本的需求中，由此形成一个闭环，充分体现了敏捷测试在软件生命周期中每一阶段的价值。

在线监控系统是保障业务系统正常运行的基础，包括对 3 种数据类型的监控：日志、调用链和系统指标。监控系统也为线上测试"保驾护航"并且收集需要的测试数据。通过人工智能为监控系统赋能，可以实现智能的故障诊断和故障自愈，并且可以通过预测系统运行状况，实现系统的弹性扩容和缩容，以及故障预警。

目前的测试右移不是仅仅满足于在线系统安全和性能方面的监控，而是已经发展到实实在在的生产环境中的测试，包括性能测试、易用性测试、混沌工程实验和验收测试。

- 性能测试：通过在线性能测试及全链路压测帮助互联网企业在流量高峰到来前验证系统性能，并且可以更为精准地做好容量规划。
- 易用性测试：通过 A/B 测试可以帮助企业提升产品的用户体验，从而实现经营目标。
- 混沌工程实验：在受控的情况下，提前发现生产环境中的薄弱环节，提高系统的可用性。但可用性的提高不能完全依赖混沌工程，更为重要的是为系统弹性做好设计。
- 验收测试：灰度发布就是一个例子，让用户真正完成对系统的验收。

线上测试的目的也不仅仅满足于解决研发阶段中测试不充分的问题，或者发现只能在真实环境中才能暴露的缺陷。利用线上监控和测试收集用户数据，为企业实现数字化转型和以数据驱动业务的战略目标而服务，则体现了测试右移的更大价值。

不过，虽然测试右移也很有价值，可以降低研发成本，让产品更快上线，但总体来说，测试右移的价值要低于测试左移，因为敏捷测试更注重尽早开始测试，预防缺陷比发现缺陷更有意义。在线监控和线上测试属于补救措施，不能把全部的软件测试进行"右移"，我们应该更提倡测试左移和持续测试，切切实实在产品需求分析阶段和设计阶段做好质量内建，降低缺陷的产生和修复的成本。

延伸阅读

《反脆弱：从不确定性中获益》和《混乱：如何成为失控时代的掌控者》这两本书不但可以帮助我们理解混沌工程的理论和实践，而且更有助于理解和积极面对我们身处的世界和这个 VUCA 的时代。系统越复杂，就会越脆弱。但脆弱的反面从来不是让系统变得更健壮，而是更有弹性。《反脆弱：从不确定性中获益》这本书告诉我们在不确定的世界中的生存法则，学会如何打造反脆弱的系统，从混乱和不确定中受益。《混乱：如何成为失控时代的掌控者》这本书告诉我们，混乱让人更有创意，而且能够提高我们的应变能力，只有拥抱不确定性，并学会如何正确地应对它，让混乱为我所用，才能成为真正的掌控者。

第 9 章 敏捷测试的收尾与改进

导读

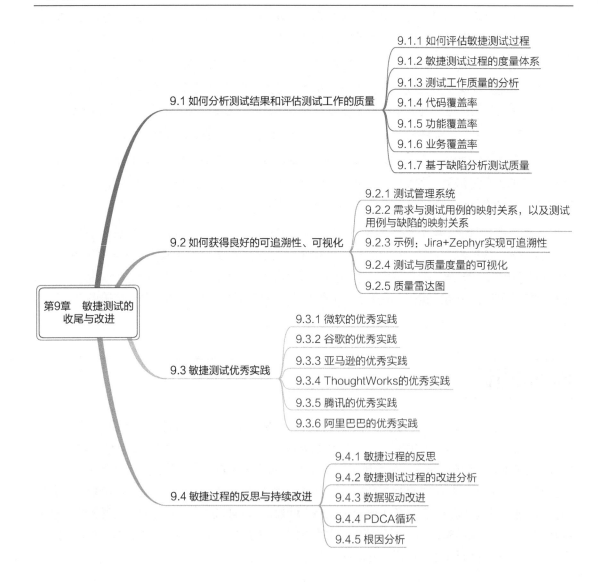

第9章 敏捷测试的收尾与改进

9.1 如何分析测试结果和评估测试工作的质量
- 9.1.1 如何评估敏捷测试过程
- 9.1.2 敏捷测试过程的度量体系
- 9.1.3 测试工作质量的分析
- 9.1.4 代码覆盖率
- 9.1.5 功能覆盖率
- 9.1.6 业务覆盖率
- 9.1.7 基于缺陷分析测试质量

9.2 如何获得良好的可追溯性、可视化
- 9.2.1 测试管理系统
- 9.2.2 需求与测试用例的映射关系，以及测试用例与缺陷的映射关系
- 9.2.3 示例：Jira+Zephyr实现可追溯性
- 9.2.4 测试与质量度量的可视化
- 9.2.5 质量雷达图

9.3 敏捷测试优秀实践
- 9.3.1 微软的优秀实践
- 9.3.2 谷歌的优秀实践
- 9.3.3 亚马逊的优秀实践
- 9.3.4 ThoughtWorks的优秀实践
- 9.3.5 腾讯的优秀实践
- 9.3.6 阿里巴巴的优秀实践

9.4 敏捷过程的反思与持续改进
- 9.4.1 敏捷过程的反思
- 9.4.2 敏捷测试过程的改进分析
- 9.4.3 数据驱动改进
- 9.4.4 PDCA循环
- 9.4.5 根因分析

敏捷测试中的收尾是针对即将交付的这一版软件来说的。在收尾工作中，对测试过程的质量和效率进行定性和定量的评估，目的是为下一个版本做好准备，即如何做得更快、更好。当然，测试工作的改进不能只是在收尾环节进行，团队需要在实践中不断地反思和总结，通过一些质量工具持续地收集反馈，改进测试过程。

9.1　如何分析测试结果和评估测试工作的质量

软件测试中每一项测试活动都会产生测试结果，通过测试结果来评估产品的质量体现了测试的目的和价值。而通过测试结果评估测试工作本身的质量也非常重要，这样做能让我们及时发现测试中存在的问题，并及时改正，这是测试工作进行持续改进的基础。

相比传统的软件测试，敏捷测试更强调持续改进，根据上下文不断调整测试流程、技术和工作方法，因此更需要在研发过程中对产品质量、测试质量提供持续反馈，而不仅仅是根据软件发布后的用户／市场反馈来评估分析。

9.1.1　如何评估敏捷测试过程

传统的测试过程比较好理解，测试的分析、计划、设计、执行是分阶段按顺序开展的，测试过程的评估和管理就是针对这几个测试阶段展开的。敏捷测试仍然需要过程管理，因为良好的过程才能产生良好的测试结果和质量，但与传统测试过程相比，敏捷测试需要考虑以下不同的几点。

首先，为了适应变化和改进的需要，在一次迭代中的测试分析、测试计划、测试设计和测试执行并不是按照顺序分阶段进行的，而是交替循环进行，可以把它们看作相对独立的测试活动，前面几个模块也大体上是对上述各项活动分别讲解的，因此可以针对每项测试活动进行评估。因为每项活动是持续进行的，所以敏捷测试过程的评估是针对测试过程进行持续的评估。

其次，敏捷测试中具体的测试项包括：需求设计和代码评审、单元测试、BVT、自动化回归测试和新功能的探索式测试，也包括性能测试、安全测试等专项测试。在评估体系中，应根据每项测试的特点建立各自的评估标准，如需求评审的覆盖率和缺陷发现率，探索式测试可以从测试的充分性、有效性，以及测试效率等方面进行评估。自动化回归测试可以评估自动化测试在总的测试中所占的比重。单元测试应重点关注代码覆盖率和脚本质量。

再次，在传统的软件测试中，会安排专门的测试过程评审，定期或不定期地针对某个测试阶段或某项测试活动进行评审。评审的目的是了解测试过程是否存在问题，以及测试是否达到了测试目标等。敏捷测试也应该有过程评审，但敏捷测试作为敏捷开发的一部分，对测试过程的评估应该结合敏捷开发流程开展。

在 Scrum 流程中，在每个迭代结束前安排迭代评审，检查 DoD 中的每一项任务是否已经完成，DoD 中的每一项几乎都与某项测试活动有关，如新增代码要通过代码评审、单元测试覆盖率达到 80% 以上和需求覆盖率达到 100% 等。那么，在迭代评审中，就是根据每项测试活动的结果进行检查，如果没有达标，就应该分析原因，这也相当于通过分析测试结果对测试过程进行评审。

每次迭代结束后的反思会（retrospective）更适合对测试过程进行一个阶段性的评估，这时一个完整的迭代已经结束，通过收集、分析这个阶段的测试结果发现在今后的迭代中哪些方面需要改进。

测试过程的评估有定性和定量两种方式。定性的评估是把计划的测试活动和实际执行的活动进行比较，了解测试计划执行的情况和效果，如在 SBTM 中调整了多少个新会话、调整的比重、哪些没有执行、哪些是计划外的会话，以及原因是什么。另外，还可以通过收集团队成员的直接反馈，通过了解测试实际执行情况发现问题并且分析原因。这里会用到收集反馈、根因分析和测试成熟度评估等方法。

但是，过程管理不能仅凭定性管理，定量管理是更好的管理方式，通过数字来反映真实情况更加及时、客观和明确。再进一步，结合可视化的测试结果和质量的呈现工具，不需要正式的过程评审，团队内外随时可以了解当前测试和质量的状态，真正做到持续评价、持续改进和持续控制。

下面就仔细谈谈如何进行量化评估——度量体系。

9.1.2　敏捷测试过程的度量体系

对测试过程实现定量管理需要建立一套系统的度量指标体系。不同的产品、不同的研发团队需要建立的度量体系是不一样的，这里以通常的商业应用软件系统为例来进行讲解。

需要度量哪些方面？ 测试质量和测试效率是需要度量的两个基本的目标。团队可以梳理出一些能直接或间接反映质量和效率的指标。

- 测试质量直接的度量指标包括测试覆盖率和遗漏的缺陷率等。

- 测试效率的直接度量指标包括：每人每日设计多少用例 / 执行多少用例、自动化测试率，以及缺陷验证周期等。间接的测试质量度量指标可以是度量测试环境的稳定性和可靠性等。

从理论上来说，可以用来度量测试质量和测试效率的指标有很多，如果所有的指标都进行度量，那么不仅分析的工作量大，也容易让过程管理失去重点。团队应该根据自身情况选择合适的度量指标，基本的指导思想是：看重什么，就度量什么；想提高什么，就度量什么。这也符合敏捷思维。

如何避免陷入度量的误区？ 在建立的度量体系中，虽然应该有重点、有取舍，但也要保证测试过程动态、平衡地进行发展。对于测试质量和测试效率，它们具有一定的独立性，但也会相互影响，既相互促进，又相互制约。

一方面，测试的质量高，一次就把事情做对，会促进测试效率的提高；反过来，高效赋予测试更多时间进行更充分的测试，测试质量必然会提高，而低效往往会减少测试时间，给测试质量带来更大的风险。另一方面，如果一味地追求快，只跟踪测试效率相关的指标，如每人每日执行多少测试用例和测试自动化率等，则很可能会顾此失彼，导致测试质量出现问题，如发现的缺陷数量不多，但上线后问题多和用户反馈不佳等。

如何体现对过程的度量？ 在敏捷测试中，对过程的度量更应该保持持续性：每次迭代从开始到结束、每个要交付的版本，以及产品的整个生命周期，随时发现问题，并解决问题。而且，在迭代之间、版本之间比较它们的测试质量和测试效率，通过度量的持续性和可视化获得测试改进的持续性和可视化。

另外，测试过程的度量还应包括产品质量的度量，因为产品质量和测试的质量也息息相关，前一个版本的测试质量不好，就会影响当前版本的产品质量。

综上所述，一个敏捷测试过程的度量体系如图 9-1 所示，从测试质量、测试效率和产品质量 3 个方面进行度量，覆盖了测试设计、测试执行和缺陷报告等重要活动。测试计划和分析的质量会体现在测试覆盖率和缺陷相关的度量指标中；而测试计划和分析在敏捷测试中本来就力求简单、有效，因此没有考虑对其进行效率方面的度量。

图9-1 敏捷测试过程的度量体系

9.1.3　测试工作质量的分析

测试活动有两个重要的输出：一个是测试用例（包括测试脚本），另一个是测试中发现的缺陷。通过图 9-1 可以看出，测试质量的度量指标大多数是根据这两项内容制定的。度量指标对测试工作质量的量化分析提供了基础。因此可以说，测试工作的质量主要是通过对测试结果的分析来评估的。根据测试结果计算每一个度量指标，通过度量指标分析，发现测试过程中的质量问题，在此基础上不断改进、完善。

下面就从测试用例和缺陷两个方面来介绍如何分析测试工作的质量：基于测试覆盖率分析和基于缺陷分析。

评价测试质量的好坏首先要分析测试结果是否达到了既定的测试目标。测试目标是测试计划中最重要的内容之一，一般会用测试覆盖率来衡量测试目标的实现。测试覆盖率是对测试充分性的量化指标，是指已执行测试覆盖的数据和事先要求的目标之间的比值，趋向于或达到 100%，说明覆盖率足够高。我们通常从 3 个方面来衡量：代码覆盖率、功能覆盖率和业务覆盖率。

9.1.4　代码覆盖率

代码覆盖率是代码级测试的衡量指标，在测试中借助测试覆盖率分析工具统计测试脚本对被测对象代码的语句、路径或条件的覆盖率。最常用的是语句覆盖率，即实际执行的代码行数与总的代码行数的比值。

语句覆盖率度量公式如下所示。

> 测试用例代码覆盖率 = 运行 TC 覆盖的 LOC 数 /OUT 的总 LOC 数

也可以用分支覆盖率衡量，度量公式如下所示。

> 测试用例分支覆盖率 = 运行 TC 覆盖的 BOC 数 /OUT 的总 BOC 数

在上述度量公式中，测试用例用 TC（test case）表示；被测对象用 OUT（object under test）表示，含被测系统、被测单元 / 组件 / 类等；代码行用 LOC（line of code）表示；分支用 BOC（branch of code）表示。

以 JaCoCo 工具为例，可以逐层显示每个软件包、类、方法的（代码行、分支等）测试覆盖率，如图 9-2 和图 9-3 所示。如果代码覆盖率没有达到测试计划中的既定目标，那么需要分析是哪些模块没有达到，以及团队中应该由谁负责补充相应的测试脚本。

Element	Missed Instructions	Cov.	Missed Branches	Cov.	Missed	Cxty	Missed	Lines	Missed	Methods	Missed	Classes
⊞ org.jacoco.examples	▨	58%	▮	64%	24	53	97	193	19	38	6	12
⊞ org.jacoco.agent.rt	▨▨	84%	▨▨	88%	27	117	49	296	19	72	7	20
⊞ org.jacoco.core	▨▨▨▨▨▨▨	98%	▨▨▨▨▨▨▨	95%	60	1,151	56	2,703	13	639	0	116
⊞ jacoco-maven-plugin	▨▨▨	90%	▨▨	80%	36	185	42	405	8	112	0	19
⊞ org.jacoco.cli	▨▨	97%	▮	100%	4	109	10	275	4	74	0	20
⊞ org.jacoco.report	▨▨▨▨▨	99%	▨▨▨▨	99%	3	549	1	1,304	0	367	0	64
⊞ org.jacoco.ant	▨▨▨	98%	▨	99%	4	163	8	428	3	111	0	19
⊞ org.jacoco.agent		86%		75%	2	10	3	27	0	6	0	1
Total	1,012 of 24,283	95%	101 of 1,773	94%	160	2,337	266	5,631	66	1,419	13	271

图9-2　软件包的测试覆盖率列表

TryWithResourcesEcjFilter.Matcher

Element	Missed Instructions	Cov.	Missed Branches	Cov.	Missed	Cxty	Missed	Lines	Missed	Methods
⊝ nextIsClose(String)	▨▨▨▨▨	83%	▨▨▨▨	64%	5	8	5	18	0	1
⊝ nextIsLabel(String)	▨▨▨	80%	▨▨▨▨	66%	2	4	3	11	0	1
⊝ matchEcj()	▨▨▨▨▨▨	96%	▨▨▨▨▨	75%	3	7	2	33	0	1
⊝ matchEcjNoFlowOut()	▨▨▨▨▨	96%	▨▨▨▨	78%	3	8	2	28	0	1
⊝ nextIsJump(int, String)	▨▨▨	91%	▨▨	83%	1	4	1	10	0	1
⊝ nextIsEcjSuppress(String)	▨▨▨	100%	▨▨	100%	0	2	0	18	0	1
⊝ nextIsEcjCloseAndThrow(String)	▨▨	100%	▨	100%	0	2	0	7	0	1
⊝ nextIsEcjClose(String)	▨▨	100%	▨	100%	0	2	0	4	0	1
⊝ start(AbstractInsnNode)	▨	100%		n/a	0	1	0	6	0	1
⊝ TryWithResourcesEcjFilter.Matcher(IFilterOutput)	▨	100%		n/a	0	1	0	5	0	1
Total	29 of 560	94%	14 of 58	75%	14	39	13	140	0	10

图9-3　类的测试覆盖率列表

9.1.5　功能覆盖率

对于功能测试，可以用功能覆盖率来衡量测试质量，用大的功能特性来衡量覆盖率没有意义，因为一个功能特性会对应几十、上百个测试用例，可以从被测系统的功能结构出发将功能分解为子功能、子子功能，最后分解成一个个的功能点（function point，FP）。功能点和测试用例之间应该有对应关系，呈现出层次结构。因此，应该用功能点的测试覆盖率来衡量并分析功能测试的质量。

功能覆盖率的度量公式如下所示。

$$功能覆盖率 = 运行\,TC\,覆盖的\,FP\,数\,/OUT\,的总\,FP\,数$$

9.1.6　业务覆盖率

第 7 章介绍过如何从业务需求出发设计测试用例，在引入 BDD 的情况下，从业务需求到功能特性、用户故事和场景，最后到测试用例的逐步分解。从顶端的业务需求来度量测试覆盖率没有实际意义，因为粒度太粗，一个业务需求可能对应几百个，甚至几千个测试用例。但如果用场景覆盖率来衡量，每个用户场景对应几个测试用例，测试覆盖率的衡量就有价值和可操作性。如果没有引入 BDD，那么业务覆盖率就需要根据业务流程图的路径覆盖率来度量。

基于用户场景的业务覆盖率的度量公式如下所示。

$$测试场景覆盖率 = 测试执行已覆盖的场景数 / 需要测试的场景数$$

9.1.7　基于缺陷分析测试质量

缺陷作为测试活动的另一项重要输出，也可以作为评估测试质量的指标，包括缺陷在测试活动中的误报率、缺陷的遗漏率。

缺陷的误报率的度量公式如下。

$$缺陷的误报率 = 无效的 bug 数 / 所报告的总 bug 数$$

通常情况下，缺陷的误报率应该控制在 5% ~ 10%。无效的 bug 数越多，研发团队在处理分析这类 bug 上花费的时间就越多，这会挤压处理有效缺陷以及开发活动和测试活动的时间，自然需要控制其数量。但是，误报的原因一般比较复杂，有时与团队采用的缺陷报告策略有关，如敏捷开发中新功能的测试往往是在需求不太明确的情况下进行的。在遇到这类问题时，即往往测试人员拿不准是不是缺陷的时候，一般是先澄清需求再决定是否报告缺陷，还是先报告缺陷再去澄清需求？是的，前者。

另外，缺陷的误报率是不是越低越好？误报率的目标定得越低，测试人员报告缺陷就越谨慎，用在分析和复现上的时间就越多，这会在一定程度上牺牲效率，并且可能遗漏真正有效的缺陷。

缺陷的遗漏率的度量公式如下。

$$缺陷的遗漏率 = 交付后发现的 bug 数 / 总 bug 数$$

在交付后，用户发现的缺陷值得我们分析，也就是分析什么原因导致在研发过程中没有发现这些缺陷。如果是因为产品的业务需求没有覆盖到，则需要产品负责人考虑是否在下一版加到业务需求中，如对某个操作系统的某个新版本的支持。如果是因为测试质量的问题，那么要看问题出在什么环节（是测试分析、测试设计，还是测试执行；是人的问题，还是工具的问题），然后有针对性地改进，如添加测试用例，加强人员技能培训，或者改进测试工具。

9.2　如何获得良好的可追溯性、可视化

实现量化管理不但要有度量体系，而且要实现度量指标的可视化，对于产品质量的评估也

是如此，这就离不开一个数据统计、数据分析的呈现平台。

测试用例和缺陷需要测试管理系统进行跟踪管理。在此基础上，实现三者之间的可追溯性，这样能更容易解决需求变更、回归测试范围确定、质量评估等一系列重要问题。

下面首先介绍测试管理系统。

9.2.1 测试管理系统

在测试管理系统中，管理的核心是测试用例和缺陷。测试管理系统的构成如图 9-4 所示。

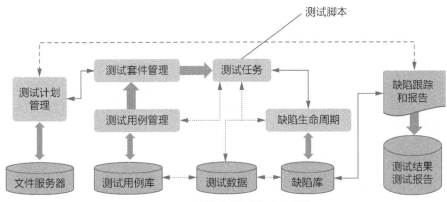

图9-4 测试管理系统的构成示意图

敏捷测试中的测试用例包括两部分：一部分是手工测试用例，另一部分是可以转化为自动化测试脚本的测试用例。对于探索式测试，虽然从粒度上来说，一个会话可以分解成十几个普通测试用例，但从管理的角度来说，可以把每个会话章程内容（场景/测试点列表）放入测试管理系统中。因此，下面的讨论中提到的测试用例是指 SBTM 章程和自动化测试脚本。

- 测试套件（test suite，也称测试集）是测试用例的组合，而测试数据、测试环境配置等可以看作测试用例的组成内容，测试执行的结果就是测试用例在不同环境中运行的记录。在探索式测试中，测试套件对应 SBTM 的子目标或会话。
- 缺陷是测试进度跟踪、质量评估等工作中所需要的重要依据。缺陷管理指的是如何更好地跟踪缺陷状态，以及如何针对缺陷记录进行各类统计分析和趋势预测等。

优秀的测试管理系统对测试用例的管理可以解决以下这些问题。

- 如何设计、构造灵活的测试套件？
- 如何有效执行测试计划中所要求的测试用例？
- 如何跟踪测试执行的结果？

9.2.2　需求与测试用例的映射关系，以及测试用例与缺陷的映射关系

在测试管理系统中，其中很重要的一个功能就是在测试用例和缺陷之间建立必要的映射关系（见图 9-5），即将两者完全地关联起来。建立这种映射关系的目的是建立测试用例和所发现的缺陷之间的可追溯性。

- 在测试管理系统里指出一个缺陷，就知道是由哪个测试用例发现的，如果没有对应的测试用例，则应该追加相关的测试用例。
- 可以列出任何一个测试用例所发现的缺陷情况，据此得知哪些测试用例发现较多的缺陷，以及哪些测试用例从来没有发现缺陷，能够发现缺陷的测试用例当然更有价值，应该优先执行。

不仅如此，测试管理系统还应支持需求（在传统中往往是功能特性）与测试用例之间的映射关系，如图 9-5 所示。在敏捷开发中，这是指 Epic、用户故事与测试用例之间的映射。一个用户故事需要 1 个或几个会话来覆盖，转化成测试脚本，数量更多，因此一个用户故事会映射多个测试用例。需求变更在敏捷开发中更加频繁，借助这种映射关系和可追溯性，可以解决需求变化所带来的下列问题。

- 需求变化会影响哪些功能点？
- 功能点发生变化，需要修改哪些测试用例？
- 产品的某个特性或某个功能点存在的缺陷有哪些？其质量水平如何？
- 如果一个缺陷是由于设计、需求定义引起的，那么如何追溯到原来的需求上去解决？
- 通过对缺陷的分析，如何进一步改进设计和提高需求定义的准确性？

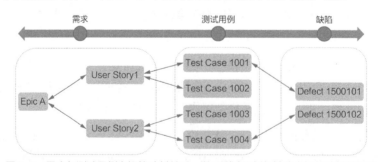

图 9-5　需求与测试用例之间的映射关系，以及测试用例与缺陷之间的映射关系图

在测试管理工具中，测试用例的执行状态需要测试人员手动更新。对于有对应自动化测试脚本的测试用例，理想的状态是可以把自动化测试执行的结果自动同步到测试管理系统，测试用例的执行结果是自动更新的。这可以通过测试管理工具和测试自动化工具的集成来实现，也可以通过测试管理工具和持续集成调度工具的集成来实现。

9.2.3 示例：Jira+Zephyr实现可追溯性

有的公司开发了自己的测试管理系统，可以实现在一个系统里建立需求与测试用例之间的映射关系，以及测试用例与缺陷之间的映射关系。如果选用的是商用的测试管理工具，那么需求、测试用例和缺陷的管理往往是分开的，如采用 Jira 进行需求和缺陷的管理，同时采用其他的测试用例管理工具。这里以 Jira 和 Zephyr 的集成为例讲述如何实现需求、测试用例和缺陷这三者之间的可追溯性。

Jira 是支持敏捷开发的常用项目管理工具，围绕着 Jira 又发展出一批测试用例管理工具。Jira 提供从 Epic 到用户故事的需求管理，以及缺陷跟踪。测试用例管理工具与 Jira 的集成可以实现需求与测试用例之间的映射关系，以及测试用例与缺陷之间的映射关系。目前有一些测试用例工具以插件的形式与 Jira 进行集成，如 Zephyr、Xray 等。

Zephyr 是目前主流的测试用例管理工具。Zephyr for Jira 以插件形式运行在 Jira 系统中，因此对测试用例的管理在 Jira 的管理界面里呈现，可以方便地生成测试用例并直接关联到 Epic 和用户故事，以及缺陷。

Zephyr for Jira 可以与多种自动化测试工具集成，将自动化测试的结果自动同步到 Jira 中。可以集成的自动化测试工具包括 SoapUI Pro、Cucumber for Jira、Selenium、JUnit 和 TestNG 等。

另外，Jira、Zephyr for Jira 还可以与持续集成调度工具 Jenkins 集成，将在持续集成环境中自动运行的自动化测试的结果自动同步到 Jira 中，如图 9-6 所示。

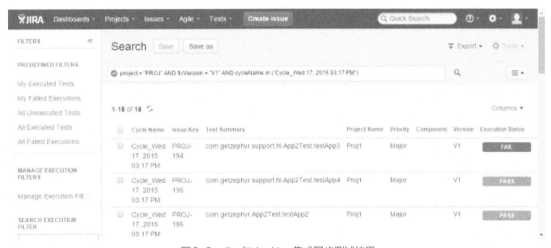

图9-6　Jira与Jenkins集成同步测试结果

另外，Zephyr 还提供了独立安装的 Standalone 版本，有单独的管理界面，在测试用例的计划、执行和报告方面，用户体验会更好一些。Zephyr 的 Standalone 版本也可以通过配置与 Jira 集成，实现需求与测试用例之间的映射关系，以及测试用例与缺陷之间的映射关系。图 9-7 展示了需求和测试用例之间的双向追溯。图 9-8 展示了如何在一个失败的测试用例中关联缺陷。

从测试用例到需求的追溯

	Test Case ID	Name	Alt. ID	M/A	Type	Version	Coverage	Priority	Estimated	Created By	Created On	Atta
☐	276	Email view API suppor...		M	Original	7	6 Requirement(...	P5	00:00...	Test Ma...	08/04/2...	No A
☐	279	Email editing allows fo...		A	Original	2	2 Requirement(...	P2	00:00...	Test Ma...	08/04/2...	No A
☐	277	Email view API suppor...		M	Original	1	3 Requirement(...	P3	00:00...	Test Ma...	08/04/2...	No A
☐	280	Email editing allows fo...		M	Original	3	1 Requirement(...	P3	00:00...	Test Ma...	08/04/2...	No A

从需求到测试用例的追溯

Select All Selected : 0

	Requireme	Name	Alt. ID	Coverage	Priority	Link	Map Te
☐	375	Calendar reminders can be set using multi-touch 2 up...	MERCURY-17	3 Testcase(s) Co...	Medium	https://ryan.y...	Map
☐	378	Emails sort quick button will allow for sort by date-16	MERCURY-16	1 Testcase(s) Co...	Medium	https://ryan.y...	Map
☐	519	sample story from support	MERCURY-203	Not Covered	Medium	https://ryan.y...	Map
☐	832	citi	MERCURY-350	Not Covered	Medium	https://ryan.y...	Map
☐	1013	This is my Requirement	MERCURY-422	1 Testcase(s) Co...	Medium	https://ryan.y...	Map

图9-7　需求和测试用例之间的双向追溯

图9-8　在失败的测试用例中关联缺陷

9.2.4 测试与质量度量的可视化

测试结果与软件质量的度量结果以可视化的形式呈现出来非常有意义：一方面可以帮助研发团队及时掌握项目及研发进度，并发现项目的瓶颈及风险，厘清关键路径，集中解决关键问题，保证项目得以顺利进行；另一方面，也为高层管理者和其他团队提供了解目前软件质量状况的窗口。对当前状态有统一的认识，是进一步解决问题的基础。

如果要实现多项目、多团队和多数据源的测试数据的呈现，那么研发团队可以考虑自己开发一个数据呈现平台，从测试管理系统、持续集成系统中得到各种测试数据，并通过界面呈现出来；也可以借助一些数据统计与呈现工具打造综合的可视化面板。下面介绍3种常用的数据呈现工具。

1. 基于SonarQube呈现代码质量

在第4章介绍静态测试的时候我们提到过，SonarQube可以作为代码质量（缺陷）数据呈现工具，其本身还是一个代码静态分析工具，另外，它还可以与多种代码静态分析工具集成获得更丰富的代码扫描规则。SonarQube可以度量缺陷、安全漏洞、代码"坏味道"和单元测试覆盖率，其"Quality Gate"界面如图9-9所示。如果达到质量标准，那么该界面的标题栏中会显示"Passed"（A级）；如果达不到质量需求，那么会按照B级、C级、D级或E级列出各种质量问题的数量，其中B级对应的质量问题最轻，E级对应的质量问题最严重。它还可以把代码规模、复杂度等度量集成到一起，通过一个页面统一呈现出来。我们可以单击"Bugs & Vulnerabilities""Coverage"等查看详细内容。

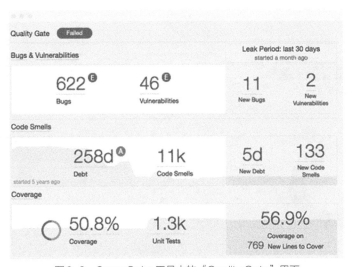

图9-9 SonarQube工具中的"Quality Gate"界面

2. 基于 Grafana 和 InfluxDB 呈现测试结果

除代码质量度量信息的呈现以外，研发团队还应考虑如何呈现其他测试结果，提供给团队内外成员全面感知当前软件质量的渠道，这些测试包括 BVT、性能测试和自动化回归测试等。第 4 章介绍了通过 Grafana 和 InfluxDB 的结合可以按照时序呈现持续集成环境中的自动化测试结果，可以通过监控面板按照时间顺序呈现每次持续集成的测试结果，以及自动化回归测试结果。例如，Grafana、InfluxDB 与 JMeter 集成可以呈现性能测试的实时统计数据：JMeter 添加 Backend Listener，用于在测试过程中实时发送统计指标数据给时序数据库 InfluxDB，配置 Grafana 数据源连接到 InfluxDB，就可以得到呈现实时测试数据的可视化面板，可以呈现累计请求数、累计失败的请求数、吞吐量和响应时间等信息。

3. 基于 Microsoft Power BI 呈现测试结果和缺陷报告

Microsoft Power BI 是一款商业的数据可视化工具，通过与测试管理工具的集成，可以用来打造呈现测试结果、质量度量和缺陷报告等数据的综合性可视化面板。如图 9-10 所示，在 Microsoft Power BI 中呈现了 Jira 中的缺陷数据统计信息。

图9-10   在Microsoft Power BI中呈现Jira中的缺陷数据统计信息

9.2.5 质量雷达图

有的企业会开发一个全局的质量雷达图来显示企业中不同级别部门或项目团队的质量情况，然后通过大尺寸触摸显示器呈现。如图 9-11 所示是一个具有 4 级组织架构的企业的质量雷达图，通过这个质量雷达图，不同部门的管理者可以从中看到整体的技术债率值、个体的技术债率值，还能看到个体占整体的比重。

环形面积表示代码占整个组织的比例，面积越大，代码行数占比越大；环形颜色深浅表示技术债率等级。同时，单击各个扇形可以下转到各级部门和团队：

- 最内圈表示整个组织级的代码总行数及技术债率值；
- 最内圈向外的第 1 层环表示高层部门各自的代码行数及技术债率值；
- 第 2 层环表示下一级开发部门各自的代码行数及技术债率值；
- 第 3 层环（最外层环）表示各个项目组的代码行数及技术债率值。

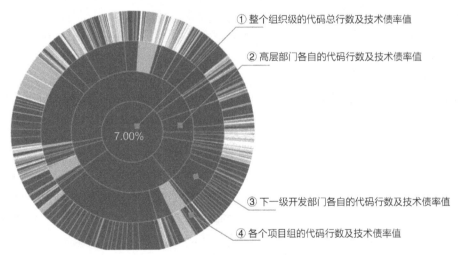

① 整个组织级的代码总行数及技术债率值

② 高层部门各自的代码行数及技术债率值

③ 下一级开发部门各自的代码行数及技术债率值

④ 各个项目组的代码行数及技术债率值

图9-11　企业级的质量雷达图

9.3　敏捷测试优秀实践

谈起敏捷测试的优秀实践，其实我们已经在第 3 章介绍过 Etsy 公司的优秀实践。该公司建立了"代码即艺匠"（code as craft）这样优秀的工程师文化和质量内建文化，开发阶段的测试由开发人员负责，但 Etsy 公司拥有独立的测试团队，主要负责下列一些工作：

- 针对新功能和新产品进行探索式测试、集成测试及跨平台的兼容性测试；

- 针对移动端的发布进行验证测试；
- 验证用户可感知的改变。

本节将介绍微软、谷歌、亚马逊、ThoughtWorks、腾讯和阿里巴巴这几家公司的优秀敏捷测试实践。

9.3.1　微软的优秀实践

在传统软件测试领域，微软做得很好。不少读者看过《微软的软件测试之道》这本书，该书由微软公司的 3 位专业的测试人员撰写，分享了被该公司测试工程师所应用和使用的最佳实践、测试工具和测试系统。在软件测试顶峰的时候，该公司一些团队的开发人员与测试人员数量的比例是 1：2，没错，测试人员比开发人员多。在移动互联的今天，微软也没有辜负大家的期望，最近几年软件研发团队转型很成功。

相对来说，微软公司接触敏捷的时间比较晚。笔者在 2008 年参加微软举办的软件研发高峰论坛时，微软还是在谈及每日构建、每日集成，还没有提及持续集成和敏捷。直到 2011 年 7 月，微软公司副总裁布莱恩·哈里才正式宣布：微软郑重承诺开始全面实施敏捷。这种对敏捷的承诺是由商业需求驱动的，也就是为了让企业具有更高的活力、竞争力和生命力，必须改变过去每隔几年才交付一个新的软件版本的状况，为此，微软别无选择，只能选择敏捷。2014 年，微软大刀阔斧地进行了组织变革，除在操作系统团队保留了 300 名左右的专职的测试人员以外，其他多名专职的测试人员中的 80% 将原来的专职的测试人员头衔统一改为软件工程师，即融入整个敏捷团队中，他们既做测试，又做开发或运维。

2015 年 10 月 27 日和 29 日，史蒂夫·丹宁连续发表了两篇文章：《惊奇：微软是敏捷的》（"Surprise: Microsoft Is Agile"）和《微软实现大规模敏捷的 16 个关键点》（"Microsoft's 16 Keys To Being Agile At Scale"），对微软实施敏捷进行肯定。在第一篇文章中，丹宁提到自己的习惯性认识被颠覆了，之前他认为像微软这样拥有十几万员工的大公司，就像一艘航空母舰那样很难掉头，变革困难，前进的速度很慢，难以快速交付产品。另外，Scrum 创始人之一肯·施瓦伯在其博客中也曾质疑像微软这样的大公司是否能够从官僚主义体制中解放出来。

但在丹宁走进微软公司之后，他感到惊奇，原来公司已被成功改造成无数个小团队，航空母舰似的"大部队"被分解成"乘坐快艇的快速反应部队"。微软的做法实现了今天我们熟悉的多管道快速发布的机制，发布周期从过去的几年到现在的几周。

微软的这段"旅程"，并不是那么顺利，而是跌宕起伏，其间做对了一些事情，也做错了一些事情，经历了阵痛，但最终还是成功了，这也从微软的股票市值上得到了验证。微软的一些优秀的实践，可以概括为永远用最优秀的工程师和最优秀的工程实践，包括下列几点。

- 一体化的工程系统（one engineering system，1ES）团队是微软的 Cloud + AI Platform 部门的一部分，以帮助改善设计和研发人员的工程经验，包括提升内部源代码的质量，以及产品和服务的可访问性、安全性和合规性，类似华为 2012 实验室之下的研发能力提升中心。

- 推行积极的"自我托管"（self-hosting）文化，一方面，确保本地团队运行自己的构建并解决发现的任何问题，另一方面，公司内部首先部署公司开发的最新内部版本，及时发现缺陷。

- 专注于为客户提供价值，特别强调向用户交付价值，即按照对客户的影响决定积压工作的优先级，并建立客户反馈系统（customer feedback system），了解系统运行状况、可用性、性能及服务质量等质量指标，更好地了解用户使用系统的情况，形成产品完整的闭环，从而持续地改进产品，提升用户体验。

- 测试即服务（test as a service，TaaS）。测试不但为研发提供服务，而且为运维提供服务，主动发现性能方面的异常，并判断造成这种情况的原因，消除产生各种问题的根源。只有做好测试服务，才能更好地保证产品质量。

- 强大的基础设施。微软公司逐步将 IT 系统全部迁移至微软的公有云 Azure，同时在内部全面推行 Azure DevOps 平台作为统一的 DevOps 工具链，以及构建数据驱动质量（data-driven quality，DDQ）平台。

9.3.2　谷歌的优秀实践

谷歌和微软在实践方面有许多的相同点，包括只招聘顶尖的人才、构建强大的基础设施、内部尝鲜、金丝雀发布（灰度发布）和不断提高迭代速度等。在更早的时候，谷歌就去掉了 SET（software engineer in test）这个角色，将测试团队转化为工程效率（engineering productivity）团队，为整个软件研发提供自动化测试技术和工具支持。

这里侧重讨论谷歌的两大实践：整洁的代码和又快又好的测试。

（1）整洁的代码

整洁的代码要求代码遵守代码规范。之前许多公司的 C++/Java 语言规范是参照谷歌的代码规范的。在谷歌内部，诸如库、程序和测试这些构建实体，均由高级的声明式构建规范（declaration build standard，DBS）进行声明，描述具体的每一个实体，如实体的名称、源文件、相关的库文件或所依赖的其他实体。构建文件可以自动生成和更新，并确保构建系统通过分析构建文件而不是源文件来快速地确定依赖关系，并以此避免了构建系统和编译器，或者用于支撑其他编程语言的分析工具之间的过度耦合。

所有源代码主库的变更都必须经过除作者外至少一名以上的工程师审查，每一个项目都要开代码评审会；如果发现一个错误，通常会追踪到引入此项错误的变更和原代码的评审意见，并指出问题在哪里，以便让原始作者和评审人员都了解问题所在，而且开发了优秀的基于 Web 的代码评审工具。整个评审流程严谨且高效。在谷歌的团队中，定期扫描各个组件中未关闭的 bug 是比较常见的，团队会优先关注这些 bug 并合理地将它们分配给相应的工程师。

（2）又快又好的测试

又快又好的测试强调任何单个测试超过 60s 就没有价值，测试执行越快越有价值，每天执行近 1 亿个测试用例。

单元测试是谷歌公司非常提倡和广泛采用的工程实践。产品线上所有的代码都要求进行单元测试，如果新添加的源文件没有进行相应的测试，那么代码审核工具会将它们突显出来。

所有的构建都需要经过测试。如果测试失败，则几分钟内系统就能自动通知作者及其评审人员，从而添加新的变更，新的变更会再次合并到新版本分支，再重新构建和重新测试。直到测试全部通过后，将构建好的可执行文件和数据文件一起打包。由于这些步骤是自动执行的，因此发布工程师只需要运行一些简单的命令就能完成发布。

集成测试和回归测试也得到了广泛应用。一旦候选版本已经完成打包，则通常部署到 staging 服务器上，进一步完成集成测试，而且采用先进的技术和高效的策略来完成测试。例如，从产品线上发送一份请求拷贝到 staging 服务器，即采用真实的数据请求完成测试。自动化系统频繁地运行测试，只要有代码改动，就进行回归测试，从而迅速而准确地检测到问题。

2018 年，谷歌更是推出了一款全新的持续集成 / 持续交付工具，即 Google Cloud Build，它能用来快速且大规模地构建、测试和部署软件。在 Google Cloud Build 中，可以设置持续构建流水线，自动执行构建和测试工作；而且它能够发现持续集成中出现的问题，可以提供分析和建议，用户还可以通过历史错误、警告和过滤器来识别那些可能会阻碍程序构建与部署的问题。

9.3.3　亚马逊的优秀实践

提到亚马逊（Amazon），有些人就会想起他们一直在提倡建立"两个比萨的团队"（two-pizza team）——真正的敏捷团队（5 ~ 9 人，午餐两个比萨可以让团队"吃饱"）、扁平化的组织结构。亚马逊公司对人才也非常重视，在招聘上很下功夫，公司专门设立了 200 ~ 300 人的 Bar Raiser，提高新人加入公司的门槛。

亚马逊现在是世界上最大的云服务供应商之一，它的基础设施不容怀疑，完全可以和微软、谷歌媲美，甚至超越它们。在 AWS 弹性云上，实现持续集成、持续交付，以及 DevOps 的各种服务，如 AWS CodeDeploy，平均每秒超过一次的部署活动，也能做到"一键回滚"。

亚马逊推行"以客户为中心"这样的质量文化，并把其做到极致。亚马逊把"以客户为中心"写到企业愿景中，真正痴迷于客户，有着特殊的"空椅子文化"：在开会的时候，总是在会议室放一把留给客户的空椅子，以此提醒与会者，这里有最重要的人——客户。这种仪式感可以帮助参加会议的人员把自己代入客户角色，从客户的角度思考问题，制定决策。亚马逊围绕客户需求制定了 400 个量化指标来衡量运营表现，追求细节，即便是最细微的网页载入延迟也不是小事，必须找到原因，尽快纠正。因为根据亚马逊的统计，0.1s 的网页延迟会直接导致客户活跃度下降 1%。

以极致的"以客户为中心"的质量文化为基础，始终强调敏捷的核心实践之一——质量内建，这包含了目前倡导的许多敏捷测试和 DevOps 的优秀实践，如测试左移、持续集成、持续交付和测试右移等。开发人员通过承担编码、测试和部署工作，甚至线上运维的责任（谁开发，谁运维），真正做到开发人员对自己的代码质量负责。这还体现在架构优化上：从单体结构演化成面向服务的架构（SOA），再演化成微服务结构；一切皆 API，彻底解耦，系统组件 / 服务之间的依赖度降低，团队间的代码冲突减少，而且错误被隔离到单个微服务中；绝大部分的测试可以基于接口开展，可以做得又快又好。

除此之外，还有其他质量内建的具体实践，例如：

- 通过技术创新不断提升用户体验；
- 通过相互之间的代码评审以便尽早发现代码的缺陷；
- 编写各种测试脚本，如单元测试脚本、集成测试脚本和性能测试脚本；
- 通过自动化的部署管道把软件部署到测试环境、类生产环境和生产环境中；
- 监控生产环境中软件的运行情况。

9.3.4　ThoughtWorks 的优秀实践

ThoughtWorks 是一家 IT 咨询公司，与敏捷开发、测试的关系可以说是源远流长，本书中提到的很多优秀实践都出自这家公司。马丁·福勒（《敏捷宣言》的 17 位创始人之一，对现代软件开发带来很深的影响）是 ThoughtWorks 的首席科学家，持续集成的概念和实践通过他的总结、提炼才被大家广泛接受。《持续交付：发布可靠软件的系统方法》的两位作者之一杰兹·亨布尔至今仍是 ThoughtWorks 的首席顾问，另一位作者戴维·法利在这家公司工作期间和杰兹·亨布尔一起完成了这本书。

这里我们主要介绍 ThoughtWorks 公司是如何在项目中实践敏捷测试的。

在 ThoughtWorks 公司，没有测试人员（tester）这个职位，而是由质量分析师（quality analyst，QA）负责项目团队中各种质量相关的工作，通过各种实践让团队中的所有人对质量负责。质量分析师会承担一部分测试工作，但更多的是负责把团队成员组织起来，一起协作完成测试任务。质量分析师需要和团队一起完成测试的分析、计划和设计等工作，这其实就是我们在本书中介绍的敏捷团队中专职的测试人员应该做的事。

在过去 20 多年中，质量分析师总结出大量的敏捷测试实践经验，主要可以概括为 3 个方面：迭代开发中的敏捷测试实践、故事卡开发过程中的敏捷测试实践和生产环境中的敏捷测试实践。

（1）迭代开发中的敏捷测试实践

ThoughtWorks 的测试分析是建立在测试左移的基础上的，并且贯穿于项目的不同阶段，更关注在业务或技术层面上对测试风险的分析。在此基础上制定测试策略，指导整个团队成员完成各种类型的测试。测试设计定义如何在有限的时间和资源的情况下高效地覆盖高风险的功能。

团队在整个产品的生命周期都坚持使用持续集成及持续交付的各种实践，并尽可能自动化回归测试用例，手工测试采用探索式测试的方式，加速交付过程。如图 9-12 所示是 ThoughtWorks 采用的敏捷测试之迭代生命周期经典模型。之所以称之为经典模型，是因为 ThoughtWorks 在真实的不同项目实践中会有所改变，这体现了"没有最佳实践，只有优秀实践"的上下文驱动的测试思维。

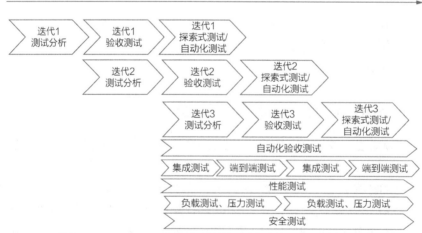

图9-12　ThoughtWorks采用的敏捷测试之迭代生命周期经典模型

（2）故事卡开发过程中的敏捷测试实践

ThoughtWorks 针对单个用户故事形成了一个自己的敏捷测试故事环，如图 9-13 所示。

图9-13 ThoughtWorks 形成的敏捷测试故事环

- 故事启动：质量分析师在故事启动阶段需要参与需求澄清、业务场景和验收测试的确认。

- 故事计划：质量分析师需要针对单个用户故事进行测试工作估算并制定测试计划。

- 故事开发：质量分析师需要在开发完毕之前发现缺陷，从而实现缺陷的快速反馈，防止缺陷流动到验收阶段、测试阶段，减少缺陷的反馈周期，降低返工的成本。这一阶段的经典实践包括质量分析师和开发人员结对实现自动化测试，质量分析师和开发人员或者业务分析人员结对进行每日内部演示和反馈，及时和团队成员沟通发现的问题和缺陷。

- 故事验收：质量分析师和业务分析人员结对进行快速验收测试。验收测试可以是手工测试，也可以是自动化测试，通常是先做手工测试，再编写自动化测试脚本。

- 故事测试：通过验收测试以后，执行探索式测试、安全测试，开发并执行自动化验收 / 回归测试。

- 系统测试和客户演示：进行业务层面的端到端测试，然后进行功能的最终客户验收演示，从而最终完成功能故事卡的开发。

（3）生产环境中的敏捷测试实践

当产品交付到用户手中或者发布上线以后，ThoughtWorks 仍然需要在生产环境中做质量相关的工作，即测试右移。质量分析师的工作范围也从研发环境扩大到产品环境，与持续交付结合，帮助持续提高产品质量。ThoughtWorks 的线上测试的主要实践活动如下。

- 对生产环境中产生的数据进行统计分析，进行 A/B 测试的实验，找到优化和提高软件质量的方案。

- 对产品环境的日志进行可调试性分析，通过优化日志的可调试性，当产品出现问题时，可提升问题定位和修复的效率。

- 对业务功能进行持续监控，在最短时间内获得业务功能的反馈。

9.3.5 腾讯的优秀实践

腾讯高效的研发能力得益于以下 4 个因素。

1）人的因素。腾讯坚持招聘并培养优秀的技术人员，因为无论是业务还是敏捷的变革，均离不开优秀的人才。

2）敏捷文化已深入人心。敏捷已变成每个团队自发的行为并不断在实践中持续改进，这符合敏捷团队的典型特征，即自组织的、自动赋能的和自我持续提升的。

3）完整的去中心化的研发工具体系。平台之间使用松耦合的方式互相集成，既包括代码和需求管理的统一平台，又包括业务线各自的持续集成、持续测试和部署管理工具链，如图 9-14 所示，从中心出发的每一条线，都能伸展出一条完整的研发和运维工具链。其中有一些比较著名的系统，如织云、蓝鲸、WeTest、Bugly。每个业务都可以自行定制贴近自己需求的研发工具，这样有利于每个研发团队自主优化研发效率。

4）通过高效率的质量团队，以及质量工具和方法构建的质量保障能力。在研发阶段的每一个环节，提供质量反馈机制，如持续集成中的代码风格扫描、Coverity 扫描、Sonar 扫描和自动化功能测试等，做到了全程自动化：自动触发、自动检测和自动上报。

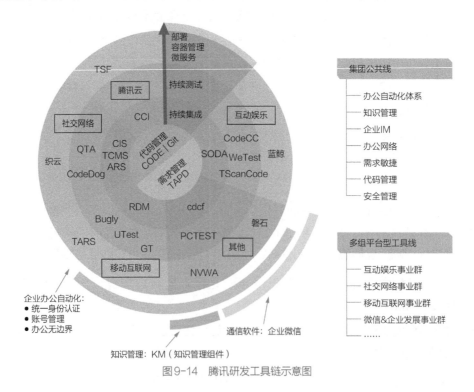

图 9-14　腾讯研发工具链示意图

9.3.6   阿里巴巴的优秀实践

在阿里巴巴内部，至今还保留着专职的测试人员。虽然阿里巴巴是互联网企业，可以通过灰度发布、一键回滚等机制降低软件升级的风险，但是它的业务足够复杂，对业务系统的稳定性和可靠性要求非常高，尤其从 2009 年以来的每年都会经历一次"双 11"的考验，所经受的峰值流量每年都创新高。

阿里巴巴的软件测试在最近 10 年经历了几次升级。

在初始阶段，阿里巴巴有按照测试类型划分的独立的测试团队，如性能测试团队、接口测试团队、安全测试团队等，另外还有专门负责测试自动化的测试平台开发团队和负责手工测试的业务测试团队。在这个阶段，逐渐涌现出开源测试框架，大家开始重视研发效率，重视自动化测试。

在第 2 个阶段，开始对测试团队进行改革，技术化和平台化赋能给业务测试团队，业务测试人员必须具备测试自动化能力、测试工具开发能力，以及性能、安全和接口等方面的测试能力。同时，测试团队开始帮助开发团队建立测试能力。针对测试人员制定的关键绩效指标（key performance indicator，KPI）引导测试人员提升技术能力和效能意识。测试团队开始聚焦测试开发能力、工程效能思维的提升。

在第 3 个阶段，随着业务复杂度的提升，阿里巴巴公司面临越来越多的质量风险的挑战，对于测试人员的能力要求也越来越高。首先，测试人员需要关注系统功能特性的质量，更需要从用户角度对测试进行设计，加强系统端到端的面向业务的测试；其次，每个 BU 的测试团队都有自己的测试平台，测试团队中的测试人员必须具备测试开发能力；再次，测试人员对系统架构与设计的掌握也成为必备技能。

目前是云计算、大数据和人工智能的时代，也是 DevOps 的时代，阿里巴巴对测试人员的技术和能力的要求进一步提升，也更加关注系统全方位的质量保障。测试左移、测试右移和测试自动化的提升等实践更加深入，并且通过平台化建设进行落地。测试左移包括软件技术方案的可测试性，代码评审；测试自动化的提升包括基于需求自动写测试脚本，自动生成测试数据；测试右移包括对业务系统进行在线监控，进行故障注入和演练，制定预案加强系统的快速恢复能力等。

图 9-15 展示了阿里巴巴的研发团队中不同角色在不同任务中从事的与测试相关的工作。

值得大家借鉴之处在于，阿里巴巴在其公司内部设立了两个奖项，用于鼓励测试人员的业务能力和创新能力的提升。其中一个奖项是"金 bug"奖（Golden Bug Award，GBA）。阿里巴巴在每个季度会评选发现的最有含金量的缺陷，以纯金奖牌作为奖励。该奖项的评选标准是不仅从业务维度评估缺陷的价值，同时也会从技术维度评估测试技术 / 方法的创新性。在阿里巴巴，获得该奖项是测试人员的个人最高荣誉。另一个奖项是测试爱迪生奖，该奖项用于奖励测试工程师在测试技术上的发明和创新,鼓励测试人员用技术手段提升测试效率,保障线上稳定等。

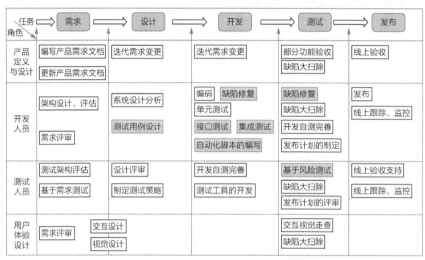

图9-15   不同角色在不同任务中从事的与测试相关的工作

除上面介绍的几家公司的优秀实践之外,Facebook、Netflix 等公司也做得不错。Netflix 拥有成熟的质量保障之道、强大的基础设施和混沌工程实验等。与谷歌一样,Facebook 也有工程师文化,代码为王,并强调用正确的工程方法、思路来完成工作,这极大地激发了开发人员的内驱力和创造力。例如,Facebook 搭建了强大的试验框架,在任何一个时刻都可以测试上千个不同版本的 Facebook 服务,与谷歌类似,其可以在测试方面做得又快又好,很好地支持了快速迭代和持续交付。

9.4   敏捷过程的反思与持续改进

本节我们一起回顾一下敏捷测试的八大模块,它们也是本书介绍的主要内容。

- 基础:澄清什么是敏捷测试,侧重讨论了敏捷测试的思维方式和流程,并定义了一个新的敏捷测试四象限,相信读者会很受启发,并能领会敏捷测试的本质。

- 人与组织:从测试和质量这样的视角去探讨敏捷团队的各种形态,以及其所具有的精神、文化与协作能力,包括敏捷中专职的测试人员、测试负责人等的职责,以及如何构建有质量意识的学习型团队等。

- 基础设施:基础设施是敏捷测试做得又快又好的基础,借助虚拟化、容器和自动化测试等技术支持持续测试,并将静态测试、自动部署与持续集成 / 持续交付、DevOps

等集成，实现持续交付。

- 测试左移：测试要做得又快又好，测试左移是必不可少的。在传统测试中，需要进行需求评审和设计评审，在敏捷中，更应该提倡 ATDD、BDD 和需求实例化，将需求转化为可执行的活文档——需求是可执行的自动化脚本，在时间轴上是最彻底的自动化测试。

- 分析与计划：无论采用什么先进技术以及测试是否左移，测试的分析与计划依旧是测试中最重要的工作之一，也是测试的设计和执行的基础。这一部分针对这一主题进行了全方位探讨，从上下文驱动思维、分析技能、风险、策略、代码依赖性分析、探索式测试和 SBTM 等维度介绍相关的方法和优秀实践。

- 设计与执行：敏捷测试也一样，最终要落地。我们需要关注下列问题。

  - 如何面对用户故事来完成测试的设计？

  - 如何彻底地实现自动化测试？

  - 单元测试必须实施 TDD 吗？

  - 如何做到质量和效率的平衡，以及质效合一？

本模块回答了上述问题，并提供了很好的解决方案或策略。

- 测试右移：通过在生产环境中的在线测试和在线监控将软件测试延伸到产品的运维阶段。测试右移能够及时发现并修复在研发环境中不会出现的缺陷，这是对研发阶段的测试体系的重要完善和补充。

- 收尾与改进：通过定性和定量的方式评估测试工作本身的质量和效率，在工作中持续改进。

如果读者理解了这些内容，就掌握了敏捷测试的思想、方法及其实践。如果团队在这些方面做好了，那么敏捷测试不再是"形似而神不似"，团队就能实现高效的敏捷测试。

9.4.1　敏捷过程的反思

正如敏捷模式所倡导的，每个迭代之后要反思，反思理解不透、做得不好的地方，然后采取行动去改进。如何衡量敏捷测试做得好不好呢？可以从不同的维度去分析，本书侧重讲解的维度如下。

- 敏捷测试的思维方式和质量文化。

- 团队的技术能力、测试能力和沟通协作能力等。

- 敏捷测试的流程。流程常常也是一个改进的维度，产品就是基于这个流程被研发出来的。

- 测试基础设施，例如，是否拥有良好的自动化测试？是否很好地支持持续集成 / 持续交付、持续测试？

- 测试左移 / 测试右移是否到位？

- 测试的分析是否到位？测试计划是否简洁、有效？

- 测试的设计和执行是否满足或适合敏捷测试的诉求？

　　为此，你可以建立一个评估团队敏捷测试水平的雷达图，给每一个维度打分（5 分制或 10 分制），了解自己团队的情况，从而发现团队在某些维度上的弱势，并有针对性地进行改进。如图 9-16 所示，虚线标注的是期望目标，从 6 个维度评估自己团队的敏捷测试水平，可以发现在"团队""测试左移"两项上表现比较弱，得分只有 3.0，刚刚及格。此时就可以给自己的团队设定一个新的目标——提升自己团队的敏捷思维能力和技术能力，做好测试左移工作，特别是 ATDD，在开发前细化用户故事的验收标准，并和开发人员、产品人员、业务人员一起评审验收标准，以达成共识。

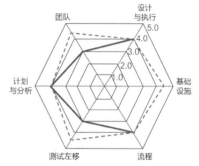

图 9-16　评估团队敏捷测试水平的雷达图

　　有人建议要将敏捷测试分得更细，分为 20 个方面，如图 9-17 所示。这样做也许效果会更好，因为分解得越细，评估标准就越明确。值得我们注意的是，如自动化、探索式测试、反馈速度和可跟踪性等，的确是需要我们关注的，但任务、库有些含糊不清，或者说敏捷的特征不显著。

图 9-17　评估团队敏捷测试水平的 20 个方面

9.4.2　敏捷测试过程的改进分析

　　在敏捷实施过程中，我们也可以按照"守—破—离"3 个阶段来实施和改进。

　　首先，严格按照第 6 ～ 8 章中所讲述的各种流程、方法和要求来实施敏捷测试，即先"固守"人们已探索出来的优秀实践，即使不理解，也可"照搬"，也就是按照成熟的方法实施，因为那些方法和实践是经过实践和探索总结出来的，即经过了实践的检验。

在实施了一段时间之后，慢慢领会了这样做的背后原因，再结合自己团队的实际情况，进行局部的突破和创新，提升敏捷测试水平。

经过不断实践、创新和再实践，慢慢形成自己一套完整的敏捷测试方法和实践，熟练运用，才能彻底"脱离"别人的框架和方法。

9.4.3　数据驱动改进

敏捷测试过程的改进离不开度量，有了数据，就可以更准确、客观地知道问题在哪里。在我们采取了改进措施之后，基于度量数据，才能知道这些改进措施有没有发挥作用、发挥了多大作用，从而准确、客观地了解是否得到了改进。数据驱动改进，一般要做好下面5个方面。

1）做好测试过程、产品质量相关的**数据收集工作**。

2）做好数据的**抽取与分析**，包括测试充分性、测试效率等分析工作。

3）度量结果的数据**可视化呈现**。

4）随着敏捷测试改进的不断深入，度量指标会更多、更细，从而**完善度量指标体系**。

5）更深入地进行**数据挖掘**，找出更有价值的数据。

微软公司倡导数据驱动的质量管理，强调从产品价值相关数据开始分析，深入用户体验分析，包括用户的价值、易用性分析等，最终驱动构建"健康"的系统——良好的性能、可用性和可靠性等。为此，微软公司建立了一个数据驱动质量模型，如图9-18所示。

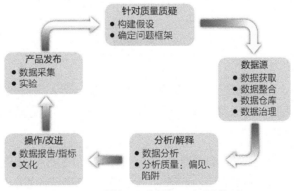

图9-18　微软公司的数据驱动质量模型

9.4.4　PDCA循环

敏捷测试过程要做到持续改进。PDCA循环就是一个用于持续改进的简单且有效的模型，它由计划（plan）、执行（do）、检查（check）和行动（action）4 个部分构成一个循环过程，如图 9-19 所示。

- 计划：分析敏捷测试目前的现状，发现测试过程中存在的主要问题，找出问题产生的根本原因，制定测试过程改进的目标，形成覆盖测试不同维度的改进计划，包括改进的方法、所需的资源、面临的风险与挑战、采取的策略，以及时间表等。

- 执行：执行是计划的实现，也就是按计划落实具体的对策，实施测试过程的监控和度量数据的收集，使活动按照预期设想向前推进，努力达到计划所设定的目标。

- 检查：对执行后的效果进行评估，并经常进行内部审核、过程评审、文档评审和产品评审等活动。但实际上，检查自始至终伴随着实施过程，不断收集（测试要素、关键质量特性等）数据，并通过数据分析、结果度量来完成检查。检查方法一般在计划中就基本确定下来了，即在实施前经过了策划。

- 行动：在检查完结果后，要采取措施，即总结成功的经验，吸取失败的教训，从而改善流程、提升人员能力和开发新的工具等。行动是 PDCA 循环的升华过程，没有行动就不可能有提高。

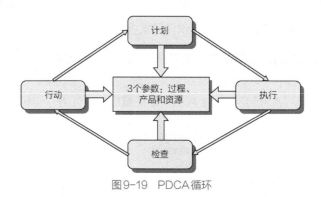

图9-19　PDCA循环

在 PDCA 循环中，检查是起到承上启下作用的重要一环，是自我完善机制的关键所在。没有检查就无法发现问题，改进就无从谈起，只是这种检查，最好要依据客观的数据，即上面所说的度量。

PDCA 循环是闭合的，同时具有螺旋上升的必然趋势。PDCA 循环告诉我们，只有经过周密的策划才能付诸实施，实施的过程必须受控，对实施过程进行检查的信息要经过数据分析形成结果，检查的结果必须支持过程的改进。处置得当才能防止相似问题再次发生，以达到预防的效果。例如，质量标准要求建立的预防机制：对于测试、评审和监控中发现的软件缺陷，除及时纠正以外，还需要针对其产生的原因制定纠正措施；对纠正措施的评审、实施的监控及实施后的效果进行验证或确认，达到预防缺陷的目的；然后改进过程或体系，进而保证持续、稳定地开发高质量的产品。

9.4.5 根因分析

在改进过程中，一定会遇到问题，那就要进行**根因分析**（root-cause analysis），以找到问题产生的根本原因，进而制定策略或采取措施消除根本原因，彻底解决问题。每当彻底解决了一个问题，我们就前进了一步。如果只是解决了表面问题，那么类似的问题还会发生，也就没有进步。根因分析可以分为 3 个步骤。

- 识别是什么问题，如是遗漏的缺陷还是客户新的需求。
- 找出造成问题的根本原因。如对于为什么遗漏缺陷，可能是缺少测试用例，也可能是有的测试用例没有被执行。如果是缺少测试用例的原因，那么要分析为什么缺少。分析的结果可能是没有想到，那么对于为什么没有想到，就要分析是缺少相关知识还是没有认真对待。一般通过上述分析过程就可以找到根本原因。另外，我们还可以采用鱼骨图（因果树）、决策表，以及失效模式和影响分析（failure mode and effect analysis，FMEA）等方法。如图 9-20 所示就是根因分析中鱼骨图的一个示例。
- 找到解决问题的方法、措施，然后实施解决方案，从而解决问题。

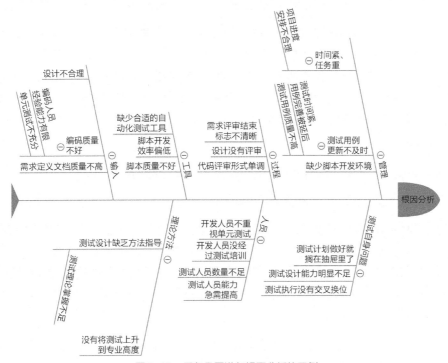

图9-20　用鱼骨图进行根因分析的示例

本章小结

敏捷测试过程的评估也强调持续性，从测试左移开始，到测试的分析、计划和执行，再到测试右移中的每项测试任务都可以通过定性和定量的方法进行度量。不过，过于复杂的评估体系也不利于开发和测试的敏捷化，因此敏捷测试的度量应该考虑如何做到简单、有效，而且能够正确引导团队的质量文化的提升。

敏捷测试需要结合敏捷开发流程来开展相关的收尾与改进工作，充分利用每个迭代之后的反思会，反思在这个迭代过程中做得不够好的地方，然后大家共同讨论如何改进。

敏捷测试过程的改进需要经常复盘，在研发过程中做好数据收集，建立能够评估测试过程的度量指标和度量体系，让度量结果的数据可视化呈现，借助 PDCA、根因分析等工具，进行持续改进。经过日复一日、年复一年的努力，团队就会快速成长起来。

延伸阅读

在本章中，关于测试过程和测试质量的度量是针对一个敏捷团队而言的。不过，大家也许对于这个问题比较感兴趣：敏捷团队中是否需要设立质量相关的 KPI 从而对团队中的个人进行考核？笔者认为，**实施了敏捷模式的公司可能不需要针对团队中的个人设立 KPI，而应针对整个敏捷团队设立 KPI**。这是因为敏捷开发强调团队对质量负责，产品的质量和测试的质量不是某一个人的事情。KPI 需要与公司的战略目标联系起来，取决于：

- 特定的公司所定义的关键商业目标；
- 公司对质量的认识，特别是对"质量起什么作用"的认识；
- 对于软件测试的态度，对于测试工作理解的程度。

制定什么样的 KPI 取决于每个公司如何看待质量，如何看待测试，以及如何看待测试人员。KPI 是一把"双刃剑"，由于它的导向作用，正确的 KPI 能够提高大家的工作效率，而错误的 KPI 就会导向错误的方向。举个例子，有的开发团队在衡量开发人员绩效的 KPI 中把"每月修复的 bug 数量"作为重要的衡量指标，那开发人员编写的代码质量越低，产生的 bug 数量越多，岂不是绩效越容易达标？

制定 KPI 是一项系统工程，不是简单地列举几个指标就可以的。对于测试人员，仅仅衡量测试用例执行数或报告的缺陷数，以及测试自动化成果是片面的。

总之，真正有优秀质量文化的公司可能不需要针对员工个人设立 KPI，而没有良好的质量文化的公司即使实施了质量相关的 KPI，也不一定有良好的效果。目前，有不少的公司不再用 KPI 衡量个人绩效，而是使用目标与关键成果法（objectives and key results，OKR）。

如果非要给测试人员制定 KPI，那么可以将如表 9-1 所示的一些 KPI 作为参考。这里只考虑测试工作自身的质量和效率，不考虑权重、优先级等。

表 9-1　测试工作 KPI 参考项

	KPI
测试质量	• 客户满意度； • 上线后出现的缺陷数； • 设计的测试（用例）的覆盖率； • 测试用例或脚本执行的稳定性； • 被拒绝或延期的缺陷（误报）百分比
测试数量	• 评审了多少需求； • 评审了多少代码； • 设计了多少测试用例； • 测试覆盖了多少需求点； • 执行了多少测试用例； • 开发了多少自动化测试脚本； • 发现了多少有效的缺陷
测试的有效性和效率	• 缺陷数/上百个测试用例数； • 缺陷数/脚本 KLOC（千行代码，一种传统度量标准）； • 自动化测试百分比； • 缺陷"存活"时间
突出贡献或成绩	• 测试专利申请或被批准数； • 测试过程较大改进的建议被采纳； • 提出了一种新的且有效的测试策略/方法； • 发现了新的缺陷模式（故障模式）； • 开发了一款测试工具

第 10 章　敏捷测试的展望

导读

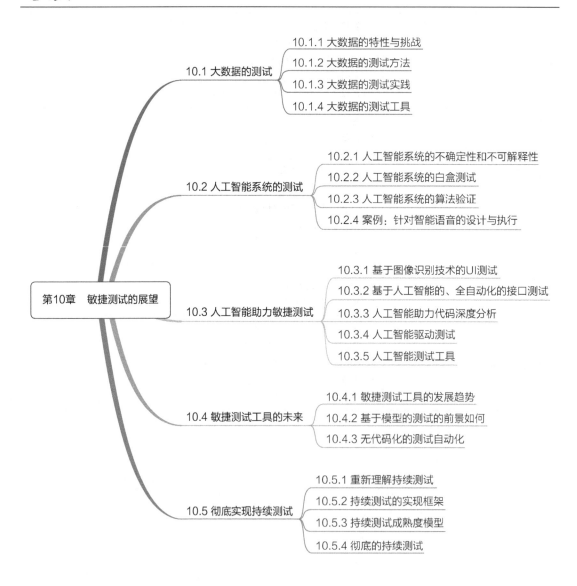

- 第10章　敏捷测试的展望
  - 10.1 大数据的测试
    - 10.1.1 大数据的特性与挑战
    - 10.1.2 大数据的测试方法
    - 10.1.3 大数据的测试实践
    - 10.1.4 大数据的测试工具
  - 10.2 人工智能系统的测试
    - 10.2.1 人工智能系统的不确定性和不可解释性
    - 10.2.2 人工智能系统的白盒测试
    - 10.2.3 人工智能系统的算法验证
    - 10.2.4 案例：针对智能语音的设计与执行
  - 10.3 人工智能助力敏捷测试
    - 10.3.1 基于图像识别技术的UI测试
    - 10.3.2 基于人工智能的、全自动化的接口测试
    - 10.3.3 人工智能助力代码深度分析
    - 10.3.4 人工智能驱动测试
    - 10.3.5 人工智能测试工具
  - 10.4 敏捷测试工具的未来
    - 10.4.1 敏捷测试工具的发展趋势
    - 10.4.2 基于模型的测试的前景如何
    - 10.4.3 无代码化的测试自动化
  - 10.5 彻底实现持续测试
    - 10.5.1 重新理解持续测试
    - 10.5.2 持续测试的实现框架
    - 10.5.3 持续测试成熟度模型
    - 10.5.4 彻底的持续测试

对于敏捷测试的未来，笔者将其概括为**"六化"**。

1）**敏捷化**：随着敏捷和 DevOps 的引入，测试左移到位——ATDD、测试驱动设计，测试右移显著增强——在线测试，更彻底地支持持续交付（包括 DevOps）。

2）**高度自动化**：提高自动化测试技术和持续优化自动化框架或自动化测试工具，让自动化无处不在，贯穿整个测试全过程，覆盖测试的各个方面，正如 Gartner 发布的 2020 年十大技术趋势之一——超级自动化。

3）**云化**：采用当今的虚拟机、容器等技术，将软件测试环境建立在具有高弹性、可伸缩的云平台上，使测试资源充分共享，降低测试成本和提高测试效率。

4）**服务化**：让软件测试成为一种服务，简单地说，让所有的测试能力可以通过 API 来实现，构建测试中台，任何研发人员可以按需自动获取测试的能力。

5）**模型化**：基于模型的测试，才能更有效、更精准，测试才能彻底自动化。过去，人们常说的自动化测试，只是半自动化——测试执行的自动化。彻底的自动化是指测试数据、测试脚本都是自动生成的。

6）**智能化**：当今的互联网、存储能力、技术能力和大数据掀起了人工智能的第三次浪潮，人工智能能够服务其他行业，自然能够服务于测试；而且在上述高度自动化、云化、服务化和模型化的基础上，人工智能更能发挥作用，包括测试数据的自动生成，自主操控软件，缺陷和日志的智能分析，优化测试分析与设计等。

这些大的趋势也是相互促进的，测试云化后，测试生命周期过程中产生的数据更加集中，有利于机器学习、深度学习，从而促进测试的智能化。云化也促进服务化，智能化促进高度自动化，模型化和智能化也相互促进。从根本上来看，测试未来的趋势更体现在高度的自动化和智能化上，从而实现持续测试，使测试不会成为持续交付的瓶颈，更好地提升业务竞争力。

除测试的自身发展趋势以外，测试还要面临软件新技术、新型应用系统的挑战，如何测试大数据、如何验证机器学习模型，以及如何测试人工智能应用系统。

总之，预测未来很难，但了解当前技术的发展特点和业界亟待解决的痛点，也许可以帮助我们畅想一下敏捷测试的未来。

10.1 大数据的测试

2017 年,《经济学人》杂志发表了一篇文章《世界上最宝贵的资源不再是石油，而是数据》（"The world's most valuable resource is no longer oil, but data"），从此以后，人们常说的一句话是：大数据就是未来的新石油。随着移动互联、物联网的应用和发展，社交媒体、网络直播、更多的传感设备、移动终端逐渐占据了人们的生活空间，由此而产生的数据及其增长速度将比历史上的任何时期都要多、都要快。

"大数据"这个术语，不但意味着数据本身，而且意味着用于处理和分析数据的工具、平台和业务系统。另外，从大数据生命周期来看，"大数据"还意味着数据采集、预处理、数据存储、数据分析及数据可视化的实现过程及其核心技术。

通过数据帮助企业进行业务决策，而数据质量是决策成功的基石，毕竟没有一个组织能够根据不良数据做出有关新产品发布、客户参与或数字化转型的正确决策。因此，大数据的发展也不断促进和倒逼大数据测试技术的发展。

10.1.1　大数据的特性与挑战

大数据是指随着时间呈指数级增长的庞大且复杂的数据集，因此无法用传统的数据处理技术对其进行处理和分析，而必须采用高效、新型的模式。通过对大数据的收集、分析和处理可以发现对组织有价值的信息，从而增强组织的洞察力和决策能力。

大数据的特点一般用 4V 来表示，即数据规模大，数据生成速度快（或时效性强），数据种类繁多和数据价值密度低。

1）数据规模大（volume）：随着移动互联、物联网、社交媒体和电子商务等技术的发展，世界正在无时无刻地产生大量信息。根据统计，当前在网络中每天产生高达 240 亿字节的数据，过去两年中产生的数据比之前的整个人类历史中产生的都要多。

2）数据生成速度快（velocity）：在各种数据源中高速、连续地生成数据，数据的时效性对于业务分析和决策通常非常关键，数据生成和处理的速度要满足业务的需求。

3）数据种类繁多（variety）：数据种类繁多，格式多种多样。大数据中不但包含结构化数据，而且包含丰富多样的半结构化数据和非结构化数据，见表 10-1。当前大数据系统中需要处理的数据超过 90% 以上都是非结构化数据。非结构化数据也正在变得越来越重要，例如，企业需要从在线评论、社交媒体信息中提取数据进行业务分析和商业决策。

表10-1　大数据中的数据分类

数据类型	描述	示例
结构化数据	适合存储在关系型数据库的数据类型。结构化数据组织性强，数据格式是提前定义好的，易于查询和分析	日期、电话号码、产品库存和客户名称等

续表

数据类型	描述	示例
半结构化数据	数据没有严格地进行组织，但随着数据一起提供的有标签和元数据	XML、CSV和JSON等格式数据
非结构化数据	没有预先定义好的数据格式，不适合存储在关系型数据库中	图片、语音和视频文件、文本文件、邮件、来自社交媒体的数据，以及聊天工具中的聊天记录等

4）数据价值密度低（value）：数据价值密度的高低与数据总量的大小成反比，例如，在互联网模式的系统中，每天记录大量的用户日志，其中具有商业价值的信息需要从海量数据中进行收集、处理和分析才能提取出来，因此才出现了数据挖掘技术。

数据时代的到来，一方面，让人们前所未有地认识到数据的价值，企业需要利用大数据中有价值的信息，迅速采取行动，如降低运营成本，推动组织创新，迅速推出新的产品和服务，让组织变得更具竞争力；另一方面，大数据的发展也不断面临新的挑战，这不但体现在大数据技术方面，而且涉及法律和道德层面。

有人用"海啸"来形容当前数据量的增长速度，大数据的生成速度正快速超过现有大数据的分析和处理工具的能力，迫切需要更智能的算法、更强大的 IT 基础设施，以及新的数据处理技术，以提高实时处理和存储大规模的数据的能力。同时，如何提高手头数据的利用效率是一个值得研究的方向。根据 IDC 提供的数据，2020 年每个上网的人平均每秒产生 1.7 兆字节的新数据，所有数据中只有 37% 可以被分析和处理，因而留下大量未被处理和利用的信息。技术方面的挑战在于如何从不同的系统和平台中有效地提取数据。

数据不真实、不准确、不透明、不共享和不安全是当前数据发展与使用方面的几个突出问题。在企业内部不同的系统中数据有不同的属性信息，缺乏统一的数据标准和规范文档。组织间的数据共享更是一个难题。在大数据面前，用户面临隐私泄露的问题，大量通道及互连节点的存在增加了黑客利用系统漏洞的可能性。企业需要通过数据治理提高数据质量、数据安全和企业的数据管理水平，从而进行数据质量监控平台的建设，从多个维度、各个阶段加强对大数据的监控、告警和诊断。

这些也为大数据测试带来了相应的技术挑战。大数据测试与传统数据测试在数据、基础设施和验证工具方面有很大不同。当前大数据测试的挑战在于测试效率、实时处理大型数据集的能力，以及大数据应用的性能测试等方面。大数据的自动化测试解决方案亟待完善，不但需要能够支持大数据技术生态系统的大数据测试工具和平台用来提高测试效率和测试场景的覆盖率，而且需要大数据测试在 DevOps 环境中的集成，以满足更加高效地对数据进行持续测试的要求。在性能测试方面，大数据系统中每个组件属于不同的技术，需要独立测试，没有单个工具可以执行端到端的性能测试，需要特殊的测试环境才能满足大数据量的测试需求。

大数据技术的落地往往伴随着高昂的成本。如果企业选择本地部署大数据系统，就意味着需要投入硬件设施、研发人员和系统维护等多方面的费用；如果企业选择基于云的大数据解决方案，那么需要支付云服务、大数据解决方案开发和维护方面的费用。如何在投入和产出价值之间权衡，找到合适的解决方案，是很多企业和组织需要慎重考虑的问题。

10.1.2　大数据的测试方法

大数据的测试需要覆盖大数据系统架构、业务应用，以及作为大数据系统核心功能的数据处理过程的验证。这其中涵盖了功能测试、性能测试、安全测试和可靠性测试等多种测试类型。

目前一般使用 Hadoop 生态系统中的相关组件 HDFS、MapReduce、Hive 和 HBase 等搭建大数据平台，提供大数据的分布式存储、计算等服务。一个 Hadoop 系统由庞大的计算机集群组成，包含几百个甚至上千个计算节点，对于系统的性能以及高可用性、可扩展性的能力要求很高。大数据系统的体系结构非常关键，糟糕的架构会导致系统性能下降、节点故障频发和数据处理延迟等一系列问题，并因此产生高昂的维护成本。在测试方面，需要针对单个模块和模块间的交互进行测试，并且对整个系统进行端到端的测试。系统级别的测试应该覆盖性能、可靠性和稳定性等方面：性能测试反映了大数据系统在各种场景下的数据处理能力，需要评估的指标包括任务完工时间、数据吞吐量、内存利用率和 CPU 利用率等；稳定性测试验证系统在长时间运行下，系统各项功能是否仍然正常；可靠性测试验证大数据体系架构的容错性、高可用性，以及可扩展性。例如，系统某个节点出现故障，服务是否可以无缝切换到备份节点、故障节点是否具备快速恢复能力，以及集群是否具备弹性扩容能力等。例如，Hadoop 架构中的大数据应用有数百个数据节点，当某个节点出现故障时，HDFS 会自动检测到故障并对节点恢复重新运行，可靠性测试中需要评估故障恢复时间等指标。

大数据应用是指像互联网商业模式中的推荐系统，以及 IT 监控系统等基于数据模型的业务应用，一般与人工智能直接相关，这部分将在 10.2 节讨论，主要是算法、人工智能模型等的验证。大数据应用基本结构及测试范围如图 10-1 所示。

大数据从源系统中提取，并经过数据转换、清洗等处理，最终加载进目标数据仓库。这个流程称为 ETL（extract-transform-load，抽取—转换—加载），是大数据系统的核心功能。大数据系统的 ETL 测试覆盖数据采集、数据存储和数据加工等方面的验证，重点是在验证数据输入 / 输出及处理过程，以确保数据在整个数据处理转换过程中是完整且准确的。ETL 测试主要采用数据分类、分层、分阶段测试方法，功能测试是重点，同时也需要考虑性能测试、安全测试、兼容性测试和易用性测试等。

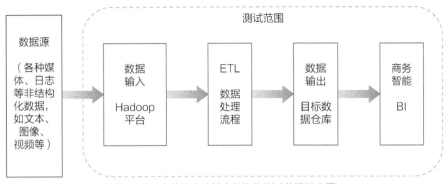

图10-1 大数据应用基本结构及测试范围示意图

这里以 Hadoop、MapReduce 平台为例，具体测试分为 3 个阶段，分别进行。通过过程的验证才能更好地保证输出的质量。

1）数据阶段验证。这是数据预处理及其加载的验证。例如，使用工具 Talend 或 Datameer 验证下列内容。

- 验证来自各方面的数据资源，检查来自各个数据源的数据是否被加载到数据系统（如 Hadoop 系统）中。
- 检查相关数据是否以正确的格式完整地读入数据系统中。
- 检验上传数据文件过程中，是否有异常数据流入存储或运算系统中；如果突然中断，系统能否有提示、是否会挂起。
- 将源数据与加载到数据系统中的数据进行比较，检查它们是否匹配、一致。
- 验证数据是否正确地被提取并加载到数据存储管理系统（如 HDFS）中。

2）数据计算验证。这个阶段侧重每个节点上的业务逻辑计算验证，一般需要在运行多个节点的分布计算后再进行验证，检查下列操作。

- 分布式计算（如 Map 与 Reduce 进程）能否正常工作。
- 在数据上能否正确地实现数据聚合或隔离规则。
- 业务逻辑处理是否正确、是否能正确生成键值对等。
- 验证数据在分布式计算（Map 和 Reduce 进程执行）后是否正确。
- 测试一些异常情况，如数据输入中断，以及给算法"喂"的数据过大或过小等。

3）输出阶段验证。对数据输出进行验证，包括对输出的数据文件及其加载等进行验证。

- 检查转换规则是否被正确应用。

- 检查输出结果的各项指标表现如何。

- 检查数据是否完整、准确，以及是否被及时加载到目标系统中。

- 检查用户可见的数据信息是否准确、有序地呈现出来。

- 检查可视化图表的展示是否正确、美观。

- 通过将目标数据与 HDFS 数据进行比较来检查是否有数据"损坏"。

只要是针对数据进行测试，就需要考虑数据的安全性、完整性、一致性和准确性等，这贯穿于数据处理的每个阶段。

- 数据的安全性是指数据存储是否安全、备份的间隔时间是多少，以及备份的数据能否及时、完整地得到恢复。

- 数据的完整性是指数据各个维度是否覆盖了业务全部特性、数据的记录是否丢失，以及某条数据是否有部分字段信息丢失等。

- 数据的一致性是指是否遵循了统一的数据规范，从源系统中提取的数据与目标数据仓库中的数据之间，以及数据在 ETL 过程中流转前后的逻辑关系是否正确和完整，数据类型是否相同。

需要注意的是，敏捷测试中大部分优秀的测试实践对于大数据测试仍然适用，如测试左移、测试右移、单元测试、API 测试和持续集成等。

10.1.3　大数据的测试实践

在大数据的测试中，为了提高测试效率，在进行功能测试而不是性能测试时，一般只选取少量典型的测试数据集进行测试，即选取那些能覆盖计算逻辑和边界场景的测试数据。这时就需要用到普通的测试方法了，如等价类划分、边界值分析方法和组合测试方法等。

人为构造的数据无论是在分布形态还是异常场景覆盖上都比不上真实的生产数据，而由于测试数据对异常场景的覆盖不足，在系统上线后，很有可能会导致算法失效或系统崩溃等严重问题。如果可能的话，那么要尽量导入真实数据来进行测试。因此，在大数据的性能测试中，流量回放就是人们开始采用的测试方法。

大数据的测试在测试预言方面会面临更大的挑战，因为很难制定一个明确的判定标准，来判断经过大数据的处理后的结果是否正确，而且同时与人工智能的融合导致算法、模型和数据质量等问题相互交叉，难以分辨。因此，算法评审、代码评审更有价值，在整个 ETL 处理过程中能讲清楚、解释合理，就能增加我们对质量的信心。最终是否正确，则需要实践检验，包括 A/B 测试。

大数据的测试环境相比一般测试更加复杂、要求更高，需要搭建基于多种组件的具有多个节点的应用集群。大数据的测试环境应该具备足够的能力来存储和处理大量的数据；另外，测试环境应该能够支持从单个模块的验证到端到端的系统测试。在大数据的测试环境搭建时，需要注意以下几点。

- 评估大数据处理数据量的需求，估计测试环境中数据节点数量需求，分析大数据系统中的所有软件需求。
- 根据测试类型分析需要的测试工具和测试平台。
- 大数据的测试环境的实施与维护。

在 2020 年 9 月召开的全球软件质量 & 效能大会（Quality & Efficiency Conference，QECon）上，来自科大讯飞的测试架构师分享了如何为公司的大数据平台构建大数据测试体系，主要解决面向业务数据的复杂性和快速增长验证大数据处理的正确性、及时性，大数据系统的高可用性，以及分析产物是否满足业务需求。其中，在验证数据结果的正确性方面，该公司采用构造测试数据和真实数据相结合的方法，用测试数据验证功能点，真实数据补充测试场景。测试数据主要由日志构成，为了解决测试日志构造困难、维护成本高等问题，形成了数据构造自动化解决方案，通过拉取最新现网日志来自动构造测试日志并进行格式转换。

10.1.4　大数据的测试工具

这里主要介绍用于系统架构测试和数据验证（ETL 测试）的测试工具。

有一些工具可以对大数据系统进行基准测试（benchmarking），目的是评估和对比不同的系统架构和组件的性能，从中选出满足业务需要的方案。大数据系统架构测试的开源基准测试工具包括 HiBench、GridMix、APM Benchmark、CloudSuite 和 BigDataBench 等。这些工具套件支持微观基准（micro benchmark）、组件基准（component benchmark）和应用基准（application benchmark）3 种测试集。微观基准测试用来评估系统中单个组件内部一个单独的数据主题；组件基准测试用于评估组件级别性能；应用基准测试衡量端到端的系统性能。

HiBench 是英特尔开源的基准测试套件，用于评估不同的大数据框架性能指标（包括处理速度、吞吐量和系统资源利用率），可以评估 Hadoop、Spark 和流式负载，提供了包括微观负载、流式负载在内的 6 类典型负载。

BigDataBench 包含了 13 个具有代表性的真实数据集和 27 个大数据基准，可以支持结构化、半结构化和非结构化在内的所有数据类型，以及不同的数据源（如文本、图像和音视频等）。

GridMix 是 Hadoop 自带的针对 Hadoop 系统的基准测试工具，用来评测 Hadoop 集群中各个组件 / 功能模块，它支持的功能包括生成测试数据、提交 MapReduce 任务和统计任务完成所需的时间等。

常用的 ETL 测试工具包括 QuerySurge、RightData、Informatica Data Validation 和 QualiDI 等，用于数据的一致性、完整性等方面的验证。

以 QuerySurge 为例，它包括 5 个模块：测试设计、测试计划、测试执行、测试报告和系统管理，其主要功能如下。

- 支持 Oracle、Teradata、IBM、Amazon 和 Cloudera 等各种大数据平台的 ETL 测试。
- 通过查询向导快速创建测试查询表，而不需要用户编写任何 SQL 语句。
- 提供一个包含可重用查询片段的设计库，用户可以创建自定义查询空间。
- 将源文件和数据存储中的数据与目标数据仓库 / 大数据存储进行比较，可在几分钟内完成数百万行和列的数据对比。
- 允许用户计划测试运行的触发模式，包括立即运行、任何日期 / 时间运行，或在某个事件结束后自动运行。
- 提供可共享的、自动化的电子邮件报告和数据运行状况仪表板。
- 支持与持续交付环境的集成实现数据的持续测试和测试管理的自动化。

大数据本身的特性决定大数据的测试非常依赖自动化以提高测试效率，目前不同模块和不同的测试类型需要不同的测试工具。在此基础上，需要发展大数据自动化测试平台，能够支持测试脚本的开发、测试数据构造、无监督的测试执行，以及测试结果的自动分析、发送和可视化呈现等测试过程的管理。这些也属于本书前面介绍过的敏捷测试的优秀实践。

10.2　人工智能系统的测试

人工智能的测试最早可以追溯到 20 世纪 50 年代。1950 年，艾伦·图灵在论文《计算机器与智能》（"Computing Machinery and Intelligence"）中第一次提出了"图灵测试"。

图灵测试就是为了验证该论文所提出的"机器能够思考吗"这样的问题。假如某台机器"表现得"和思考的人类无法区分（这并不要求百分之百无法区分，而只要有 30% 的机会能"骗"过裁判），那么就认为机器能够"思考"。机器想通过图灵测试，还真不容易。直到 2014 年，在英国皇家学会举行的图灵测试大会上，聊天程序 Eugene Goostman 冒充一个 13 岁的乌克兰男孩骗过了 33% 的评委，从而"通过"了图灵测试。

人工智能发展到今天，已经有 70 年时间，比软件工程的历史还长 20 年。在经历了两次发展高潮和两次发展低谷之后，人工智能进入了当今的第 3 次的发展高潮。之所以人工智能能进入第 3 次发展高潮，很大程度上是由于大数据的推动，因为有了数据，才能训练出更好的模型。当然，这也离不开当今发达的网络、成本低廉的存储能力和超强的计算能力（如GPU）。

10.2.1　人工智能系统的不确定性和不可解释性

像深度神经网络模型，通过特定数据集训练出来的模型可以获得相当好的结果，但对这个模型我们难以解释，而且容易出现过拟合，当处理新的数据时，其模型的性能有可能显著下降，也容易被添加少量随机噪声的"对抗"样本"欺骗"，系统容易出现高可信度的误判。这就是人工智能系统的不确定性和不可解释性。

1950 年，艾伦·图灵在《计算机器与智能》的开篇提到："我建议大家考虑这个问题——机器能思考吗？"但是，因为我们很难精确地定义思考，所以图灵提出了他所谓的"模仿游戏"。

> **模仿游戏**
>
> 一场正常的模仿游戏有 A、B 和 C 3 人参与，A 是男性，B 是女性，两人坐在房间里；C 是房间外的裁判，他的任务是要判断出这两个人的性别。但是，男方是带着任务来的：他要欺骗裁判，让裁判做出错误的判断。
>
> 那么，图灵问："如果一台机器取代了这个游戏里的男方的地位，那么会发生什么？这台机器骗过审问者的概率会比人类参加时更高吗？这个问题取代了我们原本的问题：'机器能否思考？'"

1952 年，在一个 BBC 广播节目中，图灵谈到了一个新的具体想法：让计算机来"冒充"人。如果超过 30% 的裁判误以为在和自己说话的是人而非计算机，就算成功了。从图灵测试可以看出，人工智能的系统具有不确定性，而判断一个系统是否具有人工智能，这里采用了一种概率统计的方法。我们也可以用标准差、方差和熵等来度量结果的离散性或不确定性。

更明确的人工智能的不确定性的解释始于 1980 年，当时汉斯·莫拉韦克想知道为什么人工智能如此轻松地完成人类很难实现的东西，但同时却很难做到人类轻而易举做到的事情。这是人工智能悖论，也意味着人工智能的不确定性。在机器学习中，其不确定性更加明显，表现在偶然的不确定性（aleatoric uncertainty）和认知的不确定性（epistemic uncertainty）。

偶然的不确定性来源于数据的固有噪声、数据生成过程本身的随机性、输入数据的不确定性等。许多时候，这些数据的固有噪声受限于数据的采集方法，甚至一些重要的数据维度或变量可能没有采集。不能简单地通过收集更多的数据而消除噪声。数据输入的不确定性自然也会传播到机器学习模型的预测结果。假设有一个简单模型 $y=6x$，输入数据满足正态分布 $x \sim N(0,1)$，那么预期结果 y 服从正态分布 $y \sim N(0,6)$，因此该预测分布的偶然事件不确

定性可描述为 $\sigma=6$。当输入数据 x 的随机结构未知时，预测结果的偶然事件不确定性将更难估计。

认知的不确定性主要体现在机器学习模型的不确定性，也来自模型的不可解释性，即我们对正确模型参数的未知程度。如图 10-2 所示为一维数据集上的简单的高斯过程回归模型，其中实线是预测（prediction）结果，虚线中的点是观察（observation）点——训练数据的认知不确定性为 0，深色区域——95% 置信区间（confidence interval）反映了认知的不确定性。不同于偶然的不确定性，认知的不确定性可以通过收集更多的数据以消除模型由于缺乏知识的输入区域而降低。例如，我们训练一个分辨人脸和猩猩脸的机器学习模型。如果训练数据都是一些正常的照片，而没有对这些照片进行旋转、模糊等处理，当我们给这个模型输入模糊的人脸照片、旋转 90° 的猩猩脸照片时，就会出现较大的不确定性，其置信度会显著降低。但如果在训练中增加这类数据——经旋转、模糊等处理的照片，该模型的认知的确定性就会增加，这时再给该模型输入模糊的人脸照片、旋转 90° 的猩猩脸照片，不确定性会大大降低。

这种不确定性可以通过采用集成方法［如使用引导聚合（bootstrap aggregation）构建集成模型］来估计，因为集成方法中不同的模型往往会揭示出单个模型特有的错误。

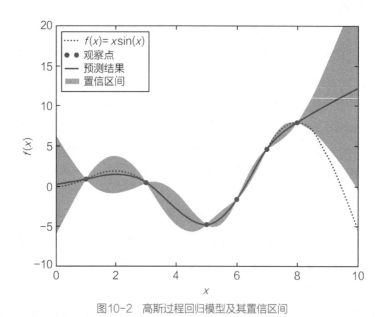

图10-2　高斯过程回归模型及其置信区间

10.2.2　人工智能系统的白盒测试

我们以现在流行的深度学习神经网络算法为例，并参考一些学者的论文，如《测试深度神经网络》（"Testing Deep Neural Networks"），来讨论如何进行白盒测试。深度神经网络包含许多层连接的节点或神经元（neuron），如图 10-3 所示，一个简单的人工神经网络模型，含有多层感知器。

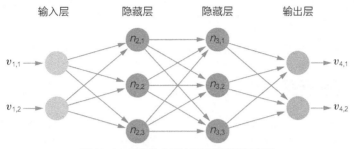

图10-3 简单的人工神经网络模型示意图

每个神经元接受输入值并生成输出值或输出矢量（激活值），每个连接都有权重，每个神经元都有偏差。根据输入值、输入连接的权重和神经元的偏向 [偏置单元（bias unit）]，通过公式来计算输出值。传统的覆盖率度量对于神经网络并没有真正的用处，因为通常使用单个测试用例即可达到 100% 的语句覆盖率。因为缺陷通常隐藏在神经网络本身，所以必须采用全新的覆盖率度量方法，可以概括为下列 6 种度量方法。

1）神经元覆盖率（neuron coverage）：激活的神经元的比例除以神经网络中神经元的总数，如果神经元的激活值超过 0，则认为该神经元已被激活。

2）阈值覆盖率（threshold coverage）：超出阈值激活值的神经元的比例除以神经网络中神经元的总数，阈值介于 0 ~ 1 之间。

3）符号变更覆盖率（sign change coverage）：用正激活值和负激活值激活的神经元的比例除以神经网络中神经元的总数。激活值 0 被视为负激活值。

4）值变更覆盖率（value change coverage）：定义为激活的神经元的比例，其中其激活值相差超过变化量除以神经网络中神经元的总数。

5）符号 – 符号覆盖率（sign-sign coverage）：如果可以显示通过更改符号的每个神经元分别导致下一层中的另一个神经元更改符号，而下一层中的所有其他神经元保持相同（即它们不更改符号），则可以实现一组测试的符号覆盖。从概念上来讲，此级别的神经元覆盖率类似于 MC/DC（修正的条件 / 判定覆盖）。

6）层覆盖率（layer coverage）：基于神经网络的整个层以及整个层中的神经元集合的激活值如何变化来定义测试覆盖率。

当前还没有成熟的商用工具来支持神经网络的白盒测试，但有下列几种实验性工具。

- DeepXplore，专门用于测试深度神经网络，提出了白盒差分测试算法，系统地生成涵盖网络中所有神经元的对抗示例（阈值覆盖）。

- DeepTest，系统测试工具，用于自动检测由深度神经网络驱动的汽车驾驶的错误行为，支持深度神经网络的符号 – 符号覆盖率。

- DeepCover，可以支持上述定义的所有覆盖率。

10.2.3　人工智能系统的算法验证

不同类型算法的验证，其关注的模型评估指标不同，如人脸检测算法评估指标主要有准确率、精确率和召回率等。相同类型算法在不同应用场景其关注的算法模型评估指标也存在差异。例如，在高铁站的人脸检索场景中，不太关注召回率，但对精确率要求高，以避免认错人；但在海量人脸检索的应用场景中，则愿意牺牲部分精确率来提高召回率。

在算法验证中，还会有下列一些指标需要验证。

- 受试者操作特征曲线（receiver operating characteristic curve，ROC 曲线），以真阳性概率（true positive rate，TPR）为纵轴、假阳性概率（false positive rate，FPR）为横轴构成坐标图，它反映敏感性和特异性连续变化的综合指标，其上每个点反映出对同一信号刺激的敏感性，适用于评估分类器的整体性能，如图 10-4 所示。

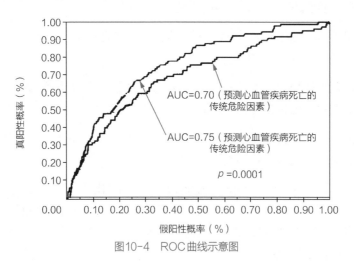

图10-4　ROC曲线示意图

- AUC（area under the curve）是 ROC 曲线的面积，用于衡量"二分类问题"机器学习算法性能（泛化能力）。

- P-R（precision-recall）曲线用来衡量分类器性能的优劣，如图 10-5 所示。

- Kappa 系数：度量分类结果一致性的统计量，是度量分类器性能稳定性的依据。

Kappa 系数值越大，分类器性能越稳定。

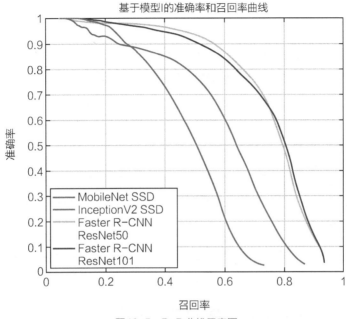

图10-5 P-R曲线示意图

其中：

- 真阳性概率（TPR）= TP/(TP+FN)；
- 假阳性概率（FPR）= FP/(TN+FP)。

式中右侧各项的说明如下。

- TP（true positive），预测类别是正例，真实类别是正例。
- FP（false positive），预测类别是正例，真实类别是反例。
- TN（true negative），预测类别是反例，真实类别是反例。
- FN（false negative），预测类别是反例，真实类别是正例。
- 预测值与真实值相同，记为 T（true）。
- 预测值与真实值相反，记为 F（false）。
- 预测值为正例，记为 P（positive）。
- 预测值为反例，记为 N（negative）。

算法测试的核心是对机器学习模型的泛化误差进行评估，为此使用数据测试集来测试学习模型对新样本的差别能力，即以测试数据集上的测试误差作为泛化误差的近似。测试人员使用的测试数据集只能尽可能地覆盖正式环境用户产生的数据情况，发现学习模型的性能下降、准确率下降等问题。

如何选取或设计合适的测试数据集将成为算法验证的关键，一般要遵循下列 3 个原则。

1）根据场景思考真实的数据情况，倒推测试数据集。例如，需要考虑模型评价指标、算法的实现方式、算法外的业务逻辑、模型的输入和输出，以及训练数据的分布情况等。

2）测试数据集独立分布。开发人员选择一个数据集，会分为训练数据集和验证数据集，而测试集不能来自开发人员选择的数据集，而应该独立去收集或获取一个全新的数据集，这就是我们通常所说的机器学习需要 3 个数据集。

3）测试数据的数量和训练数据的比例合理，如果拥有上百万条数据，那么只需要 1000 条数据，便足以评估单个分类器，并且准确评估该分类器的性能。如果觉得还不够，那么可以选择 1 万条数据作为测试集。

除上述算法模型评估指标以外，我们还常用 ROC 曲线、P-R 曲线来衡量算法模型效果的好坏。

10.2.4　案例：针对智能语音的设计与执行

这个案例依据软件绿色联盟标准评测组颁布的《手机智能语音交互测试标准》，摘取要点改编而成。

智能语音技术是研究人与计算机直接以自然语言的方式进行有效沟通的各种理论和方法，涉及机器翻译、阅读理解和对话问答等，应用到声纹识别、语音识别和自然语言处理等核心的人工智能技术。其中声纹识别技术是根据语音波形中反映说话人生理和行为特征的语音参数，来识别语音说话者身份的技术。语音识别技术可赋予机器感知能力，将声音转为文字供机器处理，在机器生成语言之后，语音合成技术可将语言转化为声音，形成完整的自然人机语音交互，这样的语音交互系统可看作一个虚拟对话机器人。

其业务逻辑如图 10-6 所示。首先，用户唤醒设备，然后通过语音进行人机对话交流；产品进行语音识别后，进行一系列的处理来获得相应的结果和服务，并给予用户反馈。用户在不断的交互中获得反馈并更新对产品的认知，同时产品在不断的交互中更新自己的知识使得系统更加智能。

目前智能语音交互技术广泛应用在手机上，手机智能语音是指将现有语音识别、语音合成和语义理解等智能语音语义技术应用于手机终端的功能体现。语音唤醒是激发整个语音交互的开始，这一功能已成为手机的基础功能。

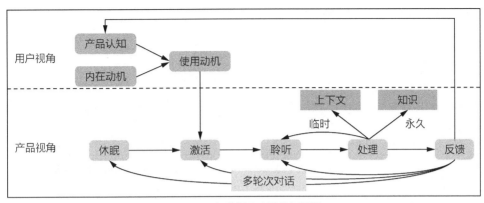

图 10-6　智能语音产品业务逻辑

根据手机语音系统的服务对象和内容，我们定义智能语音系统评测模型从唤醒服务、对话服务和其他功能 3 个维度评估智能语音系统，其中对话服务的质量最为重要。唤醒服务、对话服务和其他功能的权重分别为 15%、70% 和 15%，见表 10-2。

表10-2　智能语音系统评测模型的 3 个维度的权重及说明

评测维度	权重	说明
唤醒服务	15%	在手机场景下，用户可以通过语音方式进入智能语音系统
对话服务	70%	包含听清、听懂和应答，是手机智能语音系统的核心，承载着几乎所有的功能，拥有语音领域相关的技术能力，占比最高
其他功能	15%	包含端侧语音能力、三方技能和自定义技能 3 个部分

将唤醒服务得分、对话服务得分和其他功能得分累计，总分为 1000 分，并根据智能化程度，将其分为 L1～L5 共 5 个等级，每个等级的分数范围（实际得分按满分 1000 分折算）见表 10-3。通过对各个指标项的专业评测，最终确定对应的等级。

表10-3　智能化程度等级定义

等级	定义描述	示例：分数范围
L1	无智能	[0,600]
L2	二级智能	(600,700]
L3	三级智能	(700,800]
L4	四级智能	(800,900]
L5	五级智能	(900,1000]

以唤醒服务评价为例，唤醒的各项技术指标反映到用户整体体验的影响，对每一个用户按表 10-4 打分。

表10-4　唤醒服务打分方式

唤醒指标项	权重	分值 （总分150）	指标区间	打分方式
唤醒率F_2值	80%	120		打分方法：120分 × 唤醒率F_2值
唤醒时延	20%	30	[0,800ms)	30分，从用户说完话到屏幕亮起
			[800ms,1000ms)	20分，从用户说完话到屏幕亮起
			≥1000ms	10分，从用户说完话到屏幕亮起

$$F_\beta = (1 + \beta^2) \times \frac{precision \times recall}{\beta^2 \times precision + recall}$$

F_β 的物理意义就是将准确率（precision）和召回率（recall）这两个分值合并为一个分值，在合并的过程中，召回率的权重是准确率的 β 倍。其中 β =1 时（即 F_1）是指唤醒准确率和唤醒召回率一样重要；其中 β =2 时（即 F_2）是指唤醒召回率是唤醒准确率权重的一倍；其中 β =0.5 时（即 $F_{0.5}$）是指唤醒准确率是唤醒召回率权重的一倍；标准中采用 F_2 值来衡量唤醒性能的优劣。在唤醒业务评测时，测试人数大于 50 人。

唤醒率是指通过多人多轮次唤醒，唤醒成功的概率。测试时需要使用不同用户进行多次唤醒测试。判定标准如下。

测试集唤醒语音句数为 N，假设成功唤醒句数为 H，则唤醒率 =H/N×100%。

唤醒时延是评价语音唤醒的响应速度的指标，以时延计算。判定标准如下。

- 将用户说完唤醒词的最后一个字的时刻点记为 $t1$。
- 将手机有声音反馈（提示音或人声播报）的时刻点记为 $t2$。
- 将手机屏幕点亮的时刻点记为 $t3$。
- 将进入收音状态的时刻点记为 $t4$。

那么，唤醒时延取 min($t2,t3$)-$t1$，一般来说，更多以 $t2$-$t1$ 为准。

测试方法：将录制好的原始人声与环境噪声在试验室中配套播放出来，根据期望的结果判定结果是否正确，并根据指标要求进行记录与统计。人声由发声设备发出，环境噪声由噪声设备发出，通过放置可控机械支架，任意调整手机与人工头语音嘴的距离和角度。

1）发声设备。人工头语音嘴可通过设置，模拟出喉咙、嘴、舌和口腔对应发出的声音，人工头语音嘴发声系统如图 10-7 所示。

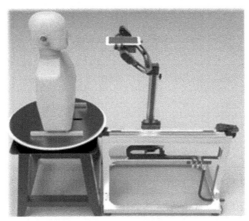

图10-7 人工头语音嘴发声系统样图

2）噪声设备。8 个喇叭 360° 环绕人工头，播放各方向的噪声，如图 10-8 所示。

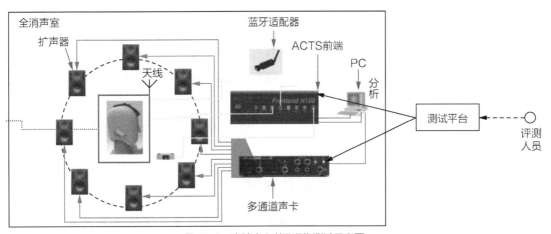

图10-8 实验室 8 喇叭环绕测试示意图

3）评测数据。在收集语音声源时，需要考虑的因素包括男女比例应为 1：1、不同年龄段的人群比例要一致和不同地区的口音占比要适当；在语速方面，以中速为主（200 ～ 250 字 / 分钟），且兼顾慢速和快速；在语音的流畅性方面，以流畅为主，兼顾拖音、停顿和重复等类型。

4）语音环境。在手机场景下，重点考虑卧室、客厅、车载和办公室等环境。综合测试场景设计见表 10-5。

表10-5　综合测试场景

外噪声类型	外噪声强度	噪声角度	声源距离	声源角度	自噪声强度	自噪声类型
家居场景之卧室	小于40dB	环绕	30cm	90°	—	—
家居场景之卧室	小于40dB	环绕	80cm	90°	—	—
家居场景之客厅	40（含）~50dB	环绕	30cm	90°	—	—
车载场景（安静）	40（含）~50dB	环绕	80cm	90°	—	—
车载场景（安静）	60（含）~70dB	环绕	45cm	45°	—	—
车载场景（音乐）	60（含）~80dB	环绕	45cm	45°	65（含）~80dB	音乐
办公室	60（含）~65dB	环绕	30cm	90°	—	—
办公室	60（含）~65dB	环绕	80cm	90°	—	—

10.3　人工智能助力敏捷测试

就目前的情况来看，无论是手工的探索式测试还是基于机器的自动化测试，都有其局限性，还不能达到"质效合一"。特别是大多数自动化测试，不是真正的自动化测试，而是半自动化测试，测试脚本还需要人来编写和维护。另外，发现缺陷的能力不够强也是事实。而且，无论是自动化测试还是手工测试，都面临对业务逻辑、应用场景考虑不全的问题。系统越复杂，测试应该达到的覆盖率和实际的覆盖率的差距就越大。目前，这些问题借助人工智能也许能得到解决。

10.3.1　基于图像识别技术的 UI 测试

在面向 UI 的自动化测试中，识别个性化控件、模拟用户行为及对校验屏幕显示结果常常成为自动化测试的瓶颈，而且通常依赖测试人员的参与，耗费比较多的时间。自然而然，人们想到借助图像识别技术来打破这个瓶颈，自动识别 UI 元素、模拟用户行为和匹配屏幕区域以校验真实的视觉显示结果等。

1. 图像匹配的算法实现

简单的方法是根据图片的散列值来查找相似图片。各种散列算法（aHash、pHash、wHash 和 dHash 等）的原理很相似，如均值散列算法（average Hash algorithm，aHash）是先将图片缩放到特定大小，然后进行灰度化并计算所有点的颜色深度均值，用 0 表示小于均值，用 1 表示高于均值，于是得到一个元素都是 0 或 1 的散列数列，再计算两个矩阵的汉明距离，值越大越不相似，值越小越相似。

第 2 种方法是模板匹配（match template）方法，它是一种最具代表性的图像识别方法。在待识别的大图中滑动（每次从左向右或者从上向下移动 1 个像素）小图（即模板 T）进行匹配，最终找到最佳匹配。OpenCV 支持多种匹配算法，如平方差匹配（CV_TM_SQDIFF）、标准平方差匹配（CV_TM_SQDIFF_NORMED）、相关匹配（CV_TM_CCORR）和标准相关匹配（CV_TM_CCORR_NORMED）等。上述算法依次变得复杂，得到的结果是越来越好，计算量也会越来越大。但在实际测试中发现，这几个匹配算法速度差别不大，如果没有特殊需求，一般直接使用标准相关匹配算法即可。

模板匹配方法要求大图和小图的方向必须一致，而且一定会返回一个最佳匹配，其返回值范围为 −1 ～ 1。根据模板匹配方法的返回值，很难确定匹配度是多少，即不能确定目标图像中是否存在模板图像。

第 3 种方法是特征识别算法，它基于第 2 种方法的思路：在识别物体时，人眼会根据图像的局部特征来判断整体，如图像的边缘轮廓、角和斑点等。针对不同的特征形态，有很多不同的特征检测算法，但常用的特征检测算法有 SIFT、SURF、OBR、BRISK 和 AKAZE 等。下面简单介绍一下前 3 种算法。

1）SIFT（scale-invariant feature transform，尺度不变特征变换）是一种计算机视觉的局部特征提取算法。它根据不同尺度下的高斯模糊化图像差异（difference of Gaussian，DoG）来寻找局部极值，并借助关键点附近像素的信息、关键点的尺寸、关键点的主曲率来定位各个关键点，借此消除位于边上或易受噪声干扰的关键点。为了使描述符具有旋转不变性，需要利用图像的局部特征为每一个关键点分配一个基准方向。SIFT 算法所查找到的关键点是一些十分突出且不会因光照、仿射变换和噪声等因素而变化的点，如角点、边缘点、暗区的亮点及亮区的暗点。

2）SURF（speeded up robust feature，加速稳健特征）是一种稳健的图像识别和描述算法，可以理解为 SIFT 的提速变种。SURF 算法步骤与 SIFT 算法大致相同，但 SURF 算法使用海森矩阵的行列式值做特征点检测并用积分图加速运算。

3）ORB（oriented FAST and rotated BRIEF，基于 FAST 和旋转的 BRIEF）是基于 FAST 特征检测和 BRIEF（binary robust independent elementary features，二进制鲁棒独立的基本特征）描述的特征检测算法，其计算速度远远高于 SIFT 和 SURF，不但具有尺度和旋转不变性，而且对噪声及其透视变换也具有不变性。ORB 算法可应用于实时特征检测，应用场景十分广泛。

在下面的代码示例中，采用 SURF 算法来识别图像的关键点，并绘制、显示这些已识别的关键点。

```python
from _feature_import print_function
import cv2 as cv
import numpy as np
import argparse

parser = argparse.ArgumentParser(description='Code for Feature Detection tuorial.')
parser.add_argument('--input', help='Path to input image.', default='box.png')
args = parser.parse_args()

src = cv.imread(cv.samples.findFile(args.input), cv.IMREAD_GRAYSCALE)
if src is None:
print('Could not open or find the image:', arg.input)
exit(0)

#-- Step 1: Detect the keypoints using SURF Detector
minHessian = 400
detector = cv.xfeatures2d_SURF.create(hessianThreshold=minHessian)
keypoints = detector.detect(src)

#-- Draw keypoints
img_keypoints = np.empty((src.shape[0],src.shape[1],3),dtype=np.uint8)
cv.drawKeypoints(src,keypoints, img_keypoints)

#--Show detected (drawn) keypoints
cv.imshow('SURF Keypoints', img_keypoints)

cv.waitKey()
```

在 box.png 中识别出的关键点如图 10-9 所示。

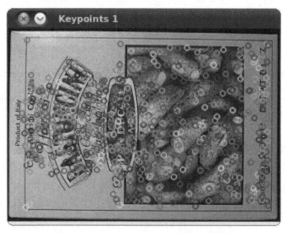

图10-9　在box.png中识别出的关键点

特征匹配算法可以采用 OpenCV 提供的两种算法：Brute-Force 和 FLANN 匹配算法，即分别对应 BFMatcher（Brute-Force Matcher）和 FlannBasedMatcher。Brute-Force 是一种暴力破解算法，总是尝试所有可能的匹配，从而找到最佳匹配。而 FLANN（fast library for approximate nearest neighbors，快速最近邻逼近搜索库）是一种找到相对准确的匹配但不是最佳匹配的快速算法。

具体内容可以参考：OpenCV 官网的"OpenCV Tutorials"。

2. 常见的基于图像识别的工具

基于图像识别的自动化测试工具比较多，包括开源工具、商用工具和自己研发的工具，其中开源工具有 SikuliX、Airtest 等，商用工具有 Applitool、Eggplant 等。这里简单介绍一下 SikuliX 和 Airtest 这两款开源工具。

SikuliX 始于 2009 年，原属于麻省理工学院用户界面设计小组的一个开源研究项目，直到 2012 年由 RaiMan 接管开发和支持并将其命名为 SikuliX。

SikuliX 使用 OpenCV 提供的图像识别功能来识别 GUI 组件，实现屏幕上定位图像元素，基于鼠标和键盘来与标识的 GUI 元素进行交互，并带有基本文本识别（OCR），可用于在图像中搜索文本，从而帮助开发人员较好地完成基于 UI 交互的测试工作，如图 10-10 所示。由于采用 Java 开发，因此它可以运行在 Windows、macOS 和 Linux 等平台上，并支持多种脚本语言，如 Python 2.7（由 Jython 支持）、Ruby 1.9 和 Ruby 2.0（由 JRuby 支持），以及 JavaScript（由 Java 脚本引擎支持）等。

Airtest 是由网易团队开源的跨平台的、基于图像识别的 UI 自动化测试框架，适用于游戏和 App 的测试，支持平台有 Windows、Android 和 iOS。如图 10-11 所示是 Airtest IDE 界面截图。Airtest 使用 connect_device 来连接任意 Android/iOS 设备或者 Windows 窗口，并使用其 API（如 touch、swipe、text、keyevent、snapshot 和 wait 等）来模拟操作以完成自动化测试。Airtest 提供了如 assert_exists、assert_not_exists、assert_equal 和 assert_not_equal 等断言方法，最终生成 .air 脚本，可以将一些通用的操作写在某个 .air 脚本里，然后在其他脚本中导入（import）它，完成 .air 脚本之间的调用。通过命令行方式可以脱离 IDE，这样就可以在不同的手机平台或宿主机器上运行脚本，如下所示。

```
> airtest run "path to your .air dir" --device Android://adbhost:adbport/serialno
> airtest run "path to your .air dir" --device Windows:///?title_re=Unity.*
```

最终通过 Airtest Report 生成测试报告。

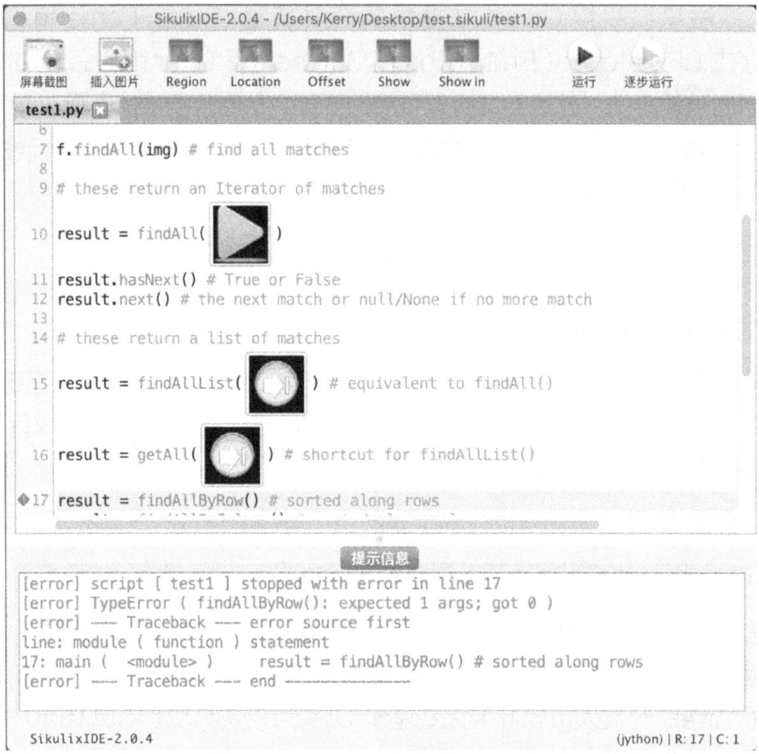

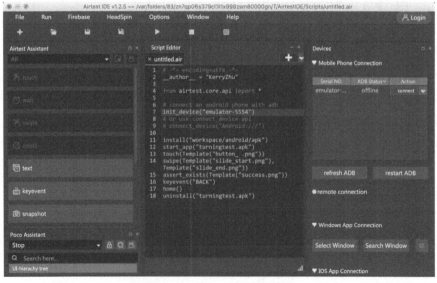

图10-10　SikuliX IDE及其脚本运行截图

图10-11　Airtest IDE 界面截图

10.3.2　基于人工智能的、全自动化的接口测试

对于 UI 自动化测试，接口测试确实具备更大的优势，基本能实现 100% 的自动化测试。而且随着 SOA 架构、微服务架构的流行，面向接口的实现越来越多，也就意味着大量的单元测试、系统测试都可以借助接口测试来实现，因此，做好接口测试的自动化已成为许多团队的当务之急。

之前，人们会采用 JMeter、Postman、SoapUI 和 Rest-Assured 等工具进行接口测试，但接口的参数分析、测试数据生成和编写测试脚本等工作主要靠手工进行，接口测试的工作量依旧很大。如果借助人工智能技术，那么是不是接口测试可以实现全自动方式？虽然现在不能给予完全肯定的答复，但是一些学者的研究已经显示这种可能性越来越大，并有信心在未来可以达到全自动化的接口测试。

如果要实现全自动的接口测试，那么要完成下列主要工作。

- 借助知识图谱技术，定义应用领域的数据模型，含数据实体及其操作。
- 借助自然语言处理技术，对接口文档进行语义分析，以及基于规则的测试断言推理。
- 借助测试设计方法、人工智能算法，可以完成约束依赖性分析、生成接口参数的测试数据，以及完成基于搜索的测试优化等。

1. 领域数据模型

引入知识图谱技术——基于语义的知识表达技术（见图 10-12），定义应用领域的、统一的数据模型，从而能够正确地理解应用领域的数据语义，因为接口定义中的数据不是简单的字符串，而是包含了大量的领域知识。例如，在航班查询接口中所定义的参数有航班号、出发日期、出发城市和抵达城市等，航班号固定，而出发日期可以选择，出发城市和抵达城市可以互换。甚至，从测试角度来看，如果出发城市和抵达城市是同一个值，会出现什么情况。

领域数据模型可以分为两部分：一部分是数据的实体及其之间的关系，其定义了数据类型、数据之间关系（语义关联关系）和数据的约束条件等；另一部分是对数据可能的操作（功能），以及描述操作的输入 / 输出参数、运行环境变量和系统状态参数等数据信息。其中约束条件分为两类：一类是针对单独数据属性定义的简单约束条件，包括取值范围以及所有取值、部分取值或是至少有一个取值来自于指定的类的实例；另一类是针对多数据多属性之间关系的复杂约束条件，包括同一数据不同属性之间的约束关系（如酒店剩余客房数小于或等于总客房数）、不同数据的属性之间的约束关系（如同一市的酒店名称不能相同）。

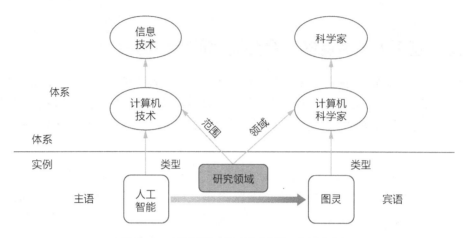

图10-12　知识图谱表示方法（元组、资源定义）

领域数据模型将领域知识和操作知识区分开，有利于形成稳定的、结构良好的基本数据模型，容易被复用，而操作知识是动态的，相对灵活，可以更好地适应需求变更。

2. 接口文档分析

借助自然语言处理技术，针对接口文档进行语义分析。首先分离出每一个接口的名称、输入参数、输出参数和异常信息等信息，然后基于上述领域数据模型，生成接口的契约模型，定义每个接口的功能、输入 / 输出参数，以及数据之间的依赖关系，如图 10-13 所示。

```
<process:process>
 - <process:AtomicProcess rdf:ID="update_FlightInfo_Process">
    + <process:hasOutput rdf:resource="#return_code">
    + <process:hasInput rdf:resource="#username">
    + <process:hasInput rdf:resource="#password">
    - <process:hasInput rdf:resource="#flight">
        <process:parameterType
          rdf:datatype="http://███████/XMLSchema#anyURI">http://████
          █████/Ontology1351735924.owl#FlightInfo</process:parameterType>
    </process:hasInput>
  </process:AtomicProcess>
</process:process>
```

```
<owl:Class rdf:ID="FlightInfo">
 - <rdfs:subClassOf>
    - <owl:Restriction>
        <owl:onProperty rdf:resource="#flightNumber"/>
      - <owl:allValuesFrom>
          <owl:Class rdf:ID="FlightNumber"/>
        </owl:allValuesFrom>
        <owl:cardinality rdf:datatype="http://████
        2001/XMLSchema#int">1</owl:cardinality>
    </owl:Restriction>
 </rdfs:subClassOf>
 + <rdfs:subClassOf>
    ...
```

```
<owl:Class rdf:ID="FlightNumber">
 - <rdfs:subClassOf>
    - <owl:Class>
      - <owl:oneOf rdf:parseType="Collection">
          <FlightNumber rdf:ID="FN-003"/>
          <FlightNumber rdf:ID="FN-002"/>
          <FlightNumber rdf:ID="XN-767"/>
          <FlightNumber rdf:ID="XN-787"/>
          <FlightNumber rdf:ID="XN-737"/>
          <FlightNumber rdf:ID="FN-001"/>
        </owl:oneOf>
    </owl:Class>
 </rdfs:subClassOf>
</owl:Class>
```

图10-13　接口参数定义及其依赖关系

契约模型一般采用基于谓词逻辑表达的规则语言，并能为接口调用（甚至接口调用链）提供所需的场景信息，包括相应场景下的预期结果。预期结果采用基于规则的测试断言推理技术来实现。

接口文档分析的前提是接口文档比较规范，具体操作可参考相关的文档。

3．生成测试数据

如果接口输入参数不存在约束条件，那么数据的生成就很简单，可以根据数据类型（整型、实型和枚举型等）采用等价类划分方法、边界值方法来生成测试数据。如果有多个参数，而且这些参数之间存在着一定的依赖关系，那么需要使用组合测试技术，此时可以采用基于搜索的算法，如 IPOG 算法，完成组合的选择和优化。

但如上所述，接口输入参数一般会存在约束条件，这就需要构造满足约束条件的目标函数，并确定目标是什么。例如，根据约束条件的参数取值的欧式距离达到最大还是最小，指导下一步的搜索方向。这样在给定一组归一化之后的初始数据后，利用目前已经成熟的搜索算法（"爬山"算法、模拟退火算法、遗传算法和蚁群算法等）来进行迭代，如图 10-14 所示，从而生成测试数据。

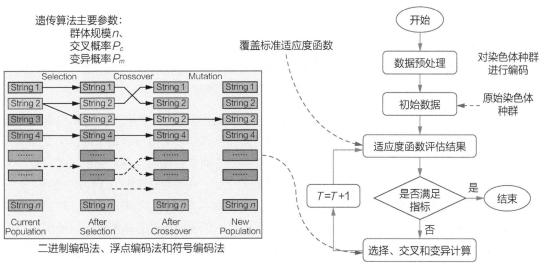

图 10-14　遗传算法示意图

10.3.3　人工智能助力代码深度分析

代码评审是软件研发过程中的重要环节，因为尽早、尽快地发现缺陷，有助于提高代码质量。但是，如果仅仅依赖人工评审，那么不但工作量大，而且评审质量不够稳定，甚至不能保证其可靠性。于是，借助工具来完成代码评审已成为业界的主流实践。代码分析工具往往需要人工智能技术的助力。

1）缺陷模式匹配：事先从代码分析经验中收集足够多的共性缺陷模式，将待分析代码与已有的共性缺陷模式进行匹配，甚至可以通过机器学习的分类算法来学习这些模式，以预测所提交代码中的缺陷，从而更早地发现代码中的问题。

2）类型推断技术：通过对代码中运算对象类型进行推理，从而保证代码中每条语句都针对正确的类型执行。

3）模型检查：建立在有限状态自动机的理论基础上，将每条语句产生的影响抽象为有限状态自动机的一个状态，再通过分析有限状态机达到分析代码的目的。

4）数据流分析：从程序代码中收集程序语义信息，抽象成控制流图；通过控制流图，不必真实地运行程序，可以分析发现程序运行时的行为。如 Fortify 使用 X-Tier Dataflow analysis 技术跟踪输入的"污点"数据如何访问应用程序的架构层次和编程语言的边界，进一步可以分析无限多维的"污点"传播，从而有助于找到细微可利用的 bug，这在寻找隐私数据管理失败和 PCI 相关错误时特别有用。

5）语义分析、结构分析：从代码中提取一套 Boolean 约束方程并使用约束求解，以对一个不良的编码实践被利用的可能性进行排名。

6）控制流分析：增强了程序间的算法以在整个代码基础上提供深入分析，基于代码执行一个单独的分析，以寻找和消除那些可能会导致误报的虚假路径。

基于与历史提交关联的元数据，可以创建自定义的分类模型，并基于代码库收集的元数据创建用于训练模型的标签数据。当开发人员提交新的代码时，可以获取每个提交中文件的元数据，这样就可以使用项目特定的模型来预测提交中的任何文件是否存在发生错误的风险。传统的机器学习模型是黑匣子，尚无法提供模型预测的依据。一些新的测试工具可以使用 LIME（local interpretable model-agnostic explanations，对不可知模型的局部解释，有助于理解和解释复杂机器学习模型如何做出决策的一个工具）给出预测背后的基本原理，以便用户对预测产生更大的信任。通过在代码发布之前隐藏在代码中的模式和规则冲突，在软件发布之前更可靠地识别错误源，使得将来可以更轻松地避免出现类似问题。

例如，如果有了 NDSS 2018 VulDeePecker（一种基于深度学习的漏洞检测系统）提供的安全漏洞数据集，其数据均属于 C/C++ 程序切片（程序切片是指从程序 P 中提取和关注点 N 有关的指令）；将源代码中的某些可能与漏洞相关的 API 库函数作为关注点，根据数据流相关性双向提取语句组成程序切片；每个切片样本有对应的 0 或 1 标签，0 表示无漏洞，1 表示有漏洞，漏洞类型分为 CWE-119 和 CWE-399。基于这个数据集，就可以利用深度学习算法来训练模型，从而基于这个模型来对新开发的代码进行安全性方面的深度分析。之前，人们根据预定义的规则对代码进行分析，如果代码违反了规则，则将其识别为潜在的代码错误，因此之前的分析工具只能发现违反现有规则的错误，但借助机器学习可以发现之前未知的错误，甚至以完全未知的方式自动识别语言，解析程序并提取重要的部分。

在代码分析中，一些新的代码静态分析工具具有人工智能检测引擎，如代码基因图谱分析、修改影响分析、类继承关系分析和多态分析等。基于人工智能检测引擎，不但简化了大规模代码分析，而且为有效的代码深度分析奠定了基础。

10.3.4　人工智能驱动测试

之前实施自动化测试，测试人员或开发人员还是要自己写自动化脚本的。无论是添加一个新功能、修改一个功能，还是只改了一个参数或删除 UI 上的一个元素，我们都需要修改脚本，脚本维护的工作量相当大。如果需求变化快一点、产品代码质量不够好，那么自动化测试并不能显著提升测试效率，测试依旧是敏捷、DevOps 的最大瓶颈。

现在是人工智能的时代，如果我们还只是用过去传统的手段来实施自动化测试，那么将难以适应敏捷的需要，至少自动化测试还停留在半手工、半自动化的状态。如果要将自动化测试推到一个新的水平，那么必须用人工智能来"武装"自动化测试，进入人工智能驱动的测试时代。这样，我们可以基于人工智能生成测试模型、测试用例和测试数据，并定位和预测缺陷等，使测试全过程实现自动化和智能化。

对于人工智能驱动的自动化测试，我们可以把它分为 5 级。

（1）第 1 级：自主

自动驾驶汽车是一个很好的例子，可以解释这个级别的测试。自动驾驶系统的视觉功能（由摄像机阵列和雷达等构成）越好，自动驾驶性就越高。同样，如果测试工具引入人工智能技术以增加识别 UI 元素的能力、更好观察被测系统，那么自动化测试将更加具备自主能力。

人工智能不但应该获得页面的文档对象模型（DOM）的快照，而且可以查看页面的可视化效果。过去，测试工具运行测试脚本，在屏幕上找到 UI 元素并进行操作、验证，但还是不能发现一些缺陷，如页面当前位置不正确或隐藏了某些元素的可见性，但测试人员可以一眼发现这类问题。基于人工智能的视觉技术，也可以发现这类问题。

这时的测试工具带有人工智能算法，可以截取所有更改相关的页面，针对先前测试的基准进行全面的、自动的比较分析，完成回归测试，确定哪些更改根本不是真正的更改，以及哪些才是实际的改动。这时，无须修改自动化测试脚本就能完成测试。

但是，看起来人工智能可以检查测试是否通过，实际上，这时人工智能算法还不能正确地评估测试结果。当测试没有通过时，人工智能必须通知我们，以便我们手工去检查失败是真实的还是由于软件更改而发生的。这就是这个级别的人工智能驱动测试的局限性。

（2）第 2 级：部分自动化

在第 1 级别中，测试工具能很好地使用人工智能视觉技术，可以针对基准进行有效的自动回归测试，可以检查页面的视觉效果，但还不能像用户那样理解应用程序，而确定优先级、风险与缺陷仍是我们的主要工作，我们需要分析这些缺陷所带来的影响是什么，以及哪些需要在当前版本被修复和交付。因此，在第 2 级中，人工智能能够站在用户角度从语义上理解应用程序的不同之处，能够将许多页面中的更改归为一组或将相似的缺陷归为一组，因为从语义上人工智能能够理解这些更改是相同的或这些缺陷是相似的，从而减少了人工对类似问题进行分组的工作量。

总之，第 2 级人工智能可以帮助你对照基准检查更改或可以更有效地检查缺陷的优先级和影响，并将烦琐的工作变成简单的工作。

（3）第 3 级：条件自动化

在第 2 级别中，人工智能可以分析更改，但需要一个基准进行比较，不能仅通过查看页面来确定页面是否正确。但是，在第 3 级中，人工智能可以通过在页面上应用机器学习技术来做到这一点，甚至更多。例如，第 3 级别的人工智能可以检查页面的视觉外观，并根据标准的设计规则（包括对齐方式、空格的使用、颜色和字体的使用，以及布局）来确定设计是否存在缺陷，而不需要参照上一个版本。

在数据方面，第 3 级别的人工智能可以验证页面的数据驱动的元素，为一个数字字段检查它的数据类型、上限和下限等，还可以检查日期字段有效的日期格式、电子邮件的合法格式等，也可以检查在特定页面中是否按给定的列排序等。

这种级别的人工智能是独立工作的，无须人工干预，它能按照约定独立测试一个应用程序，或者说，它能够理解简单的业务规则，然后根据这些规则设计测试用例来测试该应用程序。

现在，对于新引入的变化，第 3 级别的人工智能借助机器学习，具有适应变化的能力，即使页面发生了变化，人工智能也可以理解页面仍然很好，不需要传递给人工审核，并能持续监控这些变化，可以检测变化中的异常并将异常提交给人类进行验证。

（4）第 4 级：高度自动化

到目前为止，人工智能仅自动运行检查、执行我们的测试用例，但那些触发人工智能算法的事件仍然需要人工操作，但到了第 4 级的高度自动化，会消除这个障碍，无须人工输入，人工智能自身就可以触发自动化测试。

第 4 级别的人工智能可以像人类一样检查页面并理解它，因为它使用强化学习技术，从语义上理解页面，成为交互流程一部分的页面，人工智能可以驱动测试。即使是人工智能系统从未见过的页面类型，第 4 级别的人工智能仍将能够查看一段时间内的用户交互（可视化交互），就能了解页面及其相关的流程，为特定页面设计动作、测试任务序列，即设计、执行测试。

（5）第 5 级：完全自动化

第 5 级表示达到高级人工智能水平，实现完全的自动化测试，虽然这只是一个虚构的存在，不一定到来。这一级别的人工智能能够用"自己的思维"能力驱动与人类对话，"思想"和"想法"是由人工智能本身产生的，而不是人类在人工智能系统中预先设定好的。

今天的人工智能并不了解它在做什么，它只是基于大量历史数据自动执行任务，因此，目前的测试工具处于第 1 级和第 2 级之间，第 2 级别的人工智能的某些能力表现不错，第 3 级别的人工智能仍需要大量的人工操作，但这是目前可行的。

第 4 级别的人工智能仍在未来，但在未来一段时间，我们可以期待看到人工智能辅助测试而不会产生不良的副作用。软件测试在某些方面类似于驾驶，但它更加复杂，因为这些系统必须了解复杂的人机交互。

10.3.5　人工智能测试工具

在测试中会遇到一类问题——启发式或模糊的测试预言，没有单一、明确的判断准则，这是一般自动化测试工具无法验证的，需要人进行综合判断。在敏捷开发模式实施后，这类问题更加突出。这一问题的解决也适合人工智能方法。基于机器学习理论，采用有效的概率近似（probably approximately correct，PAC）算法来实现，如微软推出的语义理解服务 LUIS.ai 框架，借助它能够灵活地进行 API 调用，创建自己场景的语义理解服务，识别实体和消息的意图。一旦应用程序上线，接收到十几条真实的数据，LUIS 就能主动学习、训练"自己"。LUIS 能检查发送给它的所有消息，将模棱两可的文本识别出来，并提醒我们注意那些需要标注的语句。这样，可以基于 LUIS 的智能框架开发功能测试工具、业务验收测试工具。

测试输入也是人工智能可以发挥作用的地方，特别是在功能兼容性测试、稳定性测试等实际工作中，业务逻辑、应用场景比较多，人可能考虑不周全，依赖人工智能来帮忙发现这些测试输入及其组合，其中模型学习可以看作这类人工智能应用场景。在银行、童鞋等领域，已经应用模型学习来发现更多的缺陷，如德勒伊特和埃里克·波尔的实验表明，在 9 个受测试的测试学习系统实现中，有 3 个能够发现新的缺陷。另外，菲特劳等人在一个涉及 Linux、Windows，以及使用 TCP 服务器与客户端的 FreeBSD 实现的案例研究中，将模型学习与模型检查进行了结合。模型学习用于推断不同组件的模型，然后应用模型检查来充分探索这些组件交互时可能出现的情况，概括起来就是使用自动机学习建立实现一致性的基本方法，让学习者实现交互以构建模型，然后将其用于基于模型的测试或等价性检查。

人工智能应用于测试的案例还有很多。例如，2015 年，Facebook 公司就采用 PassBot、FailBot 等管理测试。同年，谷歌 Chrome OS 团队使用 OptoFidelity 公司生产的机器人（Chrome TouchBot）来测量 Android 和 Chrome OS 设备的端到端延迟。

微软使用机器人 AzureBot 来管理测试环境，通过 Skype 联系管理员，以确认是否需要部署新的虚拟机，之后会及时通知管理员。在这期间，管理员不需要注册，也不需要进行 App 同步。除应用于测试环境的智能运维之外，人工智能还可以应用于测试策略的自动优化、质量风险评估的自我调整，以及缺陷自动定位与修复等。例如，缺陷诊断机器人（defect debug bots，DDB）可以先检查问题，自动从已有的解决方案（FS）中找到匹配的 FS，自动修复问题。如果没有匹配，就将可能的所有方案推荐给合适的开发人员，让开发人员来修复。在开发人员修复后，DDB 更新 FS 库，用于下次自动修复。

下面向读者介绍几款人工智能测试工具。通过这几款工具的介绍，读者也许会体会到一场新的测试革命正在发生，测试机器人在不久的将来会成为测试的主要力量。

（1）Appvance IQ

Appvance IQ 根据应用程序的映射和实际用户活动分析，使用机器学习和认知自动生成自动化测试脚本。自动化测试脚本的生成分为下列两步。

1）生成应用程序蓝图：由机器学习引擎创建的应用程序蓝图封装了对被测应用程序的全面映射。蓝图随后能够集成真实用户如何浏览应用程序的大数据分析。

2）自动化测试脚本的生成是认知处理的结果，可以准确地表示用户做了什么或试图做什么。它使用应用程序蓝图作为被测应用程序中可能的指导，使用服务器日志作为实际用户活动的大数据源。

人工智能驱动脚本的生成是软件测试的一项突破，将极大地减少自动化测试脚本开发的工作量。人工智能创建的脚本组合既是用户驱动的，又比手动创建的脚本更全面。

（2）mabl

mabl 是由一群前谷歌雇员研发的人工智能测试平台，侧重对应用或网站进行功能测试。在 mabl 平台上，我们通过与应用程序进行交互来"训练"测试。录制完成后，经训练而生成的测试将在预定时间自动执行。mabl 的特点有以下几个方面。

- 没有脚本的自动化测试（scriptless automation test），并能集成在持续集成环境中。

- 可以消除不稳定的测试，就像其他基于人工智能的测试自动化工具一样，mabl 可自动检测应用程序的元素是否已更改，并动态更新测试以适应这些变化。

- 能不断比较测试结果及其对应的历史数据，以快速检测变化和回归，从而产生更稳定的版本。

- 可以快速识别和修正缺陷，能够提醒我们可能产生的对用户的负面影响。

（3）Sauce Labs

对于 Sauce Labs，有些测试人员比较熟悉，因为移动 App 自动化测试框架 Appium 就出自该公司。Sauce Labs 是最早开始基于云的自动化测试的公司，每天运行超过 150 次测试，通过多年测试数据的积累而拥有一个虚拟"宝库"，能够利用机器学习来针对这些数据进行分析，更好地理解测试行为，主动帮助客户改进测试自动化。该公司相信，在测试中使用已知的模式匹配和不同的人工智能技术是非常有用的。

（4）SeaLights

SeaLights 类似于 Sauce Labs，也是一个基于云的测试平台，能够利用机器学习技术分析 SUT 的代码，以及与之对应的测试。它不局限于单元测试，还包括系统级的业务测试和性能测试。它还有一个显著特点，基于机器学习以呈现完整的质量仪表盘（dashboard），帮助我们进行质量风险的评估，能够关注用户所关心的东西，包括哪些代码未经某种类型或特定的测试。这样可以很容易地确保未经测试的代码不会上线，至少这些代码要得到必要的验证。

SeaLights 可以轻松地创建每个人都能看到的高质量仪表盘。因此，对于每个构建，你可以了解测试的内容、状态和覆盖范围，存在的质量问题以及是否正在得到改进，质量问题是否正在减少。

（5）test.ai

test.ai 被视为一种将人工智能作为会思考和指挥的大脑添加到 Selenium 和 Appium 的工具，以一种类似于 Cucumber 的 BDD 语法的简单格式定义测试。test.ai 在任何应用程序中动态识别屏幕和元素，并自动驱动应用程序执行测试用例。它由贾斯廷·刘和贾森·阿尔邦创建。

（6）Testim

Testim 专注于减少不稳定的测试和测试维护的工作量。它试图利用机器学习来加快开发、执行和维护自动化测试，让我们开始信任自己的测试。

除上述工具 / 平台之外，像 Functionize、Panaya Test Center 2.0、Kobiton、Katalon Studio 和 Tricentis Tosca 等工具也具有智能特性。

10.4   敏捷测试工具的未来

随着计算机技术及其应用模式的发展和变化，软件测试也发生着相应的变化。今天，无论是在方法、技术和工具上，还是在思想和流程上，软件测试都已经或正在发生着巨大的变化。

在思想上，目前的全过程软件测试，不但左移到需求评审、设计评审和代码评审，而且倡导测试驱动开发（TDD、ATDD 等）和需求实例化（BDD、RBE），从产品需求到测试用例，产品经理和开发人员共享同一个完全可测的、场景化的需求。目前的全过程软件测试，还扩展到运维，与 DevOps 实践融为一体，从高度自动化的持续构建、持续集成到持续测试、持续交付和持续部署等，提倡更多的在线测试或日志分析，以及用户反馈收集与分析等。

在方法和技术上，不但可以引入虚拟化技术、云计算和 API 技术为测试服务，而且可以引入人工智能技术，结合基于模型的测试来实现真正的自动化测试。之前的自动化测试，只能算是半自动化测试，测试脚本还需要人工开发。

在未来，开发和测试将会更加融合，测试成为服务提供者，通过提供测试服务，给开发人员赋能，测试作为一种职业或岗位很可能会消失，而只是作为一项工作或活动而存在。开发人员更容易借助工具完成单元测试、集成测试和系统测试，然后开发人员再与业务人员、产品经理或用户一起完成验收测试。

10.4.1   敏捷测试工具的发展趋势

测试自动化是实现敏捷化和 DevOps 的关键，并且已经在引领整个软件测试的发展。测试自动化的发展离不开测试工具的支持。图 10-15 展示了目前自动化测试的 7 个发展趋势，模型化也在其中，每一个趋势都不是孤立发展的，它们之间相互影响、相互促进。

图 10-15   自动化测试的发展趋势

1）**智能化**。虽然人工智能 / 机器学习在软件测试中的应用还处于初级阶段，但这将是未来几年最具成长性的领域之一。我们期待利用人工智能技术更快地识别软件的质量风险，更快地发现和定位缺陷来提高软件测试的质量和效率。正如上文提到的，越来越多的测试工具开始采用人工智能技术辅助自动化测试。

2）**云化**。基于虚拟化技术搭建的云测试自动化平台通过强大的机器资源和计算能力提供更快的测试执行速度和测试能力的可伸缩性。一些值得关注的云测试平台包括 Kobiton、Sauce Labs 等。

3）**机器人过程自动化**（robotic process automation，RPA）是指利用软件机器人实现业务处理的自动化，也就是对多个应用程序进行关联，对显示画面的内容进行确认，以及输入等用人工进行操作的业务。RPA 工具可用于 UI 自动化测试，它的特点是无须编码，通过鼠标单击录制就能快速生成图形化面向业务逻辑的测试用例，通过软件机器人自动执行测试用例。

4）**模型化**。利用基于模型的测试技术自动生成测试用例，测试工具就可以将测试自动化再往前推进一步，实现从测试执行的自动化到测试用例设计的自动化。目前，已经有不少可以用于实践的基于模型的测试工具，如 TestOptimal、GraphWalker、Yest 和 CertifyIt 等。

5）**新的技术领域**。"万物互联"的时代正在到来，不同的设备运行在不同的环境中，如何确保物联网测试的正确测试覆盖级别是一个挑战。不仅是物联网，还包括其他新兴的技术领域带来的测试工具方面的挑战。例如，区块链、人工智能应用、大数据应用，以及这些新技术的应用带来的信息安全方面的自动化测试需求。

6）**无代码化的测试自动化**（codeless test automation）。无须编程就能完成测试用例的开发，这将为研发人员节省大量的测试代码的开发和调试时间。一个好的无代码化的测试工具应该和人工智能相结合，通过分析应用界面上的单击操作自动为用户生成 UI 或 API 测试脚本，基于人工智能图像识别来检测 Web 元素，通过机器学习处理代码中的错误分类和自我纠正，测试脚本可以在不中断操作的情况下持续运行并自我改进。无代码化的自动化测试工具包括 Katalon Studio、TestCraft 和 Perfecto 等。

7）**敏捷化、DevOps 化**。敏捷、DevOps 的目标都是向用户持续交付软件产品，而持续交付催生了"持续测试"的需求，持续测试对测试工具的需求包含 3 个层次：第 1 个层次，采用测试工具实现各种类型（功能、性能和安全性等）的自动化测试执行；第 2 个层次，从测试用例的创建、测试执行到结果分析、测试报告的生成，测试工具向着平台化的方向发展，将自动化扩展到整个测试生命周期；第 3 个层次，测试工具或平台与 DevOps 工具链进行集成，这样才能实现与持续构建、持续集成和持续部署融为一体的持续测试。在第 4 章中介绍过，目前 DevOps 工具链中与测试相关的工具一共有 16 类，这表明软件测试工具敏捷化、DevOps 化已成为大势所趋。

10.4.2　基于模型的测试的前景如何

基于模型的测试技术已经出现多年了，一些大型的软件公司一直在使用它，如微软、IBM等。但对于国内大多数企业和研发人员来说，它还是一个新鲜事物，而且笔者感觉推广起来有一定的难度。这主要是因为基于模型的测试技术将手动编写测试用例／脚本转移到手动开发模型。对于开发／测试人员来说，这存在一定的技术难度，因为创建模型需要具备有限状态机、状态图和数据流图等模型相关的知识，因此很多人认为它的学习门槛比较高。

现在的软件系统越来越复杂，敏捷开发又要求软件测试速度要更快、质量要更高。但很多时候，软件在测试很不充分的情况下就匆忙上线，甚至开发团队都没有对业务流程进行认真分析，更别提能够达到比较理想的测试覆盖率。基于模型的测试可以帮助我们同时解决复杂性和测试效率的难题，根据需求建立模型，化繁为简，系统性地覆盖业务需求。随后，根据模型自动创建测试用例，集成自动化的测试执行和结果分析，这样才算是彻底的测试自动化。

话又说回来，系统性地了解软件产品的行为本来就是研发人员在测试设计阶段必须做的功课，尤其是针对复杂的软件系统。而建模正是提供了一种了解系统行为的科学的结构化方式。这并不是实施基于模型的测试才需要具备的技能，通过使用基于模型的测试工具会让这个建模过程更加规范和可视化，增加了模型的可读性和重用性。

在敏捷开发中，采用基于模型的测试可以促进持续交付，有效地应对敏捷测试中的风险，如需求不清晰和需求频繁变更这两个常见的敏捷测试的风险点。在需求分析阶段，基于模型的测试可以为每次迭代中基于需要实现的用户故事的各种场景构建模型，这样有利于需求的澄清和加强需求的可测试性，甚至在建模阶段就可以发现产品需求和设计中的缺陷。基于模型的测试技术通过调整模型来响应需求变更，进而自动更新测试路径和测试用例，自动更新自动化测试脚本。这样就很方便地实现了从需求分解到测试用例／脚本的测试覆盖，并且可以对测试覆盖率、测试用例的执行结果进行跟踪。而相比自动化脚本的维护来说，模型的维护成本更低。

将人工智能技术和基于模型的测试结合，将会使人工智能技术更加强大。使用人工智能技术创建训练测试模型，利用算法为不同的测试覆盖率基于风险推荐测试路径。这也能够解决目前基于模型的测试面临的另一个问题：遍历有限状态机可能会生成指数级别的测试路径，每个测试路径的测试脚本全部执行，在追求高测试覆盖率的同时也会降低测试效率。

研发团队实施基于模型的测试时需要在人员技能培训方面有一定的投资，但从长远来看，基于模型的测试可以帮助团队提高测试覆盖率，降低自动化测试的维护成本。第 3 方机构通过调查得到的数据显示，如果采用基于模型的测试，效率可以提高 40%，质量可以提高 50%，而成本则降低到原来的 1/4。因此，我们有理由相信，基于模型的测试将成为敏捷测试未来发展的重要趋势。

10.4.3 无代码化的测试自动化

无代码化的测试自动化不是没有代码，而是测试人员不用自己开发测试代码，使用无代码化的测试工具可以生成可执行的测试用例集。这样将大大降低自动化测试的技术无代码化的门槛，使没有编程经验的测试人员（甚至业务分析人员）也可以很快上手。

实际上，这不但是软件测试的一个新趋势，而且是整个软件工程的一个新趋势：无代码化的软件应用。目前比较流行的无代码化网站创建工具包括 Wix、Squarespace 等。在软件测试方面，正是顺应这一趋势，出现了一些无代码化的测试工具。

在目前的软件测试中，为了达到一个比较高的测试自动化水平，测试人员还是有很多工作要做的，如搭建测试环境、设计测试用例、开发测试脚本，有的组织还自己开发自动化测试工具或框架，这些几乎都需要手工完成。测试自动化也仅仅体现在测试执行的自动化上，开发测试脚本，适配到不同的软件版本和浏览器（UI 自动化测试），以及调试代码让其能够稳定运行一般要花费不少时间。因此，即使在测试自动化水平比较高的团队里，软件测试也难免会成为软件快速交付的瓶颈。

如果一个团队在单元测试方面投入不够，那么只能基于 Selenium、Appium 这样的测试工具来编写大量端到端的 UI 自动化测试脚本，团队里的开发人员一般是不负责的，这就要求测试人员具备一定的编程能力。对于很多组织来说，大多数软件测试人员的编程能力比较弱，这也阻碍了自动化水平的提高和面向测试自动化的转型。

无代码化的自动化测试工具的出现正是为了解决上述难题，这类工具一般有以下两个特点。

- 提供友好的界面，测试人员不需要编写代码即可通过界面上的操作完成测试用例的开发。
- 通过人工智能和机器学习算法使测试用例具有自愈机制，能够自动进化和完善，自动修复和维护测试脚本中的对象和元素定位。

另外，大多数无代码化的自动化测试工具不但支持 UI 测试，而且支持 API 测试，即 Web Service 的测试。无代码化的自动化测试工具能够带来的好处包括更高的测试覆盖率和更短的软件交付周期。这不但节省了测试脚本的开发时间和调试时间，而且提升了测试代码的可重用性，可以跨项目、跨版本重用测试代码，而不需要手动更新和调试测试代码。此外，这也有利于促进敏捷团队中不同技能和职责的团队成员参与软件测试，如团队中的业务分析人员。

下面列举一些无代码化的自动化测试工具。

（1）Katalon Studio

在无代码化的自动化测试工具中，Katalon Studio 是非常值得关注的。它是在 2015 年推出的一个自动化测试框架，目前在各类机构的自动化测试工具排行榜中都排名靠前。另外，它的开源属性（也有收费版本）也大大促进了该工具的推广和发展，不过目前还没有中文版本。

Katalon Studio 的管理界面如图 10-16 所示。

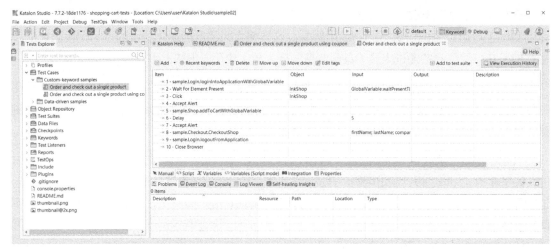

图10-16　Katalon Studio 的管理界面

Katalon Studio 使用 Selenium 和 Appium 作为底层框架，支持 Web 以及 Android、iOS 移动应用的 UI 自动化测试，支持多种主流浏览器，也支持 RESTful 和 SOAP 的 API 自动化测试。作为无代码化的自动化测试工具，它既支持有编程经验的测试人员使用 Groovy 语言开发测试脚本，又支持没有编程经验的测试人员开发测试用例。

在 UI 自动化测试方面，它提供录制－回放功能，Web recorder utility 接收应用程序上的所有动作，转化成测试用例，同时提供 object spy 功能在界面上捕获元素对象来支持用户自己编写测试用例。

在 Katalon Studio 7.6 版本中，提供了 UI 测试用例自愈（self-healing）功能：在测试用例运行时，当使用默认的定位方法（如 XPath）定位不到某个元素时，工具会自动尝试其他的定位方式进行元素定位（如 CSS），让测试得以运行，并在随后的测试中也使用新的定位方式。在测试结束后，它会"建议"更新测试用例：用新的定位方式代替不工作的定位方式。但使用这个功能需要企业版的许可（license）。至于这个功能是不是通过人工智能技术实现的，在 Katalon Studio 的官方指南中并没有强调。

当然，作为一款出色的测试工具，Katalon Studio 提供多种 plug-in 以支持与 Jira、Git、Jenkins、JMeter 和 Sauce Labs 等多款工具的集成，从而实现与测试管理、缺陷管理和持续集成管理的集成。

（2）TestCraft

TestCraft 是一款商业软件（见图 10-17），以 SaaS 的模式为 Web 应用提供自动化测试服务，用户通过账号登录 Web 管理界面，因此它也是一款云化的测试工具。它的底层也是基于 Selenium 框架。TestCraft 通过两种方式生成测试用例。第 1 种方式是通过图形界面建模生成、调整测试步骤，等功能实现后，再为每个测试步骤添加控件元素。因此，这也可以说是一款基于模型的测试工具——在需求分析阶段就创建测试步骤，有助于团队内部通过沟通澄清需求。第 2 种方式是在软件功能实现以后通过录制 - 回放生成测试用例。

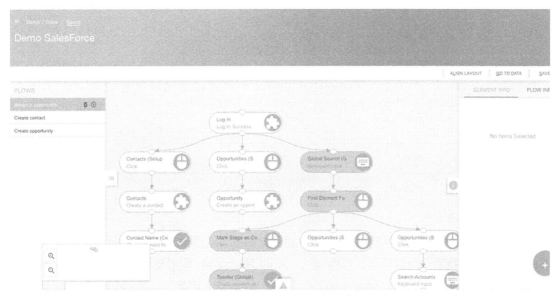

图10-17　TestCraft测试用例设计界面

TestCraft 支持目前主流的浏览器，可以同时在多个浏览器上运行测试；可以为一个测试用例创建多个测试数据集；有定时执行和测试结果通知功能；支持与持续集成 / 持续交付管理工具（如 Jenkins）以及 Jira 的集成。TestCraft 提供了控件的动态重新绑定机制（on-the-fly rebinding），在测试执行过程中修复元素定位。TestCraft 的优势在于为每一个测试用例创建一个模型，可以直观地展示测试执行的路径，适合设计复杂的测试场景；而其劣势是只能使用专有的框架，无法导入 / 导出测试脚本。

（3）Perfecto

Perfecto 是一款商业软件，提供云化的测试自动化解决方案，用于 Web 和移动应用的测试。基于录制 - 回放技术的无代码化 UI 测试用例开发是 Perfecto 提供的功能之一，如图 10-18 所示，可以实时捕捉界面上的操作并在左侧生成和调整测试步骤。基于人工智能的自愈功能让测试脚本能够连续运行，自我完善。另外，它还提供基于人工智能技术的测试分析和缺陷分类，帮助用户快速定位缺陷。

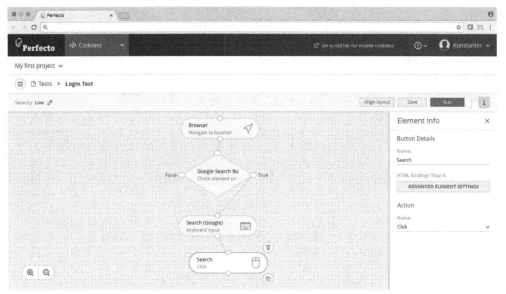

图10-18 Perfecto测试用例设计界面

（4）TestingWhiz

TestingWhiz 支持 Web 及移动端的 UI 自动化测试，以及 Web Service 的 API 测试。它基于关键字和数据驱动测试用例。它提供的 Visual Recorder 可以支持桌面应用、Flash 应用的元素识别和 Web UI 测试。TestingWhiz 提供的 recorder 功能可以录制和存储 Web 应用控件、桌面应用控件，以及移动应用的控件。

除上述工具之外，还有 CloudQA、TestProject 和 mabl 等其他的无代码化的自动化测试工具。基于录制－回放技术的 UI 自动化测试工具很早就有，当时主要针对桌面应用，也可以认为它们是无代码化的自动化测试工具的前身。在国际敏捷联盟网站整理的《敏捷实践编年史》（"Agile Practices Timeline"）中，也有这类工具的相关记载。

1990 年，黑盒（black box）测试技术在测试学科中占据了主导地位，尤其是"捕获与回放"类型的测试工具。

1988 年～ 1990 年期间，事件驱动的 GUI 软件的兴起及其特定的测试方面的挑战为"捕获与回放"类自动化测试工具创造了机会。这类工具由 Segue、Mercury 等公司开发，并在此后 10 年间占据了市场主导地位。

1997 年，肯特·贝克和埃里克·伽玛合作开发了测试工具 JUnit，灵感来自贝克早期开发的工具 SUnit。JUnit 在后来几年日益流行，这标志着测试工具"捕获与回放"时代的落幕。

这样看起来无代码化也不是一个新生事物，笔者想起 20 年前使用 Silk Test 做桌面应用的

UI 自动化测试的经历：几乎每个操作系统上的测试脚本都需要重新适配，有了新的软件版本也经常不得不重新调试测试脚本，笔者尝试了一年后终于放弃。传统的录制－回放测试工具代码结构化差，不支持数据驱动，在测试用例组织和维护方面做得比较差。现在的无代码化的自动化测试工具能够提供的功能远远不止 Web UI 的录制－回放这么简单。目前，整个测试生态也远比那时候要成熟很多，很多工具支持与其他工具的集成，自己不具备的功能可以通过 plug-in 与其他工具进行集成来实现。单就录制－回放功能来说，好不好用关键还在于实现的细节。表10-6 简单对比了 Selenium IDE 和 Katalon Studio 的录制－回放功能。

表10-6　Selenium IDE 和 Katalon Studio 关于录制－回放功能的对比

	Selenium IDE	Katalon Studio
支持类型	浏览器：Chrome、Firefox	浏览器：Chrome、Firefox、IE、Safari、Edge、Edge Chromium、Firefox 移动端：Android、iOS Windows 桌面应用
支持浏览器的录制功能	先安装所支持的浏览器，添加对应的 Selenium IDE plug-in	不需要事先安装浏览器，录制测试脚本时在界面上选择浏览器类型即可
录制	实时生成每一个测试步骤	实时生成每一个测试步骤，并在浏览器上同时捕获操作的界面元素，录制完成后存储到 object repository 中以供编辑和重用
脚本编辑	可以对测试步骤和输入数据进行增加、删除和修改	可以对测试步骤和输入数据进行增加、删除和修改。支持的关键字比较多，也支持多种脚本逻辑的语句，如 if、else、for 和 while 等
测试脚本执行	只能在录制脚本的浏览器中运行	目前支持5种浏览器（Chrome、Firefox、Safari、IE、Edge），执行脚本时可选择其中一种，无须安装。收费版有脚本自愈功能
支持的代码	支持导出成多种语言	只支持 Groovy
代码查看	需要其他工具进行编辑、查看	在界面上可以直接切换显示测试脚本和测试代码并进行编辑
数据驱动	需要编辑导出的测试代码以支持数据驱动	支持在界面上创建、编辑和导入数据文件

10.5　彻底实现持续测试

与持续集成、持续部署和持续运维一样，持续测试同样是保证企业向敏捷和 DevOps 转型成功的关键因素。敏捷开发和 DevOps 的目标是实现持续交付，而只有实现持续测试才可能实现持续交付。在 2.4 节，笔者给持续测试下了一个定义："**持续测试就是从产品发布计划开始，直到交付、运维，测试融于其中，并与开发形影不离，随时暴露产品的质量风险，随时了解产品质量状态，从而满足持续交付对测试、质量管理所提出的新要求**。"可以看出，敏捷开发中的一切测试活动都属于持续测试，甚至可以说，敏捷测试就是持续测试。

在持续交付流水线中，相比持续集成、持续部署等，持续测试的建设相对落后，这也是大家认为软件测试是影响持续交付的主要原因。持续测试作为一个主题在国内被讨论的还不多，但在国外已经成为促进敏捷和 DevOps 转型的关注点之一。展望软件测试的未来，持续测试必定是未来几年里最具确定性的趋势之一。

有不少公司相继推出持续测试工具及其解决方案。其中，在奥地利的软件测试公司 Tricentis 推出的产品中，包括了持续测试平台 Tricentis Tosca，它支持无代码化的和基于人工智能的端到端自动化测试。该公司在 2019 年出版了《企业级持续测试：软件测试的敏捷化和 DevOps 化转型》（*Enterprise Continuous Testing: Transforming Testing for Agile and DevOps*）一书。Tricentis 出版的这本书在实践的基础上提供了一个企业级持续测试的实现框架，对于正在或者希望进行敏捷转型的企业来说很有借鉴意义。不仅如此，Tricentis 出版的这本书中推荐的技术手段和方法与本书介绍的很多优秀实践是完全一致的，因此有必要把它介绍给读者，以便帮助读者更深刻地理解持续测试，并在此基础上设计并构建适合所在团队的持续测试框架。

10.5.1 重新理解持续测试

DevOps 意味着尽可能高效地发布有市场竞争力的软件产品。对于软件测试，这意味着：需要帮助研发团队尽可能高效地发现并修复软件缺陷，以及帮助决策者快速决定一个软件版本是否可以交付给客户。

然而，软件测试面临的如下问题使得测试成为实现 DevOps 的障碍。

- 尽管自动化测试已经推行多年，但在大多数企业中主要的测试方式还是手工测试。
- 即使在自动化水平较高的组织中，测试人员仍然花费平均 17% 的工作时间分析由于各种不稳定因素造成的测试结果的误报，还会花费 14% 的时间维护自动化脚本。
- 超过一半的测试人员每周会花费 5 ~ 15 小时准备和管理测试数据。
- 84% 的测试人员遭遇过因为测试环境的问题而造成的测试任务的延迟。
- 一套自动化回归测试集平均需要 16.5 天执行一遍，但是敏捷开发的一次迭代时间普遍要求是两周。
- 一个软件应用平均要与 52 个第 3 方系统组件进行交互，这些第 3 方系统组件包括其他的微服务和接口，以及各式各样的移动设备。

　　上述数据来自《企业级持续测试：软件测试的敏捷化和 DevOps 化转型》这本书。通过上述数据，读者可以理解为什么软件测试会成为敏捷开发的主要瓶颈。另外，Tricentis 公司还提出一个有价值的观点，即目前只有 9% 的公司会对业务需求，也就是用户故事进行正式的风险评估，大多数的团队仅仅依靠直觉来判断哪些产品需求的风险高，从而应该优先并且充分测试。不同于我们在第 6 章介绍的测试风险，这里的风险专门指产品需求的业务风险。这包括两个方面：按照需求实现的功能特性被用户使用的频率，一旦失效对业务造成的危害或影响。不对需求的风险进行合理评估，意味着每个需求的测试覆盖率是凭借直觉定义的，测试的优先级也是凭借直觉来划分的。在测试时间有限的情况下，这种做法就不能快速、合理地挑出那些风险较高的测试用来执行。

　　要实现彻底的持续测试，就必须致力于解决上述问题，各个击破，在正确的时间执行正确的测试，在该精简测试范围的时候进行科学合理的精简，从而给决策者提供快速的质量反馈。具体来说，就是要实现如下几个方面。

- 量化需求的业务风险，从而可以量化测试用例的业务风险，以及发现的缺陷的业务风险。
- 测试设计尽可能有效地覆盖业务风险。
- 实现低维护成本的快速的自动化测试。
- 失败的、没有执行的测试用例对应的风险是可见的、量化的。
- 在持续集成环境中为持续地、一致地执行自动化测试做准备。
- 手工测试采用探索式测试来执行，做好手工测试和测试自动化之间的平衡。

10.5.2　持续测试的实现框架

　　持续测试的实现框架如图 10-19 所示，分为 3 个模块：实现基础、中间过程和技术手段 / 方法。实现基础包括测试数据管理、DevOps 工具链集成和服务虚拟化；中间过程包括基于风险的测试分析和测试影响分析；技术手段 / 方法包括探索式测试、测试自动化和测试设计方法。

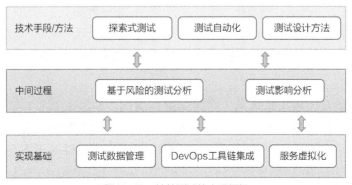

图 10-19　持续测试的实现框架

1. 测试数据管理

测试数据的准备和管理是软件测试中重要的环节，也是自动化测试中非常重要的环节，系统端到端的自动化回归测试需要测试数据管理（test data management，TDM）功能的支持。持续测试需要考虑如何缩短测试数据的创建和维护所需要的时间。

测试数据的主要来源有两种，一种是使用生产数据，但需要对数据进行脱敏，以满足通用数据保护条例（general data protection regulation，GDPR）的要求；另一种是生成需要的测试数据。我们在 7.7 节中介绍过可以基于开源工具、自定义工具或模糊测试工具等快速生成所需的测试数据。在测试中，经常需要综合利用这两种方式来满足不同的测试需要：经过脱敏处理的生产数据可以更快速地覆盖常见的测试场景，而生成的测试数据可以实现更广泛的覆盖范围，如一些异常场景需要的数据在生产环境中难以发现。

测试数据管理服务需要考虑如何隔离测试数据的使用，避免多个测试任务修改测试数据造成的互相干扰；还需要考虑哪些数据可以事先准备，以及哪些数据需要在测试执行中实时生成。

2. DevOps 工具链集成

随着 DevOps 工具链的形成和日益丰富，企业可以选择各种各样的工具建设自动化的软件交付流水线。这些工具的集成和协同越有效，团队成员的工作和协作就越高效。测试工具与持续集成系统的集成是将测试活动无缝融合到持续交付流水线的基础，这也是对于现代测试工具的基本要求。

测试工具应该具备直接集成到持续集成环境中的能力，或者先连接到一个专门的测试管理平台，该平台可以协调测试管理、跟踪和报告；另外，在需要时利用加速测试执行的技术，如分布式测试执行、故障恢复等，可以帮助团队在限定的时间内完成更多的测试。

3. 服务虚拟化

我们在前面 4.4 节介绍过虚拟化技术。服务虚拟化是一种模拟（mock）技术，即使被测试对象依赖的系统组件（API、第 3 方应用等）不能被正常访问，测试也可以自动运行。服务虚拟化的目标是保证测试环境不影响测试的速度、准确性和完整性，测试可以达到业务期望的质量和效能。

现代软件应用系统越来越复杂，搭建测试环境也变得越来越具有挑战性，因此有的测试干脆直接在生产环境中进行，但不可能把所有研发阶段的测试全部右移。当被测试对象需要与所依赖的系统组件交互时，如果被依赖的系统组件处于下列状态，就变得不可用。

- 还在开发中的、不可靠的第 3 方组件。

- 超出所在研发团队的控制范围的第 3 方组件。

- 使用时容量或时间有限制。

- 在测试环境中难以配置或部署。

- 不同团队需要同时设置不同的测试数据而引起冲突。

越复杂的场景往往越依赖更多的系统组件，因此，端到端的自动化回归测试就会有更多的限制。服务虚拟化可以消除被依赖的系统组件的不稳定性，把测试和与之相互作用的各种依赖性隔离，为自动化测试提供稳定的环境。当测试失败时，可以排除与之相关的测试环境问题，更方便地进行问题定位，也可以为复现缺陷和验证修复提供稳定且可靠的测试环境。

另外，服务虚拟化还提供了一种简单的方法来模拟测试环境中的边缘情况和错误条件下的行为，以便覆盖更多的测试场景。例如，验证被测系统在不同的依赖组合在关闭、延迟时的状态。

4. 基于风险的测试分析

在敏捷开发和 DevOps 环境中，软件发布的决策需要快速制定，最好是直观的、自动的和实时的。传统的基于测试用例数量的测试结果已经不能满足快速决策的要求。为什么这样说呢？很多团队在测试结束后提交的测试结果常常是如下这样的。

- 总共有 1 万条测试用例，测试覆盖率为 95%。

- 90% 的测试用例（9000 条）执行成功。

- 5% 的测试用例（500 条）执行失败，相关的功能模块包括……

- 5% 的测试用例（500 条）没有执行，相关的功能模块包括……

组织的决策团队面临的问题是，很难基于上述报告直观地判断一个软件是否可以发布。他们常常会有下列疑问。

- 没有覆盖到的需求是不是有很大风险？

- 失败的和没有执行的测试用例所关联的功能特性是不是关键的业务功能？

- 对于用户会造成什么影响？

因此，几乎总是需要组织发布前的评审会来了解测试结果背后的细节，才能做出判断。这不但会浪费时间，而且会因为主观或仓促的判断错误估计了质量风险。以测试覆盖率为例，测试覆盖率只告诉我们一个应用的功能点被测试用例覆盖的百分比，如果一个应用总共有

100 个功能点，测试了其中 95 个，那么测试覆盖率为 95%。如果每个功能点都同样重要，这个指标是有意义的，但实际上并非如此。例如，一个在线教育 App 的听课功能肯定比课程推广功能更重要。如果 5% 没有被测试覆盖的功能点正好包括听课功能，那么相应的软件版本还能发布吗？

为了解决上述问题，Tricentis 公司提出了一种新的数字化的测试范围优化方法，其过程如图 10-20 所示，主要包括以下几点：

1）对需求进行业务风险的量化评估、排序；

2）设计测试用例对业务风险进行有效覆盖；

3）建立需求与测试用例之间的映射关系，把需求的量化风险关联到测试用例；

4）根据给定的测试执行时间和业务风险确定测试的范围和优先级；

5）在测试结果的报告中，采用业务风险覆盖率代替传统的测试覆盖率，根据业务风险覆盖率进行软件发布的决策。

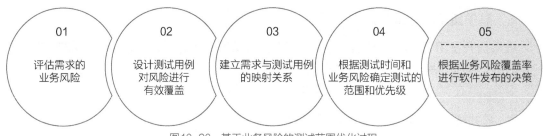

图 10-20　基于业务风险的测试范围优化过程

这个方法的亮点在于需求风险的量化评估和根据业务风险覆盖率进行软件发布的决策。

首先介绍需求风险的量化评估，这里需要解释几个术语：需求的业务风险（business risk）、风险权重、风险贡献率（risk contribution）和风险覆盖率（risk coverage）。

需求的业务风险用来量化一个需求，即 Epic 或用户故事对业务产生负面影响的可能性，公式如下。

$$\textbf{业务风险 = 使用频率 × 失效危害}$$

使用频率（frequency）是指对需求对应的功能特性用户使用频率的度量。如果用户经常使用一个功能，那么这个功能通常比较关键。

失效危害（damage）是指对需求对应的功能特性失效可能导致的损失进行的度量。这包括是否会造成核心功能的瘫痪、是否只是造成使用上的不便、是否会造成重大的财务损失，以及有没有监管违规等。

某个功能特性的用户使用频率越高，并且一旦失效可能造成的损害越大，业务风险就越高。

风险绝对权重（absolute weight）是根据每个需求的使用频率和失效危害按照下面的公式计算出来的。

$$风险绝对权重 = 2^{使用频率} \times 2^{失效危害}$$

用户故事的风险绝对权重按照上面的公式直接计算，Epic 的风险绝对权重是对其包含的用户故事的风险绝对权重求和。

风险的相对权重（relative weight）是指每个需求相对于同一层级中其他需求的业务风险权重比例。例如，在某个 Epic 下面，一共有 3 个用户故事，业务风险的绝对权重分别是 256、128 和 128，那么用户故事的业务风险的相对权重分别为 50%、25% 和 25%。

风险贡献率是指每个需求占所有需求的风险贡献比例。

下面是对需求进行业务风险量化评估、排序的推荐流程。

1）项目关键利益相关者承诺参加一个为期一天半的会议，参与风险评估。

2）对于 Epic、用户故事等需要测试的业务需求进行简要评审。如果软件系统非常复杂，那么建议一开始把注意力放在 Epic 级别，而不是用户故事级别。

3）按照每个需求实际或者预期的使用频率对需求进行风险排序，从选择最常用的需求开始，将其列为 5 级。接下来，将最不常用的需求列为 1 级。随后，把其他的需求与最常用的需求和最不常用的需求进行比较，高级别需求的使用频率是低级别需求的 2 倍，例如，2 级需求的使用频率是 1 级需求的使用频率的 2 倍，3 级需求的使用频率是 2 级需求的使用频率的 2 倍。接下来对造成的损害重复相同的过程：如果这个需求对应的功能失效，那么可能导致的损害级别。首先，对每个 Epic 级别的需求进行排序，然后，对每个 Epic 包含的用户故事进行排序。

4）在排序完成后，给予其他相关方评审风险评级结果的机会。

5）计算每个用户故事和 Epic 的风险绝对权重、风险相对权重，以及风险贡献率。

以在线教育 App 第一批交付（App 1.0）的用户故事为例，表 10-7 列出了用户故事和 Epic 的风险分析结果。其中，账户管理、课程购买和课程学习这 3 个 Epic 的业务风险最高，分别贡献了 30.19% 的业务风险，课程发现和课程分享这 2 个 Epic 的业务风险较低。而在"账户管理"这个 Epic 中，用户故事"注册登录"贡献了 94.12% 的业务风险，远远高于另一个用户故事"充值"的业务风险。

表10-7 在线教育App 1.0业务风险评估表

Epic	用户故事	使用频率等级	危害等级	权重	相对权重（%）	风险贡献率（%）
课程发现		5	3	256	7.55	7.55
	关键词查询	4	3	128	20	1.51
	课程试读	5	4	512	80	6.04
账户管理		5	5	1024	30.19	30.19
	注册登录	5	5	1024	94.12	28.41
	充值	3	3	64	5.88	1.78
课程购买		5	5	1024	30.19	30.19
	余额支付	3	3	64	5.88	1.77
	微信支付	5	4	512	47.06	14.21
	支付宝支付	5	4	512	47.06	14.21
课程学习		5	5	1024	30.19	30.19
	已购课程管理	5	5	1024	100	30.19
课程分享		3	4	64	1.89	1.89
	生成海报	3	4	128	80	15.10
	微信链接	2	3	32	20	3.77

这样，我们对业务风险的评估就完成了，同时对要测试的软件应用的风险所在有了一个清晰、量化的认识。

5．测试设计方法

下一步要做的就是确定在何处添加测试可以为最高业务风险的需求构建可接受的测试覆盖率，以及利用有效的测试设计方法设计测试用例，既要保证覆盖业务风险的效果，又要有效率。

80/20 原则在这里仍然有效：测试 20% 的需求覆盖 80% 的业务风险。对于业务风险最高的需求，必须尽可能覆盖。

关于测试设计方法，Tricentis 公司在其出版的书中提到了等价类及各种组合方法（Pairwise、正交实验和 Linear Expansion）。其中特别推荐采用 Linear Expansion，它可以用很少的测试用例覆盖更多的业务风险。

下面简单介绍一下 Linear Expansion 测试设计方法。

假设以下简单场景：一个车险计算器考虑 15 个不同输入属性（性别、年龄、车辆类型等），每个属性可以有 2 个不同的输入值（男 / 女、18 ~ 59 岁 /60 岁以上、汽车 / 卡车等），每个属性之间没有相互依赖条件。女性司机会获得 5% 的折扣；60 岁以上的司机会获得 5% 的折扣。**如果采用 Linear Expansion 方法，首先，要定义一条"straight through"或者"happy path"测试用例，所有的输入属性都选择最重要的、有效等价类的值，覆盖包含最大风险属性值。**例如，根据统计信息，男性汽车司机覆盖了最广泛的投保人群，那么这条测试用例应该选择性别为男，车辆属性为卡车等。这条测试用例具有最高优先级，会作为冒烟测试或持续集成中 BVT 的测试用例集的一部分。然后，为每一个属性设计一条测试用例。每个测试都有一个明确的目标：一个测试检查针对女性司机提供折扣的功能，一个测试针对 60 岁以上的司机提供折扣的功能，等等。这些测试用例会作为自动化回归测试用例集的一部分。**因为每条测试用例都有一个明确的目的，如果某一条测试用例执行失败，就很容易能够定位到对应的软件代码。**你最终得到的测试用例数量为 16 条（针对 15 个属性分别设计一条测试用例 +1 个"straight through"测试用例）。各种测试设计方法对比如表 10-8 所示。

表10-8　各种测试设计方法对比

	测试用例数量	测试精确度	根因分析
Linear Expansion	16	高	容易
所有可能组合	32768	低	困难
Pairwise	10（覆盖了 420 个组合）	低	困难
正交实验法	2	低	困难

最后，在执行测试时，根据给定的测试执行时间和业务风险确定测试的范围和优先级，目标是达到反馈速度和业务风险覆盖率之间的平衡。针对在线教育 App 1.0，测试执行风险覆盖率如表 10-9 所示。

表10-9　在线教育 App 1.0 测试执行风险覆盖率

Epic	用户故事	频率等级	危害等级	权重	相对权重（%）	风险贡献率（%）	风险覆盖率（%）	测试用例执行率（%）
课程发现		5	3	256	7.55	7.55	90	
	关键词查询	4	3	128	20	1.51	85	85
	课程试读	5	4	512	80	6.04	90	90

续表

Epic	用户故事	频率等级	危害等级	权重	相对权重（%）	风险贡献率（%）	风险覆盖率（%）	测试用例执行率（%）
账户管理		5	5	1024	30.19	30.19	98	
	注册登录	5	5	1024	94.12	28.41	100	100
	充值	3	3	64	5.88	1.78	60	60
课程购买		5	5	1024	30.19	30.19	83	
	余额支付	3	3	64	5.88	1.77	80	80
	微信支付	5	4	512	47.06	14.21	84	84
	支付宝支付	5	4	512	47.06	14.21	82	82
课程学习		5	5	1024	30.19	30.19	100	
	已购课程管理	5	5	1024	100	30.19	100	100
课程分享		3	4	64	1.89	1.89	78	
	生成海报	3	4	128	80	15.10	80	80
	微信链接	2	3	32	20	3.77	70	70

在每次迭代中，需要更新对需求的风险评估。首先，在一个迭代中创建一个用户故事列表，单独针对这些新的用户故事进行风险评估。在通常情况下，任何一个新的功能特性的业务风险都比已有功能的风险要高。在所有新的用户故事被验证并通过后，再把这些新的需求合并到总的需求列表中并在整个回归测试范围内进行整体排序。

基于风险覆盖率的测试报告如表 10-10 所示。

表10-10　在线教育 App 1.0 基于风险覆盖率的测试报告

	Passed	Failed/Blocked	Not Executed	Not Covered
风险覆盖率（%）	73	4	16	7

从中我们可以得到以下结论：

- 73% 的业务风险已经被测试并且通过；

- 4% 的业务风险被测试但执行失败；

- 16% 的业务风险已经设计了测试用例但没有执行；

- 7% 的业务风险没有任何测试用例覆盖。

我们从中可以直观地获得这些数字化的信息：风险覆盖与目标之间的差距，失效的功能对业务的影响，特定需求的状态，软件版本是否满足发布条件。

6. 测试影响分析

测试影响分析其实就是 6.5 节介绍的代码依赖性分析与精准测试技术。

在敏捷开发中，持续构建的频率很高，全面的自动化回归测试往往需要花费几小时甚至几天的时间才能完成，但是持续测试不允许这么长的反馈时间。测试影响分析技术由慕尼黑工业大学（Technical University of Munich）首创，它通过以下两个原则迅速暴露自上一次测试运行以来添加 / 修改的代码中的缺陷。

- 将回归测试用例关联到软件应用的代码，在选择回归测试的测试范围时，仅仅选择与最新一轮代码更改相关联的测试用例，而没必要浪费时间去执行代码没有修改的测试用例。

- 根据检测到缺陷的可能性对这些回归测试用例进行排序，优先执行那些容易暴露缺陷的测试用例。研究表明，这种方法可以用 1% 的执行时间发现 80% 的错误构建，用 2% 的执行时间发现 90% 的错误构建。换句话说，测试速度可以提高 100 倍，但仍然可以发现大多数问题，显然这是优化持续测试的理想选择。

7. 探索式测试

测试自动化适合反复检查增量应用的更改是否会破坏现有功能，但在验证新的功能特性方面存在不足。采用探索式测试进行新功能的验证，可以在自动化测试之前快速地发现缺陷。关于这一点，我们已经在 7.9 节进行了详细阐述。因此，下面只简单地概括探索式测试在持续测试中的作用。

- 快速暴露缺陷，包括采用其他测试方式找不到的缺陷。充分利用了人类智慧，探索式测试可以覆盖更广的测试范围，包括更多的测试场景、对异常测试场景的覆盖和用户角度的测试。读者可能会有这样的体验，如果严格按照基于脚本的测试用例来执行测试，发现不了多少缺陷，经常需要做更多的扩展测试。

- 组织跨职能团队成员一起进行探索式测试，包括开发人员、产品负责人和业务分析人员等。来自不同专业领域的成员可以带来不同的专业知识。有了这样一个人员组成更多样化的、更大的团队参与测试，不但可以在更短的时间内完成更多的测试，而且可以暴露更广泛的问题，并降低关键问题被忽视的风险。

- 在转化为自动化测试之前，快速发现缺陷。如果使用探索式测试工具自动记录测试步骤，则发现的任何缺陷都很容易被复现。

8. 测试自动化

为什么敏捷化、DevOps 让自动化测试势在必行?

- 软件越来越复杂,而且采用分布式架构,软件发布的速度非常快,但开发时间有限,手工测试的周期太长,如果不为每次迭代中的测试进行认真的设计并引入高水平的测试自动化,那么是不可能完成覆盖所有需要的测试范围的。

- 研发团队期待持续的、近实时的反馈。如果不能对最新的更改带来的影响提供快速反馈,那么加速交付会带来很大的业务风险。

- 优秀的企业比以往更加重视质量。虽然企业期望以比以往更快的速度交付更多的创新产品,但同时也认识到,轻视质量将会导致品牌流失和客户流失。在受监管的行业,质量不达标的后果更为严重。

目前,在很多组织中,系统端到端的功能测试自动化水平很低。为了实现连续测试,端到端的功能测试自动化率需要超过 85%,而且应该集中在 API 或消息级别。利用服务虚拟化来模拟所依赖的 API 和其他组件,UI 测试自动化将不再是自动化的焦点。

10.5.3　持续测试成熟度模型

基于上述实现框架,Tricentis 公司提出了持续测试成熟度模型,见表 10-11。

表 10-11　持续测试成熟度模型

评估维度	评估项	I 级	II 级	III 级	IV 级	V 级
探索	探索式测试	—	—	√√√	√√√	√√√
优化	基于业务风险的测试分析	—	√	√√√	√√√	√√√
	有效的测试用例设计方法	—	—	√√√	√√√	√√√
自动化	UI 自动化测试:基于脚本	√	√			
	UI 自动化测试:基于模型	—	√	√	√√	√√√
	API 自动化测试			√	√√	√√√
管理	主动的测试数据管理				√√	√√√
	测试驱动的服务虚拟化				√√	√√√
集成	持续测试与持续集成、持续部署的集成	—	—	√	√√	√√√

注:√表示在对应级别已经应用,对应数量代表应用的程度。在成熟度模型中,将持续测试按照成熟度划分为 5 个等级。

1）**I 级**。在这个阶段，测试用例的数量是关键的度量指标。测试人员根据感觉来判断哪些需求需要设计更多的测试来覆盖；基本采用手工测试，或部分采用基于脚本的测试自动化方式，导致很多测试结果的误报，因此测试脚本需要频繁地进行维护；测试人员需要手工准备和维护测试数据；需要等待测试依赖的第 3 方系统组件被部署到测试环境中才能进行测试。期望的效率提升 1.3 倍。

2）**II 级**。已经采用基于业务风险的测试分析方法指导测试的分析、设计和执行，风险覆盖率成为测试用例设计和执行的关键指标；测试自动化仍然集中在 UI 自动化测试，但开始采用基于模型的测试自动化技术，这可以显著地降低误报率和维护成本；因为仍然没有综合的测试数据管理服务，所以测试数据基本在自动化测试执行时生成，自动化无法覆盖复杂的测试场景。期望的效率提升 3 倍。

3）**III 级**。基于会话的探索式测试被采用；采用有效的测试用例设计方法保证测试用例覆盖业务风险的效果和效率，如 Linear Expansion。如果软件的功能可以通过 API 被访问，那么测试人员会采用 API 进行自动化测试；当 API 测试不适用或者效率不高时，采用基于模型的 UI 自动化测试；自动化测试在持续集成环境中与构建、部署等工具集成在一起使用。期望的效率提升 5 倍。

4）**IV 级**。测试数据管理服务为测试自动化提供测试数据；在被测系统所依赖的第 3 方系统组件不稳定或不可用的情况下，服务虚拟化确保测试可以进行；测试数据管理和服务虚拟化的引入让自动化测试能够覆盖更复杂的 API 测试和端到端的测试，并保证测试可以持续运行；测试作为持续交付流水线的一部分持续运行，为要发布的软件版本提供业务风险的即时反馈。期望的效率提升 8 倍。

5）**V 级**。综合的测试自动化已经建立，并且得到更强大的服务虚拟化和测试数据管理服务的支持；组织建立了度量指标来监控和持续地改进软件测试过程的有效性。期望的效率提升 13 倍。

10.5.4　彻底的持续测试

Tricentis 公司提出了一套可行的实施框架，尤其是通过量化需求和测试风险为软件测试的数字化转型提供了新的思路。不过，这个框架与持续测试的理想状态还是有一定的差距，未来可以考虑从以下几个方向进行完善。

- 对需求的业务风险的度量依赖人工评审获得，得到的结果比较主观，将来可以尝试利用人工智能、大数据等技术进行自动分析，实现更为彻底的数字化。
- API 的自动化测试、测试数据管理服务、服务虚拟化技术，以及测试平台与 DevOps

工具链集成等手段并不能消除自动化测试的所有障碍。如何让自动化测试做得更快、更好？也许人工智能技术在将来可以给出更好的答案。

- 新功能探索式测试、回归测试自动化，能不能把二者融合起来，利用人工的探索式测试智能地产生测试代码，让测试更具"持续性"？例如，对于任何新功能，首先经过测试人员的探索式测试向人工智能提供训练数据，然后人工智能一边训练一边补全测试，并生成自动化测试脚本。

本章小结

我们已经进入了一个"大数据 + 人工智能"的时代，这不但意味着大数据和人工智能技术越来越广泛地应用到软件测试中，同时意味着大量的大数据系统和人工智能系统需要测试和验证，这将在敏捷测试面向业务的实践中占据越来越大的比重。

大数据系统的测试既包括功能测试，又包括非功能测试。其中的功能测试主要是验证 ETL 的数据处理过程，这是大数据测试的核心。针对大数据系统，还需要在体系结构方面进行性能测试、稳定性测试、可靠性测试等非功能测试。

人工智能的测试侧重算法验证、学习模型评估和特征项专项测试等。算法和模型的验证，会通过实验评估算法自身的度量指标，如准确率、灵敏度和召回率等进行验证，也会采用蜕变测试、模糊测试等方法来验证算法的可靠性和可解释性等。

- 对于人工智能领域的测试，即使是过去所学的测试方法也有用武之地，如采用不同数据集进行多次验证，验证算法在不同数据下的表现，探究算法的边界，验证算法在边界会不会出现异常情况。

- 可以采用白盒测试方法，基于算法的结构进行验证，如对神经元及其连接的覆盖，也可以采用黑盒方法，针对人工智能输出的结果进行验证，如上面所说的图灵测试和 A/B 测试。A/B 测试已在 8.2 节做过介绍。

- 人工智能测试可以是手工测试，直接让测试人员来进行验证，如图灵测试或直接让特定领域的专业人士（如李世石、柯洁与 AlphaGo 的对弈等）来完成测试；也可以进行自动化测试，让它们自我博弈（如 AlphaGo 的下一代产品 AlphaZero）。

在人工智能助力敏捷测试方面，从基于图像识别技术的 UI 测试，到基于人工智能实现全自动化的 API 测试，再到基于人工智能进行代码深度分析，尽早发现代码缺陷，人工智能可以在各个阶段帮助软件开发实现内建质量，以更高效的技术手段加速对软件质量的反馈。

敏捷测试的发展离不开工具的支持，因此我们有必要关注测试工具的发展趋势，了解它们在云化、智能化和模型化方面的发展，以及对大数据、人工智能和物联网等新兴技术的支持。我们更需要了解测试工具对于敏捷和 DevOps 中持续测试的支持力度，通过实践让它们能够早日在实践中"成长"和"完善"，进而成为推动敏捷和 DevOps 发展的强大动力。

敏捷测试就是要实现彻底的持续测试。持续测试具有下列 3 个特点。

- 测试可以随时开展且具有连续性，平滑有序地打通整个测试过程，从测试左移到测试右移，从单元测试到端到端的系统测试，从静态测试到动态测试，从测试分析到测试报告。

- 测试和开发、运维能很好地进行融合、匹配和同步，打通整个 DevOps 过程，让测试融合到 DevOps 的各个环节，融入 DevOps 的整个基础设施，相互促进，最终能够实现彻底的持续交付。

- 以最少的测试、最快的速度覆盖交付所面临的业务风险，整个测试过程要快。无论是研发阶段中的每个迭代的测试活动，还是产品发布后对于缺陷修复的代码变更的验证，有变更就有验证，就能够快速提供验证结果。

彻底的持续测试需要通过人工智能技术辅助实现，相信这一天会很快到来。

延伸阅读

下面推荐两本书，希望可以帮助读者深入学习人工智能和大数据的测试。《AI 自动化测试：技术原理、平台搭建与工程实践》介绍了针对测试自动化的相关人工智能技术基础、腾讯游戏人工智能自动化测试框架的实现机制，以及不同需求场景下的实际案例。《机器学习测试入门与实践》系统地介绍了机器学习和大数据测试技术，包括大数据测试、特征专项测试及模型算法评估测试等方面，也探讨了如何建立机器学习的质量保障体系。

附录 A 基于 Kubernetes 和 Docker 搭建 Jenkins 可伸缩持续集成系统

导读

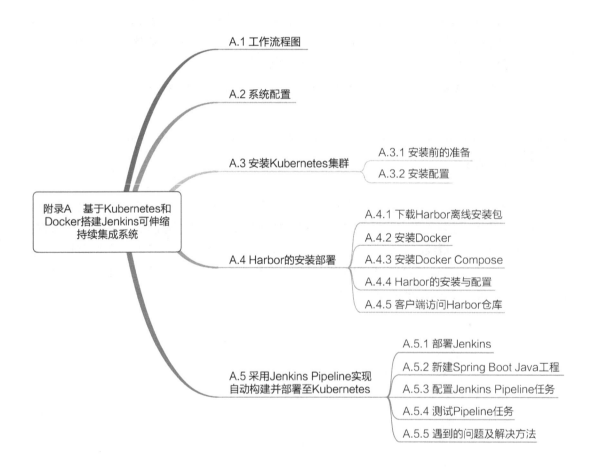

A.1　工作流程图

基于 Kubernetes 和 Docker 搭建的 Jenkins 持续集成系统的工作流程图如图 A-1 所示。

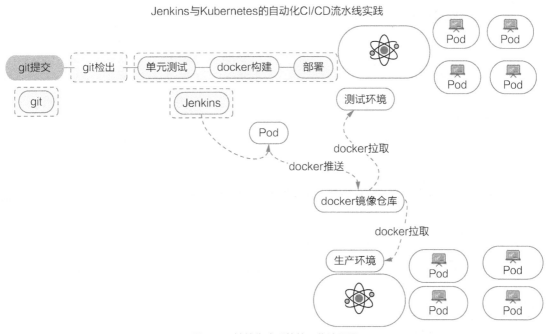

图 A-1　持续集成系统的工作流程图

A.2　系统配置

Harbor 仓库服务器，配置为：centos7，4 核 CPU，16GB 内存，160GB 硬盘。

服务器 IP　　　　服务器主机名

192.168.10.160　　harbor

Kubernetes 集群包含 3 台服务器，1 台主服务器，2 台节点服务器，配置为：centos7，4 核 CPU，16GB 内存，60GB 硬盘。

服务器 IP　　　　服务器主机名

192.168.10.161　　k8s-master

192.168.10.162　　k8s-node1

192.168.10.163　　k8s-node2

A.3　安装 Kubernetes 集群

A.3.1　安装前的准备

1. 关闭 firewalld 改用 iptables

输入以下命令，关闭 firewalld。

```
systemctl stop firewalld.service #停止firewall
systemctl disable firewalld.service #禁止firewall开机启动
```

2. 安装 NTP 服务

安装命令如下。

```
yum install -y ntp wget net-tools
systemctl start ntpd
systemctl enable ntpd
```

A.3.2　安装配置

1. 安装 Kubernetes 主服务器

使用以下命令安装 Kubernetes 和 etcd。

```
yum install -y kubernetes etcd
```

编辑 /etc/etcd/etcd.conf 使 etcd 监听所有的 IP 地址。

```
cat /etc/etcd/etcd.conf
```

找到下面的一行。

```
ETCD_LISTEN_CLIENT_URLS="http://0.0.0.0:2379"
```

并修改为下面的值。

```
ETCD_ADVERTISE_CLIENT_URLS="http://192.168.10.161:2379"
```

编辑 Kubernetes API Server 的配置文件 /etc/kubernetes/apiserver。

```
cat /etc/kubernetes/apiserver
```

找到下面的内容，并且修改为如下的值。

```
KUBE_API_ADDRESS="--address=0.0.0.0"
KUBE_API_PORT="--port=8080"
KUBELET_PORT="--kubelet_port=10250"
KUBE_ETCD_SERVERS="--etcd_servers=http://192.168.10.161:2379"
KUBE_SERVICE_ADDRESSES="--service-cluster-ip-range=10.254.0.0/16"
KUBE_ADMISSION_CONTROL="--admission_control=NamespaceLifecycle,NamespaceExists,Limi
tRanger,SecurityContextDeny,ServiceAccount,ResourceQuota"
KUBE_API_ARGS=""
```

启动 etcd、kube-apiserver、kube-controller-manager 和 kube-scheduler 服务，并设置为开机自启动。

```
cat /script/kubenetes_service.sh

for SERVICES in etcd kube-apiserver kube-controller-manager kube-scheduler; do
    systemctl restart $SERVICES
    systemctl enable $SERVICES
    systemctl status $SERVICES
done
sh /script/kubenetes_service.sh
```

在 etcd 中，定义 Flannel 网络的配置，这些配置会被 Flannel 服务下发到节点服务器。

```
etcdctl mk /centos.com/network/config '{"Network":"172.17.0.0/16"}'
```

添加 iptables 规则，打开相应的端口。

```
iptables -I INPUT -p tcp --dport 2379 -j ACCEPT
iptables -I INPUT -p tcp --dport 10250 -j ACCEPT
iptables -I INPUT -p tcp --dport 8080 -j ACCEPT
iptables-save
```

2. 安装 Kubernetes 节点服务器

下面这些步骤应该在节点服务器 1 和节点服务器 2 上执行（也可以添加更多的节点服务器）。

使用 yum 安装 Kubernetes 和 Flannel。

```
yum install -y flannel kubernetes
```

为 Flannel 服务配置 etcd 服务器，编辑 /etc/sysconfig/flanneld 文件中的下列行。

```
cat /etc/sysconfig/flanneld

FLANNEL_ETCD="http://192.168.10.161:2379" #改为etcd服务器的IP
FLANNEL_ETCD_PREFIX="/centos.com/network"
```

编辑 /etc/kubernetes/config 中 Kubernetes 的默认配置，确保 KUBE_MASTER 的值是 Kubernetes 主服务器的 IP 和端口。

```
cat /etc/kubernetes/config

KUBE_MASTER="--master=http://192.168.10.161:8080"
```

编辑 /etc/kubernetes/kubelet 如下。

节点服务器 1。

```
cat /etc/kubernetes/kubelet

KUBELET_ADDRESS="--address=0.0.0.0"
KUBELET_PORT="--port=10250"
KUBELET_HOSTNAME="--hostname_override=192.168.10.162"
KUBELET_API_SERVER="--api_servers=http://192.168.10.161:8080"
KUBELET_ARGS=""
```

节点服务器 2。

```
cat /etc/kubernetes/kubelet

KUBELET_ADDRESS="--address=0.0.0.0"
KUBELET_PORT="--port=10250"
KUBELET_HOSTNAME="--hostname_override=192.168.10.163"
KUBELET_API_SERVER="--api_servers=http://192.168.10.161:8080"
KUBELET_ARGS=""
```

启动 kube-proxy、kubelet、docker 和 flanneld 服务，并设置为开机自启动。

```
cat /script/kubernetes_node_service.sh

for SERVICES in kube-proxy kubelet docker flanneld; do
systemctl restart $SERVICES
systemctl enable $SERVICES
systemctl status $SERVICES
done
```

在每台节点服务器上，产生一块新的网卡 docker0，两台节点服务器的 Docker 网卡有不同的 IP，就像下面这样。

节点服务器 1 执行如下命令。

```
ip a | grep docker | grep inet
```

可以看到如下内容。

```
inet 172.17.0.1/16 scope global docker0
```

节点服务器 2 执行如下命令。

```
ip a | grep docker | grep inet
```

可以看到如下内容。

```
inet 172.17.60.0/16 scope global docker0
```

添加如下 iptables 规则。

```
iptables -I INPUT -p tcp --dport 2379 -j ACCEPT
iptables -I INPUT -p tcp --dport 10250 -j ACCEPT
iptables -I INPUT -p tcp --dport 8080 -j ACCEPT
```

现在登录 Kubernetes 主服务器验证节点服务器状态。

```
kubectl get nodes
NAME             STATUS    AGE
192.168.10.162   Ready     2h
192.168.10.163   Ready     2h
```

至此，Kubernetes 集群已经配置并运行了，我们可以继续下面的步骤。

A.4　Harbor 的安装部署

Harbor 是 VMware 公司开源的企业级 Docker Registry 项目，项目见 GitHub 官网 -goharbor-harbor。

A.4.1　下载 Harbor 离线安装包

下载 Harbor 离线安装包，下载界面如图 A-2 所示。

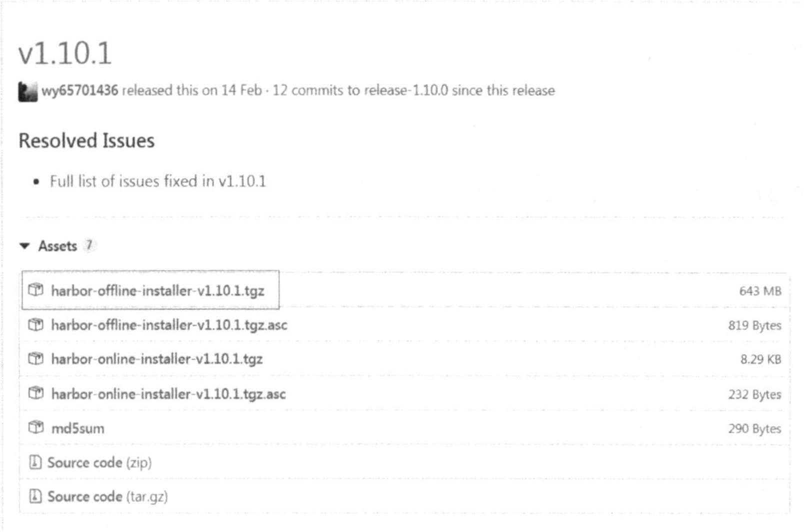

图 A-2　Harbor 离线安装包

相关的机器配置要求如图 A-3 所示。

Resource	Minimum	Recommended
CPU	2 CPU	4 CPU
Mem	4 GB	8 GB
Disk	40 GB	160 GB

图 A-3　机器配置要求

将下载的 Harbor 离线安装包上传到服务器，并运行以下命令解压缩。

```
tar zxvf harbor-offline-installer-v1.10.1.tgz
```

在后面的 A.4.4 节，使用解压缩文件安装 Harbor 仓库。

A.4.2　安装 Docker

Docker 的安装步骤如下。

```
# 安装依赖包
yum install -y yum-utils device-mapper-persistent-data lvm2
# 添加Docker软件包源
yum-config-manager \
    --add-repo \
    https://download.███████.com/linux/centos/docker-ce.repo
# 安装Docker CE
yum install -y docker-ce
# 启动Docker服务并设置为开机自启动
systemctl start docker
systemctl enable docker
```

A.4.3　安装 Docker Compose

Docker Compose 是 Docker 提供的一个命令行工具，用来定义和运行由多个容器组成的应用。使用它，我们可以通过 YAML 文件定义应用，并由单个命令完成应用的创建和启动。下面给出其 2 种安装方法。

方法 1 如下所示。

```
# curl -L https://github.com/docker/compose/releases/download/1.24.1/docker-compose-'uname -s'-'uname -m' > /usr/local/bin/docker-compose
# chmod +x /usr/local/bin/docker-compose
```

方法 2 如下所示。

```
yum install epel-release
yum install -y python-pip
pip install docker-compose
yum install git
```

A.4.4　Harbor 的安装与配置

修改 harbor.yml 如下。

- hostname：在这里设置本机的 IP 地址。

- harbor_admin_password : Web 页面的密码。

运行下列代码。

```
sh ./install.sh
```

进入 Harbor 访问页面: http://192.168.10.160/,如图 A-4 所示。

图A-4　Harbor访问页面

A.4.5　客户端访问 Harbor 仓库

在客户端登录 Harbor 会报如下所示的错误。

```
# docker login 192.168.10.160
Username: admin
Password:
Error response from daemon: Get https://192.168.10.160/v2/: dial tcp
192.168.10.160:443: connect: connection refused
```

这是因为从 Docker 1.3.2 版本开始默认 Docker Registry 使用的是 HTTPS,而我们设置 Harbor 默认为 HTTP 方式,因此,当执行 docker login、pull、push 等命令、操作非 HTTPS 的 Docker Registry 时,就会报错。

解决方法如下。

登录 Harbor 仓库服务器，在 Harbor 的安装目录中，执行下列命令查看 docker-compose.yml 文件。

```
vi docker-compose.yml
```

docker-compose.yml 文件的内容如图 A-5 所示。

```
version: '2.3'
services:
  log:
    image: goharbor/harbor-log:v1.8.0
    container_name: harbor-log
    restart: always
    dns_search: .
    cap_drop:
      - ALL
    cap_add:
      - CHOWN
      - DAC_OVERRIDE
      - SETGID
      - SETUID
    volumes:
      - /var/log/harbor/:/var/log/docker/:z
      - ./common/config/log/:/etc/logrotate.d/:z
    ports:
      - 5000:5000
    networks:
      - harbor
  registry:
    image: goharbor/registry-photon:v2.7.1-patch-2819-v1.8.0
```

图A-5　docker-compose.yml文件

修改 ports 信息为 5000:5000，然后执行下列命令。

```
docker-compose stop
./install.sh
```

下面需要修改 harbor 仓库服务器和客户端服务器的 Docker 配置文件。

首先，执行下列命令。

```
vim /etc/docker/daemon.json
```

在 daemon.json 文件中添加如下内容。

```
{
 "insecure-registries": ["192.168.10.160"]
}
```

然后，执行下列命令。

```
vim /usr/lib/systemd/system/docker.service
```

在 docker.service 文件中添加如下内容。

```
ExecStart=/usr/bin/dockerd |--insecure-registry=192.168.10.160
```

在该文件中，在下面这行前面加上"#"以进行注释。

```
ExecStart=/usr/bin/dockerd -H fd:// --containerd=/run/containerd/containerd.sock
```

在该文件中添加如下内容。

```
ExecStart=/usr/bin/dockerd|--insecure-registry=192.168.10.160
```

重启 Docker，命令如下。

```
systemctl daemon-reload
systemctl restart docker
```

重启 Harbor 的 Docker Compose，命令如下。

```
docker-compose restart
```

在客户端登录 Harbor 仓库，这次登录成功。

```
# docker login 192.168.10.160
Username: admin
Password:
Login Succeeded
```

A.5   采用 Jenkins Pipeline 实现自动构建并部署至 Kubernetes

A.5.1   部署 Jenkins

这里采用 yum 命令部署 Jenkins。

1）安装 JDK，命令如下。

```
yum install -y java
```

2）安装 Jenkins。

添加 Jenkins 库到 yum 库，Jenkins 将从这里下载并安装，命令如下。

```
wget -O /etc/yum.repos.d/jenkins.repo http://pkg.jenkins-ci.org/redhat/jenkins.repo
rpm --import https://jenkins-ci.org/redhat/jenkins-ci.org.key
yum install -y Jenkins
```

3）配置 Jenkins 的端口。

首先执行下列命令打开 /etc/sysconfig/Jenkins。

```
vi /etc/sysconfig/jenkins
```

然后修改端口号如下。

```
JENKINS_PORT="8085"    此端口不冲突可以不修改
```

4）启动 Jenkins，命令如下。

```
service jenkins start/stop/restart
```

5）访问 http://localhost:8085，出现如图 A-6 所示的页面，日志文件位于 /var/jenkins_home/secrets/initialAdminPassword 中。

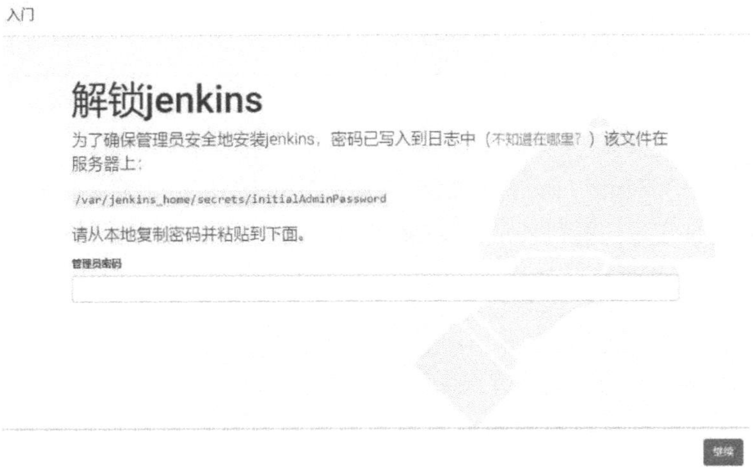

图A-6　Jenkins 解锁界面

6）在如图 A-6 所示的密码文件中找到系统生成的密码，复制到"管理员密码"下的输入框中，然后单击"继续"按钮。

7）在 Plugin 界面中选择"安装建议的插件"。

8）最后，创建新的管理员用户或使用现有的 admin 用户。完成后需要使用管理员用户登录系统，这样就可以使用系统了。

A.5.2　新建 Spring Boot Java 工程

首先准备一个 Spring Boot Java 工程。由于 Spring Boot 内嵌了 Tomcat，因此不需要安装 Tomcat 也可以启动 Web 应用。Java 工程的代码在 GitHub 官网 -gemedia/docker-demo。

1. 新建 Spring Boot Java 工程

1）创建 Spring Boot Java 项目，新建一个 Controller 类。

```java
package com.docker.demo.controller;
import org.springframework.web.bind.annotation.GetMapping;
import org.springframework.web.bind.annotation.RestController;
@RestController
public class TestController {
    @GetMapping("")
    public String helloWorld() {
        return "Hello World!";
    }
}
```

2）然后修改 application 配置文件，设置访问端口。

```
spring.application.name=docker-demo
server.port=9099
```

3）编译运行，访问 http://localhost:9099 可以看到运行初始页面，如图 A-7 所示。我们把这个 Spring Boot 工程部署到 Kubernetes 集群中，就可以在集群的节点上启动工程，进行 Web 访问。

图 A-7　运行初始页面

2．准备 Dockerfile 文件

在根目录下新建一个 Dockerfile 文件，可以用来构建需要的 Docker 镜像。

```
FROM openjdk:8-jdk-alpine
#构建参数
ARG JAR_FILE
ARG WORK_PATH="/opt/demo"
# 环境变量
ENV JAVA_OPTS="" \
    JAR_FILE=${JAR_FILE}
RUN apk update && apk add ca-certificates && \
    apk add tzdata && \
    ln -sf /usr/share/zoneinfo/Asia/Shanghai /etc/localtime && \
    echo "Asia/Shanghai" > /etc/timezone
COPY target/$JAR_FILE $WORK_PATH/
WORKDIR $WORK_PATH
ENTRYPOINT exec java $JAVA_OPTS -jar $JAR_FILE
```

3．准备 Kubernetes 的 Deployment 配置文件

在根目录下，新建一个名为 k8s-deployment.tpl 的文件，可以用作 Kubernetes 的 YAML 文件模板。

```
apiVersion: apps/v1
kind: Deployment
metadata:
  name: {APP_NAME}-deployment
  labels:
    app: {APP_NAME}
spec:
  replicas: 1
  selector:
    matchLabels:
      app: {APP_NAME}
  template:
    metadata:
      labels:
        app: {APP_NAME}
    spec:
      containers:
      - name: {APP_NAME}
        image: {IMAGE_URL}:{IMAGE_TAG}
        ports:
        - containerPort: 40080
        env:
          - name: SPRING_PROFILES_ACTIVE
            value: {SPRING_PROFILE}
```

4.　准备 Jenkinsfile 文件

在根目录下，新建 Jenkinsfile 文件，用来在 Jenkins 中执行 Pipeline 任务。Jenkinsfile 文件的参数说明如下。

1）environment 中的参数说明如下。

- HARBOR_CREDS: Harbor 镜像仓库用户 credential 信息。
- K8S_CONFIG: Kubernetes 中 kubectl 命令的 YAML 配置文件内容。
- GIT_TAG: 当前 Git 的 tag 值。

2）parameters 中的参数说明如下。

- HARBOR_HOST：Harbor 仓库地址。
- DOCKER_IMAGE：Docker 镜像名。
- APP_NAME：Kubernetes 中的应用名称。
- K8S_NAMESPACE：Kubernetes 中的命名空间的名称。

3）stages 中的参数说明如下。

- Maven Build：设置 .m2 目录名称，进行 Maven 构建。
- Docker Build：使用 Shell 命令，依次进行这些操作，登录 Harbor 仓库、构建镜像文件、上传镜像文件和移除本地镜像文件。
- Deploy：运行 kubectl 命令，执行 deploy 操作。

```
pipeline {
    agent any
    environment {
        HARBOR_CREDS = credentials('jenkins-harbor-creds')
        K8S_CONFIG = credentials('jenkins-k8s-config')
        GIT_TAG = sh(returnStdout: true,script: 'git describe --tags --always').
trim()
    }
    parameters {
        string(name: 'HARBOR_HOST', defaultValue: '192.168.10.160', description:
'harbor仓库地址')
            string(name: 'DOCKER_IMAGE', defaultValue: 'tssp/pipeline-
demo', description: 'docker镜像名')
        string(name: 'APP_NAME', defaultValue: 'pipeline-demo', description: 'k8s中
应用名称')
            string(name: 'K8S_NAMESPACE', defaultValue: 'demo', description: 'k8s的
namespace名称')
    }
    stages {
        stage('Maven Build') {
```

```
            when { expression { env.GIT_TAG != null } }
            agent {
                docker {
                    image 'maven:3-jdk-8-alpine'
                    args '-v $HOME/.m2:/root/.m2'
                }
            }
            steps {
                sh 'mvn clean package -Dfile.encoding=UTF-8 -DskipTests=true'
                stash includes: 'target/*.jar', name: 'app'
            }
        }
        stage('Docker Build') {
            when {
                allOf {
                    expression { env.GIT_TAG != null }
                }
            }
            agent any
            steps {
                unstash 'app'
                sh "docker login -u ${HARBOR_CREDS_USR} -p ${HARBOR_CREDS_PSW}
${params.HARBOR_HOST}"
                sh "docker build --build-arg JAR_FILE=`ls target/*.jar |cut -d '/' -
f2` -t ${params.HARBOR_HOST}/${params.DOCKER_IMAGE}:${GIT_TAG} ."
                sh "docker push ${params.HARBOR_HOST}/${params.DOCKER_IMAGE}:${GIT_TAG}"
                sh "docker rmi ${params.HARBOR_HOST}/${params.DOCKER_IMAGE}:${GIT_TAG}"
            }
        }
        stage('Deploy') {
            when {
                allOf {
                    expression { env.GIT_TAG != null }
                }
            }
            agent {
                docker {
                    image 'lwolf/helm-kubectl-docker'
                }
            }
            steps {
                sh "mkdir -p ~/.kube"
                sh "echo ${K8S_CONFIG} | base64 -d > ~/.kube/config"
                sh "sed -e 's#${IMAGE_URL}#${params.HARBOR_HOST}/${params.DOCKER_IMAGE}
#g;s#${IMAGE_TAG}#${GIT_TAG}#g;s#${APP_NAME}#${params.APP_NAME}#g;s#${SPRING_
PROFILE}#k8s-test#g' k8s-deployment.tpl > k8s-deployment.yml"
                sh "kubectl apply -f k8s-deployment.yml --namespace=${params.K8S_NAMESPACE}"
            }
        }

    }
  }
}
```

A.5.3　配置 Jenkins Pipeline 任务

新建 Jenkins Pipeline 任务，然后设置所需的参数。

1. 创建 Pipeline 任务

单击"新建任务"按钮，在新建任务页面，输入任务名称，选择"流水线"选项，如图 A-8 所示。

图 A-8　新建任务界面

2. 配置 Pipeline 任务

进入 Pipeline 任务的配置界面，在 Pipeline 设置页面，在"Definition"下拉列表框中选择"Pipeline script from SCM"，在"SCM"下拉列表框中选择"Git"，输入 Java 工程的 Git 地址和凭证信息，如图 A-9 所示。

图 A-9　Pipeline 任务配置界面

3．配置 Harbor 仓库账号与密码

在如图 A-10 所示的界面中，单击"凭据"，然后单击"添加凭据"链接。

图 A-10　添加凭据界面

在新凭据设置界面，将"Kind"选择为"Username with password"，将 ID 设置为"jenkins-harbor-creds"，在"Username"中为 Harbor 镜像仓库设置用户名，在"Password"中为 Harbor 仓库设置用户密码，如图 A-11 所示。

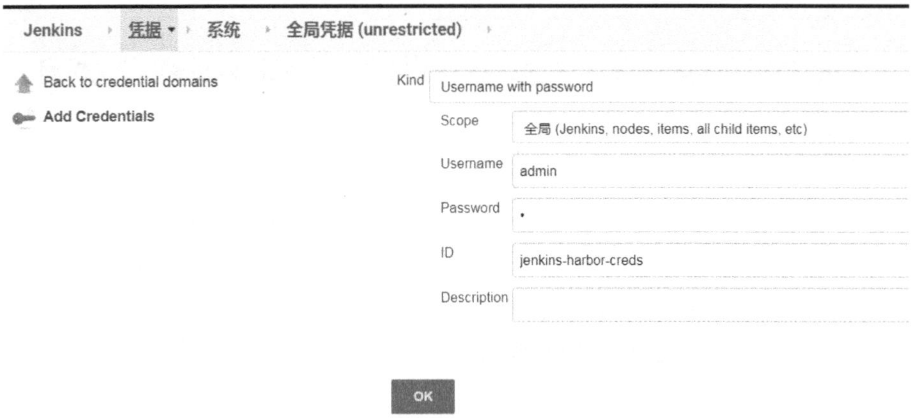

图 A-11　新凭据设置界面

4．配置 Kubernetes 的 kube.config 配置文件

Kubernetes 需要 YAML 格式的配置文件来执行 kubectl 命令。首先把 Jenkins 凭据内容进行 Base64 解码，然后保存为 ~/.kube/config 文件，文件内容如下。

```
apiversion: v1
kind: Config
clusters:
- name: "test"
  cluster:
      server: "https://xxxxx"
      api-version: v1
      certificate-authority-data: "xxxxxx"
users:
- name: "user1"
  user:
      token: "xxxx"
contexts:
- name: "test"
  context:
      user: "user1"
      cluster: "test"
current-context: "test"
```

在 Linux 环境下运行如下命令，可以把 kubectl 的 YAML 文件进行 Base64 编码。

```
base64 kube-config.yml > kube-config.txt
```

在 Jenkins 凭据中添加文件内容。单击"添加凭据"，出现如图 A-12 所示的界面，将"类型"选择为"Secret text"，将"ID"设置为"jenkins-k8s-config"，"Secret"中为 Base64 编码后的配置文件内容。

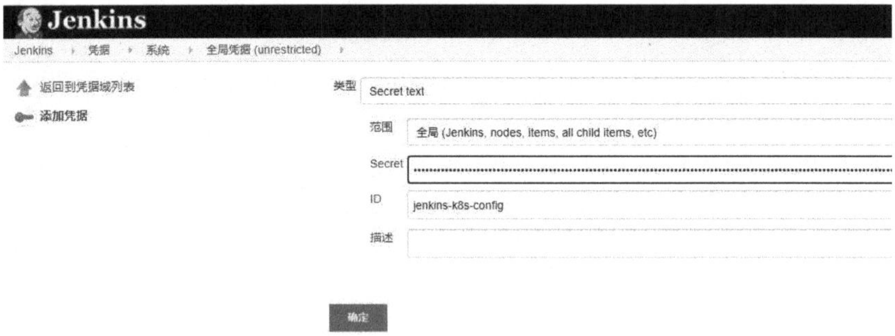

图 A-12　凭据设置界面

A.5.4　测试 Pipeline 任务

单击新建的 Pipeline 任务，在任务页面中，单击"Build With Parameters"，执行 Pipeline 任务，如图 A-13 所示。

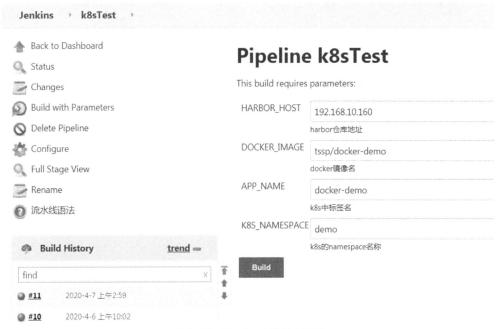

图 A-13　Pipeline 任务执行界面

在如图 A-14 所示的界面中，查看任务的执行结果，可以看到每个阶段的运行状态。

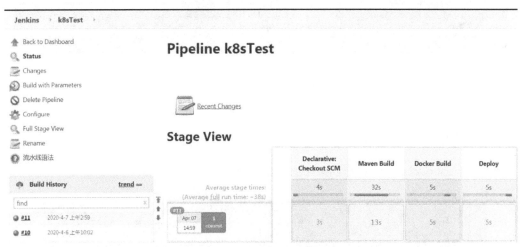

图 A-14　任务执行结果界面

任务完成以后，可以看到 Docker 镜像文件已经上传至 Harbor 仓库中了，如图 A-15 所示。

图 A-15　查看 Harbor 镜像仓库界面

在 Linux 服务器中查看 deployment，运行以下命令。

```
kubectl get deployment
```

kubectl get deployment 命令的执行结果如图 A-16 所示。

```
Last login: Mon Apr  6 09:31:40 2020
[root@master ~]#   kubectl get deployment
NAME                         DESIRED   CURRENT   UP-TO-DATE   AVAILABLE   AGE
docker-demo-deployment       2         2         2            0           18h
nginx-deployment             1         1         1            0           22h
```

图 A-16　kubectl get deployment 命令执行结果

查看 pod 的命令如下。

```
kubectl get pod
```

kubectl get pod 命令的执行结果如图 A-17 所示。

```
[root@master ~]# kubectl get pod
NAME                                        READY    STATUS             RESTARTS
    AGE
docker-demo-deployment-2446438681-flql3     0/1      ContainerCreating  0
    18h
docker-demo-deployment-2446438681-tgk4r     0/1      ContainerCreating  0
    18h
nginx                                       0/1      ContainerCreating  0
    8d
nginx-deployment-2897519587-5925z           0/1      ContainerCreating  0
    22h
```

图 A-17　kubectl get pod 命令执行结果

A.5.5　遇到的问题及解决方法

（1）启动 Jenkins 后，安装插件时出现"无法连接服务器"错误

首先不要关闭安装插件的那个页面（就是提示 offline 的那个页面），然后打开一个新的标签页，输入网址 http://localhost:port/pluginManager/advanced，将会出现如图 A-18 所示的页面，在新打开的页面的"Update Site"中，把其中的链接改成：http://mirror.esuni.jp/jenkins/updates/update-center.json，然后单击"Submit"按钮。

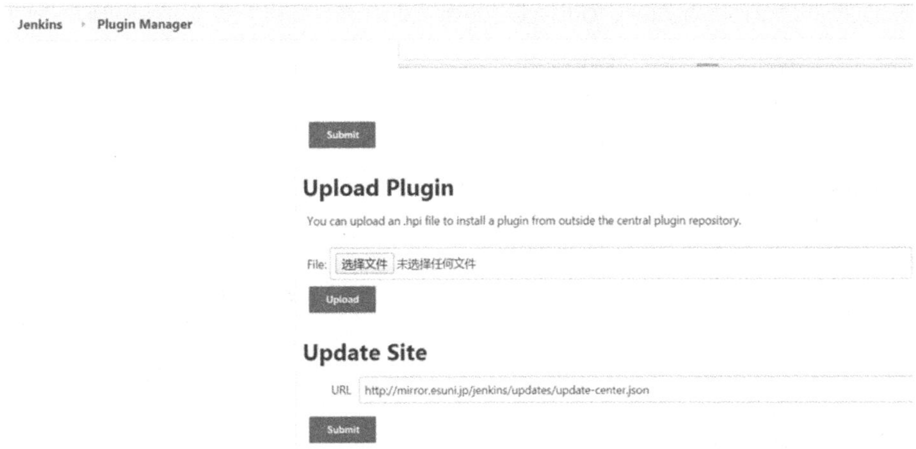

图A-18　Plugin Manager管理界面

完成后重新启动 Jenkins，这时就能正常安装插件了。

（2）运行 Pipeline，出现"command not found"错误

利用 yum 命令安装的 Jenkins 的配置文件的默认位置为 /etc/sysconfig/jenkins。

Jenkins 服务默认以 jenkins 用户运行，这时在 Jenkins 中执行 ant 脚本可能会产生没有权限删除目录、覆盖文件等问题。我们可以通过让 Jenkins 以 root 用户运行来解决这个问题。

1）将 jenkins 账号加到 root 组中。

```
gpasswd -a jenkins root
```

2）然后需要修改 Jenkins 用户权限为 root 权限，修改 /etc/sysconfig/jenkins 文件内容如下。

```
#user id to be invoked as (otherwise will run as root; not wise!)
JENKINS_USER=root
JENKINS_GROUP=root
```

这样修改后重启 Jenkins 服务。

（3）在 docker build 阶段出现 "exec:"docker-proxy": executable file not found in $PATH" 错误。

解决方法：需要启动 docker-proxy。

```
cd /usr/libexec/docker/
 ln -s docker-proxy-current docker-proxy
```

（4）出现 "Cannot connect to the Docker daemon at unix:///var/run/docker.sock. Is the docker daemon running?" 错误。

可运行如下命令进行解决。

```
systemctl daemon-reload
service docker restart
```

（5）出现 "shim error: docker-runc not installed on system." 错误。

经过一番排查，发现如下解决方案有用。

```
cd /usr/libexec/docker/
 ln -s docker-runc-current docker-runc
```

附录 B　敏捷实践发展史

《敏捷实践编年史》的英文版本可以在国际敏捷联盟网站中找到。

1968 年

康威定律（Conway's Law）被提出，并总结为任何一个组织的系统（在这里不仅仅指信息系统）都不可避免地被设计成这个组织自身沟通结构的副本。长期以来，康威定律被认为是民俗知识，而并非有充分依据的科学成果，尽管最新的研究为其提供了一些学术上的支持。（直到 20 世纪 90 年代中期，软件开发的社会因素仍然被软件工程学术研究所忽视。）

20 世纪 70 年代

Barry Boehm 提出了 **Wideband Delphi** 估算技术，这是**规划扑克**（planning poker）估算法的前身。

1976 年

1）在 D. Panzl 发表的一系列文章中，描述了一些与 JUnit 特性相似的工具，这证明自动化单元测试具有悠久的历史。

2）Glenford Myers 出版了《软件可靠性：原则与实践》（*Software Reliability : Principles and Practices*），将**开发人员永远不应该测试自己的代码**作为一条"公理"（此时是开发者做测试的"黑暗"时代）。

1977 年

出现了为 UNIX 系统开发的 **make** 工具——（这

说明）自动化软件构建的原则由来已久。

1980 年

1）在 Harlan Mills 主编的一本书中，记载了 IBM 联邦系统部门关于增量开发的实质性讨论。其中有一篇 Dyer 的文章《软件工程的原则》（"Principles of Software Engineering"），建议**每次增量开发的功能要尽可能与其他增量开发的功能分离**；然而，这仍然是有计划的、分阶段的开发模式，而不是为了应对变化。

2）源自丰田生产模式中的**可视化控制**（visual control）理念，体现了对**信息发射源**（information radiator）的期待。

1983 年

在 CHI（人机交互领域的顶级会议）记录中记载：在施乐帕克研究中心设计"施乐之星"期间，大规模使用了一系列**人类因素测试**（human factor testing）技术，预示着可用性（usability）测试技术将会出现。（注："施乐之星"是世界上第一台图形用户界面的计算机。）

1984 年

1）Barry Boehm 在一些项目中使用原型开发的方法（本质上是一种迭代策略）进行早期研究，这表明迭代方法开始得到认真关注，其极可能是受到个人计算机和图形用户界面兴起等因素的推动。

2）Leo Brodie 在《Forth 思想》（*Thinking Forth*）一

书中提出**构造**（factoring）的概念：将代码组织成有用的片段，这发生在详细设计和实现过程中。这体现了对**重构**（refactoring）实践的期待。

3）尽管对于瀑布式开发模型的批评很早就有，作为替代方法的**增量开发模型的构想**在此时变得越来越清晰。一篇早期论文《软件工程中基于知识的沟通流程》（"Knowledge-based communication processes in software engineering"）是一个很好的例子，倡导增量开发，并明确指出其原因在于**瀑布式开发模型缺乏完整和稳定的规范**。

1985 年

Tim Gilb 提出了**渐进交付模型**（evolutionary delivery model），代号为"Evo"。这也许是第一个明确命名的、用来替代瀑布式开发模型的增量开发模型。

1986 年

1）在一篇著名的论文中，Barry Boehm 提出了**软件开发和增强的螺旋模型**（a spiral model of software development and enhancement），一种通过适当的方法识别和降低风险的迭代模型（尽管所提出的"典型"示例是基于原型开发方法）。

2）Takeuchi 和 Nonaka 在《哈佛商业评论》上联合发表了一篇文章《一种崭新的新产品开发游戏》（"The New New Product Development Game"），提出了一种**"橄榄球"方法**：产品开发是在一个精心挑选的、多学科的团队持续互动过程中产生的，团队成员从头到尾都在一起工作。这篇文章经常被认为是 Scrum 框架的灵感来源。

1988 ～ 1990 年

事件驱动的 GUI 软件的兴起及其特定的测试方面的挑战为"捕获与回放"类测试自动化工具创造了机会。这类工具由 Segue、Mercury 等公司开发，并在此后 10 年间占据了市场主导地位。

1988 年

1）"时间盒"（timebox）被认为是 Scott Schultz 提出的**快速迭代式产品原型开发**（rapid iterative production prototyping，RIPP）方法的基石，该方法在杜邦公司的分支机构信息工程协会中被应用。

2）虽然通过将对象拟人化（如 CRC 技术）来推理设计问题的思想看起来很自然，但仍然遇到一批强大的反对者。例如，Dijsktra 在《在计算机科学实际教学中的残酷性》（"On the cruelty of really teaching computing science"）一文中指出：在计算机科学中，拟人化的隐喻应该被禁止。这看起来似乎是面向对象的理念正在向主流思想发起冲击。

1989 年

Ward Cunningham 在与 Kent Beck 联合发表的文章中描述了 **CRC 技术**，在卡片上采用这种特定格式，源于 Cunningham 设计的一个应用：将设计文档存储为一个 HyperCard 卡片堆。

1990 年

1）Bill Opdyke 和 Ralph Johnson 在 *ACM SIGPLAN NOTICE* 期刊上联合发表了一篇论文，创造了**重构**（refactoring）这一术语，认为重构是支持应用程序框架设计和面向对象系统进化的一种辅助手段。

2）**黑盒**（black box）测试技术在测试学科中占据了主导地位，尤其是"捕获与回放"类型的测试工具。

20 世纪 90 年代

由于**快速应用开发（RAD）工具和集成开发环境**

（IDE）的兴起，人们对 make 类型的构建工具毁誉参半。

1991 年

1）James Martin 在《快速应用开发》（*Rapid Software Development*）一书中阐述了 RAD 方法，这也许是首次将时间盒与迭代（松散意义上的"整个软件开发过程的一次重复"）紧密结合起来。这本书的其中一章详细阐述了时间盒。

2）Taligent 公司独立开发了一个测试框架，与 SUnit 惊人相似。

1992 年

1）Larry Constantine 在访问并报道 Whitesmiths 公司时创造了**活力二人组**（dynamic duo）这一术语："每一台终端前面都有两名程序员！当然，只有一名程序员操作键盘编写代码，但他们是并肩作战的"。Whitesmiths 公司是一家由 P. J. Plauger（C 语言的开发者之一）创办的编译器提供商。

2）William Opdyke 发表了论文《面向对象框架之重构》（"Refactoring Object-Oriented Frameworks"），对**重构**进行了全面的论述。

1993 年

1）Wilson 等人进行了**协作对学生程序员的好处**这一早期的实证研究，结果表明结对工作对编程任务很有好处。在结对编程已经通过**极限编程**（extreme programming）得到普及之后，后续又做了更充分的研究，希望进一步验证**结对编程**的效果。

2）Jim Coplien 编写了最初的**站会**（standup）模式。

3）**持续集成**（continuous integration）这个短语已经开始使用，并且早于**敏捷过程**的概念。例

如，这一年有一篇文章把持续集成和计划集成做了对比，并建议采用后者，理由是持续集成**缺乏全面测试**。这可以帮助解释为何敏捷团队如此青睐自动化测试，因为它能够促进持续集成。

4）Jeff Sutherland 在 Easel 公司发明了 Scrum 框架。

1994 年

1）Jim Coplien 发表文章描述了他对 Borland 公司"超级多产"的 Quattro Pro 团队的观察，指出他们非常依赖**每日会议**（daily meeting）：项目会议比其他任何事情都要多；这篇文章被认为对 Scrum 框架有巨大的影响。

2）Kent Beck 为 Smalltalk 编程语言开发了 **SUnit** 测试框架。

1995 年

1）Coplien 出版了《组织模式》（*Organizational Patterns*）的早期版本，这是一部对敏捷的发展有影响的著作，在"程序设计模式语言"中命名了**代码所有权**（code ownership）模式。然而，Coplien 支持专属的**个人代码所有权**，并提醒人们不要采用集体代码所有权，因为这相当于不存在所有权。Coplien 承认个人代码所有权并不完美，但同时认为，他提出的其他模式有助于缓解存在的问题。

2）Alistair Cockburn 发表了文章《应用开发中人的因素的增长》（"Growth of Human Factors in Application Development"），提出了迭代方法逐渐被接受的一个主要原因：**软件开发的瓶颈正在转向（个人和组织的）学习，而学习本质上是一个迭代的、反复试错的过程。**

3）源于和 CRC 卡片相同的灵感，Ward Cunningham 提出了 **Wiki** 的概念，Wiki 后来成

为维基百科的原型，这无疑是万维网历史上最具影响力的思想之一。

4）在最早的关于 Scrum 的著作中，引入了**迭代**（sprint）概念，尽管其持续时间是可变的。

5）首部有关模式的著作《程序设计模式语言》（*Pattern Languages of Program Design*）出版，Jim Coplien 在"生成式开发过程模式语言"（A Generative Development-Process Pattern Language）这一章中以 Alexandrian 模式的形式对**结对开发**（developing in pairs）进行了简要描述。

6）在 1995 年 3 月~ 4 月发行的《面向对象程序学报》（*Journal Object Oriented Program*）中，Andrew Koenig 创造了**反模式**（antipattern）这一术语：反模式很像是一种模式，但它并非一个真正的解决方案，它只是表面上提供了解决方案，但实际上根本不能解决问题。

7）Ken Schwaber 和 Jeff Sutherland 在 OOPSLA 大会上联合发布了 Scrum 开发框架。

1996 年

1）Steve McConnel 描述了 20 世纪 90 年代微软在 Windows NT 3.0 上使用的**每日构建和冒烟测试**（daily build and smoke testing）技术，其重点不在于其自动化程度，而在于构建频率，以每日为周期在当时被认为很极端。

2）自动化测试成为极限编程的一项实践，当时没有过多强调单元测试和验收测试的区别，也没有特别的符号或推荐的工具。

1997 年

1）Ken Schwaber 描述了**每日 Scrum 站会**（daily scrum standup），这个活动后来被 Mike Beedle

打造成一种模式。

2）在《幸存的面向对象的项目》（*Surviving Object-Oriented Projects*）一书中，Alistair Cockburn 描述了在几个项目（可以追溯到 1993 年）中非正式使用的一项实践，但没有给它贴上一个标签，只是将其概述为**增量开发，关注每一次增量**。

3）Beck 和 Gamma 合作开发了测试工具 **JUnit**，灵感来自 Beck 早期开发的工具 SUnit。JUnit 在后来几年日益流行，这标志着测试工具"捕获与回放"时代的落幕。

1998 ~ 2002 年

测试在前（test-first）被阐述为**测试驱动**（test-driven），特别是在 c2.com 的 Wiki 上。

1998 年

1）**持续集成**（continuous integration）和**每日站会**（daily standup）被列入极限编程的核心实践中。

2）Linda Rising 在《模式手册：技术、策略和应用》（*The Patterns Handbook: Techniques, Strategies, and Applications*）一书中引用了 Keonig 对反模式的定义。

3）《反模式：危机中软件、架构和项目的重构》（*AntiPatterns: Refactoring Software, Architectures, and Projects in Crisis*）一书让**反模式这个术语得到普及**。

4）关于极限编程的第一篇文章《走向极限编程的克莱斯勒公司》（"Chrysler Goes to 'Extremes'"）发表，描述了一些极限编程实践，包括**自选任务**（self-chosen task）、**测试在前**（test-first）、**3周迭代**（three week iteration）、**集体代码所有权**（collective code ownership）和**结对编程**（pair programming）。

1999 年

1）在关于极限编程的早期论述中，**系统隐喻**（system metaphor）实践被提出，用来解决从业务到技术转化过程中存在的问题和认知摩擦，但由于其比较难以理解，因此没有得到推广。

2）Robert C. Martin 在《C++ 报道》（*C++ Report*）上发表了一篇文章，提出了敏捷**迭代**（iterative）和**增量**（incremental）这两个术语，也许是最早的敏捷意义上的描述。

3）Alan Cooper 在《交互设计之路：让高科技产品回归人性》一书中首次提出**用户画像**（personas）的概念，是在先前的**目标导向设计**（goal-directed design）的基础上发展出来的。

4）Kent Beck 在 IEEE《计算机》杂志上发表了《用极限编程拥抱变化》（"Embracing Change with Extreme Programming"），首次提出了**简单设计规则**（rule of simple design），是对 OTUG 邮件列表中的讨论进行的总结。

5）Martin Fowler 出版了《重构：改善既有代码的设计》。重构实践在几年前被纳入极限编程，并因为这本书得以推广。

6）Ken Beck 在《解析极限编程：拥抱变化》一书中创造了**大可视化图表**（big visible chart）这一术语，尽管后来 Beck 将这归功于 Martin Fowler。

7）Ron Jeffries 率先提出了**橡皮糖熊**（gummi bears）这个概念，代替**故事点**（story point）作为用户故事的估算单位（后来被认定源于 Joseph Pelrine 领导的一个极限编程项目）。

2000 年左右

Scrum 每日站会中的 **3 个问题**在极限编程团队中被广泛使用。

2000 年（或更早）

引入了**驾驶员**（driver）和**领航员**（navigator）这两个角色来帮助解释结对编程，相关信息最早来源于一个邮件列表记录。然而，值得注意的是，这两个角色存在争议，如 Sallyann Bryant 发表的文章《结对编程与神秘的领航员角色》（"Pair Programming and the Mysterious Role of the Navigator"）。

2000 年

1）Martin Fowler 发表了一篇文章，提供了也许是当时对**持续集成实践**的最完整的描述。

2）Freeman、Mckinnon 和 Craig 共同发表了文章《内部测试：使用模拟对象进行单元测试》（"Endo-Testing: Unit Testing with Mock Objects"），这里借用了童话作家 Lewis Carroll 创作的**模拟海龟**（mock turtle）的典故。

3）Ken Schwaber 在为富达投资集团工作期间发明了**燃尽图**（burndown chart），试图为 Scrum 团队提供一个简单的工具包。他在其网站上为这个图表做了正式说明。

4）术语**速度**（velocity）被补充到极限编程中，它相对较晚出现，替代了先前被认为过于复杂的**负载系数**（load factor）这一概念。

21 世纪初

make 形式的自动构建方式开始"复兴"，尽管这根本不是一种新的方法，也不局限于只在敏捷团队中使用，但它的"复兴"在一定程度上要归功于敏捷实践的兴起。

2001 年 2 月 11 日～ 13 日

在美国犹他州瓦萨奇山区的雪鸟滑雪度假村，17

位致力于帮助他人的软件开发者相聚一堂，目标是从各自的软件开发方法中找到共识。这次会议的成果是《**敏捷软件开发宣言**》（*Manifesto for Agile Software Development*），简称《**敏捷宣言**》。后来参与此次会议的几位成员继续合作，成立了**敏捷联盟**（Agile Alliance）。

2001 年

1）Brian Marick 是"上下文驱动"（context-driven）软件测试学派的一员，他参与了发布《敏捷宣言》的雪鸟聚会。他经常把自己描述为团队中的**令牌测试者**（token tester），并把一些探索式测试的实践意识引入敏捷社区。

2）**定期反思**（retrospective）是《敏捷宣言》的原则之一：团队定期反思如何做到更有效，然后相应地调整团队行为。尽管它当时还没有被普遍采用。

3）Mary Poppendieck 的文章《精益编程》（"Lean Programming"）引导人们开始关注**敏捷与精益思想**（或**丰田生产模式**）在体系上的相似之处。

4）Cruise Control 是第一款**持续集成服务器**（continuous integration server），以开源许可协议的形式发布；它可以自动监控源代码库，自动触发构建和测试过程，把执行结果自动发送给程序员，并自动归档测试报告；在 2001 ~ 2007 年期间，出现了大量类似工具，可能导致人们关注工具超过关注实践。

5）Norm Kerth 出版了《项目反思：团队审查手册》（*Project Retrospectives：A Handbook for Team Reviews*）一书，描述了一些可视化的方法。其中，**活力震荡仪**（energy seismograph）也许可以看作 Niko-niko 日历的前身。（注：Niko-niko 日历是一块看板，团队成员在每天工作结束后用一张脸部表情符总结当天的工作状态。）

6）Bill Wake 发表的一篇文章指出了敏捷团队中使用的两种不同的估算方法：**相对估算和绝对估算**（relative and absolute estimation）。

7）Martin Fowler 在一篇文章中表示：**重构终于跨越了"分水岭"**。他描述了在 IDE 工具中对 Java 语言重构提供自动化辅助的广泛可用性。

8）Kaner、Bach 和 Pettichord 出版了《软件测试经验与教训》，其中介绍了探索式测试技术的一些技巧，并首次提到了**上下文驱动的软件测试学派**（context-driven school of software testing）。

9）《极限编程实施》一书中描述了**快速设计会话**（quick design session）这一实践。

10）英国的 Connextra 公司发明了**角色 - 特性 - 原因**（role-feature-reason）格式用来描述用户故事。

11）Jeff Sutherland 发表了文章《规模化敏捷：在 5 家公司发明并重塑 Scrum》（"Agile Can Scale：Inventing and Reinventing Scrum in Five Companies"），首次描述了 **Scrum of Scrums**（总结 IDX 公司的经验）。

12）Chrlstopher T.Collins 和 Roy W.Miller 发表了一篇论文《适应极限编程风格》（"Adaptation：XP Style"），从中可以看出，极限编程社区在早期就支持**反思**（retrospective）实践。

13）Ron Jeffries 提出了用户故事的**3C模型**，即**卡片 - 交谈 - 确认**（card、conversation 和 confirmation），用来区分**互动式**（social）的用户故事实践和**文档化**（documentary）的需求实践。

14）《预防可预见的项目失败》（"Immunizing Against Predictable Project Failure"）一文被发表。后来，该文章在很大程度上促使了制定**项目章**

程（project chartering）成为一项敏捷实践。

15）Alistair Cockburn 出版了《敏捷软件开发》一书，首次描述了敏捷项目环境中的**反思讨论会**（reflection workshop）。

16）术语**项目反思**（project retrospective）在 Norm Kerth 的著作中被介绍。

17）Alistair Cockburn 创造了**信息发射源**（information radiator）这一术语，将信息的移动比作热量和气体的扩散，部分使用了扩展比喻。

2002 年

1）Laurie Williams 和 Robert Kessler 出版了《结对编程技术》，这是第一本专门论述**结对编程实践**的书，讨论了截止到当时的相关理论、实践和各项研究。

2）Ward Cuningham，极限编程的发明者之一，发布了基于 Excel 表格形式的验收测试工具 **Fit**。

3）Bill Wake 的一篇早期文章提醒人们注意一个现象：**对于一些常用术语，比如完成**（done），**也许团队成员的理解并不一致。**

4）来自一个早期实践者的报告在更广泛的背景下讨论了**用户画像**（personas）：Jeff Patton 发表了一篇文章《击中目标：将交互设计添加到敏捷软件开发》（"Hitting the Target: Adding Interaction Design to Agile Software Development"），这也许是首次对用户画像在敏捷环境中进行了正式描述，尽管至少从 2000 年开始，这个主题就已经通过邮件被非正式地讨论过。

5）在早期（未发表）关于精益思想应用于软件开发的讨论中，将未部署的功能特性视为**库存**（inventory），尽管 Kent Beck 提到了在 LifeWare 及其他几家公司的持续部署实践，但这个想法需要

几年时间进行提炼直到最终成型。

6）Scrum 社区采纳了用**速度**（velocity）进行估算的实践。

7）**燃尽图**（burndown）在 Scrum 社区广受欢迎，另外还有一些替代方法，比如仅仅**反转了纵坐标的燃起图**（burnup），或者更复杂的**累积流图**（cumulative flow diagram），它和燃起图非常相似，但似乎是一个独立的发明。

8）James Grenning 在一篇文章中阐述的**规划扑克**就是目前我们使用的形式。

9）Rebecca Wirfs-Brock 和 Alan McKean 通过一本关于**责任驱动设计**（responsibility-driven design）的书《对象设计：角色、责任和协作》让 **CRC 卡片得以普及**。

2003 年

1）Industrial Logic 公司的 Joshua Kerievsky 发表《产业化极限编程》（"Industrial XP"）一文，提倡对极限编程进行一系列扩展，包括制定项目章程。基本上和他在 2001 年的文章中定义的一致。

2）Chris Stevenson 发布了工具 **AgileDox**，这是 BDD 的原型，能够从 JUnit 测试脚本中自动生成技术文档。

3）Bob Martin 将 Fit 和 Wiki（Cunningham 的另一项发明）结合起来开发出测试工具 **FitNesse**。

4）c2.Com 的 Wiki 上的一篇匿名文章描述了比较流行的 **Ping-Pong 编程**，把结对编程和测试驱动开发这两项实践结合在一起。

5）Scrum 的早期培训资料中暗示了**"完成定义"**（definition of done，DoD）在未来的重要性，最初只是一张 PPT 的标题：**完成的故事**（The Story of Done）。

6）Mary 和 Tom Poppendieck 在《精益软件开发管理之道》一书中将**敏捷任务板**（agile task board）描述成**软件看板系统**（software kanban system）。

7）Ken Beck 出版了《测试驱动开发：实战与模式解析》一书。

8）得益于"XP Day"大会的例行会议，越来越多的团队开始在项目和迭代中开展**反思**（retrospective）**实践**。

9）用于快速评估用户故事的 **INVEST 清单**源于 Bill Wake 的一篇文章，而且改写了 **SMART**（specific、measurable、achievable、relevant 和 time-boxed），用于评估用户故事进行技术分解后产生的任务。

10）Mike Cohn 在其网站上描述了 5 列任务板的格式。正如 Bill Wake 收集的图片库所展示的那样，当时各种各样的版本仍然比比皆是。

11）Kerievsky 创造了**模糊的时间单位**（nebulous units of time，NUTs）这一术语，用来替代**故事点**（story point）。

12）Eric Evans 在其著作《领域驱动设计：软件核心复杂性应对之道》中创造了**领域驱动设计**（domain-driven design）这一术语，最终成为**系统隐喻**（system metaphor）的一个可行的替代方案。

2003 ~ 2006 年

Fit/FitNesse 组合让其他工具黯然失色，成为敏捷验收测试的主流模式。

2004 ~ 2006 年

每日会议（daily meeting）作为一个核心敏捷实践得到推广。随着任务板的广泛使用，**在任务板前面召开每日会议**（来自 Tobias Mayer 的描述）成为一个关键的指导原则（例如 Tobias Mayer 的描述）。

2004 年

1）Kent Beck 提议将**整个团队**（whole team）作为一个新名词来命名以前被称为**现场客户**（on site customer）的实践。

2）Alberto Savoia 在文章中提出用**极端反馈装置**（extreme feedback device），如熔岩灯或专用显示器，来显示最新集成的结果，这是持续集成实践中一个重大创新。

3）为了验证其"弱化测试（test）而强调行为（behavior）"的假设，Dan North 发布了 **JBehave**。

4）缩略语 **INVEST** 是 Mike Cohn 在《用户故事与敏捷方法》一书中推荐的技术之一，在该书的第 2 章中进行了详细讨论。

2005 年

1）**规划扑克**技术在 Scrum 社区中得到普及，这是 Mike Cohn 在《敏捷估计与规划》一书中提到的关于计划的多种技术之一。

2）**待办事项列表梳理**（backlog grooming）术语的最早使用记录来自 Mike Cohn 在 Scrum 开发邮件列表中的观点，但更正式的描述在几年之后才出现。

3）请学员们思考所在团队的**完成定义**（DoD）的练习第一次出现在 Scrum 培训材料"后续迭代"部分。

4）Jeff Patton 在《关键在于如何切分》（"It's All in How You Slice It"）一文中阐述了故事地图

（story mapping）的概念，但当时并没有给它命名。

2006 ~ 2009 年

几个新工具的发布证实了社区对 BDD 的投入，如 RSpec，以及后来的 Cucumber 和 GivWenZen。

2006 年

1）Jean Tabaka 在《协作精解：软件项目领导的建导技巧》（*Collaboration Explained: Facilitation Skills for Software Project Leaders*）一书中把项目章程作为团队高效协作的关键实践，尽管她明确引用了**产业化极限编程**，但她的陈述在几个方面与 2001 年的相关文章有所不同，表明其受到了多方面的综合影响。

2）为了将 BDD 的范围扩展到业务分析，Dan North 和 Chris Matts 合作提出了 **Given-When-Then** 格式，并写进《介绍 BDD》（"Introducing BDD"）一文中。

3）Akinori Sakata 在一篇文章中首次描述了 **Niko-niko 日历**。

4）Jez Humble、Crhis Read 和 Dan North 在 Agile 2006 会议记录中联合发表了《生产线部署》（"The Deployment Production Line"）一文，第一次描述了**持续交付核心实践**，是对 ThoughWorks 公司英国几个团队的实践进行的整理。

5）Esther Derby 和 Diana Larsen 出版了《敏捷反思：打造优秀团队》（*Agile Retrospectives:Making Good Teams Great*）一书，完成了对**心跳反思**（heartbeat retrospective）实践的定义。

2007 年

1）作为一个完全成熟的实践，**完成定义**以文本清单的形式出现在团队工作室中，在当时已经变得非常普遍。

2）为了给受看板启发的敏捷计划实践提供一个讨论场所，创建了 **"kanbandev"** 邮件列表。

3）最初的一些经验总结报告来自使用看板的特定修改方案的团队（没有迭代，没有估算，具有 WIP 数量限制的持续任务板），包括来自 Corbis（David Anderson）和 BueTech（Arlo Belshee）的报告。

4）简化后的 **3 列任务板**格式（"to do""in progress""done"）在那时变得比最初的 5 列格式更受欢迎，也更加标准化。

2008 年

1）Alan Cooper 在 Agile 2008 大会上发表了主题演讲，标志着**敏捷和交互设计之间的正式和解**，长期以来，二者被认为是相互排斥的。Cooper 是作为"外部人士"被敏捷领袖们邀请来的，但在第二年，他就被认为是很"内部"的人士了。

2）Cem Kaner 给出了**探索式测试**的新定义，反映了这种测试风格一直在持续改进中。

3）Kane Mar 以**故事时间**（story time）作为名称，首次正式描述了**待办事项列表梳理**（backlog grooming），并建议将其作为一个例行会议。

4）在 Agile 2008 大会中，设立了一个论坛，专门讨论**用户体验**的相关实践，比如**可用性测试**（usability）、**用户画像**（personas）或**纸上原型**（paper prototyping）。

5）Jeff Patton 在《新的用户故事待办事项列表是一张地图》（"The New User Story Backlog is a Map"）一文中图文并茂地描述了**故事地图**（story mapping）的实践。

6）尽管最初几次提到团队使用**完成就绪**（definition of ready）的日期是在 2008 年年初，但首次正式地描述似乎是在 2008 年 10 月，此后不久被纳入官方 Scrum 培训材料中。

2009 年

1）**持续部署**的实践已经很好地被确立，尽管仍然有一些争议，就像 Timothy Fitz 在一篇评论文章《IMVU 的持续部署》（"Continuous Deployment at IMVU"）中证实的那样。持续部署已经变得非常重要，不但是在敏捷模式中，而且在更专业、更新的领域中已经成为核心要素，如**精益创业**（lean startup）或 **DevOps**。

2）两个研究看板方法的实体机构成立，一个是**"精益系统协会"**（Lean Systems Society），致力于解决商业问题；另一个是不太正式的**"有限 WIP 协会"**（the Limited WIP Society），致力于提升社区知名度。

2010 年

在 Freeman 和 Pryce 的《测试驱动的面向对象软件开发》一书中，全面描述了**模拟对象**（mock object）、**TDD** 和**面向对象设计**的整合。

2011 年

待办事项列表梳理（backlog grooming）实践被正式纳入 Scrum，并收录进《Scrum 指南》（"Scrum Guide"）中。

2015 年

James Coplien 发表了文章《两人智慧胜过一人》（"Two Heads Are Better Than One"），概述了**结对编程**的历史，它的起源可以追溯到 20 世纪 80 年代中期（如果不是更早的话）。

2017 年

Janet Gregory 和 Lisa Crispin 给出了**敏捷测试**的定义，标志着该主题首次有了一个简洁的定义。

附录 C 后敏捷时代暨 DevOps 发展史

后敏捷时代的事件

2009 年

很多研究者以 Scrum 为基础开发出不同的软件开发框架。Corey Lads 在《Scrumban：精益软件开发的看板系统文章》（*Scrumban: Essays on Kanban Systems for Lean Software Development*）一书中提出了 **Scrumban** 软件管理框架，结合了 Scrum 和看板方法。

2011 年

Dean Leffingwell 在其网站上发布了**规模化敏捷框架**（scaled agile framework, SAFe）1.0，旨在促进多个敏捷团队之间的协作，降低团队管理的复杂性。

2013 年

Craig Larman 和 Bas Vodde 开发的规模化敏捷框架被正式命名为 **Large-Scale Scrum**（LeSS），目标是降低组织的复杂性。

2015 年

敏捷框架 **Nexus** 正式发布，用于开发和维护大型软件开发项目。《Nexus 指南》包含了 40 种以上的实践，可以同《Scrum 指南》一起用于扩展 Scrum 和支持多个软件开发团队的集成工作。Ken Schwaber 是《Nexus 指南》的作者，也是《敏捷宣言》的作者之一和 Scrum 联盟的缔造者。

DevOps 发展史

2007 年

Patrick Debois 是一位比利时的独立 IT 咨询师，也是敏捷实践的拥护者。Patrick 对那些需要在开发和运营之间来回切换的项目感到沮丧，深切感受到传统模式下的运维之痛，以及敏捷开发模式与运维模式的割裂。

2008 年

在美国加州的旧金山，O'Reilly 出版公司举办了一场名为"Velocity"的技术大会，主题是讨论 **Web 应用的性能和运维**。会后几位来自美国奥斯汀的系统管理员和开发人员新开了一个名为"The Agile Admin"的博客，目标是讨论和分享关于**敏捷在 IT 系统管理中的重要性**。

2008 年

在多伦多召开的 Agile 2008 大会上，Debois 分享了自己的话题：如何在运维工作中应用 Scrum 和其他敏捷实践。Patrick Debois 和 Andrew Shafer 会面并讨论了如何解决开发团队和运营团队之间存在的问题。会后二人在 Google Groups（谷歌论坛）上建立了一个名为"Agile System Administration"的讨论组。

2009 年

来自 Flickr 公司的 John Allspaw 和 Paul Hammond

在 Velocity 2009 年年会上做了题为《每天部署 10 项以上: Flickr 的 Dev 和 Ops 合作》("10 + Deploys Per Day: Dev and Ops Cooperation at Flickr")的演讲。这是一场轰动世界的演讲,引发了**整个行业对于软件部署发布的思考**。

2009 年

Patrick Debois 在比利时根特举办了名为 **DevOpsDays** 的研讨会,并把开发和运维两个词组合起来创造了 **DevOps** 这一术语。至此,DevOps 开始真正流行。

2010 年

第二届 DevOpsDays 大会在美国克利夫兰州举办,至此其成为年度大会。

2011 年

维基百科上出现对 DevOps 的定义,即 **DevOps 是一组过程、方法与系统的统称,用于促进开发、运维和质量保障部门之间进行沟通、协作与整合**。

2012 年

Puppet 公司的 Alanna Brown 发布了**第一份 DevOps 年度报告**。

2013 年

Gene Kim、Kevin Behr 和 George Spafford 出版了《凤凰项目:一个 IT 运维的传奇故事》,以一个虚构的故事介绍了 DevOps 的概念,并讲述了一个 IT 项目如何在一个组织里通过 DevOps 的转型"起死回生"。

2014 年

Nicole Forsgren、Gene Kim 和 Jez Humbl 开始发布 **DevOps 年度报告**。他们发现 DevOps 的采用在日益加速。

2016 年

Gene Kim、Jez Humble、Patrick Debois、John Willis 和 John Allspaw 共同出版了《DevOps 实践指南》一书。

2017 年

维基百科更新了对 DevOps 的定义,即 **DevOps 是以统一软件开发和软件运维为目标的一种软件工程文化与实践**。市场调研公司 Forrester 称 2017 年为 "DevOps 年"。在 Forrester 公司的报告中还称,多达 50% 的组织正在实施 DevOps。

2019 年

DevOpsDays 十周年庆典活动在其发源地比利时的根特市(Gent)举行,来自世界各地近 500 位 DevOpsDays 活动的组织者和 DevOps 实践者参加了此次大会。

2019 年

全球多达 80 个城市举办了 DevOpsDays 大会,包括北京和上海。

附录 D　中国敏捷测试大事记

2004 年

Cem Kaner、James Bach 和 Bret Pettichord 合著的《软件测试经验与教训》中译本出版，虽然这本书不限于敏捷测试还是传统测试，但其中介绍的探索式测试，尤其是**上下文驱动的软件测试**后来成为敏捷测试的重要思想。

Kent Beck 所著的《测试驱动开发：实战与模式解析》中译本出版。

2009 年

ThoughtWorks 文集《软件开发沉思录》第一次在"第 13 章 企业 Web 应用中的敏捷测试和瀑布测试"提到的测试生命周期中提到**敏捷测试**。

2010 年

1）Lisa Crispin 和 Janet Gregory 合著的《敏捷软件测试：测试人员与敏捷团队的实践指南》中译本出版。

2）朱少民在《程序员》杂志 2010 年第 10 期发表文章《敏捷测试的方法和实践》，详细论述了敏捷测试的流程、策略、方法和实践等，这是国内第一篇在正式出版物上发表的系统解释**什么是敏捷测试**的文章。

2011 年

朱少民在《程序员》杂志 2011 年第 9 期发表文章《敏捷测试的思考和新发展》，详细论述了 ATDD、BDD、探索式测试和自动化测试在敏捷测试中的地位、价值和实践，是国内最早**提倡 ATDD、BDD和探索式测试**等实践的正式发表的文章。

2012 年

1）陈皓（左耳朵耗子）发表文章《我们需要专职的 QA 吗》，在当时引起了热烈的讨论。文中旗帜鲜明地提出"不需要全职的 QA，甚至不需要 QA这一专职角色或部门，因为**不懂开发的人必然做不好测试**"。文中的 QA 指的就是测试人员。

2）由朱少民主编的《完美测试：软件测试系列最佳实践》是国内第一本比较系统地介绍**敏捷测试的图书**，包括敏捷测试的方法和实践。

3）第 1 届中国软件测试大会第一次开始设立**敏捷测试分论坛**，这也是国内技术大会第一次设立敏捷测试分论坛。演讲话题涉及测试的敏捷之道、敏捷测试实践和敏捷测试管理的挑战等。

2013 年

殷坤在 InfoQ 网站发表**"敏捷自动化测试"系列文章**，分享敏捷项目中的自动化测试创新经验，该系列文章被《架构师》月刊连续收录，对应的英文论文被 *ACM SIGSOFT* 收录。

2014 年

由朱少民主编的《软件测试方法和技术》（第 3 版）是国内第一本介绍敏捷测试的**大学教材**。

2017 年

Janet Gregory 和 Lisa Crispin 合著的《深入敏捷测

试：整个敏捷团队的学习之旅》中译本出版。这本书仍然没有明确"什么是敏捷测试"。不过，在同一年，Jane 和 Lisa 在其网站上给出了关于**敏捷测试**的明确定义。

2018 年

TMQ 精准测试实践团队出版了《不测的秘密：精准测试之路》一书，以故事的形式介绍和总结了**精准测试**技术，引发了行业内的讨论和思考。

2019 年

阿里巴巴公司开源了混沌工程工具 **ChaosBlade**，成为国内首个开源的混沌工程试验工具，用于模拟互联网中常见的故障场景，帮助提升分布式系统的可用性。

Casey Rosenthal 等人所著的《混沌工程：Netflix 系统稳定性之道》中译本出版，让越来越多的人开始了解到**混沌工程的试验**和**基于故障注入的测试方法**。

2020 年

随着**在线教育平台**的普及，多位业内测试专家在本年度开设了敏捷测试相关课程，对敏捷测试的普及起到了推动作用。

参考文献

[1] 朱少民 . 全程软件测试 [M]. 3 版 . 北京：人民邮电出版社，2019.

[2] 朱少民 . 软件工程导论 [M]. 北京：清华大学出版社，2009.

[3] 肯特 · 贝克，辛西娅 · 安德烈斯 . 解析极限编程：拥抱变化 [M]. 北京：机械工业出版社，2011.

[4] 罗伯特 · C. 马丁 . 敏捷整洁之道：回归本源 [M]. 北京：人民邮电出版社，2020.

[5] 肯特 · 贝克 . 测试驱动开发：实战与模式解析 [M]. 北京：机械工业出版社，2013.

[6] 亨里克 · 克尼贝里 . 精益开发实战：用看板管理大型项目 [M]. 北京：人民邮电出版社，2012.

[7] 李智桦 . 精益开发与看板方法 [M]. 北京：清华大学出版社，2016.

[8] 吉恩 · 金，杰兹 · 亨布尔，帕特里克 · 德布瓦，等 . DevOps 实践指南 [M]. 北京：人民邮电出版社，2018.

[9] 戴维 · 托马斯，安德鲁 · 亨特 . 程序员修炼之道：通向务实的最高境界 [M]. 2 版 . 北京：电子工业出版社，2020.

[10] 詹姆斯 · P. 沃麦克，丹尼尔 · T. 琼斯，丹尼尔 · 鲁斯 . 改变世界的机器：精益生产之道 [M]. 北京：机械工业出版社，2015.

[11] 大卫 · J. 安德森 . 看板方法：科技企业渐进变革成功之道 [M]. 武汉：华中科技大学出版社，2014.

[12] 吉恩·金，凯文·贝尔，乔治·斯帕福德 . 凤凰项目：一个 IT 运维的传奇故事 [M]. 修订版 . 北京：人民邮电出版社，2019.

[13] 李忠秋 . 结构思考力 [M]. 北京：电子工业出版社，2018.

[14] 杰拉尔德 · 温伯格 . 系统化思维导论 [M]. 北京：人民邮电出版社，2015.

[15] 尼尔 · 布朗，斯图尔特 · 基利 . 学会提问 [M]. 11 版 . 北京：机械工业出版社，2019.

[16] 卡罗尔 · 德韦克 . 终身成长：重新定义成功的思维模式 [M]. 南昌：江西人民出版社，2017.

[17] 马歇尔·卢森堡. 非暴力沟通 [M]. 北京：华夏出版社, 2018.

[18] 塞姆·卡纳, 詹姆斯·巴赫, 布雷特·皮蒂科德. 软件测试经验与教训 [M]. 北京：机械工业出版社, 2004.

[19] 凯西·赛拉. 用户思维 +: 好产品让用户为自己尖叫 [M]. 北京：人民邮电出版社, 2017.

[20] TMQ 精准测试实践团队. 不测的秘密：精准测试之路 [M]. 北京：机械工业出版社, 2018.

[21] 阿图·葛文德. 清单革命：如何持续、正确、安全地把事情做好 [M]. 北京：北京联合出版公司, 2017.

[22] 文森特·鲁吉罗. 超越感觉：批判性思考指南 [M]. 上海：复旦大学出版社, 2014.

[23] 罗伊·奥舍罗夫. 单元测试的艺术 [M]. 北京：人民邮电出版社, 2014.

[24] 亚历山大·奥斯特瓦德, 伊夫·皮尼厄. 商业模式新生代 [M]. 北京：机械工业出版社, 2016.

[25] 杰夫·巴顿. 用户故事地图 [M]. 北京：清华大学出版社, 2016.

[26] 戈伊科·阿季奇. 影响地图：让你的软件产生真正的影响力 [J/OL]. 北京：图灵社区, 2014.

[27] 詹姆斯·A. 惠特克. 探索式软件测试 [M]. 北京：清华大学出版社, 2010.

[28] 史亮, 高翔. 探索式测试实践之路 [M]. 北京：电子工业出版社, 2012.

[29] 杰兹·亨布尔, 戴维·法利. 持续交付：发布可靠软件的系统方法 [M]. 北京：人民邮电出版社, 2011.

[30] 乔梁. 持续交付 2.0: 业务引领的 DevOps 精要 [M]. 北京：人民邮电出版社, 2019.

[31] 马丁·福勒. 重构：改善既有代码的设计 [M]. 北京：人民邮电出版社, 2015.

[32] 马特·温, 阿斯拉克·赫勒索. Cucumber：行为驱动开发指南 [M]. 北京：人民邮电出版社, 2013.

[33] 埃里克·莱斯. 精益创业：新创企业的成长思维 [M]. 北京：中信出版社, 2012.

[34] 帕特里克·兰西奥尼. 团队协作的五大障碍 [M]. 北京：中信出版社, 2013.

[35] 戈伊科·阿季奇. 实例化需求：团队如何交付正确的软件 [M]. 北京：人民邮电出版社, 2012.

[36] 汤姆·图丽斯，比尔·艾博特. 用户体验度量：收集、分析与呈现 [M]. 2 版 . 北京：电子工业出版社，2015.

[37] 陈金窗，刘政委，张其栋，等 . Prometheus 监控技术与实践 [M]. 北京：机械工业出版社，2020.

[38] 田雪松 .Elastic Stack 应用宝典 [M]. 北京：机械工业出版社，2019.

[39] 吴晟，高洪涛，赵禹光，等 . Apache SkyWalking 实战 [M]. 北京：机械工业出版社，2020.

[40] 凯西·罗森塔尔，洛林·霍克斯坦，亚伦·布洛豪亚克，等 . 混沌工程：Netflix 系统稳定性之道 [M]. 北京：电子工业出版社，2019.

[41] 彭冬，朱伟，刘俊，等 . 智能运维：从 0 搭建大规模分布式 AIOps 系统 [M]. 北京：电子工业出版社，2018.

[42] 软件绿色联盟 . 手机智能语音交互测试标准 2.0[S]. 2020.

[43] 纳西姆·尼古拉斯·塔勒布 . 反脆弱：从不确定性中获益 [M]. 北京：中信出版社，2020.

[44] 蒂姆·哈福德 . 混乱：如何成为失控时代的掌控者 [M]. 北京：中信出版社，2018.

[45] 腾讯 TuringLab 团队 . AI 自动化测试：技术原理、平台搭建与工程实践 [M]. 北京：机械工业出版社，2020.

[46] 艾辉，融 360 AI 测试团队 . 机器学习测试入门与实践 [M]. 北京：人民邮电出版社，2020.

[47] Donald G. Reinertsen.The Principles of Product Development Flow: Second Generation Lean Product Development[M]. California : Celeritas Publishing, 2009.

[48] Wolfgang Platz, Cynthia Dunlop. Enterprise Continuous Testing:Transforming Testing for Agile and DevOps[J/OL].